全国高等职业教育“十三五”规划教材

AutoCAD 2016 机械制图实例教程

主　编　郑贞平　李润海
副主编　陈　平
主　审　胡俊平

机 械 工 业 出 版 社

本书以全新的编排方式、贴近读者的语言，由浅入深、循序渐进地介绍了利用 Autodesk 公司的计算机辅助设计软件 AutoCAD 2016 绘制工程图的有关知识。本书共分 10 章介绍该软件的基本命令、功能、操作及绘图技巧。各章结合实例、讲练结合，使读者易于接受和掌握。编者在编写本书时选用了中文版 AutoCAD 2016，内容包括 AutoCAD 2016 绘制工程图前的入门知识、工程平面图的绘制和编辑、三视图的绘制、剖视图和断面图的绘制、工程图中的文字注写和尺寸标注、CAD 的图块和表格在工程图中的应用、工程图绘制、参数化图形的绘制、三维绘图基础知识和轴测图的绘制。

本书适合作为高等院校应用型本科及高职高专学生的教材，同时可供有关专业工程技术人员自学使用。

本书配有电子课件及素材等配套资源，需要的教师可登录机械工业出版社教育服务网 www.cmpedu.com 免费注册后下载，或联系编辑索取（QQ：1239258369，电话：010-88379739）。

图书在版编目(CIP)数据

AutoCAD 2016 机械制图实例教程/郑贞平，李润海主编．—北京：机械工业出版社，2018.11
全国高等职业教育“十三五”规划教材
ISBN 978-7-111-61356-5

Ⅰ．①A…　Ⅱ．①郑…　②李…　Ⅲ．①机械制图-AutoCAD 软件-高等职业教育-教材　Ⅳ．①TH126

中国版本图书馆 CIP 数据核字(2018)第 259861 号

机械工业出版社(北京市百万庄大街 22 号　邮政编码　100037)
策划编辑：曹帅鹏　　责任编辑：曹帅鹏
责任校对：张艳霞　　责任印制：李　昂

河北鹏盛贤印刷有限公司印刷

2019 年 1 月第 1 版·第 1 次印刷
184mm×260mm·17.25 印张·424 千字
0001-3000 册
标准书号：ISBN 978-7-111-61356-5
定价：49.90 元

凡购本书，如有缺页、倒页、脱页，由本社发行部调换

电话服务
服务咨询热线：(010)88379833
读者购书热线：(010)88379649
封面无防伪标均为盗版

网络服务
机 工 官 网：www.cmpbook.com
机 工 官 博：weibo.com/cmp1952
教育服务网：www.cmpedu.com
金 书 网：www.golden-book.com

前 言

计算机辅助设计（Computer Aided Design，CAD）是一种通过计算机来辅助进行产品或工程设计的技术。作为计算机的重要应用方面，CAD 可加快产品的设计与开发、提高生产质量与效率、降低成本。因此，在工程应用中，CAD 得到了广泛的应用。

为了使大家尽快学习掌握 AutoCAD 2016 中文版的功能和使用方法，编者集多年使用 AutoCAD 的设计经验，编写了本书，通过循序渐进的讲解，从 AutoCAD 2016 的入门、基本操作、绘图、编辑到典型实例的应用，详细诠释了应用 AutoCAD 2016 中文版进行绘图设计的方法和技巧。

全书共分为 10 章，系统讲解了 AutoCAD 2016 中文版的设计基础和设计方法，其中第 1 章介绍了 AutoCAD 2016 基础知识，如工作界面和工作空间等；第 2 章介绍了 AutoCAD 2016 基本操作，如命令操作、输入坐标系、视图操作和图层的应用等；第 3 章介绍了基本二维图形的绘制，如绘制平面图形，通过几个典型实例讲解二维图形的绘制；第 4 章介绍了图形的编辑和修改，如删除对象、复制对象、阵列对象、镜像对象、移动对象和倒圆角等；第 5 章介绍了三视图的绘制和零件图的绘制，讲解了多个典型零件的三视图的绘制过程和零件图的绘制过程；第 6 章介绍了尺寸和技术要求的标注，在讲解过程中采用了几个典型的实例；第 7 章通过几个零件图的实例介绍了零件图的绘制过程和注意事项，并介绍了轴测图的绘制过程；第 8 章介绍了装配图的绘制；第 9 章介绍了绘制和编辑三维图形；第 10 章介绍了参数化绘图工具。本书通过将专业设计元素和理念多方位融入设计范例，使全书更加实用和专业。

编者长期从事 AutoCAD 的专业设计和教学工作，对 AutoCAD 有深入的了解，并积累了大量的实际工作经验。本书的实例安排本着“由浅入深、循序渐进”的原则，使读者能够学以致用、举一反三，从而快速掌握 AutoCAD 2016 的使用方法，能够在以后的设计绘图工作中熟练应用。

本书由郑贞平（无锡职业技术学院）、李润海（无锡职业技术学院）主编，陈平（无锡职业技术学院）任副主编，由胡俊平（无锡职业技术学院）主审。第 1 章、第 2 章和第 5 章由郑贞平编写，第 3 章和第 4 章由李润海编写，第 6 章和第 7 章由刘摇摇编写，第 8 章和第 9 章由陈平编写，第 10 章由黎雪芬编写。

本书是面向实际应用的 AutoCAD 2016 绘图与设计的基础图书，适合作为应用型本科以及高职高专院校机电一体化、模具设计与制造和机械制造与自动化等专业的教材，而且还可以作为 AutoCAD 制造工程技术人员的自学用书。

由于编写人员水平有限，书中难免有不足之处，望广大读者不吝赐教，编写人员特此深表谢意。

编　者

目　录

第1章　AutoCAD 2016 基础知识

AutoCAD 是由美国 Autodesk（欧特克）公司开发的通用计算机辅助设计软件包，它具有易于掌握、使用方便和体系结构开放等优点，深受广大工程技术人员的欢迎。

自 Autodesk 公司从 1982 年推出 AutoCAD 的第一个版本——AutoCAD 1.0 起不断升级，其功能日益增强并日趋完善。如今，AutoCAD 已广泛应用于机械、建筑、电子、航天、造船、石油化工、土木工程、冶金、地质、气象、纺织、轻工和商业等领域。AutoCAD 2016 是 Autodesk 公司推出的新系列，代表了当今 CAD 软件的新潮流和未来发展趋势。

1.1　机械制图基础

1.1.1　图纸国标规定

技术制图和机械制图标准规定是最基本的也是最重要的工程技术语言的组成部分，是发展经济、产品参与国内外竞争和国内外交流的重要工具，是各国之间、行业之间、相同或不同工作性质的人们之间进行技术交流和经济贸易的统一依据。无论是零部件或元器件，还是设备、系统，乃至整个工程，按照公认的标准进行图纸规范，可以极大地提高人们在产品全寿命周期内的工作效率。

1. 图纸幅面尺寸

表 1-1 列出了 GB/T 14689—2008 中规定的各种图纸幅面尺寸，绘图时应优先采用。

表 1-1　图纸幅面及图框尺寸　　（单位：mm）

<table>
<tr><th colspan="2">幅面代号</th><th>A0</th><th>A1</th><th>A2</th><th>A3</th><th>A4</th></tr>
<tr><td colspan="2">宽(B)×长(L)</td><td>841×1189</td><td>594×841</td><td>420×594</td><td>297×420</td><td>210×297</td></tr>
<tr><td rowspan="3">边框</td><td>c</td><td colspan="3">10</td><td colspan="2">5</td></tr>
<tr><td>a</td><td colspan="5">25</td></tr>
<tr><td>e</td><td colspan="2">20</td><td colspan="3">10</td></tr>
</table>

2. 图框表格

无论图样是否装订，均应在图纸幅面内画出图框，图框线用粗实线绘制。如图 1-1 所示为留有装订边的图纸的图框格式。如图 1-2 所示为不留装订边的图纸的图框格式。

3. 标题栏的方位

每张图样都必须有标题栏，标题栏的格式和尺寸应符合 GB/T 10609.1—2008 的规定。标题栏的外边框是粗实线，其右边和底边与图纸边框线重合，其余是细实线绘制。标题栏中的文字方向为看图的方向。

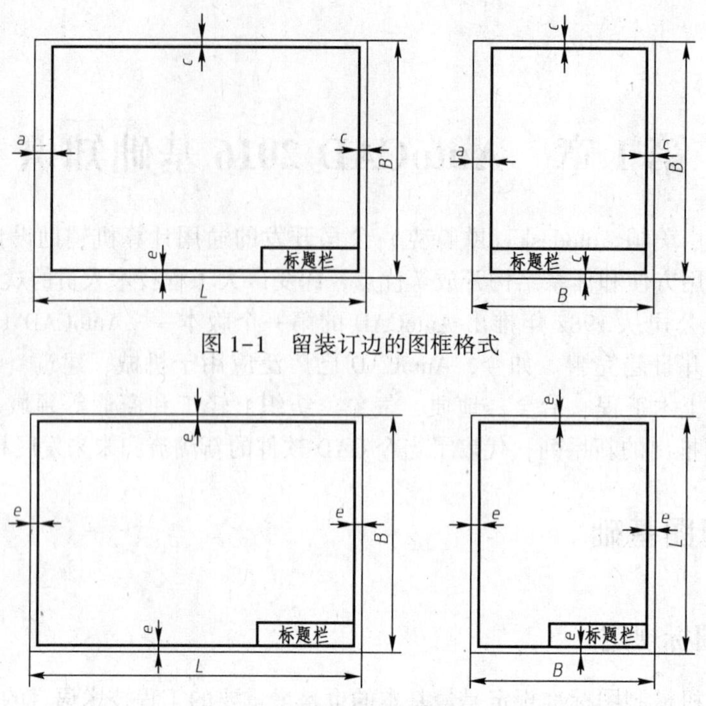

图 1-1　留装订边的图框格式

图 1-2　不留装订边的图框格式

标题栏的长边框置于水平方向，并与图纸的长边框平行时，则构成 X 型图纸。若标题栏的长边框与图纸的长边框垂直时，则构成 Y 型图纸。

1.1.2　设置和调用方法

1. 图纸幅面及标题栏的设置

（1）按照如图 1-1 和图 1-2 所示的图框格式，以及表 1-1 所列的图纸幅面及图框尺寸，利用绘图工具完成图纸内、外框的绘制。

（2）按照如图 1-3 所示的标题栏的格式，完成标题栏的绘制，并将其创建成块。

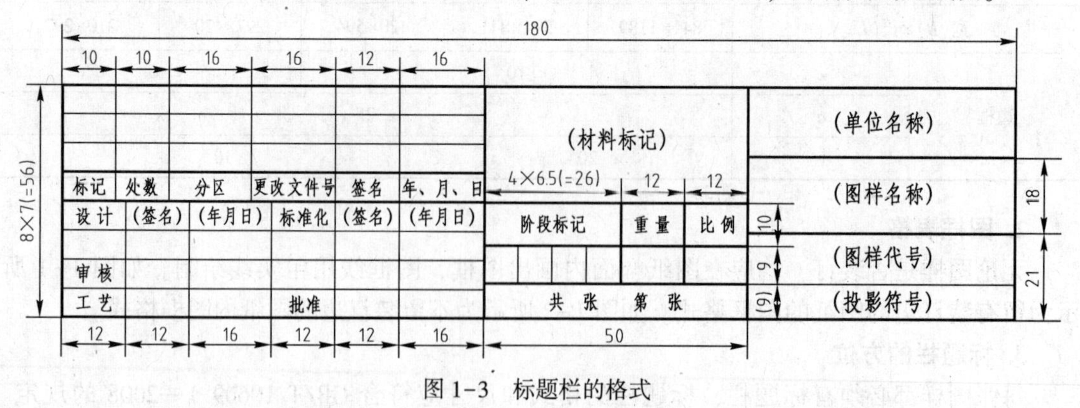

图 1-3　标题栏的格式

（3）启用块插入工具将标题栏插入到图纸内框的右下角，完成如图 1-4 所示的空白图纸。

（4）选择【应用程序】|【另存为】命令，系统弹出【图形另存为】对话框，在【文件

类型】下拉列表框中选择【AutoCAD 图形样板(＊.dwt)】选项。在【文件名】下拉列表框中输入“GBA4”，并选择文件保存目录，单击【保存】按钮即完成了 A4 图纸幅面的设定。重复上述步骤可以将国标中所有的图纸幅面保存为模板文件，供今后创建新的图纸调用。

绘图工具的操作方法以及块创建、块插入的使用方法，将分教学日和课时逐步介绍。

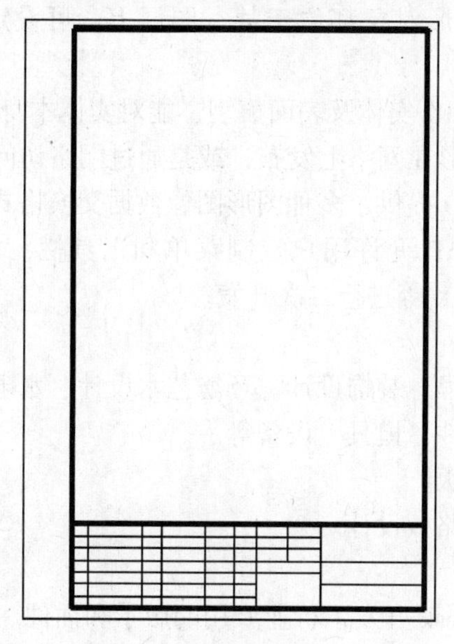

图 1-4　A4 图幅样板图

2. 模板图的调用

（1）利用模板图创建一个图形文件。选择【应用程序】|【新建】命令，系统弹出【选择样板】对话框，从显示的样板文件中选择【GBA4】样板，就完成了样板图的调用。

（2）插入一个样板布局。使用默认设置先在模型空间完成图纸绘制，然后切换到布局空间。在布局的图纸空间中，选择【插入】|【插入块】命令，将已经创建成块的样板插入。用户在图纸布局时，可以利用【插入】对话框完成图纸的位置、标题栏的属性内容等的调整。

1.2　AutoCAD 2016 应用概述

1.2.1　AutoCAD 基本功能、用途及版本分类

1. 基本功能

（1）平面绘图。能以多种方式创建直线、圆、椭圆、多边形、样条曲线等基本图形对象。

（2）绘图辅助工具。AutoCAD 提供了正交、对象捕捉、极轴追踪、捕捉追踪等绘图辅助工具。正交功能使用户可以很方便地绘制水平、垂直直线；对象捕捉可帮助拾取几何对象上的特殊点；而追踪功能使绘制斜线及沿不同方向定位点变得更加容易。

（3）编辑图形。AutoCAD 具有强大的编辑功能，可以移动、复制、旋转、阵列、拉伸、

延长、修剪、缩放对象等。

(4) 标注尺寸。可以创建多种类型尺寸，标注外观可以自行设定。

(5) 书写文字。能轻易在图形的任何位置、沿任何方向书写文字，可设定文字字体、倾斜角度及宽度缩放比例等属性。

(6) 图层管理功能。图形对象都位于某一图层上，可设定图层颜色、线型、线宽等特性。

(7) 三维绘图。可创建 3D 实体及表面模型，能对实体本身进行编辑。

(8) 网络功能。可将图形在网络上发布，或是通过网络访问 AutoCAD 资源。

(9) 数据交换。AutoCAD 提供了多种图形图像数据交换格式及相应的命令。

(10) 二次开发。AutoCAD 允许用户定制菜单和工具栏，并能利用内嵌语言 Autolisp、Visual Lisp、VBA、ADS、ARX 等进行二次开发。

2. 用途

(1) 工程制图。建筑工程、装饰设计、环境艺术设计、水电工程、土木施工等。

(2) 工业制图。精密零件、模具、设备等。

(3) 服装加工。服装制版。

(4) 电子工业。印制电路板设计。

3. 版本分类

在不同的行业中，Autodesk 开发了行业专用的版本和插件。

(1) 在机械设计与制造行业中发行了 AutoCAD Mechanical 版本。

(2) 在电子电路设计行业中发行了 AutoCAD Electrical 版本。

(3) 在勘测、土方工程与道路设计行业中发行了 Autodesk Civil 3D 版本。

(4) 学校教学、培训中所用的一般都是 AutoCAD Simplified 版本。

一般没有特殊要求的服装、机械、电子、建筑行业的公司用的都是 AutoCAD Simplified 版本。所以 AutoCAD Simplified 基本上算是通用版本。

1.2.2 AutoCAD 2016 的行业应用

AutoCAD 是很多 CAD 应用软件中的优秀代表，它的英文全称是 Autodesk Computer Aided Design。AutoCAD 2016 是 AutoCAD 系列中目前较新的版本，不仅能应用于二维绘图，而且具备强大的三维功能。用户可以通过三维功能更直观地看到设计的效果。AutoCAD 被广泛应用于土木建筑、装饰装潢、工业制图、工程制图、电子工业、服装加工等多个领域，应用比较多的行业是建筑和机械行业。下面简单介绍它在建筑行业和机械行业中的应用。

1. 建筑行业

AutoCAD 技术在建筑领域中应用的特点是精确、快速、效率高，掌握 AutoCAD 是从事建筑设计工作的基本要求。在使用 AutoCAD 2016 绘制建筑设计图时须严格按照国家标准，精确地绘制出建筑框架图、房屋装修图等。使用 AutoCAD 2016 绘制出的建筑图纸同手绘图纸大致相同，如图 1-5 所示。

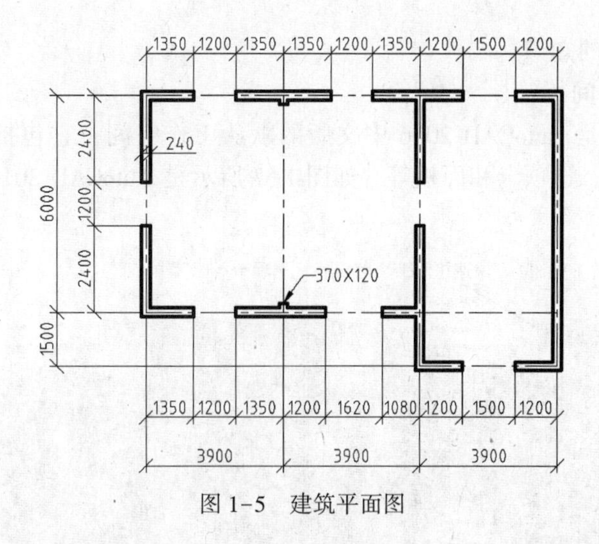

图 1-5　建筑平面图

2. 机械行业

由于 AutoCAD 2016 具有精确绘图的特点，所以能够绘制各种机械图，如螺钉、扳手、钳子、打磨机和齿轮等。使用 AutoCAD 2016 绘制机械图时同样须严格按照国家标准绘制，如图 1-6 所示。

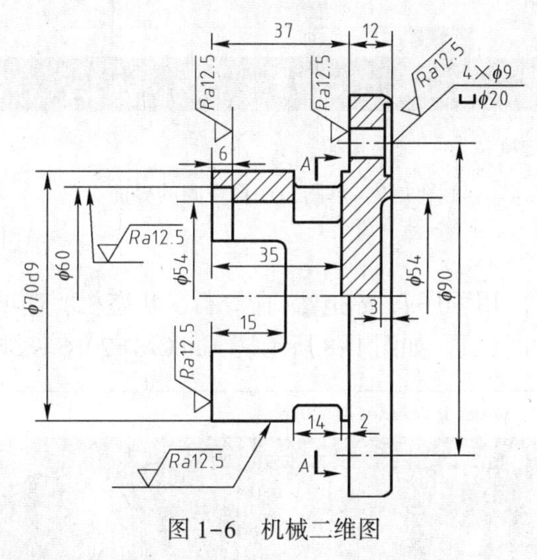

图 1-6　机械二维图

1.3　AutoCAD 2016 的工作空间

用户在绘制图形过程中需要选择对应的工作空间。在 AutoCAD 2016 中文版中，常用的工作空间分为草图与注释、三维基础和三维建模。下面分别介绍这几种工作空间的知识，以及如何在几种工作空间之间切换。

1.3.1　认识工作空间

AutoCAD 2016 的工作空间是由分组组织的菜单、工具栏、选项板和功能区控制面板组成的集合，使用户可以在专门的、面向任务的绘图环境中工作。下面介绍 AutoCAD 2016 中文版的几种工作空间的知识。

1. 草图与注释空间

草图与注释空间是 AutoCAD 2016 中文版的默认工作空间，它包括【应用程序】按钮▲、命令行、状态栏、选项卡和面板等。如图 1-7 所示是 AutoCAD 2016 中文版草图与注释空间的界面。

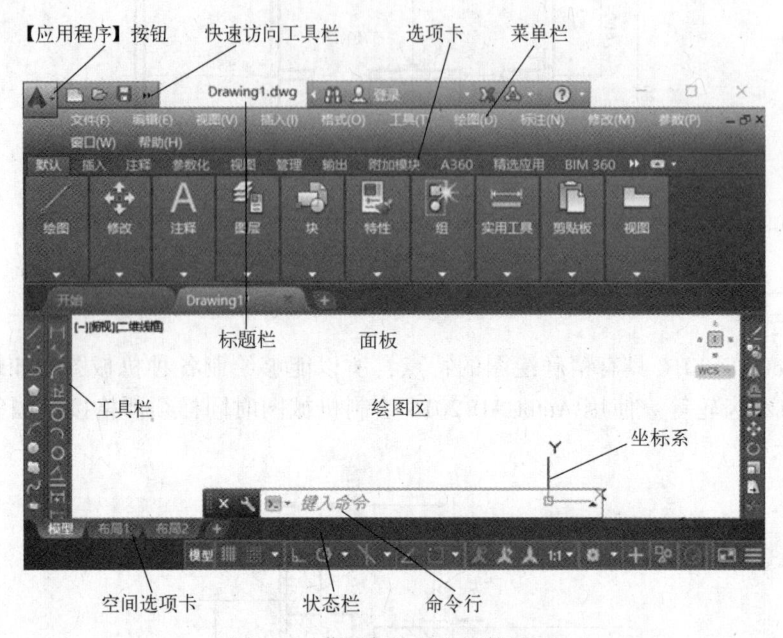

图 1-7 草图与注释空间的界面

2. 三维基础空间

三维基础空间包括【应用程序】按钮▲、命令行、状态栏、选项卡和面板等，其中面板包括绘制与修改三维图形的工具。如图 1-8 所示是 AutoCAD 2016 三维基础空间的工作界面。

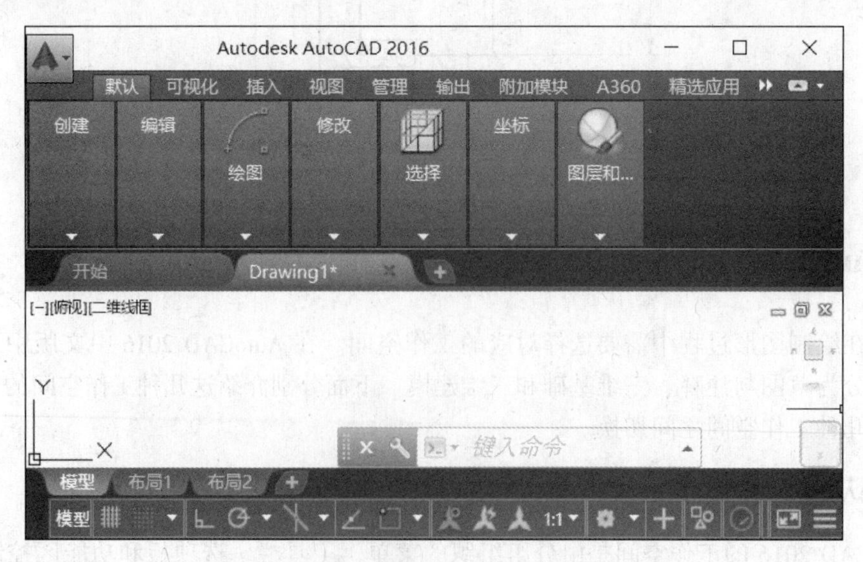

图 1-8 三维基础空间的工作界面

3. 三维建模空间

三维建模空间集中了三维图形绘制与修改的全部命令，同时也包含常用二维图形绘制与编辑命令。AutoCAD 2016 的三维建模空间界面包括【应用程序】按钮、命令行、状态栏、选项卡和面板等，如图 1-9 所示。

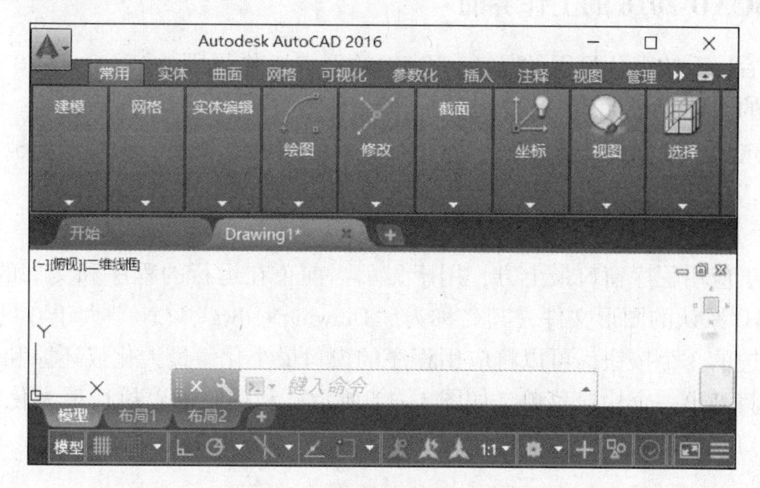

图 1-9　三维建模空间界面

1.3.2　切换工作空间

在使用 AutoCAD 2016 绘制图形时，因图形设计要求不同，所以需要在工作空间之间进行切换，以便选择使用相应工作空间绘制图形。下面介绍切换工作空间的操作方法。

（1）启动 AutoCAD 2016 中文版应用程序，先新建或打开图形文件，然后单击状态栏上的【切换工作空间】按钮，在弹出的下拉菜单中选择【三维建模】命令，如图 1-10 所示。

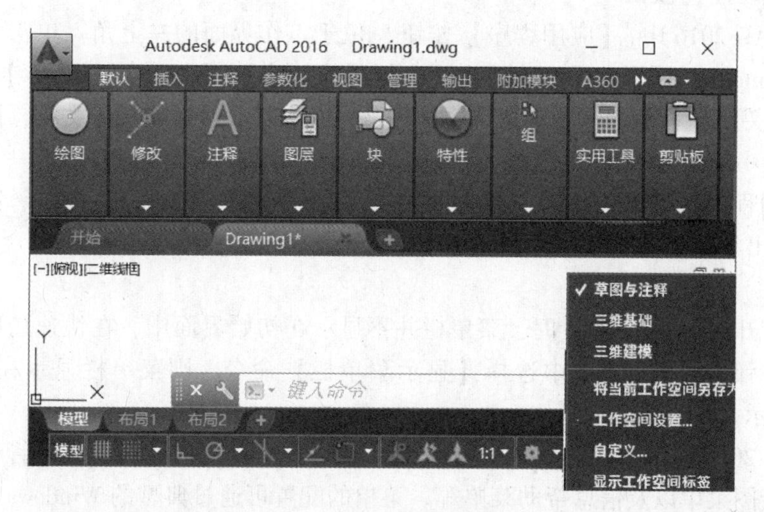

图 1-10　切换工空间

（2）切换工作空间操作完成，可以单击按钮查看工作空间状态，如图 1-10 所示。

1.4 软件工作界面和文件操作

1.4.1 AutoCAD 2016 的工作界面

新建文件后，系统默认显示的是 AutoCAD 的经典工作界面。AutoCAD 2016 二维草图与注释操作界面的主要组成元素有：标题栏、菜单栏、工具栏、菜单浏览器、快速访问工具栏、绘图区、选项卡、面板、坐标系、命令行窗口、空间选项卡、工具选项板和状态栏，如图 1-7 所示。

1. 标题栏

标题栏位于应用程序窗口最上方，用于显示当前正在运行的程序和文件的名称等信息。如果是 AutoCAD 默认的图形文件，其名称为“DrawingN. dwg”（N 是大于 0 的自然数），单击标题栏最右边的 3 个按钮，可以将应用程序的窗口最小化、最大化或还原和关闭。用鼠标右击标题栏，将弹出一个快捷菜单，如图 1-11 所示。利用它可以执行最大化窗口、最小化窗口、还原窗口、移动窗口和关闭应用程序等操作。

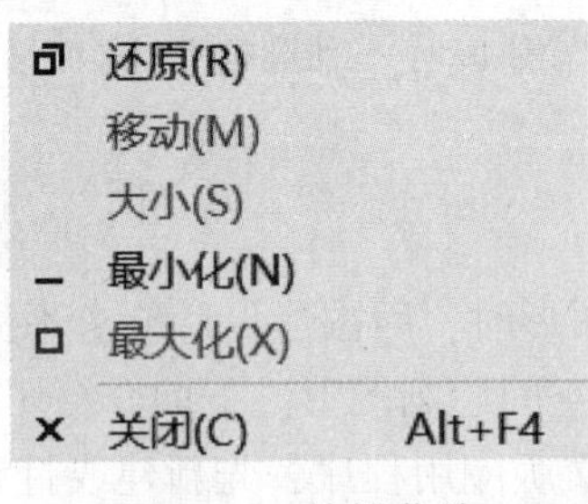

图 1-11　快捷菜单

2. 【应用程序】按钮

在 AutoCAD 2016 中，【应用程序】按钮位于工作界面的左上角。单击该按钮，会弹出用来管理 AutoCAD 图形文件的菜单，其中包括【新建】、【打开】、【保存】、【另存为】、【输出】及【关闭】等命令。在该菜单中，还可以直接打开最近使用的文档，同时还能调整文档图标的大小及排列的顺序。

在【应用程序】菜单中还有一个搜索功能，在搜索文本框中输入命令名称，如【直线】，即会弹出与之相关的命令列表。选择对应的命令即可直接操作。

3. 菜单栏

当初次打开 AutoCAD 2016 时，菜单栏并不显示在初始界面中，在快速访问工具栏中单击按钮，在弹出的下拉菜单中选择【显示菜单栏】命令，则菜单栏显示在操作界面中，如图 1-12 所示。

AutoCAD 2016 使用的大多数命令均可在菜单栏中找到，它包含了文件管理菜单、文件编辑菜单、绘图菜单以及信息帮助菜单等。菜单的配置可通过典型的 Windows 方式实现。用户在窗口下方的命令行中输入“menu”（菜单）命令，按〈Enter〉键即可弹出如图 1-13 所示的【选择自定义文件】对话框，可以从中选择其中的一项作为菜单文件进行设置。

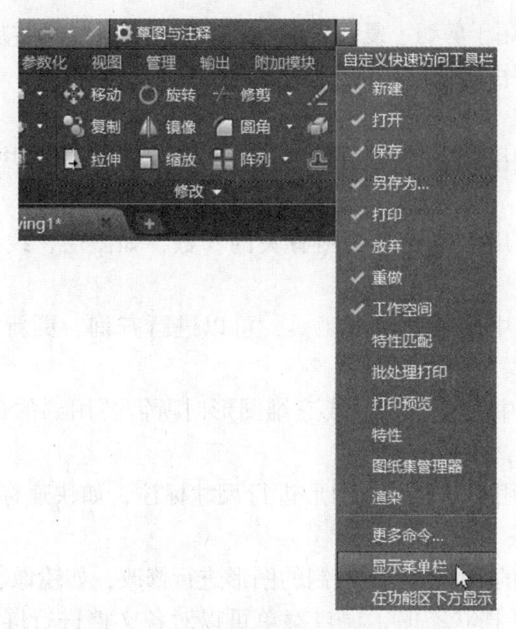

图 1-12　显示菜单栏的操作界面

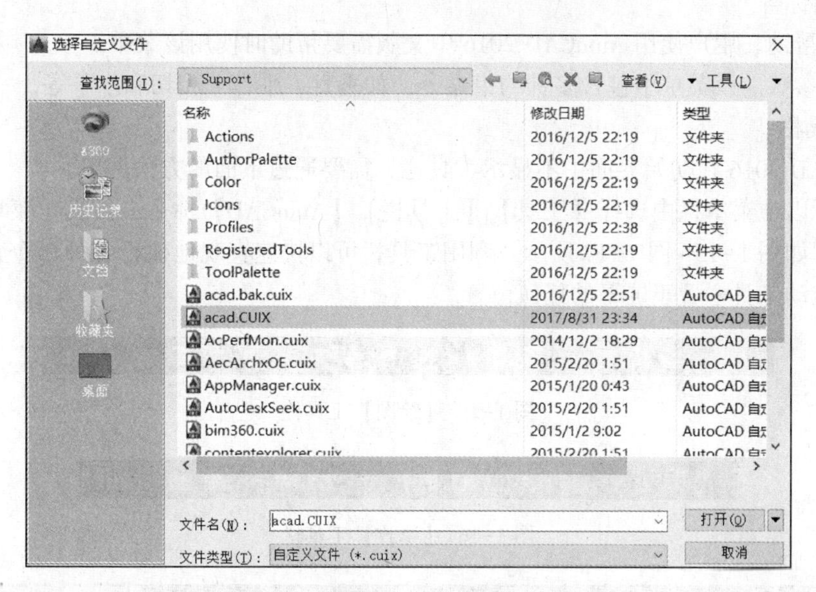

图 1-13　【选择自定义文件】对话框

AutoCAD 2016 中文版的菜单栏包括【文件】、【编辑】、【视图】、【插入】、【格式】、【工具】、【绘图】、【标注】、【修改】、【窗口】、【帮助】和【参数】菜单项，使用这些菜单项，用户可以方便地查找并使用相应功能，如图 1-14 所示。

文件(F)　编辑(E)　视图(V)　插入(I)　格式(O)　工具(T)　绘图(D)　标注(N)　修改(M)　参数(P)　窗口(W)　帮助(H)

图 1-14　菜单栏

（1）文件。该菜单用于新建、打开、保存图形文件等操作，还可以对图形文件的页面进行设置。

（2）编辑。该菜单用于剪切、复制、删除和查找图形文件等常规操作。

（3）视图。该菜单用于管理 CAD 工作界面的菜单，如重画、重生成、缩放和平移等操作。

（4）插入。该菜单用于在 CAD 绘图状态下，插入绘图所需的块或字段等，还可以插入或创建布局。

（5）格式。该菜单用于设置与绘图有关的参数，如图层、线型、文字样式和标注样式等。

（6）工具。该菜单中的辅助绘图工具，可以进行查询、更新字段、切换工作空间等操作。

（7）绘图。该菜单中为绘制二维或三维图形时所需要用到的命令，如直线、多边形、圆和文字等。

（8）标注。该菜单用于对绘制的图形进行尺寸标注，如快速标注、圆弧标注和半径标注等。

（9）修改。该菜单的功能是对所绘制的图形进行修改，如镜像、阵列、旋转和修剪等。

（10）窗口。在多文档状态时，窗口菜单可以对各文档进行屏幕布置，如将多文档层叠、排列图标等。

（11）帮助。用户使用 AutoCAD 2016 中文版需要帮助时使用该菜单。

（12）参数。该菜单中包含多种约束命令，如垂直、平行、相切和水平等。

4. 工具栏

AutoCAD 2016 在初始界面中不显示工具栏，需要通过下面的方法调出。

用户可以在菜单栏中选择【工具】|【工具栏】|【AutoCAD】命令，在其子菜单中选择需用的工具，如图 1-15～图 1-17 所示。利用工具栏可以快速直观地执行各种命令，用户可以根据需要拖动工具栏置于屏幕的任何位置。

图 1-15 【绘图】工具栏

图 1-16 【修改】工具栏

ISO-25

图 1-17 【标注】工具栏

AutoCAD 2016 中工具提示包括两个级别的内容：基本内容和补充内容。光标最初悬停在命令或控件上时，将显示基本工具提示。其中包含对该命令或控件的概括说明、命令名、快捷键和命令标记。当光标在命令或控件上的悬停时间累积超过一特定数值时，将显示补充工具提示。

5. 菜单浏览器

单击【菜单浏览器】按钮，打开菜单浏览器，其中包含【最近使用的文档】列表，如图 1-18 所示。默认情况下，在最近使用的文档列表的顶部显示的文件是最近使用的文件。

6. 快速访问工具栏

在快速访问工具栏中，包括【新建】、【打开】、【保存】、【放弃】、【重做】、【打印】和【特性】等命令按钮，还可以存储经常使用的命令，如图 1-19 所示。在快速访问工具栏上右击，然后在弹出的快捷菜单中选择【自定义快速访问工具栏】命令，系统弹出【自定义用户界面】对话框，并显示可用命令的列表。将想要添加的命令从【自定义用户界面】对话框的【命令列表】选项组中拖动到快速访问工具栏即可。

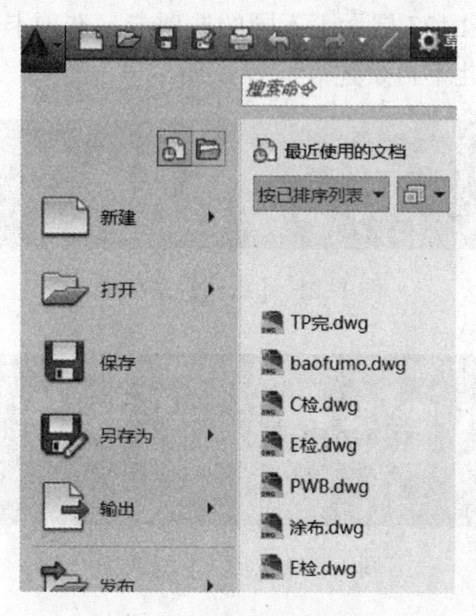

图 1-18　菜单浏览器

图 1-19　快速访问工具栏

7. 绘图区

绘图区主要是图形绘制和编制的区域，当光标在这个区域中移动时，便会变成一个十字游标的形式，用来定位。在某些特定的情况下，光标也会变成方框光标或其他形式的光标。绘图区如图 1-20 所示。

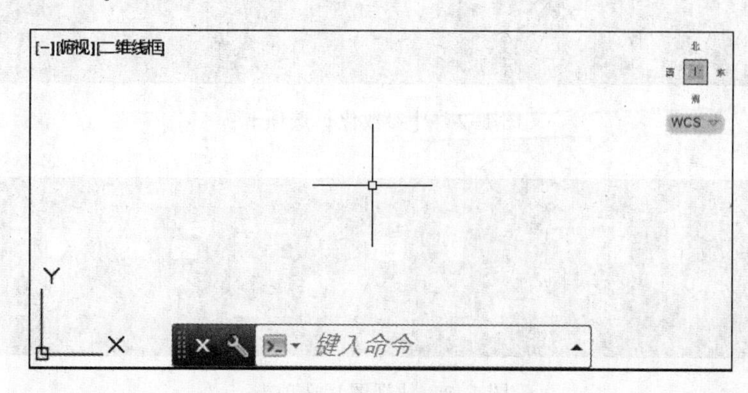

图 1-20　绘图区

8. 选项卡和面板

功能区由许多面板组成，这些面板被组织到依据任务进行标记的选项卡中。选项卡由【默认】、【插入】、【注释】、【参数化】、【视图】、【管理】和【输出】等部分组成。选项卡可控制面板在功能区上的显示和顺序。用户可以在【自定义用户界面】对话框中将选项卡添加至工作空间，以控制在功能区中显示哪些功能区选项卡。

单击不同的标签可以打开相应的选项卡，选项卡中包含的很多工具和控件与工具栏和对话框中的相同。图 1-21～图 1-27 展示了不同的选项卡。选项卡的运用将在后面的相关章节中分别进行详尽的讲解，在此不再赘述。

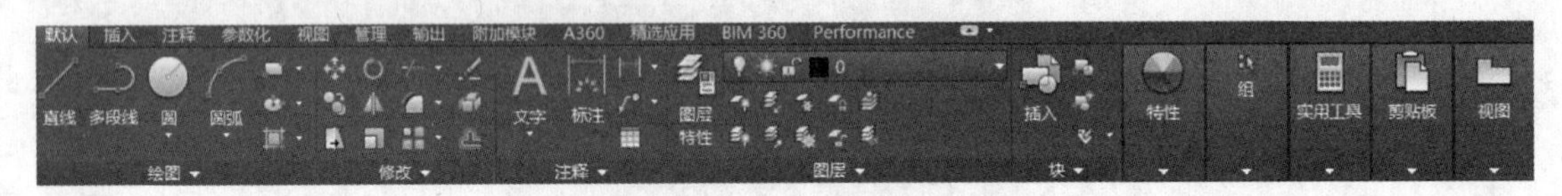

图 1-21 【默认】选项卡

图 1-22 【插入】选项卡

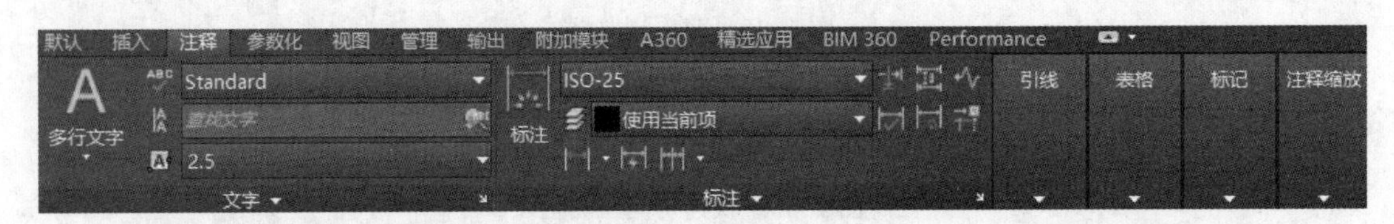

图 1-23 【注释】选项卡

图 1-24 【参数化】选项卡

图 1-25 【视图】选项卡

图 1-26 【管理】选项卡

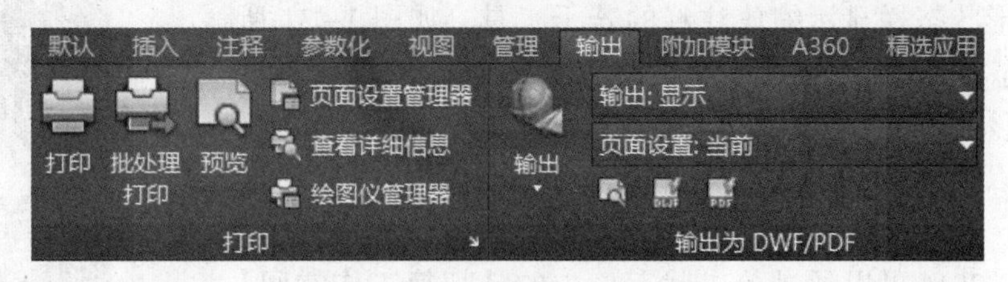

图 1-27 【输出】选项卡

9. 命令行窗口

命令行用来接收用户输入的命令或数据，同时显示命令、系统变量、选项和信息，以引导用户进行下一步操作，如更正或重复命令等。初学者往往忽略命令行中的提示，实际上只有时刻关注命令行中的提示，才能真正达到灵活快速地使用。命令行可以拖放为浮动窗口，如图 1-28 所示。

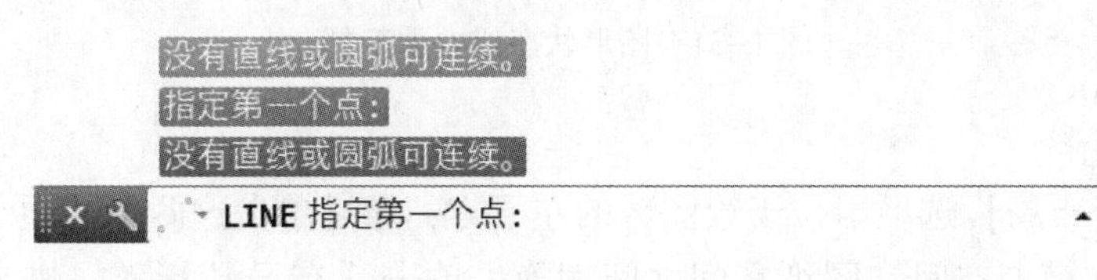

图 1-28 命令行窗口

10. 状态栏

状态栏主要显示 AutoCAD 2016 当前所处的状态，状态栏的左边显示当前光标的三维坐标值，右边为定义绘图时的状态，可以通过单击相关选项打开或关闭绘图状态。状态栏包括应用程序状态栏和图形状态栏。

（1）应用程序状态栏显示光标的坐标值、绘图工具、导航工具以及用于快速查看和注释缩放的工具，如图 1-29 所示。

图 1-29 应用程序状态栏

绘图工具：用户可以以图标或文字的形式查看图形工具按钮。通过捕捉工具、极轴工具、对象捕捉工具和对象追踪工具的快捷菜单，可以轻松更改这些绘图工具的设置，如图 1-30 所示。

快速查看工具：用户可以通过快速查看工具预览打开的图形和图形中的布局，并在其间进行切换。

导航工具：用户可以使用导航工具在打开的图形之间进行切换和查看图形中的模型。

注释工具：可以显示用于注释缩放的工具。

用户可以通过【切换工作空间】按钮切换工作空间。通过【锁定】按钮锁定工具栏和窗口的当前位置，防止它们意外地移动，单击【全屏显示】按钮可以展开图形显示区域。另外，还可以通过状态栏的快捷菜单向应用程序状态栏添加按钮或从中删除按钮。

(2) 图形状态栏显示缩放注释的若干工具，如图 1-31 所示。图形状态栏打开后，将显示在绘图区域的底部。图形状态栏关闭时，图形状态栏中的工具移至应用程序状态栏。图形状态栏打开后，可以使用图形状态栏菜单选择要显示在状态栏中的工具。

AutoCAD 2016 可以通过单击状态栏中的【切换工作空间】按钮进行切换，进入【三维建模】工作界面，如图 1-9 所示。切换至【三维建模】工作界面，还可以方便用户在三维空间中绘制图形。在功能区中有【常用】、【网格建模】、【渲染】等选项卡，为绘制三维对象操作提供了非常便利的环境。

图 1-30　查看设置绘图工具

图 1-31　图形状态栏中的工具

11. 空间选项卡

【模型】和【布局】选项卡位于绘图区的左下方，通过单击这两个选项卡标签，可以使绘制的图形文字在模型空间和图纸空间之间切换，单击【布局】标签，进入图纸空间，此空间用于打印图形文件；单击【模型】标签，返回模型空间，在此空间进行图形设计。

在绘图区中，可以通过坐标系的显示来确认当前图形的工作空间。模型空间中的坐标系是两个互相垂直的箭头，而图纸空间中的坐标系则是一个直角三角形。

12. 坐标系

用户坐标系（UCS）即工作中的坐标系。用户指定一个 UCS 以使绘图更容易。通常，在自定义实体中使用的点都是以世界坐标系（WCS）来考虑的，当创建此实体时，如果需要用户输入一个点，由于此时 CAD 工作在 UCS 当中，得到的这个点需要转换成 WCS，这样自定义实体才能正确地处理此点，否则将会出现错误。

13. 工具选项板

工具选项板是绘图窗口中选项卡形式的区域。工具选项板提供了组织、共享和放置块与填充图案等的有效方法。工具选项板上还可以包含由第三方开发人员提供的自定义工具。被添加到工具选项板的项目称为“工具”。用户可以定制工具选项板，并为工具选项板添加工具。

1.4.2　文件操作

在 AutoCAD 2016 中，对图形文件的管理一般包括创建新文件、打开已有的图形文件、保存文件、加密文件及关闭图形文件等操作。

1. 创建新文件

打开 AutoCAD 2016 后，系统自动新建一个名为 DrawingN. dwg 的图形文件。另外，用户还可以根据需要选择模板来新建图形文件。

在 AutoCAD 2016 中创建新文件有以下几种方法。

（1）在快速访问工具栏或菜单浏览器中单击【新建】按钮。

（2）在菜单栏中选择【文件】|【新建】命令。

（3）在命令行中直接输入“NEW”命令后按〈Enter〉键。

（4）按〈Ctrl+N〉组合键。

（5）调出【标准】工具栏，单击其中的【新建】按钮。

通过使用以上的任意一种方式，系统都会弹出如图 1-32 所示的【选择样板】对话框，从其列表框中选择一个样板后单击【打开】按钮或直接双击选中的样板，即可建立一个新文件。

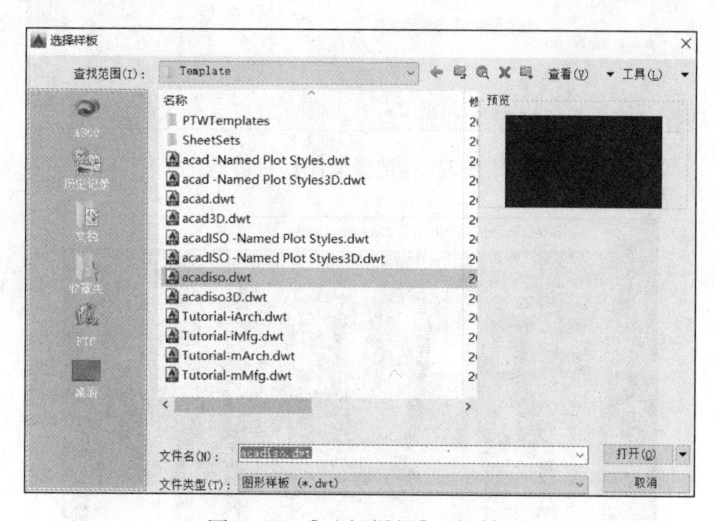

图 1-32 【选择样板】对话框

2. 打开文件

在 AutoCAD 2016 中打开现有文件，有以下几种方法。

（1）单击快速访问工具栏或菜单浏览器中的【打开】按钮。

（2）在菜单栏中选择【文件】|【打开】命令。

（3）在命令行中直接输入“OPEN”命令后按〈Enter〉键。

（4）按〈Ctrl+O〉组合键。

（5）调出【标准】工具栏，单击其中的【打开】按钮。

通过使用以上的任意一种方式进行操作后，系统都会弹出如图 1-33 所示的【选择文件】对话框，从其列表框中选择一个用户想要打开的现有文件后单击【打开】按钮或直接双击想要打开的文件。

有时在单个任务中打开多个图形，可以方便地在它们之间传输信息。这时可以通过水平平铺或垂直平铺的方式来排列图形窗口，以便操作。

（1）水平平铺。是以水平、不重叠的方式排列窗口。选择【窗口】|【水平平铺】菜单

命令，或者在【视图】选项卡的【界面】面板中单击【水平平铺】按钮▤，排列的窗口如图 1-34 所示。

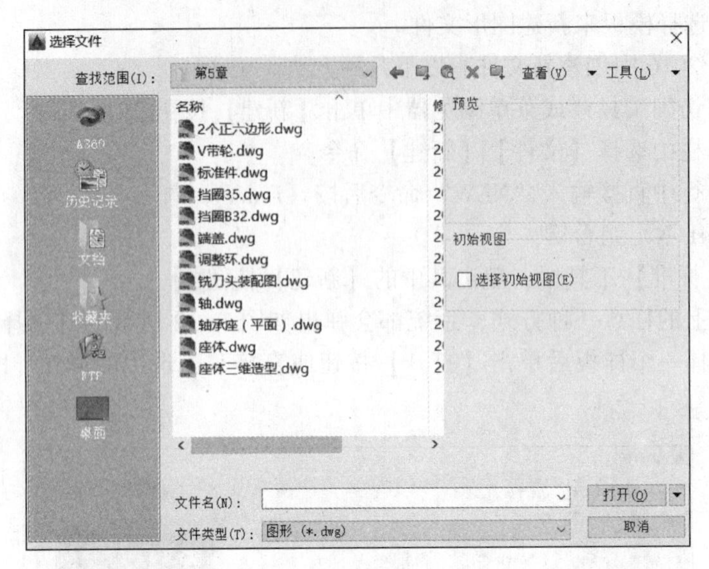

图 1-33 【选择文件】对话框

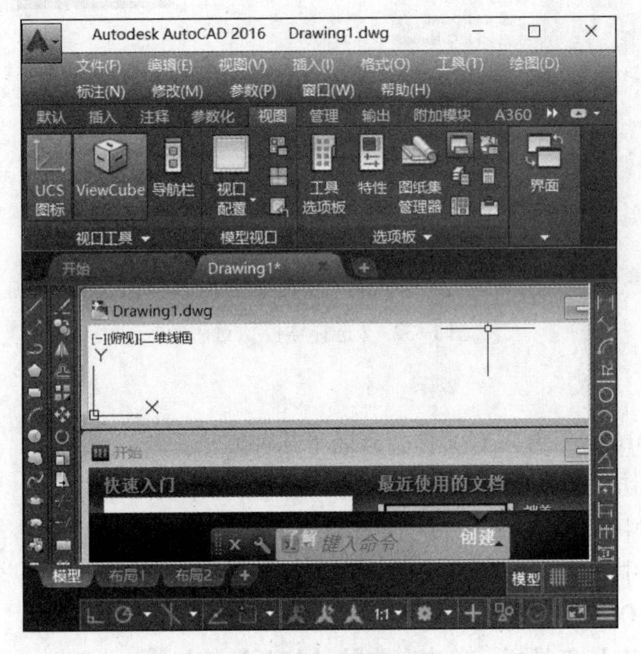

图 1-34 水平平铺的窗口

（2）垂直平铺。以垂直、不重叠的方式排列窗口。选择【窗口】|【垂直平铺】命令，或者在【视图】选项卡的【界面】面板中单击【垂直平铺】按钮▥，排列的窗口如图 1-35 所示。

3. 保存文件

在 AutoCAD 2016 中保存现有文件，有以下几种方法。

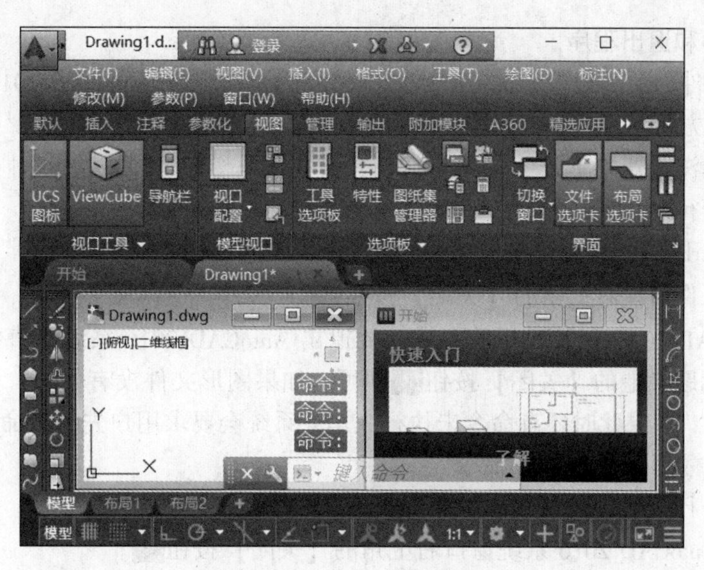

图 1-35 垂直平铺的窗口

（1）单击快速访问工具栏或菜单浏览器中的【保存】按钮。

（2）在菜单栏中选择【文件】|【保存】命令。

（3）在命令行中直接输入“SAVE”命令后按〈Enter〉键。

（4）按〈Ctrl+S〉组合键。

（5）调出【标准】工具栏，单击其中的【保存】按钮。

通过使用以上的任意一种方式进行操作后，系统都会弹出如图 1-36 所示的【图形另存为】对话框，从【保存于】下拉列表框选择保存位置后单击【保存】按钮，即可完成保存文件的操作。

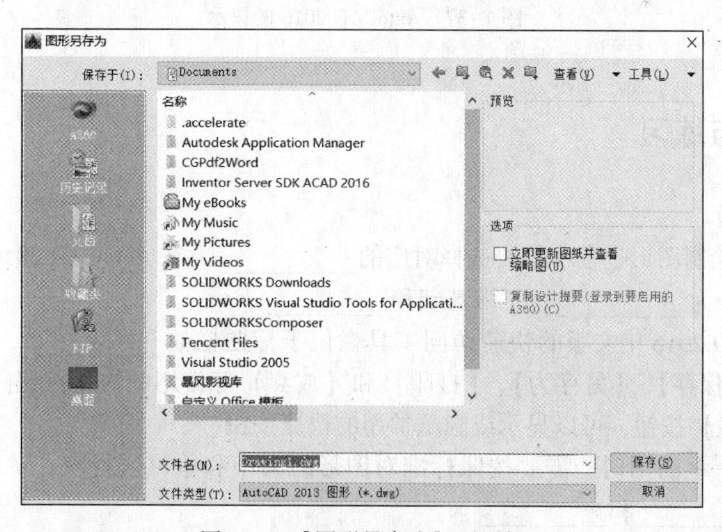

图 1-36 【图形另存为】对话框

AutoCAD 中除了图形文件扩展名为“.dwg”外，还使用了以下一些文件类型，其扩展名分别为：图形标准“.dws”，图形样板“.dwt”、“.dxf”等。

4. 关闭文件和退出程序

下面介绍文件的关闭以及 AutoCAD 2016 程序的退出。在 AutoCAD 2016 中关闭图形文件，有以下几种方法。

（1）在菜单浏览器中单击【关闭】按钮，或在菜单栏中选择【文件】|【关闭】命令。

（2）在命令行中直接输入“CLOSE”命令后按〈Enter〉键。

（3）按〈Ctrl+F4〉组合键。

（4）单击工作窗口右上角的【关闭】按钮 ×。

退出 AutoCAD 2016 有以下几种方法：要退出 AutoCAD 2016 系统，直接单击 AutoCAD 2016 系统窗口标题栏上的【关闭】按钮 × 即可。如果图形文件没有保存，系统退出时将提示用户进行保存。如果此时还有命令未执行完毕，系统会要求用户先结束命令。

（1）选择【文件】|【退出】命令。

（2）在命令行中直接输入“QUIT”命令后按〈Enter〉键。

（3）单击 AutoCAD 2016 系统窗口右上角的【关闭】按钮 ×。

（4）按〈Ctrl+Q〉组合键。

执行以上任意一种操作后，会退出 AutoCAD 2016，若当前文件未保存，则系统会自动弹出如图 1-37 所示的提示。

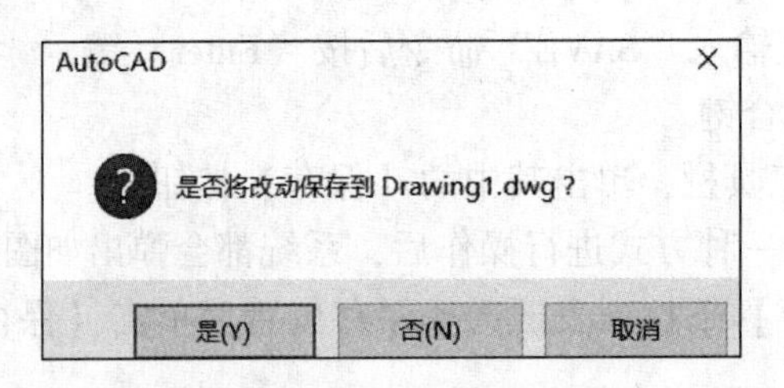

图 1-37　AutoCAD 2016 的提示

1.5　思考与练习

一、填空题

1. 用户在绘制图形过程中需要选择对应的__________。在 AutoCAD 2016 中文版中，常用的工作空间分为__________、三维基础和__________。

2. AutoCAD 2016 中文版的快速访问工具栏位于标题栏的__________，包含【新建】、__________、【保存】、【另存为】、【打印】和【放弃】等常用的快捷按钮。通过【自定义快速访问工具栏】按钮，可以显示或隐藏常用的快捷按钮。

3. 在绘制一些图形时，需要按照标准对图形的大小和单位进行统一，所以绘图之前，需要设置好__________和__________。

4. 绘图区是绘制和__________二维或三维图形的主要区域，由__________、视口控件、视图控件、视觉样式控件、ViewCube 和__________组成，是一个无限大的图形窗口，使用时可以通过【缩放】、【平移】等命令查看绘制的对象。

二、判断题

1. 由于 AutoCAD 2016 具有精确绘图的特点，所以能够绘制各种机械图，如螺钉、扳手、钳子、打磨机和齿轮等，使用 AutoCAD 2016 绘制机械图时须严格按照国家标准。（ ）

2. 在 AutoCAD 2016 中，如果没有特殊要求，可以使用系统默认的绘图环境。若用户想根据自身的习惯与喜好选择适合自己的绘图环境，可以自定义系统绘图环境。（ ）

三、简答题

1. 如何在 AutoCAD 2016 中文版中设置图形界限？

2. 如何在 AutoCAD 2016 中文版中切换工作空间？

第 2 章　AutoCAD 2016 基本操作

2.1　命令操作

AutoCAD 2016 调用命令的方式非常灵活，可以通过功能区、工具栏、命令行等多种方式实现。在命令执行过程中，用户也可以随时中止、恢复和重复某个命令。

2.1.1　执行命令

命令是 AutoCAD 用户与软件交换信息的重要方式。AutoCAD 命令的执行方式有多种，主要有使用鼠标操作执行命令、使用键盘操作执行命令、使用命令行操作和系统变量执行命令等。例如执行【直线】命令的方式有以下四种。

（1）菜单栏。选择菜单中的【绘图】|【直线】命令，如图 2-1 所示。

（2）工具栏。单击【绘图】工具栏中的【直线】按钮，如图 2-2 所示。

（3）命令行。在命令行中输入“LINE”或“L”并按〈Enter〉键。

（4）通过功能区执行命令。AutoCAD 2016 的功能区分门别类地列出了绝大多数常用的工具按钮，例如在功能区单击【默认】选项卡上的【直线】按钮，即可在绘图区内绘制直线，如图 2-3 所示。

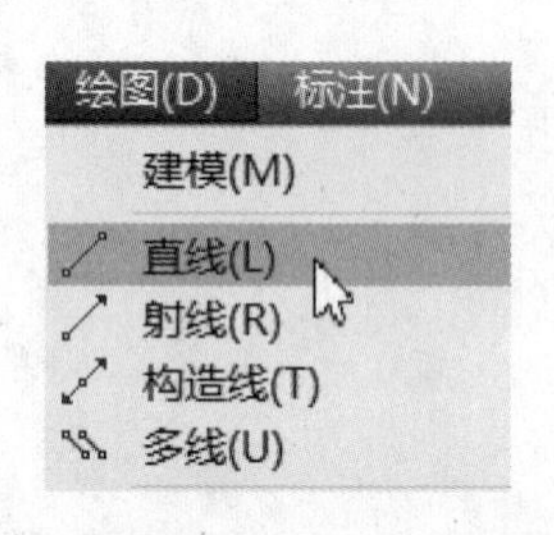

图 2-1　通过菜单栏执行命令

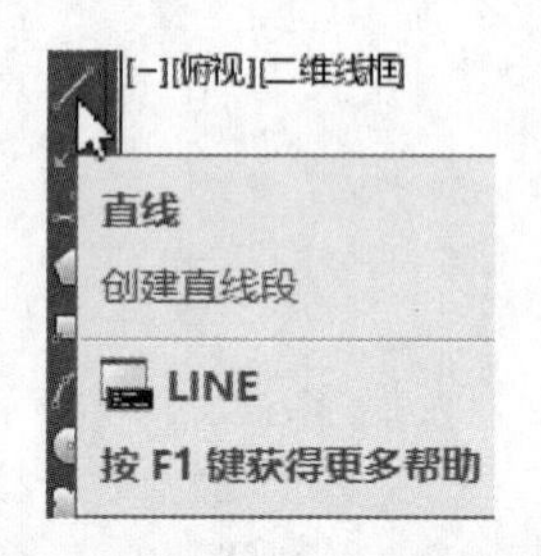

图 2-2　通过【绘图】工具栏执行命令

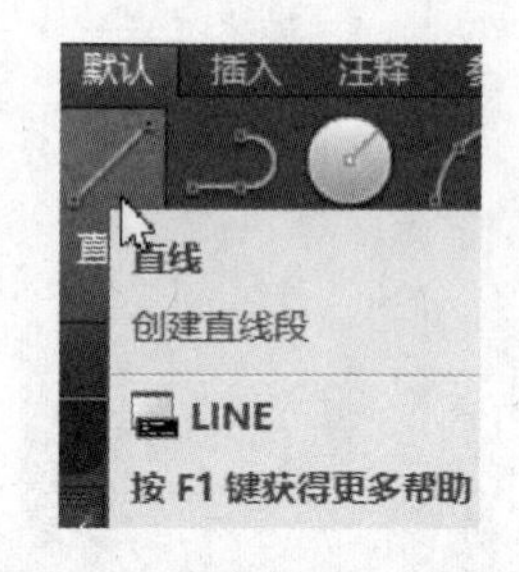

图 2-3　通过功能区执行命令

下面分别介绍各种命令的执行方式。

1. 使用鼠标操作执行命令

鼠标是绘制图形时使用频率较高的工具，在绘图区以十字线形式显示，在各选项板、对话框中以箭头显示。当单击或按住鼠标键时，都会执行相应的命令或动作。在 AutoCAD 中，鼠标键的作用如下。

（1）左键：主要用于指定绘图区的对象、选择工具按钮和菜单命令等。

（2）右键：主要用于结束当前使用的命令或执行部分快捷操作，系统会根据当前的绘图状态弹出不同的快捷菜单。

（3）滑轮：按住滑轮拖动可执行平移命令，滚动滑轮可执行视图的缩放命令。

（4）〈Shift+鼠标右键〉：使用此组合键，系统将弹出一个快捷菜单，用于设置捕捉点的方法，如图 2-4 所示。

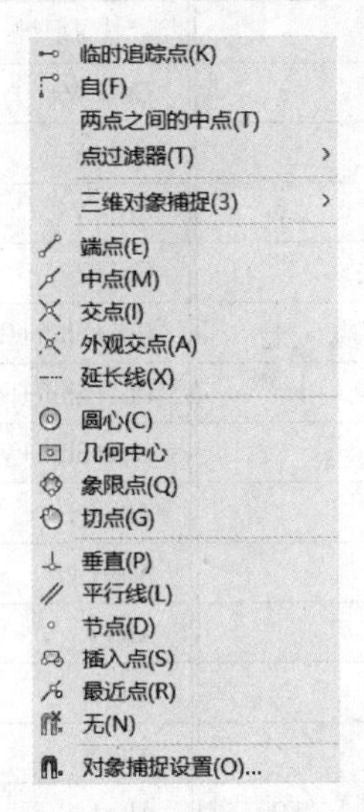

图 2-4　快捷菜单

2. 使用键盘操作执行命令

AutoCAD 2016 还可以通过键盘直接执行一些快捷命令，其中部分快捷命令是和 Windows 程序通用的，如使用〈Ctrl+O〉快捷键可以打开文件，使用〈Ctrl+Z〉快捷键可以撤销操作等。此外，AutoCAD 2016 还赋予键盘上的功能键对应各种快捷功能，如按〈F7〉键可以打开或关闭栅格。各键盘按键对应的功能见表 2-1。

表 2-1　键盘功能键及其功能

快 捷 键	命 令 说 明	快 捷 键	命 令 说 明
Esc	取消命令执行	Ctrl+D	坐标显示<开或关>，功能同〈F6〉键
F1	帮助	Ctrl+E	等轴测平面切换<上/左/右>
F2	图形/文本窗口切换	Ctrl+F	对象捕捉<开或关>，功能同〈F3〉键
F3	对象捕捉<开或关>	Ctrl+G	栅格显示<开或关>，功能同〈F7〉键
F4	数字化仪作用开关	Ctrl+H	Pickstyle<开或关>
F5	等轴测平面切换<上/右/左>	Ctrl+K	超链接
F6	坐标显示<开或关>	Ctrl+L	正交模式，功能同〈F8〉键
F7	栅格显示<开或关>	Ctrl+M	同〈Enter〉键
F8	正交模式<开或关>	Ctrl+N	新建文件
F9	捕捉模式<开或关>	Ctrl+O	打开旧文件
F10	极轴追踪<开或关>	Ctrl+P	打印输出
F11	对象捕捉追踪<开或关>	Ctrl+Q	退出 AutoCAD
F12	动态输入<开或关>	Ctrl+S	快速保存
窗口键+D	Windows 桌面显示	Ctrl+T	数字化仪模式
窗口键+E	Windows 文件管理	Ctrl+U	极轴追踪<开或关>，功能同〈F10〉键
窗口键+F	Windows 查找功能	Ctrl+V	从剪贴板粘贴

（续）

快 捷 键	命 令 说 明	快 捷 键	命 令 说 明
窗口键+R	Windows 运行功能	Ctrl+W	对象捕捉追踪<开或关>
Ctrl+0	全屏显示<开或关>	Ctrl+X	剪切到剪贴板
Ctrl+1	特性 Properties<开或关>	Ctrl+Y	取消上一次的操作
Ctrl+2	AutoCAD 设计中心<开或关>	Ctrl+Z	取消上一次的命令操作
Ctrl+3	工具选项板<开或关>	Ctrl+Shift+C	带基点复制
Ctrl+4	图纸管理器<开或关>	Ctrl+Shift+S	另存为
Ctrl+5	信息选项板<开或关>	Ctrl+Shift+V	粘贴为块
Ctrl+6	数据库链接<开或关>	Alt+F8	VBA 宏管理器
Ctrl+7	标记集管理器<开或关>	Alt+F11	AutoCAD 和 VAB 编辑器切换
Ctrl+8	快速计算机<开或关>	Alt+F	【文件】菜单
Ctrl+9	命令行<开或关>	Alt+E	【编辑】菜单
Ctrl+A	选择全部对象	Alt+V	【视图】菜单
Ctrl+B	捕捉模式<开或关>，功能同〈F9〉键	Alt+I	【插入】菜单
Ctrl+C	复制内容到剪贴板	Alt+O	【格式】菜单
Alt+T	【工具】菜单	Alt+M	【修改】菜单
Alt+D	【绘图】菜单	Alt+W	【窗口】菜单
Alt+N	【标注】菜单	Alt+H	【帮助】菜单

3. 使用菜单栏执行命令

通过菜单栏执行命令是比较直接以及比较全面的方式，特别是对于新手来说执行方式更加方便。除了【AutoCAD 经典】空间以外，其余三个绘图空间在默认情况下没有菜单栏，需要用户自行调出。

以下用菜单命令绘制直线：

（1）单击快速访问工具栏中的【新建】按钮，新建文件。

（2）选择菜单中的【绘图】|【直线】命令，在绘图区任意位置单击确定直线的起点，然后在另一位置单击确定直线的终点，系统默认继续绘制相连直线，此时右击，弹出的快捷菜单如图 2-5 所示。选择【确认】命令，完成直线的绘制。

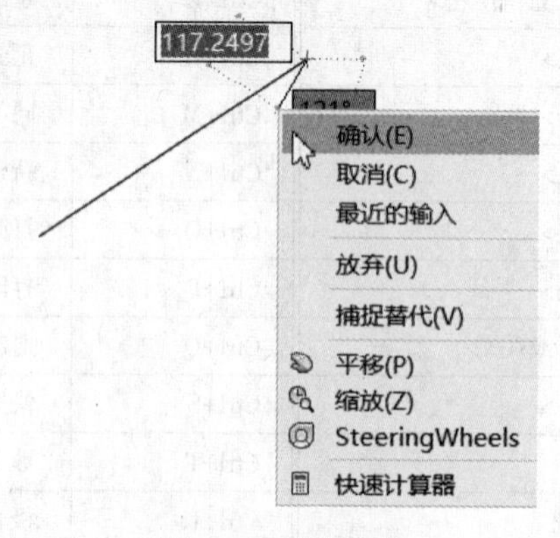

图 2-5　绘制直线

4. 使用命令行执行命令

在默认状态下，命令行是一个固定在绘图区下方、状态栏上方的长条形窗口，可以在当前命令提示符下输入命令、对象参数等内容，按〈Enter〉键就能完成命令的执行，提高绘图速度。

以下用命令行绘制一个圆：

（1）在命令行中输入“CIRCLE”或“C”并按〈Enter〉键，根据命令行提示绘制一个圆，命令行的操作过程如下。

命令：C↙ //输入命令并按〈Enter〉键
CIRCLE
指定圆的圆心或［三点(3P)/两点(2P)/切点、切点、半径(T)］：//鼠标在绘图区指定一点
指定圆的半径或［直径(D)］：60↙ //输入半径并按〈Enter〉键

（2）绘制的圆如图 2-6 所示。

5. 使用工具栏执行命令

工具栏默认显示于【AutoCAD 经典】绘图空间中，用户在其他绘图空间中可根据实际需要调出工具栏，如 UCS、【三维导航】、【建模】、【视图】和【视口】工具栏等。

6. 使用近期使用的命令输入内容

在实际绘图中常常需要多次输入相同的参数。例如需要以同样的半径来绘制几个圆形，就可以直接在近期输入列表中选择最近绘制图形时使用的半径，而无须再次输入。

在输入提示中右键单击，在弹出的快捷菜单中选择【最近的输入】命令，然后从列表中选择一个近期输入项，如图 2-7 所示。选择【CIRCLE】命令，命令行提示如下，只需输入半径即可绘制圆。

图 2-6 绘制圆　　　　图 2-7 快捷菜单

命令：CIRCLE↙ //在最近的输入选择 CIRCLE 选项
指定圆的圆心或［三点(3P)/两点(2P)/切点、切点、半径(T)］：//在绘图区指定一点
指定圆的半径或［直径(D)］<60.0000>：30↙ //输入半径值

2.1.2 退出正在执行的命令

在绘图过程中，如执行某一命令后才发现无须执行此命令，此时就需要退出正在执行的

命令。

退出正在执行的命令方法有以下几种。

（1）右键菜单。在绘图区域右击，在弹出的快捷菜单中选择【取消】命令。

（2）快捷键。按〈Esc〉键。

执行该命令即可退出正在执行的命令，如图2-8所示为执行【直线】命令，只指定了起点，需退出该命令。命令行的操作过程如下。

```
命令：L↙                                    //输入命令
LINE
指定第一个点：                              //绘图区指定直线起点
指定下一点或［放弃(U)］：*取消*             //按〈Esc〉键退出命令
```

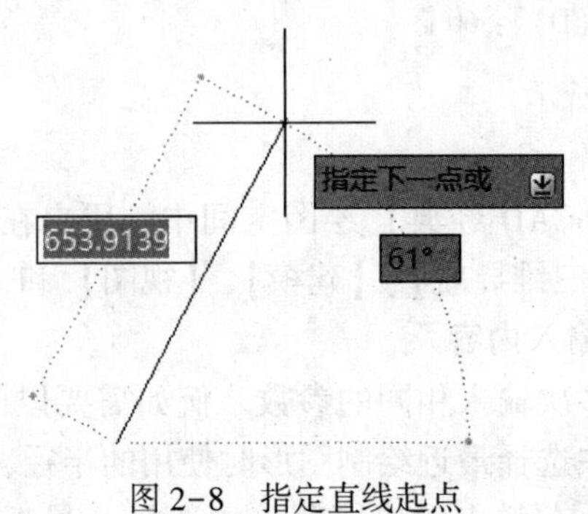

图2-8　指定直线起点

2.1.3　重复使用命令

重复执行命令的方法有以下几种。

（1）命令行中右键菜单：在命令行中右击，在弹出的快捷菜单中选择【最近使用命令】下需要重复的命令，可重复调用上一个使用的命令。

（2）绘图区右键菜单：在绘图区中右击，在弹出的快捷菜单中选择【重复】命令。

（3）快捷键：按〈Enter〉键或按〈Backspace〉键重复使用上一个命令。

（4）命令行：在命令行输入“MULTIPLE”并按〈Enter〉键。

以下是运用重复命令绘制两个同心圆。

（1）单击快速访问工具栏中的【新建】按钮，新建文件。

（2）绘制第一个圆。在命令行输入“C”并按〈Enter〉键，在绘图区空白处绘制 *R*30 的圆，如图2-9所示。命令行的操作过程如下。

```
命令：C↙                                    //执行【圆】命令
CIRCLE
指定圆的圆心或［三点(3P)/两点(2P)/切点、切点、半径(T)］：//在绘图区任意一点单击确定圆心
指定圆的半径或［直径(D)］<20.0000>：30↙     //输入圆的半径
```

（3）按〈Enter〉键重复执行【圆】命令，绘制 *R*50 的同心圆，如图2-10所示。命令行的操作过程如下。

```
命令：↙                                     //按〈Enter〉键重复上一命令
```

MULTIPLE

指定圆的圆心或［三点(3P)/两点(2P)/切点、切点、半径(T)］：//捕捉到上一个圆的圆心

指定圆的半径或［直径(D)］<15.0000>：10↙ //输入圆的半径

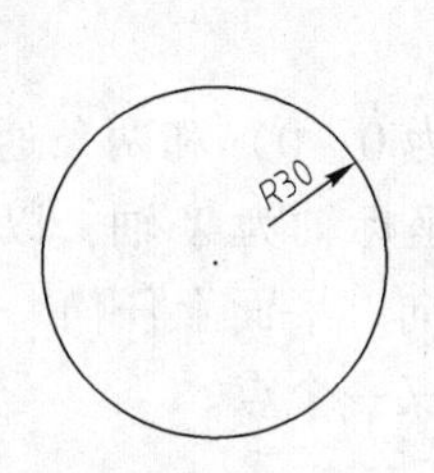

图 2-9 执行【圆】命令的结果

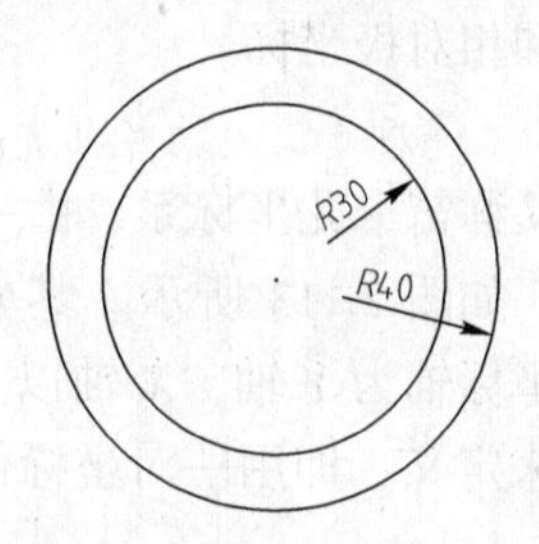

图 2-10 执行【重复】命令的结果

2.2 输入坐标点

在绘图过程中常需要使用某个坐标系作为参照来拾取点的位置，以精确定位某个对象，要想正确、高效地绘图，必须先理解各种坐标系的概念，然后再掌握图形坐标点的输入方法。

2.2.1 认识坐标系

AutoCAD 的坐标系包括世界坐标系（WCS）和用户坐标系（UCS）。在 AutoCAD 2016 中，为了使用户实现快捷绘图，可以直接操作坐标系图标以快速创建用户坐标系。

1. 世界坐标系

世界坐标系（World Coordinate System，WCS）是 AutoCAD 的基本坐标系，由三个相互垂直的坐标轴——X 轴、Y 轴和 Z 轴组成。在绘制和编辑图形的过程中，它的坐标原点和坐标轴的方向是不变的。

如图 2-11 所示，在默认情况下，世界坐标系的 X 轴正方向水平向右，Y 轴正方向垂直向上，Z 轴正方向垂直于屏幕平面方向，指向用户。坐标原点在绘图区的左下角，在其上有一个方框标记，表明是世界坐标系。

2. 用户坐标系

为了更好地辅助绘图，经常需要修改坐标系的原点位置和坐标方向，这就需要使用可变的用户坐标系（User Coordinate System，UCS）。在默认情况下，用户坐标系和世界坐标系重合，用户可以在绘图过程中根据需要来定义 UCS。

为表示用户坐标系 UCS 的位置和方向，AutoCAD 在 UCS 原点或当前视窗的左下角显示了 UCS 图标。如图 2-12 所示为用户坐标系图标。

图 2-11 世界坐标系图标　　图 2-12 用户坐标系图标

2.2.2 输入坐标

在 AutoCAD 2016 中，点的坐标通常采用四种输入方法，即绝对直角坐标、相对直角坐标、绝对极坐标和相对极坐标。

1. 直角坐标

直角坐标系又称笛卡儿坐标系，由一个原点（坐标为 0，0）和两条通过原点的互相垂直的坐标轴构成，如图 2-13 所示。其中，水平方向的坐标轴为 X 轴，以右方向为其正方向；垂直方向的坐标轴为 Y 轴，X 轴以上方向为其正方向。平面上任何一点 P 都可以由 X 轴和 Y 轴的坐标来定义，即用一对坐标值（X，Y）来定义一个点。

2. 极坐标

极坐标系由一个极点和一根极轴构成，极轴的方向为水平向右，如图 2-14 所示。平面上任何一点 P 都可以由该点到极点的连线长度（$L>0$）和连线与极轴的夹角 α（极角，逆时针方向为正）来定义，即用一对坐标值（$L<\alpha$）来定义一个点，其中“<”表示角度。

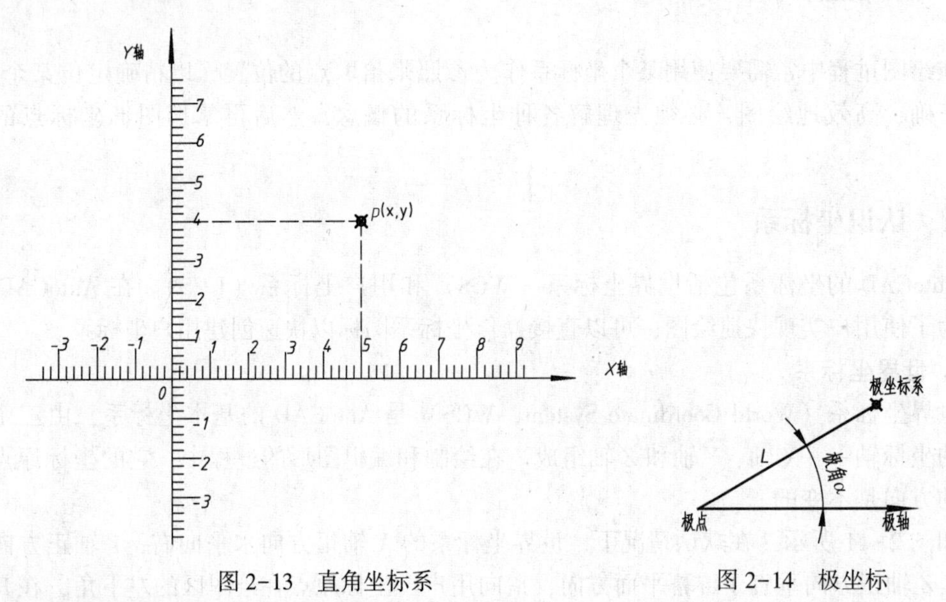

图 2-13 直角坐标系　　图 2-14 极坐标

3. 相对坐标

前面介绍的直角坐标和极坐标是绝对直角坐标和绝对极坐标，均以坐标原点为基点定位。很多情况下，用户需要通过点与点之间的相对位置来绘制图形，而不是指定每个点的绝对坐标。所谓的相对坐标，就是某点相对于另一点的坐标值。在 AutoCAD 中，相对坐标是在绝对坐标之前加上“@”表示。在直角坐标前加上“@”即为相对直角坐标，在极坐标前加上“@”即为相对极坐标。在 AutoCAD 中相对坐标均以上一个点作为参考。

4. 坐标值的显示

在 AutoCAD 状态栏的左侧区域，会显示当前光标所处位置的坐标值，该坐标值有三种显示状态。

（1）绝对坐标状态。显示光标所在位置的绝对直角坐标。

（2）相对极坐标状态。在相对于前一点来指定第二点时可以使用此状态。

（3）关闭状态。颜色会变为灰色，并“冻结”关闭时所显示的坐标值。

用户可以使用多种方式来控制坐标值是否显示，以及坐标值的显示状态，具体如下。单击坐标值显示区域，可以控制坐标值显示与否。在坐标值显示区域右击，在弹出的快捷菜单中选择所需的显示状态，如图 2-15 所示。

图 2-15　快捷菜单

2.2.3　实例——绘制 V 形定位块

（1）单击快速访问工具栏中的【新建】按钮，新建文件。

（2）绘制底边。单击【绘图】工具栏中的【直线】按钮或者在功能区单击【默认】选项卡上的【直线】按钮。以坐标系原点作为起点，即输入坐标(0,0)，结果如图 2-16 所示。输入坐标(300,0)绘制水平直线，如图 2-17 所示。

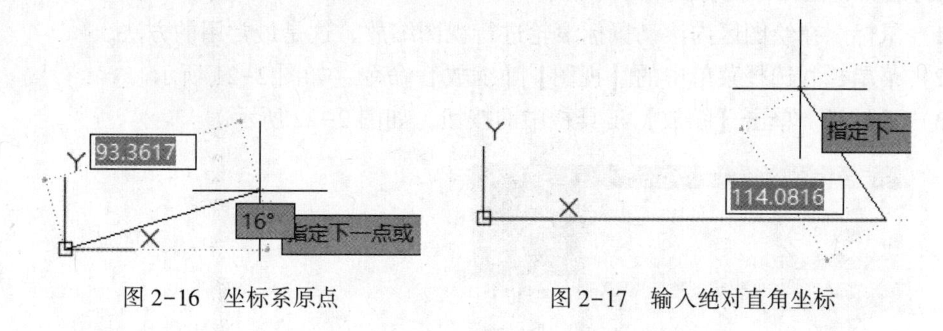

图 2-16　坐标系原点　　　图 2-17　输入绝对直角坐标

（3）绘制侧边和顶边。依次输入坐标(@0,120)、(@-80,0)绘制垂直直线，如图 2-18 所示。

（4）绘制斜线。输入相对极坐标(@82<225)绘制斜线，结果如图 2-19 所示。

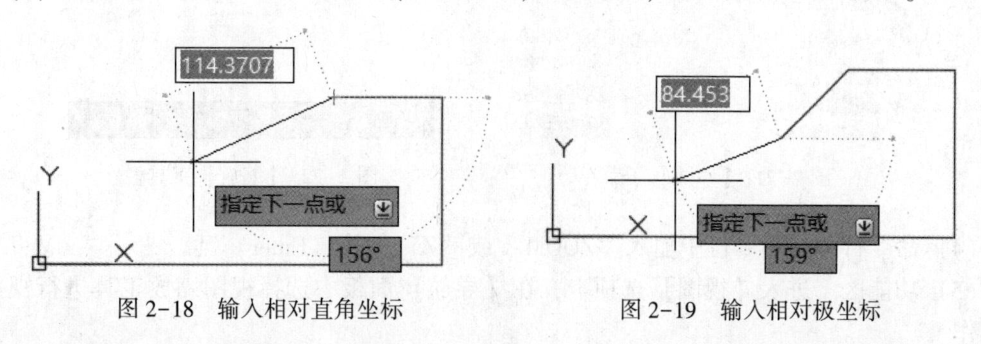

图 2-18　输入相对直角坐标　　　图 2-19　输入相对极坐标

（5）绘制对称部分的图形。依次输入坐标(@-24,0)、(@82<135)、(0,120)，再选择【闭合(C)】选项，结果如图 2-20 所示。

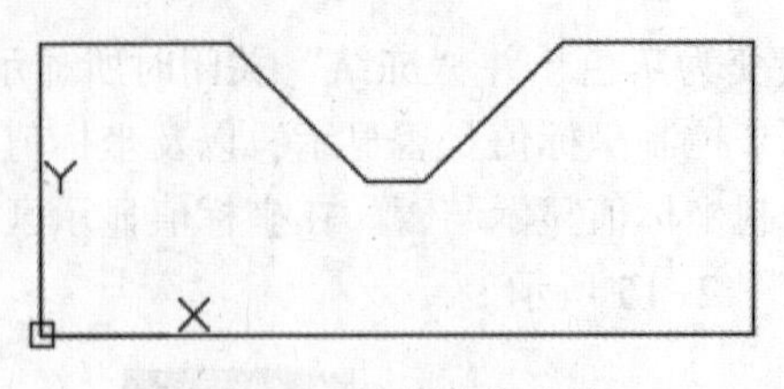

图 2-20　绘制的定位块

2.3　AutoCAD 2016 视图操作

在绘图过程中经常需要对视图进行平移、缩放和重生成等操作，利用这些功能可以从整体上对所绘制的图形进行有效的控制，从而可以辅助设计人员对图形进行整体观察、对比和校准，以达到提高绘图效率和准确性的目的。

2.3.1　缩放视图

缩放视图就是将图形进行放大或缩小，但不改变图形的实际大小，以便于观察和继续绘制。

执行缩放视图命令的方式有以下几种。

（1）鼠标。在绘图区内滚动鼠标滚轮进行视图缩放，这是最常用的方法。

（2）菜单栏。选择菜单中的【视图】|【缩放】命令，如图 2-21 所示。

（3）工具栏。单击【缩放】工具栏中的按钮，如图 2-22 所示。

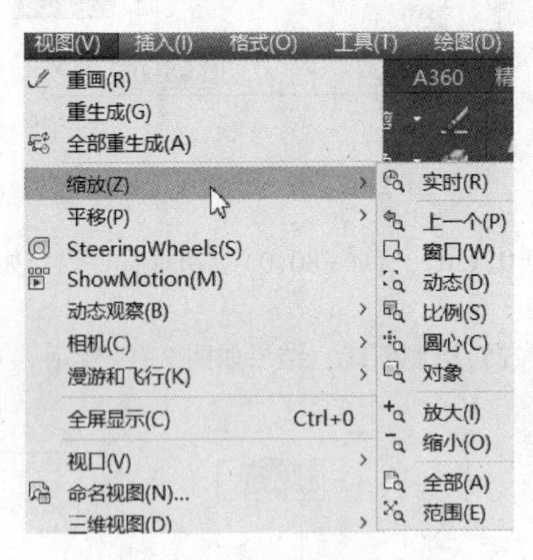

图 2-21　【缩放】子菜单

图 2-22　【缩放】工具栏

（4）命令行。在命令行中输入“ZOOM”或“Z”并按〈Enter〉键。

（5）功能区。进入【视图】选项卡，在【导航】面板中选择视图缩放工具进行视图缩放操作。

执行该命令后，命令行提示如下。

命令：Z↙　　　　　　　　　　　　　　　　//执行【缩放】命令

ZOOM

指定窗口的角点,输入比例因子(nX 或 nXP),或者[全部(A)/中心(C)/动态(D)/范围(E)/上一个(P)/比例(S)/窗口(W)/对象(O)]<实时>:　　　　　　　　//缩放选项

命令行中各个选项的功能和【缩放】工具栏中各选项的含义相同，下面将做详细的介绍。

1. 全部缩放

全部缩放就是最大化显示整个绘图区的所有图形对象（包括绘图界限范围内和范围外的所有对象）和视图辅助工具（例如栅格）。如图 2-23 所示为缩放前后的对比效果。

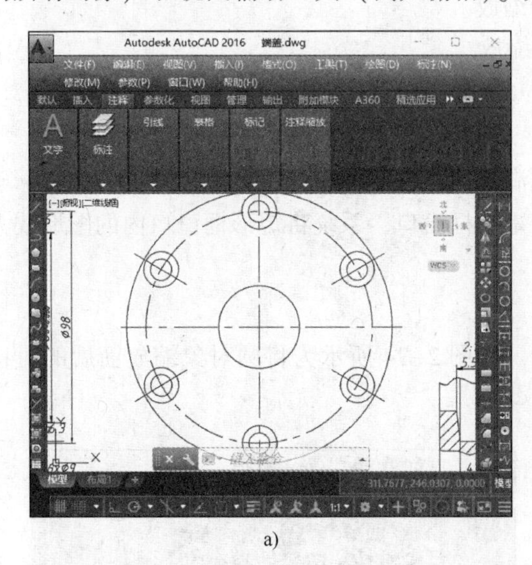

a)

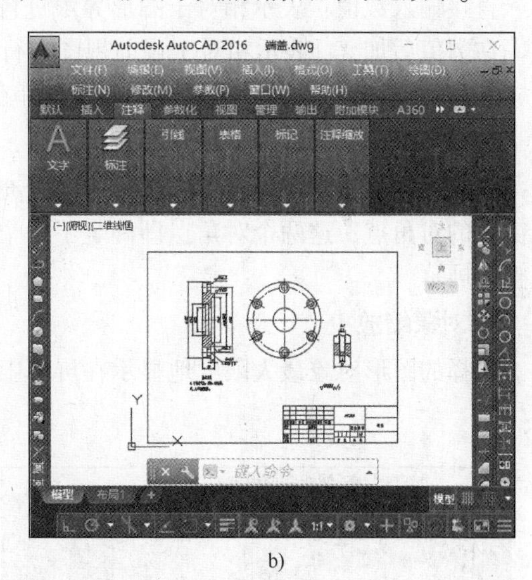

b)

图 2-23　全部缩放前后的对比效果

a）缩放前　b）缩放后

2. 中心缩放

中心缩放是以指定点为中心点，整个图形按照指定的缩放比例缩放，而这个点在缩放操作之后将称为新视图的中心点。中心缩放命令行的提示如下。

命令 ZOOM↙　　　　　　　　//执行【缩放】命令

指定窗口的角点,输入比例因子(nX 或 nXP),或者[全部(A)/中心(C)/动态(D)/范围(E)/上一个(P)/比例(S)/窗口(W)/对象(O)] <实时>:　　　　//激活中心缩放

指定中心点:　　　　　　　　//指定一点作为新视图显示的中心点

输入比例或高度 <当前值>:　　　　//输入比例或高度

【当前值】就是当前视图的纵向高度。如果输入的高度值比当前值小，则视图将放大；若输入的高度值比当前值大，则视图将缩小。缩放系数等于【当前窗口高度/输入高度】的比值，也可以直接输入比例。

3. 动态缩放

选择【动态】选项后，绘图区将显示几个不同颜色的方框，拖动当前视区框到所需位置，通过单击调整大小后按〈Enter〉键即可将当前视区框内的图形最大化显示。

4. 范围缩放

选择【范围】选项使所有图形对象最大化显示，充满整个视口。视图包含已关闭图层上的对象，但不包含冻结图层上的对象。

5. 缩放上一个

选择【上一个】选项使图形恢复到前一个视图显示的图形状态。

6. 比例缩放

选择【比例】选项会使图形按输入的比例值进行缩放，有以下三种输入方法。

直接输入数值：表示相对于图形界限进行缩放。

在数值后加 *X*：表示相对于当前视图进行缩放。

在数值后加 *XP*：表示相对于图纸空间单位进行缩放。

7. 窗口缩放

窗口缩放可以将矩形窗口内选择的图形充满当前视窗。执行窗口缩放操作后，用光标确定窗口的对角点，这两个对角点即确定了一个矩形框窗口，系统将矩形框窗口内的图形放大至整个屏幕。

8. 对象缩放

选择的图形对象最大限度地显示在屏幕上。如图 2-24 所示为将圆对象缩放前后的对比效果。

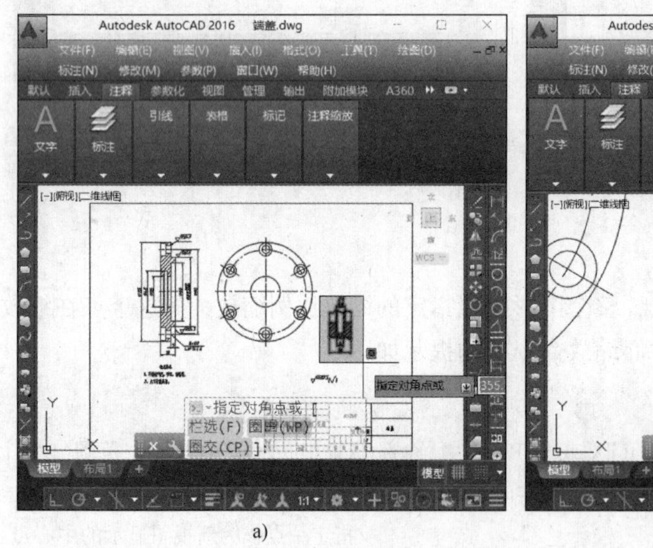

a)

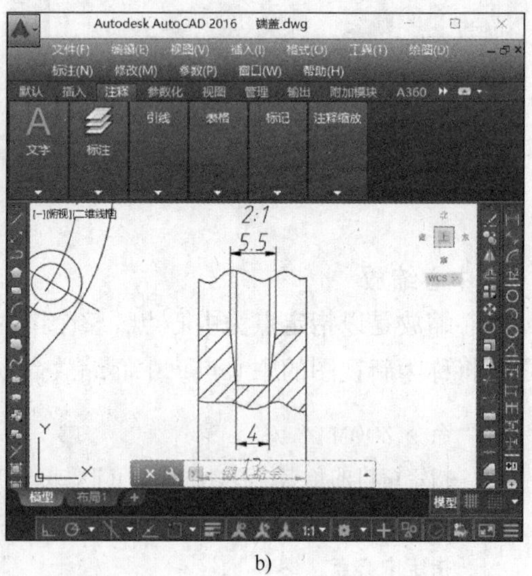

b)

图 2-24　对象缩放前后的对比效果

a）缩放前　b）缩放后

9. 实时缩放

实时缩放为默认选项。执行【缩放】命令后直接按〈Enter〉键即可使用实时缩放选项。在屏幕上会出现形状的光标，按住鼠标左键不放向上或向下移动，则可实现图形的放大或缩小。

2.3.2 平移视图

视图平移即不改变视图的大小，只改变其位置，以便观察图形的其他组成部分，如图 2-25 所示。图形显示不全面，且部分区域不可见时，便可以使用视图平移，在不改变视图大小的情况下观察图形。

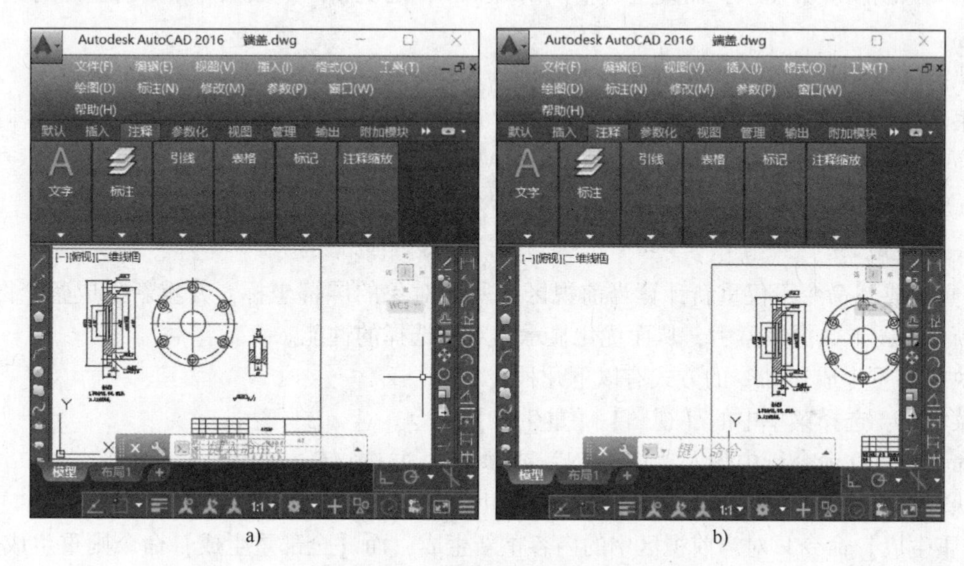

图 2-25 视图平移前后的对比效果

a）平移前 b）平移后

执行【平移】命令的方法如下。

（1）菜单栏。选择菜单中的【视图】|【平移】命令，然后在弹出的子菜单中选择相应的命令。

（2）工具栏。单击【标准】工具栏中的【实时平移】按钮。

（3）命令行。在命令行中输入“PAN”或“P”并按〈Enter〉键。

视图平移可分为实时平移和定点平移两种，其含义如下。

（1）实时平移。光标形状变为手形，按住鼠标左键拖动可以使图形的显示位置随鼠标向同一方向移动。

（2）定点平移。通过指定平移起始点和目标点的方式进行平移。

“上”、“下”、“左”、“右” 4 个平移命令表示将图形分别向上、下、左、右方向平移一段距离。必须注意的是，该命令并不是真的移动图形对象，只是观察位置的变化。

2.3.3 刷新视图

在 AutoCAD 中，某些操作完成后，操作效果往往不会立即显示出来，或者在屏幕上留下绘图的痕迹与标记。因此，需要通过视图刷新对当前视图进行重新生成，以观察到最新的编辑效果。

视图刷新命令主要有【重生成】和【重画】。这两个命令都是 AutoCAD 自动完成的，不需要输入任何参数，也没有备选项。

1. 重画

AutoCAD 常用数据库以浮点数据的形式储存图形对象的信息，浮点格式精度高，但计算时间长。AutoCAD 重生成对象时，需要把浮点数值转换为适当的屏幕坐标。因此对于复杂的图形，重新生成需要花费很长的时间。

重画只刷新屏幕显示；而重生成不仅刷新显示，还更新图形数据库中所有图形对象的屏幕坐标。

执行【重画】命令的方法如下。

菜单栏：选择菜单中的【视图】|【重画】命令。

命令行：在命令行中输入“REDRAWALL”或“RADRAW”或“RA”并按〈Enter〉键。

2. 重生成

【重生成】命令不仅重新计算当前视区中所有对象的屏幕坐标，并重新生成整个图形，还重新建立图形数据库索引，从而优化显示和对象选择的性能。

执行【重生成】命令的方式有以下几种。

菜单栏：选择菜单中的【视图】|【重生成】命令。

命令行：在命令行中输入“REGEN”或“RE”并按〈Enter〉键。

执行重生成操作后，图形中的圆弧显示精度可能会增加。

【重生成】命令只对当前视区中的内容重新生成，而【全部重生成】命令则重生成文件中所有的图形。

执行【全部重生成】命令的方式有以下几种。

菜单栏：选择菜单中的【视图】|【全部重生成】命令。

命令行：在命令行中输入“REGENALL”或“REA”并按〈Enter〉键。

在进行复杂的图形处理时，应当充分考虑到【重画】和【重生成】命令的不同工作机制，合理使用。【重画】命令耗时较短，可以经常使用以刷新屏幕。每隔一段较长的时间，或【重画】命令无效时，可以使用一次【重生成】命令更新后台数据库。

2.4 AutoCAD 设计中心基础知识

AutoCAD 提供了一个功能强大的设计中心管理系统。本节将介绍设计中心的基础知识。

2.4.1 AutoCAD 设计中心概述

使用 AutoCAD 系统的设计中心，可以管理对图形、块、图案填充和其他图形内容的访问，可以将源图形（源图形可以位于用户的计算机、网络位置或网站上）中的任何内容拖曳到当前图形中，可以将图形、块和填充拖曳到工具选项板上，可以通过设计中心在打开的多个图形之间复制和粘贴内容（如图层定义、布局和文字样式）等，从而简化绘图过程。具体来说，使用设计中心可以进行表 2-2 的主要工作内容操作。

表 2-2 设计中心的主要工作内容一览表

序　号	主要操作内容
1	浏览用户计算机、网络驱动器和 Web 页上的图形（例如图形或符号库）
2	在定义表中查看图形文件中命名对象（例如块和图层）的定义，然后将定义插入、附着、复制和粘贴到当前图形中
3	更新（重定义）块定义
4	创建指向常用图形、文件夹和 Internet 网址的快捷方式
5	向图形中添加内容（例如外部参照、块和填充）
6	在新窗口中打开图形文件
7	将图形、块和填充拖拽到工具选项板上以便访问

如果当前工作界面中没有显示【设计中心】窗口，那么可以在菜单栏中选择【工具】|【选项板】|【设计中心】命令，或者在功能区【视图】选项卡的【选项板】面板中单击【设计中心】按钮，系统弹出如图 2-26 所示的【设计中心】窗口。

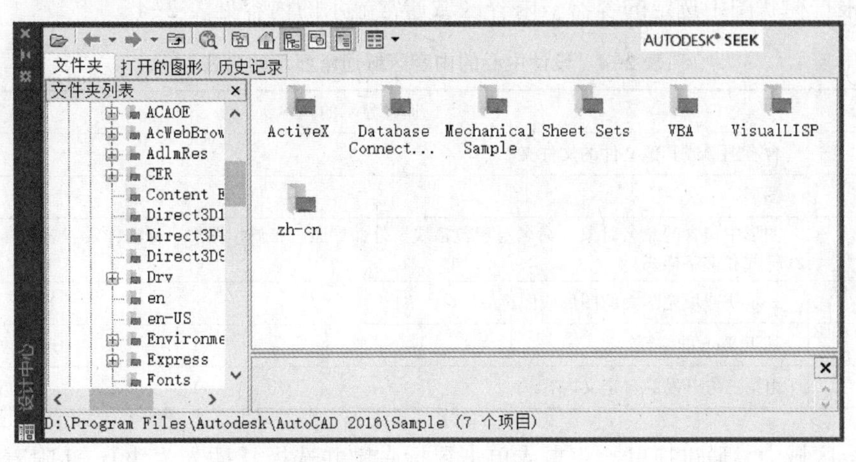

图 2-26 【设计中心】窗口

2.4.2 认识设计中心窗口

【设计中心】窗口由顶部的工具栏图标区、默认竖排的标题栏、【文件夹】选项卡、【打开的图形】选项卡和【历史记录】选项卡等部分组成。注意在默认情况下，【联机设计中心】选项卡（简称联机设计中心）处于禁用状态，用户可以通过 CAD 管理员控制实用程序启用。【设计中心】窗口中各选项卡的功能用途见表 2-3。

表 2-3 设计中心窗口各选项卡的功能用途

序　号	选项卡名称	用　途	备注说明
1	【文件夹】	显示计算机或网络驱动器（包括【我的电脑】和【网上邻居】）中文件和文件夹的层次结构	经常通过该选项卡浏览所需的文件
2	【打开的图形】	显示当前工作任务中打开的所有图形，包括最小化的图形	便于检索和操作打开的图形

（续）

序　号	选项卡名称	用　途	备注说明
3	【历史记录】	显示最近在设计中心打开的文件列表	显示历史记录后，在一个文件上单击鼠标右键显示此文件信息或从【历史记录】列表中删除此文件
4	【联机设计中心】	访问联机设计中心网页	建立网络连接时，【欢迎】页面中将显示两个窗格，其中左边窗格显示了包含符号库、制造商站点和其他内容库的文件夹；当选定某个符号时，它会显示在右窗格中，并且可以下载到用户的图形中

使用设计中心顶部的工具栏按钮可以显示和访问选项。单击【文件夹】或【打开的图形】选项卡时，设计中心主要区域将显示两个窗格，使用这两个窗格可以很方便地管理图形内容。右侧窗格是内容区域，左侧窗格是树状图。下面分别介绍内容区域和树状图。

1. 内容区域（右侧窗格）

设计中心的内容区域（右侧窗格）用来显示树状图中当前选定【容器】的内容，所述的【容器】是设计中心可以访问的信息的网络、计算机、磁盘、文件夹、文件或网址（URL），根据树状图中选定的容器，内容区域通常显示的内容见表2-4。

表2-4　设计中心的内容区域通常显示的内容

序　号	通常显示的内容
1	含有图形或其他文件的文件夹
2	图形
3	图形中包含的命名对象（命名对象包括块、外部参照、布局、图形、标注样式、表格样式、多重引线样式和文字样式）
4	表示块或填充图案的图形或图标
5	基于 Web 的内容
6	由第三方开发的自定义内容

在内容区域中，通过拖曳、双击或单击鼠标右键并选择【插入为块】、【附着为外部参照】或【复制】命令，可以在图形中插入块、填充图案或附着外部参照；可以通过拖曳或单击鼠标右键向图形中添加其他内容（例如图层、标注样式和布局）；可以从设计中心将块和填充图案拖曳到工具选项板中。

2. 树状图（左侧窗格）

设计中心的树状图（左侧窗格）用来显示用户计算机和网络驱动器上的文件与文件夹的层次结构、打开图形的列表、自定义内容以及上次访问过的历史记录。在树状图中选择项目，则会在内容区域中显示其内容。使用设计中心顶部的工具栏按钮可以访问树状图选项。用户可以隐藏和显示设计中心树状图，其快捷方式是在内容区域背景上单击鼠标右键，然后从出现的快捷菜单中选择【树状图】命令。

2.4.3　从设计中心搜索内容并加载到内容区

从设计中心搜索内容并加载到内容区是基本的操作。下面介绍其操作方法及步骤。

（1）如果设计中心尚未打开，则可以从 AutoCAD2016 菜单栏中选择菜单中的【工具】|【选项板】|【设计中心】命令，或者在功能区【视图】选项卡的【选项板】面板中单击

【设计中心】按钮，系统弹出如图 2-26 所示的【设计中心】窗口。

（2）在设计中心的工具栏中单击【搜索】按钮，系统弹出如图 2-27 所示的【搜索】对话框。

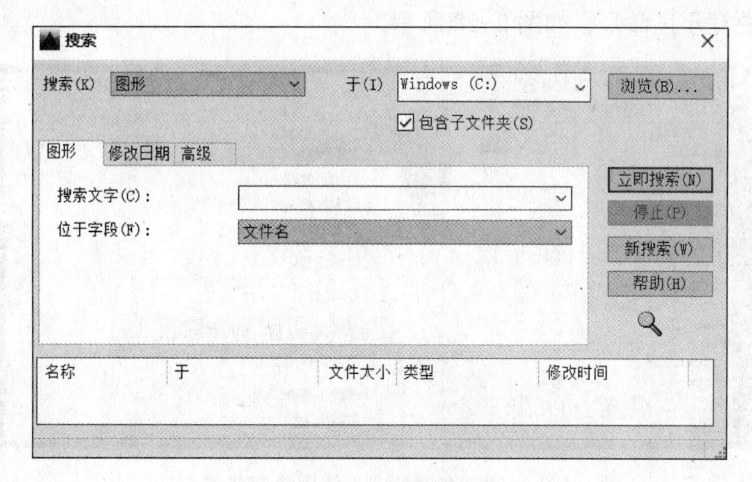

图 2-27 【搜索】窗口

（3）在【搜索】对话框中设置搜索条件进行搜索，搜索结果显示在对话框的搜索结果列表中。

（4）在设计中心使用以下方法之一：

1）将搜索结果列表中的项目拖曳到内容区中。

2）双击搜索结果列表中的项目。

3）在搜索结果列表中的项目上单击鼠标右键，接着从快捷菜单中选择【加载到内容区中】命令。

（5）在内容区可以继续双击某图标以加载到下一级对象。例如在设计中心内容区中，双击【块】图标，将显示图形中每个块的缩略图像。

2.4.4 设计中心的一些常用操作

将项目加载到内容区后，可以对显示的项目内容进行各种操作。例如，双击内容区上的项目可以按层次顺序显示详细信息；在内容区选择所需要的内容，可以将内容添加到当前的图形中，可以在内容区打开图形，还可以将项目添加到工具选项板中。

1. 将内容添加到图形中

在设计中心内容区将选定的内容添加到当前图形中，可以使用以下的方法：

（1）将某个项目拖曳到某个图形的图形区，按照默认设置（如果有）将其插入。

（2）在内容区中的某个项目上单击鼠标右键，将显示包含若干选项的快捷菜单，利用快捷菜单进行相应操作。

（3）双击块将弹出【插入】对话框，双击图案填充将弹出【边界图案填充】对话框，利用这些弹出的对话框进行插入设置。

用户可以预览图形内容（包括内容区中的图形、外部参照或块），还可以显示文字说明。

2. 通过设计中心打开图形

在设计中心中，可以通过以下方式在内容区中打开图形：

（1）使用快捷菜单。例如，在内容区右击要打开的选定图形，从快捷菜单中选择【在应用程序窗口中打开】命令，如图 2-28 所示。

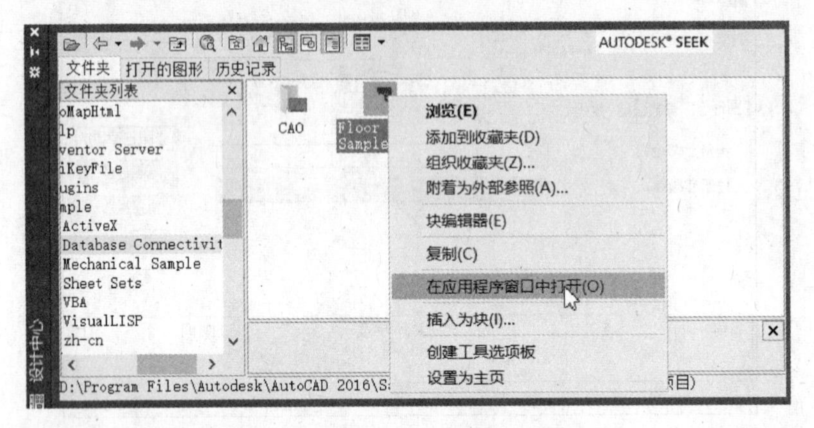

图 2-28　在设计中心使用快捷菜单

（2）拖曳图形的同时按住〈Ctrl〉键，将图形拖至应用程序窗口中释放。

（3）将图形图标拖至绘图区域，需要指定插入点、比例因子等。

图形文件被打开时，该图形名被添加到设计中心历史记录中，以便将来能够快速访问。

3. 将设计中心中的项目添加到工具选项板中

可以将设计中心中的图形、块和图案填充添加到当前的工具选项板中，以丰富工具选项板的内容。

在设计中心的内容区，可以将一个或多个项目拖曳到当前的工具选项板中。

在设计中心树状图中，可以单击鼠标右键并从快捷菜单中为当前文件夹、图形文件或块图标创建新的工具选项板。向工具选项板中添加图形时，如果将它们拖曳到当前图形中，那么被拖曳的图形将作为块被插入。注意，可以从内容区中选择多个块或图案填充，并将它们添加到工具选项板中。

4. 通过设计中心更新块定义

与外部参照不同，当更改块定义的源文件时，包含此块的图形的块定义并不会自动更新。通过设计中心，可以决定是否更新当前图形中的块定义。块定义的源文件可以是图形文件或符号库图形文件中的嵌套块。在内容区中的块或图形文件上单击鼠标右键，然后从显示的快捷菜单中选择【仅重定义】或【插入并重定义】命令，可以更新选定的块。

2.5　图层的应用

图层是 AutoCAD 2016 提供给用户管理图形对象的重要工具。图层可以有多层，每个图层就相当于一张没有厚度的透明纸。实际绘制工程图时，可以将工程图中不同类型的图形对象绘制在不同的图层上，最后将这些透明的图层叠摞起来，这样就形成了一张完整的工程图。

用 AutoCAD 2016 绘图时，图形元素处于某个图层上。默认情况下，当前层是 0 层，若没有切换至其他图层，则所绘制的图都在 0 层上。每个图层都有与其相关的颜色、线型、线宽和尺寸标注及文字说明等属性信息，如果用图层来管理它们，不仅能使图形的各种信息清楚有序，便于观察，而且也会给图形的编辑、修改和输出带来极大的方便。

2.5.1 图层应用基础概述

AutoCAD 中的每一个图层就好比是一张透明的图纸，由用户在该【图纸】上绘制图形对象；若干个图层重叠在一起就好比是若干张图纸叠放在一起，从而构成所需要的图形效果。通常，将类型、特性相似的对象绘制在同一个图层中，将类型、特性不同的对象绘制在其他的指定图层中。例如，将用粗实线表示的不同轮廓线都绘制在一个专门的图层中，将所有的中心线绘制在另一个专门的图层中，将标注、构造线等分别置于不同的图层中。在每一个图层中，都可根据需要设置其相应的颜色、线型、线宽、打印样式、开关状态和说明等图层特性。

通过使用图层可以很方便地为同一图层中的所有对象指定相同的颜色、指定某一种默认线型和线宽，并可设置图层中的对象是否可以修改，可以设置图层中的对象在任何视口中是可见的还是暗显的，还可以设置是否打印对象以及如何打印对象等。

在 AutoCAD 中，每一个图形都包括一个名为“0”的图层，该图层的用途是为了确保每个图形至少包括一个图层，并提供与块中的控制颜色相关的特殊图层。值得注意的是，该“0”图层不能被删除或者重新命名。另外，无法删除当前图层、包含对象的图层和依赖外部参照的图层。

使用 AutoCAD 2016 提供的如图 2-29 所示的【图层】面板，可以对图层进行相关的操作。例如可以从其中的【图层】下拉列表框中选择所需要的一个图层，以开始在该层中绘制新图形。

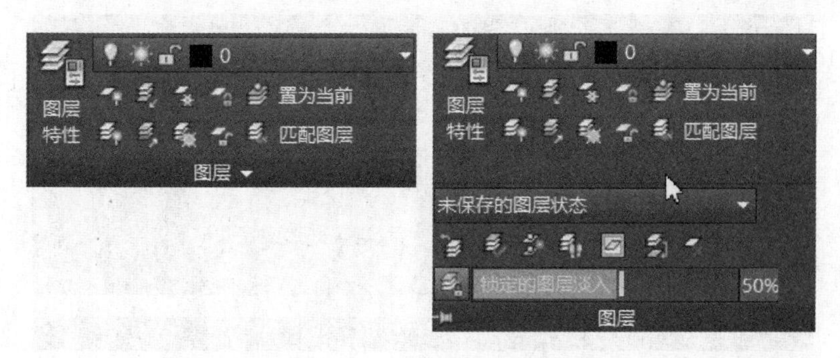

图 2-29 【图层】面板

另外，用户需要了解图层的相关菜单命令。在菜单栏中打开【格式】菜单，可以看到与图层相关的命令，除了【图层】和【图层状态管理器】命令之外，还包括其他实用的图层工具命令，如图 2-30 所示。

图 2-30 【图层工具】菜单命令

2.5.2 管理图层与图层特性

1. 管理图层

输入建立新图层的命令，可以进行创建新图层、删除没有用的图层、设置和生成当前层、改变指定层的特性等操作。

在【默认】选项卡中的【图层】面板中单击【图层特性】按钮，或者在菜单栏中选择菜单中的【格式】|【图层】命令，系统弹出如图 2-31 所示的【图层特性管理器】对话框。该对话框中上部是对层操作的按钮，下部是控制层显示的复选框，中间是层过滤的条件列表框和符合过滤条件的所有图层的列表框。利用该对话框可以进行有关层的操作。

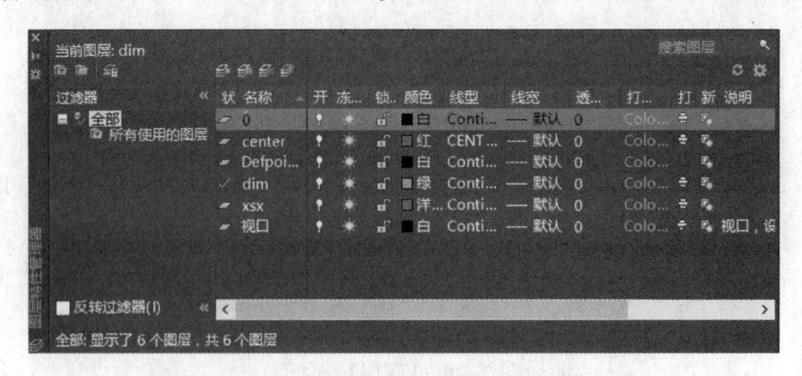

图 2-31 【图层特性管理器】对话框

（1）单击【新建特性过滤器】按钮，系统弹出【图层过滤器特性】对话框，从中可以根据图层的一个或多个特性创建图层过滤器。

（2）单击【新建图层】按钮，将创建新图层并显示在图层状态和特性的列表框中。新建图层的默认层名为“图层 n”（n 为图层编号），其颜色、线型、线宽和状态等特性与用户选中的图层相同。为便于记忆，用户可以在此对图层名进行修改。

（3）单击【删除图层】按钮，可以删除所选中的图层。在图层状态和特性的列表框中选中（用鼠标单击图层名称）要删除的图层，单击该按钮，则可将选中的图层删除。0层、当前图层、已绘制图形对象的图层、定义有图块的图层和依赖外部参照所建立的图层不能被删除。

（4）单击【置为当前】按钮，可以切换当前层。在图层状态和特性的列表框中选中某个图层后，单击该按钮，选中的图层即成为当前层。

2. 图层特性

AutoCAD2016 图层具有以下特性：

（1）用户可以根据绘图需要，在一个图形文件中创建任意数量的图层。

（2）创建图层时，可以根据需要为新创建的图层设置名称、颜色、线型、线宽和状态等特性。

（3）新建一个图形文件时，AutoCAD 2016 自动创建一个层名为“0”的图层，而且作为系统的默认层。

（4）各图层具有相同的坐标系、图形界限、显示时的缩放倍数等。用户可以对位于不同图层上的图形对象同时进行编辑和修改等操作。

（5）所有的图层中必须且只能有一个图层为当前层，AutoCAD 2016 的所有绘图命令的操作都是在当前层上进行的。

2. 5. 3　新建图层

用户可以根据设计需要创建若干个图层以备在以后绘制图形时选择。新建图层的方法比较简单，即用户可以按照如下的步骤创建新图层。

（1）在【默认】选项卡中的【图层】面板中单击【图层特性】按钮，或者在菜单栏中选择菜单中的【格式】|【图层】命令，系统弹出如图 2-31 所示的【图层特性管理器】对话框。

（2）在【图层特性管理器】对话框中单击【新建图层】按钮，新建一个图层，该图层名自动添加到图层列表中。

（3）在图层列表框的当前新图层的【名称】文本框中输入新的图层名。也可接受默认的图层名称。

（4）分别单击该新图层对应的特性单元格，以修改该图层的相应特性，如【颜色】、【线型】、【线宽】和【开关状态】等。

（5）单击该图层的【说明】特性单元格，待在该单元格中出现输入光标时，可输入用于说明该图层特性的注释信息。该步骤为可选步骤。

（6）在【图层特性管理器】对话框单击竖向标题栏中的【关闭】按钮，关闭【图层特性管理器】对话框。

使用同样的方法，用户可以创建若干个所需的图层。创建的这些图层均可以从【图层】面板中的【图层】下拉列表框（也称图层控制列表框）中查看到。

2. 5. 4　图层的状态和特性

图形对象的每个层都有自己的状态和特性，用户可以在图层状态和特性的列表框中选中某一层，然后对图层的状态和特性进行设置。用户对图层状态和特性的设置内容、方法如下所述。

1. 图层的打开与关闭

当图层处于打开状态时，该图层上的图形实体可见；当图层处于关闭状态时，该图层上的图形实体不可见，且在打印输出时，该图层上的图形也不被打印。但是在用重生成命令时，关闭图层上的图形仍参与计算。

关闭和打开图层的具体操作是：在图层状态和特性的列表框中选中某层，然后用鼠标单击该层的灯泡图标。灯灭表示该图层被关闭，灯亮表示该图层被打开。

2. 图层的冻结与解冻

图层被冻结后，其上的图形对象既不可见，也不能打印输出，且不参与重生成图形的计算。

冻结和解冻图层的具体操作是：在图层状态和特性的列表框中选中某层，然后用鼠标单击该层的图标。图标变为图标表示该图层被冻结，反之则表示该图层被解冻。

3. 图层的锁定与解锁

当图层被锁定后，该图层上的图形对象仍可见，但用户不能对其进行编辑和修改。

锁定和解锁图层的具体操作是：在图层状态和特性的列表框中选中某层，然后用鼠标单击该层的打开锁头图标。打开锁头图标变为锁住图标表示该图层被锁定，反之则表示该图层被解锁。

4. 图层的颜色

颜色是图层的特性之一，图层颜色的设置方法是在图层状态和特性的列表框中选中某层，然后单击选定图层的颜色框，系统将弹出如图 2-32 所示的【选择颜色】对话框。该对话框有【索引颜色】、【真彩色】和【配色系统】三个选项卡，用户可以选择这三个选项卡中的任何一个来为选中的图层设置颜色。选择完颜色后，单击【确定】按钮，系统将返回到【图层特性管理器】对话框。

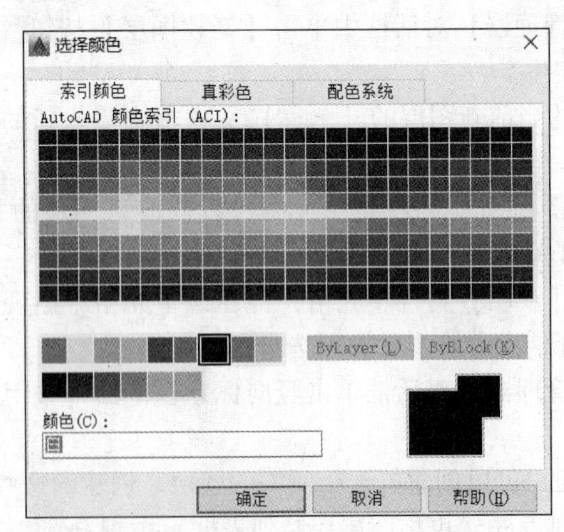

图 2-32 【选择颜色】对话框

（1）【索引颜色】选项卡。索引颜色是将系统定义好的 256 种颜色排列在一张颜色表中，用户可以在其中任选一种。选取颜色的具体方法是用鼠标单击希望选取的颜色或在

【颜色】文本框中输入相应的颜色名或颜色号，单击【确定】按钮即可。

（2）【真彩色】选项卡。单击如图 2-32 所示中的【真彩色】选项卡，【选择颜色】对话框如图 2-33 所示的【选择颜色】。在该选项卡的【颜色模式】下拉列表中有 RGB 和 HSL 两种颜色模式，用户可以通过任何一种模式调用需要的颜色。

（3）【配色系统】选项卡。单击如图 2-32 所示中的【配色系统】选项卡，【选择颜色】对话框如图 2-34 所示。在该选项卡的【配色系统】下拉列表中，AutoCAD 2016 提供了多种定义好的色库表。用户可以任选一种色库表，然后在下面的颜色条中选择需要的颜色。

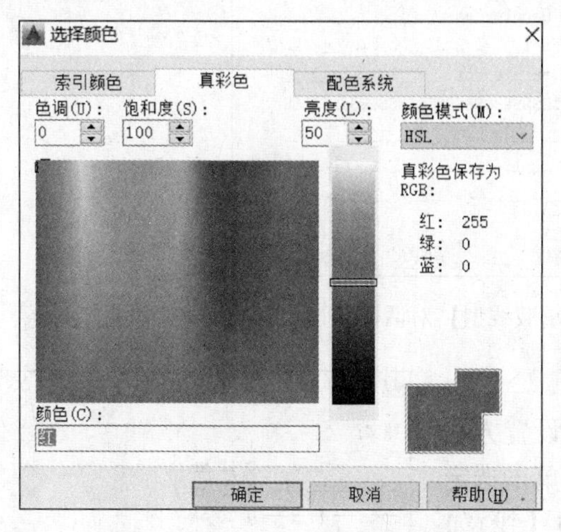

图 2-33 【选择颜色】对话框

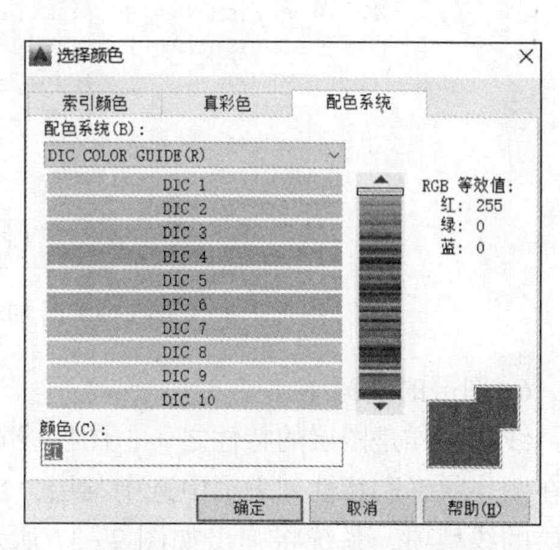

图 2-34 【选择颜色】对话框

5. 图层的线型

线型也是图层的特性之一，图层线型的设置方法是在图层状态和特性的列表框中选中某层，然后单击选定图层的线型名称，系统弹出如图 2-35 所示的【选择线型】对话框。在该对话框的图层状态和特性列表框中，列出了已从 AutoCAD 2016 线型库中调入当前图形文件中的各种线型，用户可以从中进行选择。具体方法是用鼠标单击用户需要的线型，然后单击【确定】按钮即可。系统也将返回到【图层特性管理器】对话框。

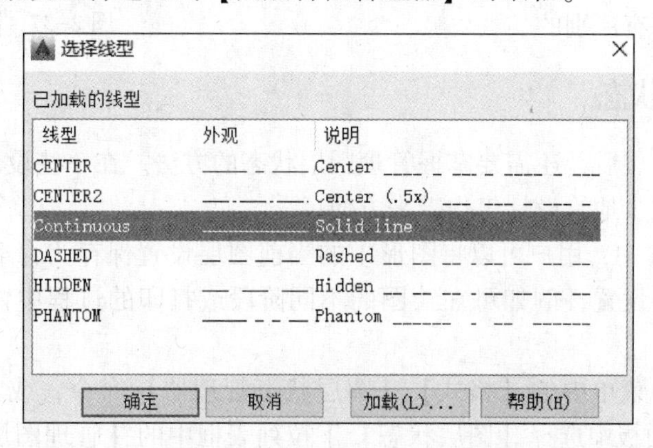

图 2-35 【选择线型】对话框

若在如图 2-35 所示的【选择线型】对话框的特性列表框中没有用户需要的线型（默认情况下系统只有 Continuous 一种线型），则可单击【加载】按钮，系统将弹出如图 2-36 所示的【加载或重载线型】对话框。可以从该对话框中选取所需要的线型加载到当前图形文件中。加载的具体方法是用鼠标单击列表框中用户所需要的线型，然后单击【确定】按钮即可。

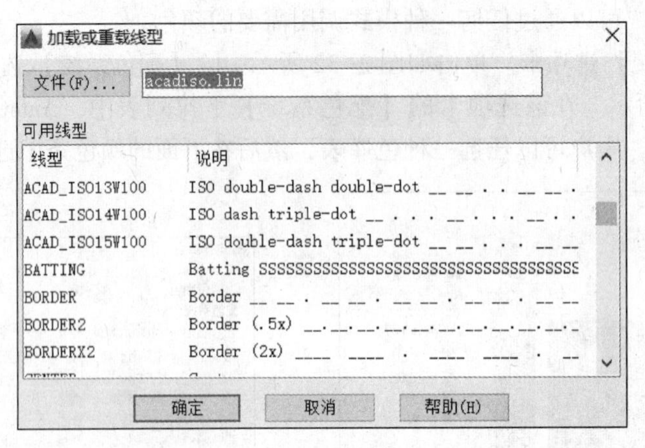

图 2-36 【加载或重载线型】对话框

6. 图层的线宽

线宽同样是图层的特性之一，图层线宽的设置方法是在图层状态和特性列表框中选中某层，然后单击选定图层的线型项，系统将弹出如图 2-37 所示的【线宽】对话框。在该对话框的“线宽”列表框中列出了各种线宽供用户选择。具体选择方法是用鼠标单击列表框中用户需要的线宽，然后单击【确定】按钮即可。系统也将返回到【图层特性管理器】对话框。

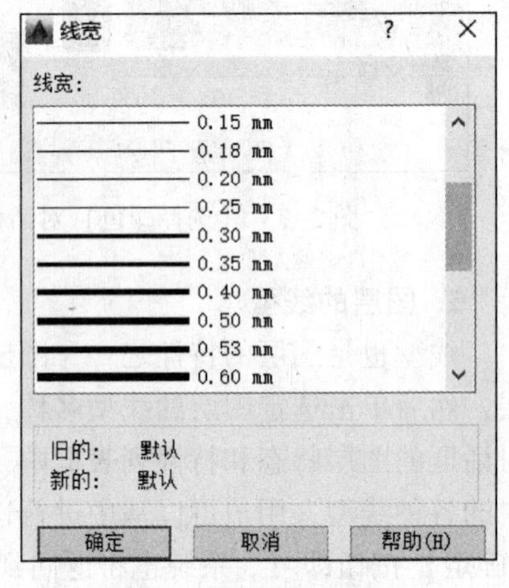

图 2-37 【线宽】对话框

以上所介绍的利用【图层特性管理器】对话框设置的图层颜色、线型、线宽统称为图层颜色、图层线型和图层线宽，与下面将要介绍的实体颜色、实体线型和实体线宽在使用中是有区别的。

2.5.5 管理图层状态

创建好所需的图层后，还需要掌握管理图层状态的方法。在一些设计场合下，有效管理图层状态可以或多或少地给设计工作带来方便。

在 AutoCAD2016 中，用户可以将图形中的当前图层设置保存为命名图层状态，以便以后需要时再恢复这些设置，例如可在绘图的不同阶段或打印的过程中恢复所有图层的特定设置。

在菜单栏中选择菜单中的【格式】|【图层状态管理器】命令，或者在功能区【默认】选项卡的【图层】面板中选择【图层状态】下拉列表框中的【管理图层状态】命令，系统弹出如图 2-38 所示的【图层状态管理器】对话框。该对话框中显示了图形中已保存的图层状态列表，用户可以将图形中的图层设置另存为命名图层状态，然后便可以在需要时恢复、编辑、输入和输出命名图层状态以在其他图形中使用。

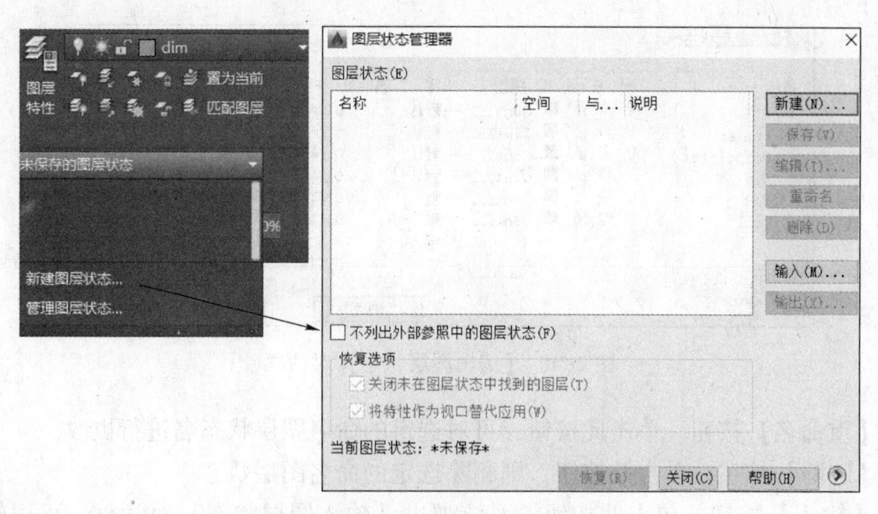

图 2-38 【图层状态管理器】对话框

下面介绍【图层状态管理器】对话框中各组成部分（组成元素）的功能含义。

(1)【图层状态】列表。在该列表中列出已保存在图形中的命名图层状态、保存它们的空间（模型空间、布局或外部参照）、图层列表是否与图形中的图层列表相同以及可选说明。

(2)【不列出外部参照中的图层状态】复选框。用于控制是否显示外部参照中的图层状态。

(3)【恢复选项】选项组。该选项组提供了【关闭未在图层状态中找到的图层】复选框和【将特性作为视口替代应用】复选框。勾选前者时，在恢复图层状态后，将关闭未保存设置的新图层，以使图形看起来与保存命名图层状态时一样；勾选后者时，会将图层特性替代应用于当前视口，注意仅当布局视口处于活动状态并访问图层状态管理器时，后者的复选框才可用。

(4)【新建】按钮。单击此按钮，系统弹出如图 2-39 所示的【要保存的新图层状态】对话框，从中可以设置【新图层状态名】和【说明】。

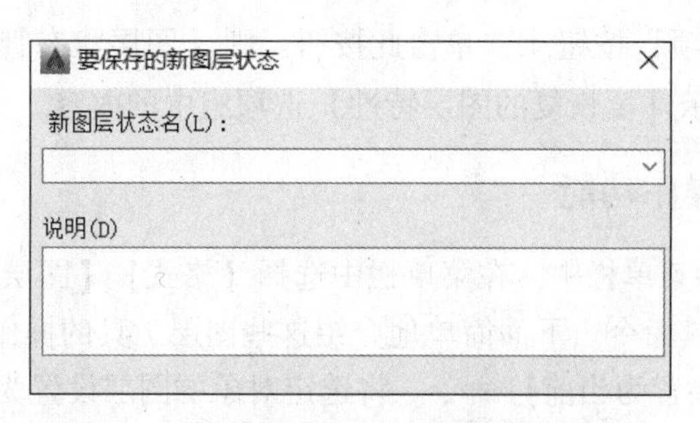

图 2-39 【要保存的新图层状态】对话框

(5)【保存】按钮。用于保存选定的命名图层状态。

(6)【编辑】按钮。在【图层状态】列表中选定命名图层状态后单击此按钮，系统弹出如图 2-40 所示的【编辑图层状态】对话框，从中可以修改选定的命名图层状态。

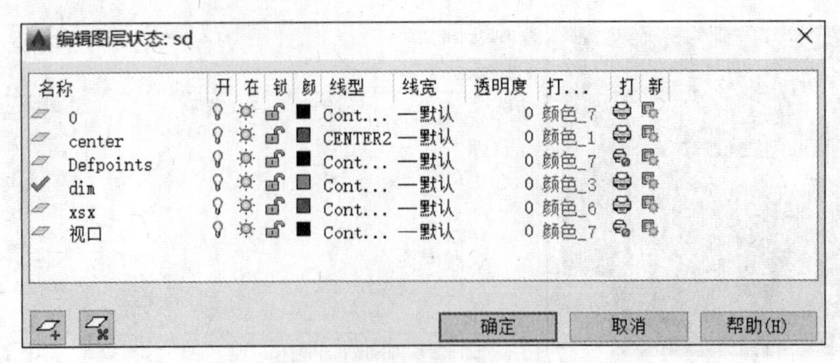

图 2-40 【编辑图层状态】对话框

(7)【重命名】按钮。单击此按钮，可对选定的命名图层状态名进行更改。

(8)【删除】按钮。单击此按钮，则删除选定的命名图层状态。

(9)【输入】按钮。单击此按钮，系统弹出【输入图层状态】对话框，可以输入允许类型的文件（如“*.dwg”、“*.dws”或“*.dwt”）中的图层状态，当然也可以将之前输出的图层状态（*.las）文件加载到当前图形。输入图层状态文件可能会导致创建其他图层。另外，需要注意的是，选定“*.dwg”、“*.dws”和“*.dwt”文件后单击【打开】按钮，系统弹出【输入图层状态】对话框，以便从中选择要输入的图层状态；如果选定文件中不存在命名图层状态，系统弹出【图层状态-未找到图层状态】对话框，提示【选定文件不包含任何图层状态】。

(10)【输出】按钮。单击此按钮，系统弹出【输出图层状态】对话框，从中可以将选定的命名图层状态保存到图层状态（*.LAS）文件中。

(11)【恢复】按钮。单击此按钮，将图形中所有图层的状态和特性设置恢复为之前保存的设置。仅恢复使用复选框指定的图层状态和特性设置。

(12)【关闭】按钮。单击此按钮，关闭【图层状态管理器】对话框并保存更改。

(13)【更多恢复选项】按钮。单击此按钮，则【图层状态管理器】对话框显示更多的恢复选项。利用【要恢复的图层特性】选项组中的复选框及按钮。可以指定恢复选定命名图层状态时要恢复的图层状态设置和图层特性。

(14)【更少恢复选项】按钮。单击此按钮，则【图层状态管理器】对话框将显示更少的恢复选项，即不显示【要恢复的图层特性】选项组中的内容。

2.5.6 图层工具的操作功能

在 AutoCAD 2016 的菜单栏中，在菜单栏中选择【格式】|【图层工具】级联菜单中可以选择一些实用的图层工具命令。下面简单地介绍这些图层工具的操作功能。

(1)【将对象的图层置为当前】命令。将选定对象的图层设置为当前图层。可以通过选择当前图层上的对象来更改该图层。

(2)【上一个图层】命令。放弃对图层设置的上一个或上一组更改。

(3)【图层漫游】命令。显示选定图层上的对象，并隐藏所有在其他图层上的对象。选择该命令，系统弹出如图 2-41 所示的【图层漫游-图层数】对话框。对于包含大量图层的图形，用户可以过滤显示在对话框中的图层列表。使用该命令可以检查每个图层上的对象和清理未参照的图层。

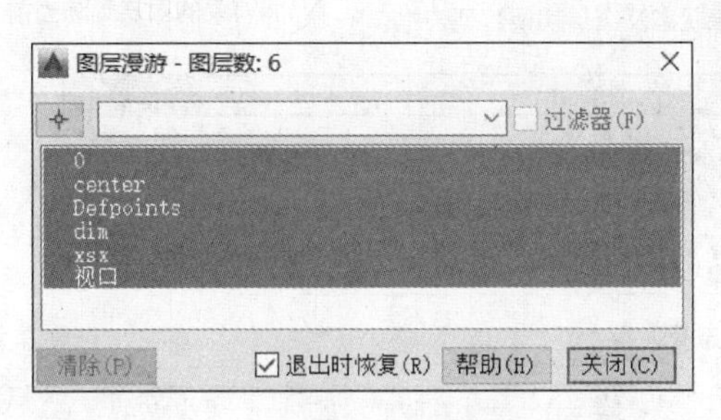

图 2-41 【图层漫游-图层数】对话框

(4)【图层匹配】命令。将选定对象的图层更改为与目标图层相匹配。

(5)【更改为当前图层】命令。将选定对象的图层更改为当前图层。如果发现在错误图层上创建了对象，可以使用该命令将对象快速更改到当前图层上。

(6)【将对象复制到新图层】命令。将一个或多个对象复制到其他图层。

(7)【图层隔离】命令。隐藏或锁定除选定对象的图层之外的所有图层。根据当前设置，除选定对象所在图层之外的所有图层均将关闭、在当前布局视口中冻结或锁定。保持可见且未锁定的图层称为隔离。

(8)【将图层隔离到当前视口】命令。冻结除当前视口以外的所有布局视口中的选定图层。即通过在除当前视口之外的所有视口中冻结图层，隔离当前视口中选定对象所在的图层。

(9)【取消图层隔离】命令。恢复使用【LAYISO】(图层隔离）命令隐藏或锁定的所有图层。

(10)【图层关闭】命令。关闭选定对象所在的图层。

(11)【打开所有图层】命令。打开图形中的所有图层。

(12)【图层冻结】命令。冻结选定对象所在的图层。

(13)【解冻所有图层】命令。解冻图形中的所有图层。

(14)【图层锁定】命令。锁定选定对象所在的图层。使用此命令，可以防止意外修改图层上的对象。

(15)【图层解锁】命令。解锁选定对象所在的图层。

(16)【图层合并】命令。将选定图层合并到目标图层中，并将以前的图层从图形中删除。

(17)【图层删除】命令。删除图层上的所有对象并清理图层。

2.5.7 图层管理的其他方法

图层是 AutoCAD 2016 进行图形对象管理的重要工具，除上面介绍的有关图层设置和管理的方法外，下面介绍另外几种有关图层的设置和管理方法。

1. 利用工具栏设置和管理图层

如图 2-42 所示为【图层】工具栏和【对象特性】工具栏，在实际绘图工作时，可以利用这两个工具栏来设置和管理图层。下面对这两个工具栏中的有关内容进行介绍。

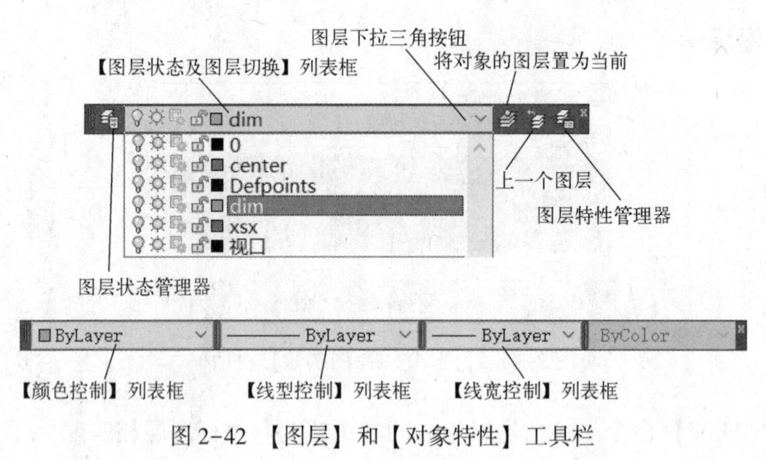

图 2-42 【图层】和【对象特性】工具栏

(1) 单击【图层特性管理器】按钮，系统将弹出如图 2-31 所示的【图层特性管理器】对话框。

(2)【图层状态及图层切换】列表框用于显示和控制图层的状态及设置当前层。单击图层下三角按钮，系统将弹出如图 2-42 所示的下拉列表。该下拉列表中显示出当前图形文件中所有的图层及其状态。通过该下拉列表可以方便地设置当前层，具体操作方法是用鼠标在下拉列表中单击某图层的名称，该图层就成为当前层。通过该下拉列表也可以设置某个图层的状态，具体操作方法是用鼠标单击该图层的各状态图标即可。

(3)【将对象的图层置为当前】按钮用于将所选图形对象所在的图层变为当前层，具体操作方法是：单击该按钮后，在绘图窗口中选择一个图形对象，系统即将该图形对象所在的图层置为当前层。

(4) 单击【上一个图层】按钮，系统将放弃最近一次对图层的设置，返回到上一个图层。

(5)【颜色控制】下拉列表用于显示并控制当前图形实体的颜色。单击下拉三角按钮，系统将弹出如图 2-43 所示的颜色下拉列表。单击下拉列表中的某个颜色，该颜色即被设置为当前绘制图形实体的颜色。一般情况下，为了使所绘制的图形对象与图层设置一致，建议在此设置为【随层(ByLayer)】颜色。

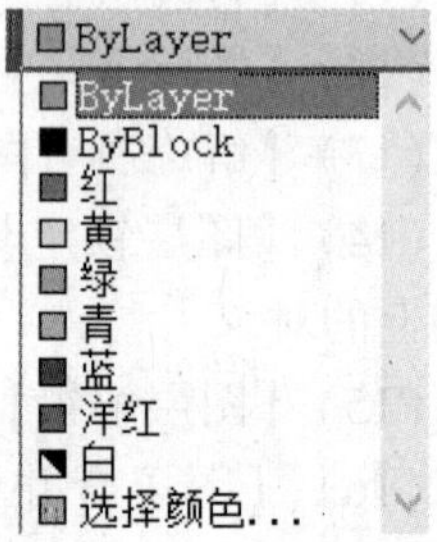

ByLayer
ByLayer
ByBlock
红
黄
绿
青
蓝
洋红
白
选择颜色...

图 2-43 【颜色】下拉列表

(6)【线型控制】下拉列表用于显示并控制当前图形实体的线型。单击下拉三角按钮，系统将弹出如图 2-44 所示的线型下拉列表。单击下拉列表中的某个线型，该线型即被设置为当前绘制图形实体的线型。一般情况下，为了使所绘制的图形对象与图层设置一致，建议在此设置为【随层(ByLayer)】线型。

(7)【线宽控制】下拉列表用于显示并控制当前图形实体的线宽。单击下拉三角按钮，系统将弹出如图 2-45 所示的线宽值下拉列表。单击下拉列表中的某个线宽值，该线宽值即被设置为当前绘制图形实体的线宽。一般情况下，为了使所绘制的图形对象与图层设置一致，建议在此设置为【随层(ByLayer)】线宽。

在实际绘图时，有时绘制完某个图形对象后，会发现所绘制的图形对象并没有在预先设置好的图层上，此时，可用光标选中该图形对象，并在弹出的如图 2-42 所示的图层下拉列表中单击该图形对象应该所在图层的层名，然后按〈Esc〉键，即可将选中的图形对象移至预先设置好的图层上。

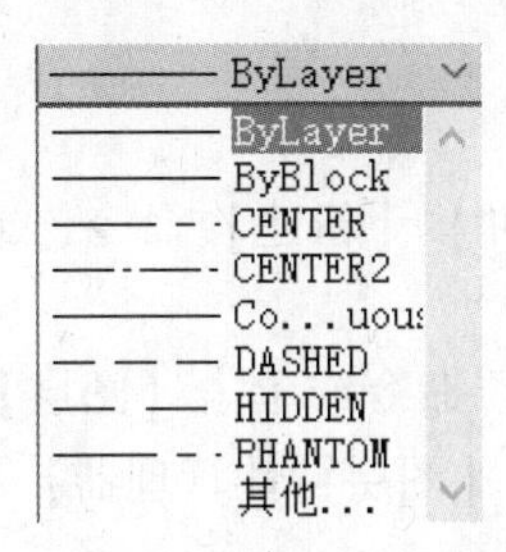

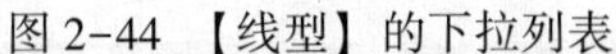

图 2-44 【线型】的下拉列表

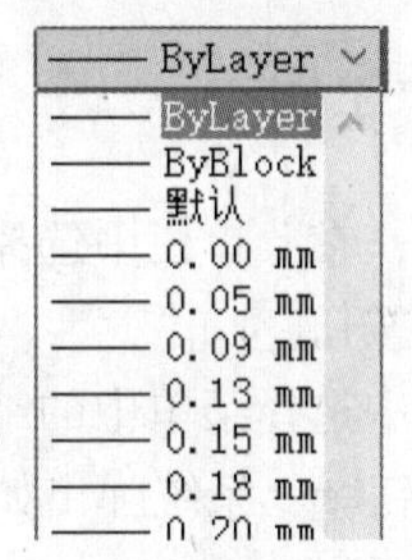

图 2-45 【线宽】的下拉列表

2. 特性匹配命令

由 AutoCAD 2016 创建的图形对象实体本身都具有一定的特性，如颜色、线型、线宽等。为了能够方便地修改和编辑图形，AutoCAD 2016 提供了一个特性匹配命令。利用该命令，用户可以将一个图形对象实体（源实体）的特性复制给另一个或另一组图形对象实体（目标实体），使这些目标实体的某些特性或全部特性与源实体相同。

在菜单栏中选择【修改】|【特性匹配】命令，系统提示：“选择源对象：”。在此提示下，选择源实体对象，选择后系统继续提示：

“当前活动设置：颜色 图层 线型 线型比例 线宽 透明度 厚度 打印样式 标注 文字图案填充 多段线 视口 表格材质 阴影显示 多重引线”

“选择目标对象或 [设置(S)]：”

该提示的前两行列出了当前用特性匹配命令可复制的特性项目，最后一行提示有【选择目标对象】和【设置(S)】两个选项，以下分别介绍这两个选项。

(1)【选择目标对象】选项是系统的默认选项，选择该选项后，直接选取要复制特性的目标实体对象，系统即将源实体的特性复制给所选取的目标实体。

(2)【设置(S)】选项表示在系统的提示下输入“S”，按〈Enter〉键，系统将弹出如图 2-46 所示的【特性设置】对话框。该对话框列出了要复制的各特性项，供用户选择。用户选择后，系统又返回到上面的提示。

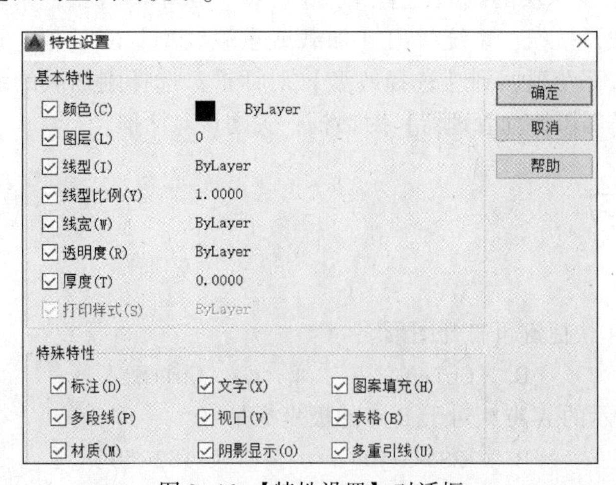

图 2-46 【特性设置】对话框

【基本特性】选项区用于选择复制图形实体最基本的 7 个特性。

【特殊特性】选项区用于选择复制图形实体的 9 个特殊特性。

2.5.8 新建图层实例

（1）新建文件，在菜单栏中选择菜单中的【文件】|【新建】命令，或单击【标准】工具栏中的【新建】按钮。

（2）在菜单栏中选择菜单中的【格式】|【图层】命令或单击【图层】工具栏中的【图层特性管理器】按钮，系统弹出如图 2-47 所示的【图层特性管理器】对话框。

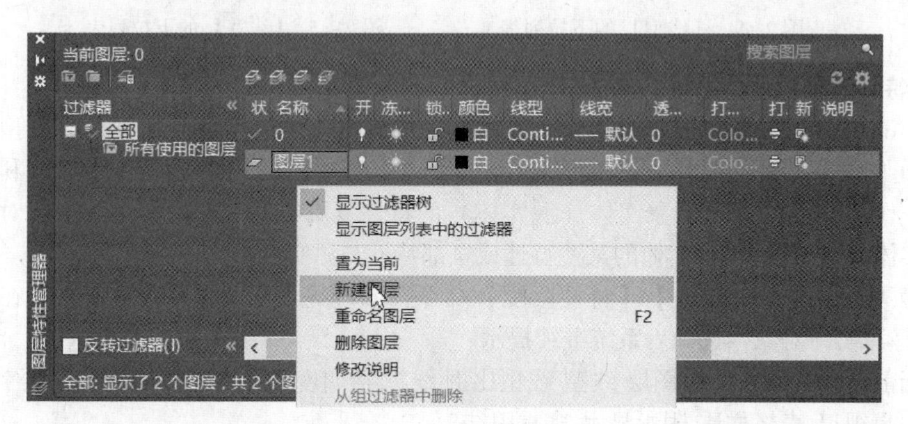

图 2-47 【图层特性管理器】对话框

（3）新建图层，单击【新建图层】按钮，或把鼠标移到对话框中的图层名字列表框中并单击右键，在弹出的菜单中选择【新建图层】，如图 2-47 所示。

（4）将新建的图层名称命名为“中心线”。

（5）修改“中心线”层的颜色，单击“中心线”层中的颜色，系统弹出【选择颜色】对话框，然后选择“红色”，单击【确定】按钮，系统返回到【图层特性管理器】对话框。

（6）修改“中心线”层的线型，单击“中心线”层中的线型，系统弹出【选择线型】对话框；单击【加载】按钮，系统弹出【加载或重载线型】对话框；选择中心线的线型，单击【确定】按钮，系统返回到【选择线型】对话框；选择刚加载的线型，单击【确定】按钮，系统返回到【图层特性管理器】对话框；关闭该对话框。

2.6 思考与练习

一、选择题

1. 使用（　　）快捷键可打开图形。

A. 〈Ctrl+O〉　　B. 〈Ctrl+N〉　　C. 〈Ctrl+S〉　　D. 〈Ctrl+C〉

2. 如图 2-48 所示的 A 点相对于 B 点的极坐标是（　　）。

A. @182<40　　B. @284<-40　　C. @182<50　　D. @284<130

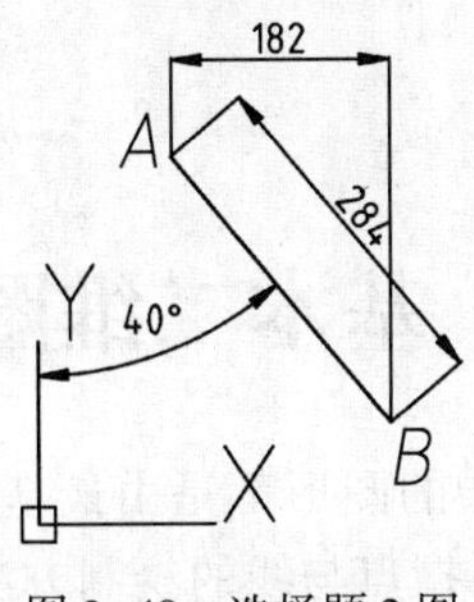

图 2-48　选择题 2 图

3. 打开视图管理器的命令是（　　）。

A. UCS　　B. PAN　　C. V　　D. RA

二、简答题

1. 退出正在执行的命令方法有几种，分别是什么？

2. 绝对坐标和相对坐标的原点分别是什么？

3. 缩放的快捷命令是什么？平移的快捷命令是什么？

4. AutoCAD 2016 中使用图层的目的和用途是什么？

5. 怎么能够使实际绘制的线型、线宽和颜色等特性和用户在“图层特性管理器”对话框中的设置保持一致？

三、操作题

1. 使用相对直角坐标绘制如图 2-49 所示的轮廓。

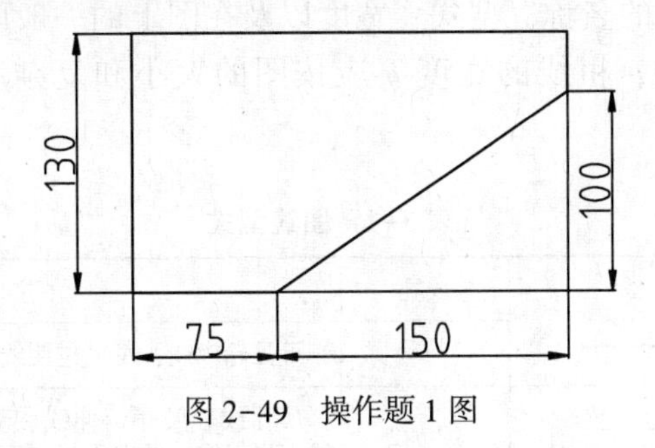

图 2-49　操作题 1 图

2. 按表 2-5 设置图层。

表 2-5　图层信息

用　途	层　名	颜　色	线　型	线　宽
粗实线	0	黑/白	实线	0.5
细实线	1	黑/白	实线	0.25
虚线	2	蓝	虚线	0.25
中心线	3	红	点画线	0.25
尺寸标注	4	绿	实线	0.25
文字	5	青	实线	0.25

第3章　基本二维图形绘制

在建筑和机械图形中，任何复杂的图形都是由最基本的几何图形组成的，如直线、曲线、矩形、多边形、圆和圆弧等。掌握点与线的绘制方法是学习 AutoCAD 2016 绘图的基本要求。但是，仅掌握绘图命令是不够的，一般情况下，还要对绘制的对象进行各种编辑才能满足绘图的需求；利用 AutoCAD 2016 编辑功能，可以对各种图形进行删除与恢复、改变其位置和大小、复制、镜像、偏移及阵列等操作，从而大大提高了绘图速度。

本章的主要讲解 AutoCAD 2016 的基本绘图命令、基本编辑修改命令和选择图形对象的方法。通过本章的学习，要求读者能够应用各种绘图命令绘制出常见的平面图形。

3.1　图线型式及应用

图线的相关使用规则在 GB/T 4457.4—2002 中进行了详细的规定，现进行简要介绍。

3.1.1　图线宽度

国标规定了各种图线的名称、型式、宽度以及在图上的一般应用，如表 3-1 及图 3-1 所示。图线分粗、细两种，粗线的宽度 b 应按图的大小和复杂程度，常采用 0.5 mm 或 0.7 mm。

表 3-1　图线型式

图线名称	线　型	线宽	主 要 用 途
粗实线	————	b	可见轮廓线，可见过渡线
细实线	————	约 $b/2$	尺寸线、尺寸延伸线、剖面线、引出线、弯折线、牙底线、齿根线、辅助线等
细点画线	——·——	约 $b/2$	轴线、对称中心线、齿轮节线等
虚线	- - - - - -	约 $b/2$	不可见轮廓线、不可见过渡线
波浪线	～～～	约 $b/2$	断裂处的边界线、剖视与视图的分界线
双折线	—╲╱—╲╱—	约 $b/2$	断裂处的边界线
粗点画线	——·——	b	有特殊要求的线或面的表示线
细双点画线	——··——	约 $b/2$	相邻辅助零件的轮廓线、极限位置的轮廓线、假想投影的轮廓线

AutoCAD 2016 图线宽度的推荐系列为 0.18 mm、0.25 mm、0.35 mm、0.5 mm、0.7 mm、1 mm、1.4 mm、2 mm。

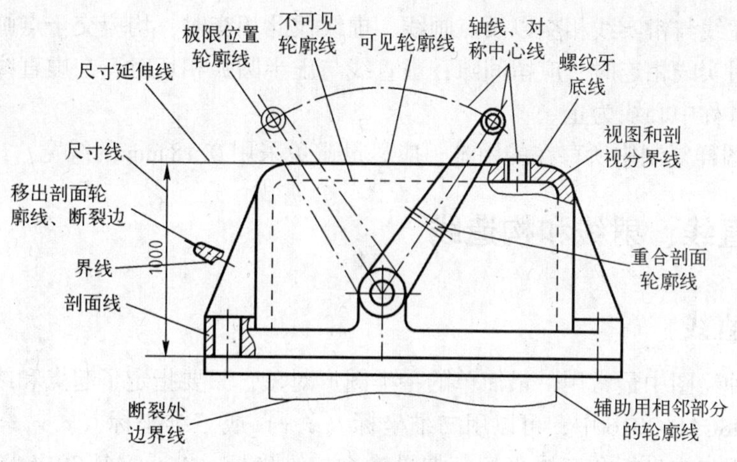

图 3-1　图线用途示例

3.1.2　图线画法

（1）同一图样中，同类图线的宽度应基本一致。虚线、点画线及双点画线的线段和间隔应各自大致相等。

（2）两条平行线（包括剖面线）之间的距离应不小于粗实线的两倍宽度，其最小距离不得小于 0.7 mm。

（3）绘制圆的对称中心线时，圆心应为直线的交点。点画线和双点画线的首末两端应是线段而不是短画线。建议中心线超出轮廓线 2 mm~5 mm，如图 3-2 所示。

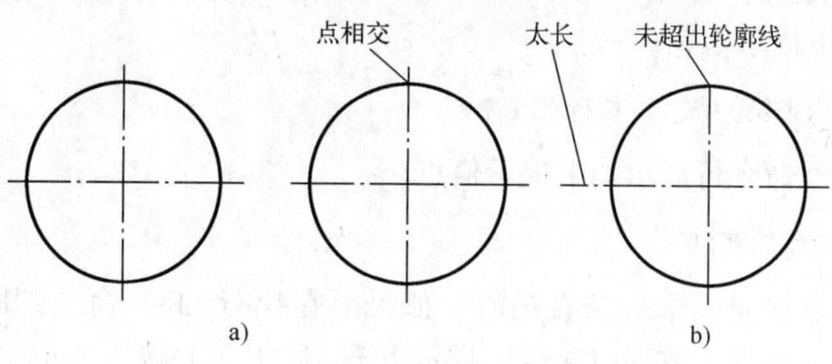

图 3-2　点画线画法

a）正确　b）错误

（4）在较小的图形上画点画线或双点画线有困难时，可用细实线代替。为保证图形清晰，各种图线相交、相连时的习惯画法如图 3-3 所示。

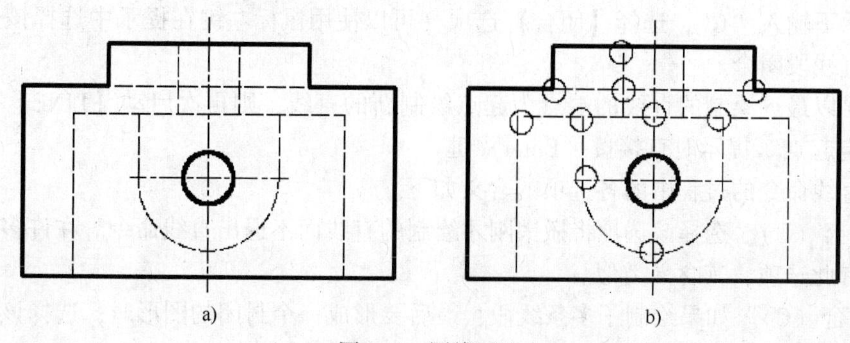

图 3-3　图线画法

a）正确　b）错误

点画线、虚线与粗实线相交以及点画线、虚线彼此相交时，均应交于点画线或虚线的线段处。虚线与粗实线相连时，应留间隙；虚直线与虚半圆弧相切时，在虚直线处留间隙，而虚半圆弧画到对称中心线为止。

（5）由于图样复制中所存在的困难，应尽量避免采用 0.18 mm 的线宽。

3.2　绘制直线、射线和构造线

3.2.1　绘制直线

直线是各种绘图中最常用、最简单的一类图形对象，只要指定了起点和终点即可绘制一条直线。在 AutoCAD 2016 中，可以用二维坐标（x,y）或三维坐标（x,y,z）来指定端点，也可以混合使用二维坐标和三维坐标。如果输入二维坐标，AutoCAD 2016 将会用当前的高度作为 Z 轴坐标值，默认值为 0。

在 AutoCAD 2016 中绘制零件的直线段时，通常是已知线段的长度，而且大多是水平或垂直的线段，可以在正交状态下在绘图区域中单击指定第一点，然后将光标偏移至需要的方向，输入线段的长度，即可完成一段直线的绘制。

绘制直线的一般步骤如下。

（1）选择菜单中的【绘图】|【直线】命令（LINE），或单击【绘图】工具栏【直线】按钮，或在【草图与注释】工作空间下，在功能区的【默认】选项卡中单击【绘图】面板中的【直线】按钮，也可以在命令窗口的命令行中输入“LINE”命令。都可以绘制直线，命令行显示如下提示信息。

```
命令:_line 指定第一点：//执行直线命令
```

（2）指定起点，命令行显示如下提示信息。

```
指定下一点或[放弃(U)]：
```

（3）指定下一点以完成第一条直线段。如果要在执行 LINE 命令期间放弃前一条直线段，则在“指定下一点或［放弃(U)］：”提示下输入“U”并按〈Enter〉键。

（4）指定其他直线段的端点。

（5）按〈Enter〉键结束，命令行显示如下提示信息。

```
指定下一点或[闭合(C)放弃(U)]：
```

在提示下输入“C”，选择【闭合】选项（可以使用鼠标左键在提示中选择该选项）来使一系列直线段闭合。

如果要以最近绘制的直线的端点为起点绘制新的直线，则再次启动【LINE】命令，接着在“指定起点”提示时直接按〈Enter〉键。

执行直线命令的过程中的各选项的含义如下。

1）放弃（U）。选择该选项将撤销刚才绘制的直线而不退出直线命令。在许多命令执行过程中都有此选项，其含义类似。

2）闭合（C）。如果绘制了多条线段，最后要形成一个封闭的图形时，选择该选项并按〈Enter〉键可将终点与第一个起点重合，形成一个封闭的图形。

在使用直线命令时，按下〈F8〉功能键，打开正交模式，这时绘制的直线为水平线或者垂直线。

实例1：下面使用直线命令，绘制底座平面图，具体步骤如下。

(1) 新建图形文件并保存，文件名为3-1。

(2) 单击【绘图】工具栏【直线】按钮，系统提示："_line 指定第一点："，在绘图区内选择任意地方单击鼠标左键指定第一点，按下〈F8〉功能键。

(3) 系统提示："指定下一点或[放弃(U)]：<正交 开>"，移动鼠标，使光标在第一点的上方，输入20，按〈Enter〉键。

(4) 系统提示："指定下一点或[放弃(U)]："，移动鼠标，使光标在第二点的左方，输入15，按〈Enter〉键。

(5) 系统提示："指定下一点或[闭合(C)/放弃(U)]："，用上述同样的方法绘制其他各段直线。

(6) 当绘制好第六段直线后，系统提示："指定下一点或[闭合(C)/放弃(U)]："，输入"C"，按〈Enter〉键，底板绘制完毕，如图3-4所示。

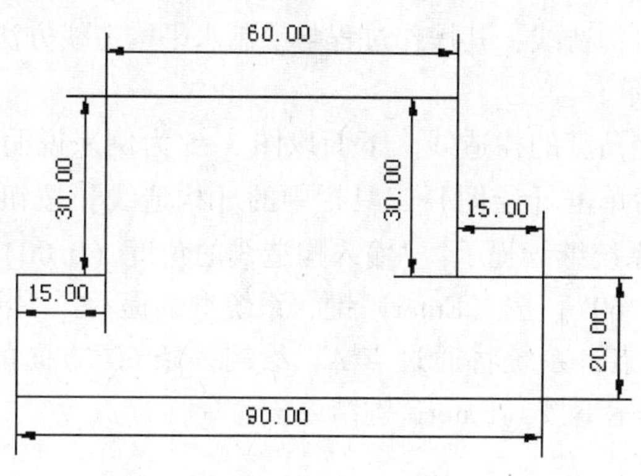

图3-4 直线命令的应用

3.2.2 绘制射线

射线为一端固定，另一端无限延伸的直线，它只有起点没有终点。AutoCAD 2016中可以绘制任意角度的射线。

选择菜单中的【绘图】|【射线】命令（RAY），或在功能区的【默认】选项卡中单击【绘图】面板中的【直线】按钮，都可以通过指定射线的起点和通过点来绘制射线。命令行显示如下提示信息。

命令：_ray 指定起点：

指定通过点：

指定射线的起点后，可在"指定通过点："提示下指定多个通过点，来绘制以起点为端点的多条射线，直到按〈Esc〉键或〈Enter〉键退出为止。

3.2.3 绘制构造线

构造线是两端无限延长的直线，在机械绘图中主要作用为绘制辅助线、轴线或中心线等。选择菜单中的【绘图】|【构造线】命令，或单击【绘图】工具栏中的【构造线】按钮

■，在功能区【默认】选项卡的【绘图】面板中单击【构造线】按钮■，系统提示：“指定点或［水平(H)垂直(V)角度(A)二等分(B)偏移(O)］:”。

上面的提示中列出了各种情况绘制构造线的选项，可以根据实际绘制需要进行选取。

1.【指定点】选项

该选项是系统的默认选项。在上述提示下直接指定点，系统继续提示：“指定通过点:”，在该提示下再输入一点，系统将经过指定点和该点绘制出一条构造线，并继续出现该提示。用户可以按〈Enter〉键结束该命令，也可以在该提示下多次选取通过点来绘制多条构造线，直到按〈Enter〉键结束该命令。

2.【水平(H)】选项

该选项用于绘制水平构造线。选择该选项，输入“H”，按〈Enter〉键，系统继续提示：“指定通过点:”，在该提示下，选择通过点即可绘制出一条水平构造线，并继续提示：“指定通过点:”，在该提示下，如果不需要继续绘制构造线，就可在该提示下按〈Enter〉键结束该命令。

3.【垂直(V)】选项

该选项用于绘制垂直构造线，其操作过程与绘制水平构造线方法类似。

4.【角度(A)】选项

该选项用于绘制指定角度的构造线。下面以图3-5为例来说明该选项的操作过程。打开练习文件图3-6，然后单击【绘图】工具栏中的【构造线】按钮■。选择该选项，输入“A”，按〈Enter〉键，系统继续提示：“输入构造线的角度（0.00）或［参照(R)］:”，在该提示下，输入角度值“60”，按〈Enter〉键，系统继续提示：“指定通过点:”，在该提示下，捕捉图3-5中的A点，系统将通过点A，绘制一条60°方向的构造线，并继续提示：“指定通过点:”，在该提示下按〈Enter〉键结束该命令。

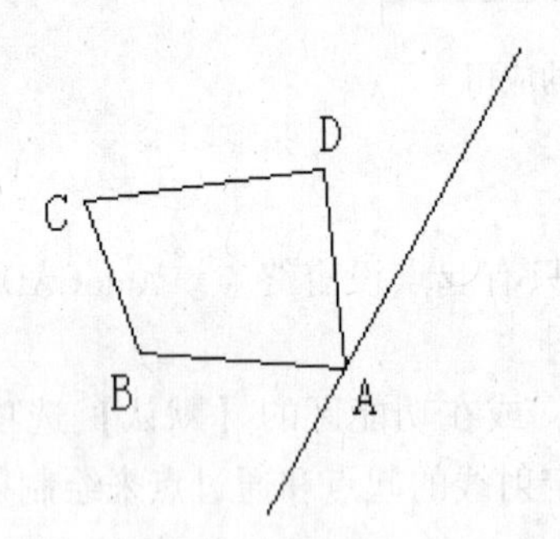

图3-5　绘制指定角度的构造线

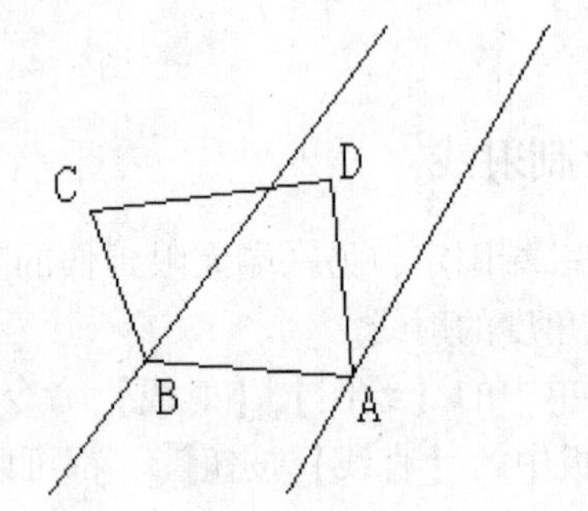

图3-6　通过二等分绘制构造线

5.【二等分(B)】选项

该选项可通过3点来确定构造线，下面以图3-6为例说明该选项的操作过程。选择该选项，输入“B”，按〈Enter〉键，系统继续提示：“指定角的顶点:”，在该提示下，捕捉图3-6中的B点，系统继续提示：“指定角的起点:”，在该提示下，捕捉图3-6中的C点，系统继续提示：“指定角的端点:”，在该提示下，捕捉图3-6中的D点，系统将通过点A，绘制一条将BA和BC构成的夹角平分的构造线，并继续提示：“指定角的端点:”，在该提示下按〈Enter〉键结束该命令。

6. 【偏移(O)】选项

该选项用于绘制与已有直线平行且与之有一定距离的构造线。选择该选项，输入“O”，按〈Enter〉键，系统继续提示：“指定偏移距离或［通过(T)］<通过>:”，在该提示下，输入偏移的距离，按〈Enter〉键，系统继续提示：“选择直线对象:”，在该提示下，选择偏移的参考线，系统继续提示：“指定向哪侧偏移:”，在该提示下，移动光标在偏移的参考线左侧或右侧拾取点，系统将绘制出与参考线平行且与参考线偏移一定距离的一条构造线，并继续提示：“选择直线对象:”，在该提示下，按〈Enter〉键，结束该命令。

3.3 绘制矩形和多边形

矩形是多边形的一种，在绘图中比较常用。利用 AutoCAD 2016，可以方便地绘制各种形状的矩形和正多边形。

3.3.1 绘制矩形

选择菜单中的【绘图】|【矩形】命令，或单击【绘图】工具栏中的【矩形】按钮，在功能区【默认】选项卡的【绘图】面板中单击【矩形】按钮，系统提示：“指定第一个角点或［倒角(C) 标高(E) 圆角(F) 厚度(T) 宽度(W)］:”。

下面分别说明上述提示中各选项的含义和操作过程。

1. 【指定第一角点】选项

这是系统的默认选项。下面说明该选项的操作过程。

在上述提示下，直接输入第一个角点，系统继续提示；“指定另一个角点或［面积(A) 尺寸(D) 旋转(R)］:”，在该提示下直接输入另一个角点，按〈Enter〉键，系统将以上述两个点为对角线绘制出一个矩形，并结束该命令。如果在该提示下输入“D”，按〈Enter〉键，系统将继续提示：“指定矩形的长度<0.0000>:”，在该提示下输入长度，按〈Enter〉键，系统继续提示：“指定矩形的宽度<0.0000>:”，在该提示下输入宽度，按〈Enter〉键，系统继续提示：“指定另一个角点或［面积(A) 尺寸(D) 旋转(R)］:”，在该提示下，移动光标在某一点的右上方单击。

如果在“指定另一个角点或［面积(A) 尺寸(D)/旋转(R)］:”的提示下输入“R”，按〈Enter〉键，系统继续提示：“指定旋转角度或［拾取点(P)］<0>:”，在该提示下输入旋转角度，按〈Enter〉键，系统继续提示：“指定另一个角点或［面积(A)/尺寸(D)/旋转(R)］”，在该提示下输入“D”，按〈Enter〉键，系统继续提示：“指定矩形的长度<0.0000>:”，在该提示下输入长度，按〈Enter〉键，系统继续提示：“指定矩形的宽度<0.0000>:”，在该提示下输入宽度，按〈Enter〉键，系统继续提示：“指定另一个角点或［面积(A)/尺寸(D)/旋转(R)］:”，在该提示下，移动光标在某一点的右下方单击，系统将绘制矩形，并结束该命令。

2. 【倒角(C)】选项和【圆角(F)】选项

(1)【倒角(C)】选项用于绘制 4 个角有相同斜角的矩形，如图 3-7a 所示。

(2)【圆角(F)】选项用于绘制 4 个角有相同圆角的矩形，如图 3-7b 所示。

3. 【宽度(W)】选项

该选项用于绘制一个重新指定线宽的矩形。下面以图 3-8 为例，说明该选项的操作过程。

在“指定第一个角点或［倒角(C) 标高(E) 圆角(F) 厚度(T) 宽度(W)］:”的提示下，输入“W”，按〈Enter〉键，系统继续提示：“指定矩形的线宽<0.0000>:”，在该提示下输入“2”，按〈Enter〉键，系统继续提示：“指定第一个角点或［倒角(C)/标高(E) 圆角(F) 厚度(T) 宽度(W)］:”，在该提示下直接输入 A 点，系统继续提示；“指定另一个角点或［面积(A) 尺寸(D) 旋转(R)］:”，在该提示下直接输入 B 点，按〈Enter〉键，系统将以 A 点和 B 点为对角线绘制出一个如图 3-8 所示的线宽为 2 的矩形，并结束该命令。

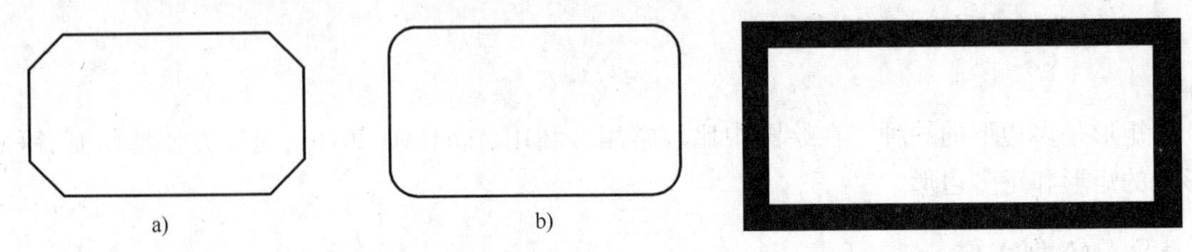

图 3-7　绘制具有倒角和倒圆的矩形

图 3-8　绘制具有线宽的矩形

用矩形命令绘制出的矩形是一个整体，与用直线命令绘制出的矩形不同。在执行该命令时所设置的选项内容将作为系统默认选项数值（例如倒角、圆角等），下次绘制矩形时仍按上次的设置绘制，直至用户重新设置为止。

3.3.2　绘制多边形

在 AutoCAD 2016 中，无论正三角形还是正方形，其绘制方法都是相同的，只是在指定绘制边数时，输入的边数不同而已。

正多边形在工程制图中用途非常广泛，AutoCAD 2016 提供了绘制正多边形的命令，利用该命令可以快速、方便地绘制出任意正多边形。

选择菜单中的【绘图】|【多边形】命令，或单击【绘图】工具栏中的【多边形】按钮，或在功能区【默认】选项卡的【绘图】面板中单击【多边形】按钮，系统提示：“输入侧面数<4>:”，在该提示下，输入要绘制正多边形的边数并按〈Enter〉键，系统继续提示：“指定正多边形的中心点或［边(E)］:”，该提示有两个选项，下面分别说明这两个选项的含义及操作过程。

1. 【指定正多边形的中心】选项

该选项是使用正多边形的外接圆或内切圆来绘制正多边形的。选择该选项，在上述提示下直接输入一点，该点即为正多边形的中心，中心确定后，系统继续提示：“输入选项［内接于圆(I) 外切于圆(C)］<I>:”。

(1)【内接于圆(I)】选项用于借助正多边形的外接圆来绘制正多边形。

(2)【外切于圆(C)】选项用于借助正多边形的内切圆来绘制正多边形。

2. 【边(E)】选项

该选项用于绘制已知边长的正多边形。下面说明该选项的操作过程。

在“输入边的数目<4>:”的提示下，输入“6”，按〈Enter〉键，系统继续提示：“指定正多边形的中心点或［边(E)］:”，在该提示下输入“E”，按〈Enter〉键，系统继续提示："指定边的第一个端点："，在该提示下确定第一个端点，系统继续提示："指定边的第二个端点："，在该提示下输入第二个端点的坐标，系统将绘制出以两端点长度的正六边形，并结束该命令。

用绘制正多边形的命令绘制出的正多边形也是一个整体（属于多段线，有关多段线的知识将在后续章节中介绍）。利用边长绘制正多边形时，绘制出的正多边形的位置和方向与用户确定的两个端点的相对位置有关。用户确定的两个点之间的距离即为多边形的边长，这两个点可以用捕捉栅格或相对坐标的方法确定。

3.4 绘制圆

无论是在机械行业、建筑行业还是在电子行业，圆的使用频率非常高。圆是工程图中一种常见的基本实体，在 AutoCAD 2016 中，根据实际的已知条件，可以使用六种方式绘制圆，如图 3-9 所示。

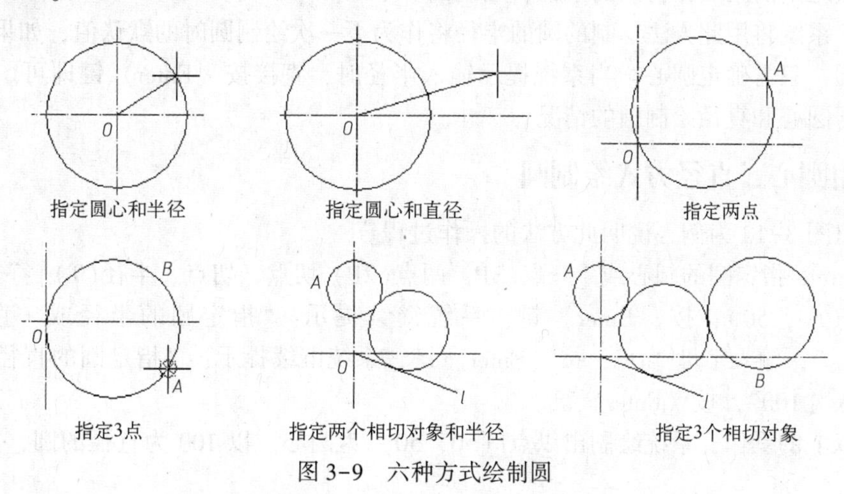

图 3-9　六种方式绘制圆

选择菜单中的【绘图】|【圆】命令，系统将弹出绘制圆的下一级子菜单，如图 3-10 所示；用于绘制圆的方法命令可以在功能区【默认】选项卡的【绘图】面板中找到，如图 3-11 所示，单击【绘图】工具栏中的【圆】按钮。

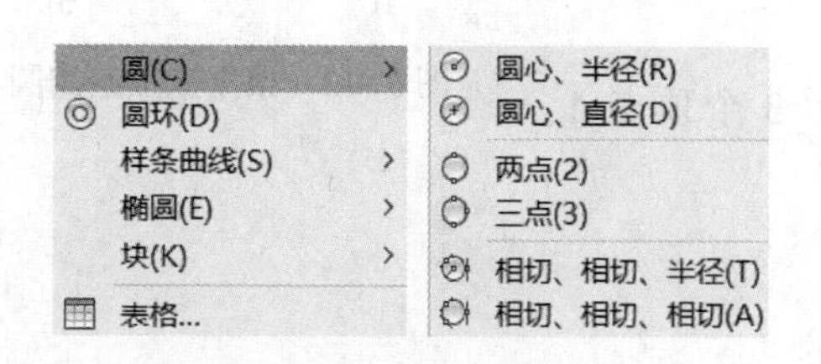

图 3-10　圆的子菜单

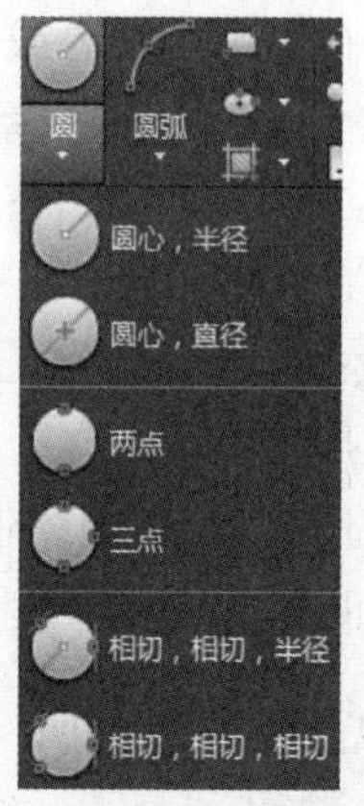

图 3-11　功能区中的绘制圆的命令工具

3.4.1 用圆心、半径方式绘制圆

这是系统默认的方法，下面以图 3-12 为例，说明此方法的操作过程。

新建图形文件，单击【绘图】工具栏中的【圆】按钮，系统提示："circle 指定圆的圆心或［三点(3P) 两点(2P) 切点、切点、半径(T)］："，输入圆心坐标（50，50），按〈Enter〉键，系统继续提示："指定圆的半径或［直径(D)］：" 在该提示下，输入圆的半径 "50"，按〈Enter〉键。通过以上的操作，系统绘制出以点（50，50）为圆心、以 50 为半径的圆，如图 3-12 所示。

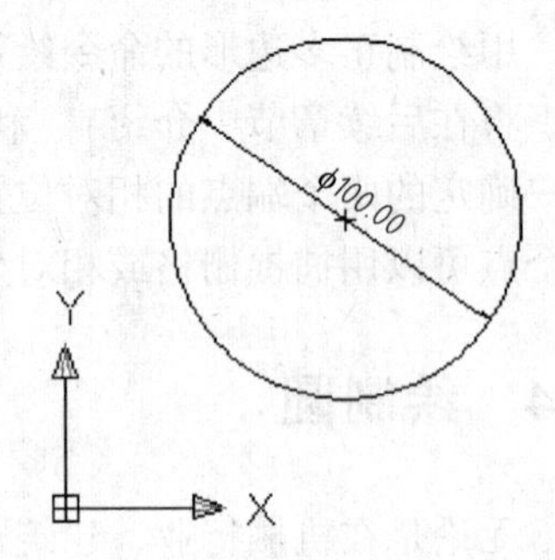

图 3-12　根据圆心和半径绘制圆

在 "指定圆的半径或［直径(D)］：" 提示下，也可移动十字光标至合适位置单击，系统将自动把圆心和十字光标确定的点之间的距离作为圆的半径，绘制出一个圆。

技巧：系统将用此方法绘制的圆的半径将作为下一次绘制圆时的默认值，如果再绘制同样大小的圆，只需确定圆心，当系统提示输入半径时，直接按〈Enter〉键即可。此方法也适用于根据圆心和直径绘制圆的情况。

3.4.2 用圆心、直径方式绘制圆

下面以图 3-12 为例，说明此方法的操作过程。

在 "circle 指定圆的圆心或［三点(3P) 两点(2P) 切点、切点、半径(T)］：" 的提示下确定圆心（50，50），按〈Enter〉键，系统继续提示："指定圆的半径或［直径(D)］<50.0000>："，输入字母 "D"，按〈Enter〉键，系统继续提示："指定圆的直径："，在该提示下输入 "100"，按〈Enter〉键。

通过以上的操作，系统绘制出以点（50，50）为圆心、以 100 为直径的圆，如图 3-12 所示。

3.4.3 用三点方式绘制圆

下面以图 3-13 为例，根据图 3-13a 已给的三角形作出该三角形的外接圆。

在 "circle 指定圆的圆心或［三点(3P) 两点(2P) 切点、切点、半径(T)］：" 的提示下输入 "3P"，按〈Enter〉键，系统继续提示："指定圆上的第一个点："，在该提示下拾取三角形的顶点 A，系统继续提示："指定圆上的第二个点："，在该提示下拾取三角形的顶点 B，系统继续提示："指定圆上的第三个点："，在该提示下拾取三角形的顶点 C。

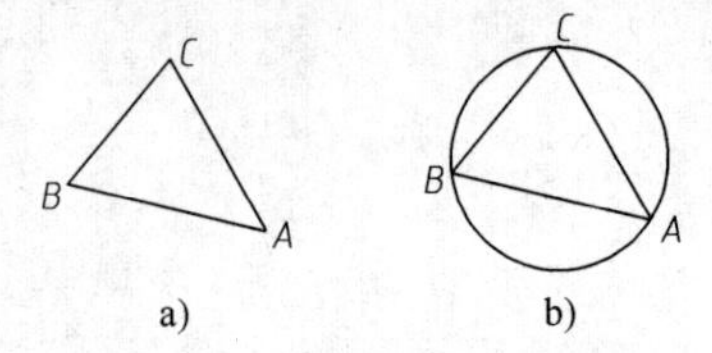

图 3-13　根据三点绘制圆

通过以上的操作，系统绘制出通过三角形 3 个顶点 A、B 和 C 的圆，如图 3-13b 所示。

3.4.4 用两点方式绘制圆

下面以图 3-14 为例，根据图 3-14a 已给的矩形作出与该矩形上下边中点相切的圆。

在“circle 指定圆的圆心或［三点(3P) 两点(2P) 切点、切点、半径(T)]:”的提示下输入“2P”，按〈Enter〉键，系统继续提示：“指定圆直径的第一个端点:”，在该提示下拾取矩形的上边中点 A 点，系统继续提示：“指定圆直径的第二个端点:”，在该提示下拾取矩形的下边中点 B 点。通过以上的操作，系统绘制出与矩形上下边中点相切的圆，如图 3-14b 所示。

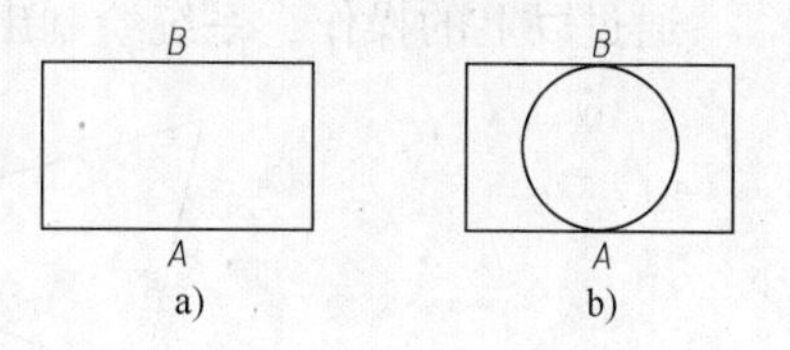

图 3-14　根据两点绘制圆

3.4.5　用切点、切点、半径方式绘制圆

下面以图 3-15 为例，绘制已知半径并与两个已知圆 O_1、O_2相切的圆。

在“指定圆的圆心或［三点(3P) 两点(2P) 切点、切点、半径(T)]: _ttr,”系统继续提示：“CIRCLE 指定对象与圆的第一个切点:”，在该提示下，选择第一个与圆相切的图形对象，在第一个圆的 A 处单击，系统继续提示：“指定对象与圆的第二个切点:”，在该提示下，选择第二个与圆相切的图形对象，在第二个圆的 B 处单击，系统继续提示：“指定圆的半径<20.0000>:”，在该提示下输入“10”，按〈Enter〉键。

通过以上的操作，系统绘制出与两个圆相切、半径为 10 的圆，如图 3-15 所示。

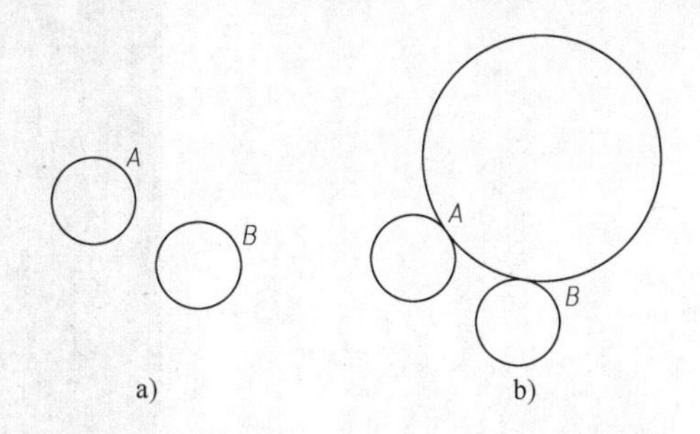

图 3-15　根据两个对象相切且半径绘制圆

选择实体对象就是用鼠标在实体对象（如直线或圆）上单击，单击处即为拾取点。

使用“相切、相切、半径”命令绘制圆时，系统总是在距拾取点最近的部位绘制相切的圆。因此，拾取与圆相切的实体对象时，拾取的位置不同，最后得到的结果有可能不同。

在选择的实体对象为两条平行线，或选择的实体对象为两个圆，同时输入的公切圆半径值太小的情况下，系统将在命令提示行中报告“圆不存在”的操作错误信息。

3.4.6　绘制与 3 个对象相切的圆

下面以图 3-16 为例，根据图 3-16a 给出的三角形作出该三角形的内切圆。

选择菜单中的【绘图】|【圆】|【相切、相切、相切】命令，系统提示：“CIRCLE 指定圆的圆心或［三点(3P) 两点(2P) 切点、切点、半径(T)]: _3p 指定圆上的第一个点: _tan 到”，在该提示下，选取第一个与圆相切的对象，在三角形的一条边上单击，系统继续提示：“指定圆上的第二个点: _tan 到”，在该提示下，选取第二个与圆相切的对象，在三角形的第二条边上单击，系统继续提示：“指定圆上的第三个点: _tan 到”，在该提示下，在三角形的第三条边上单击。

通过以上的操作，系统绘制出三角形的内切圆，如图 3-16b 所示。

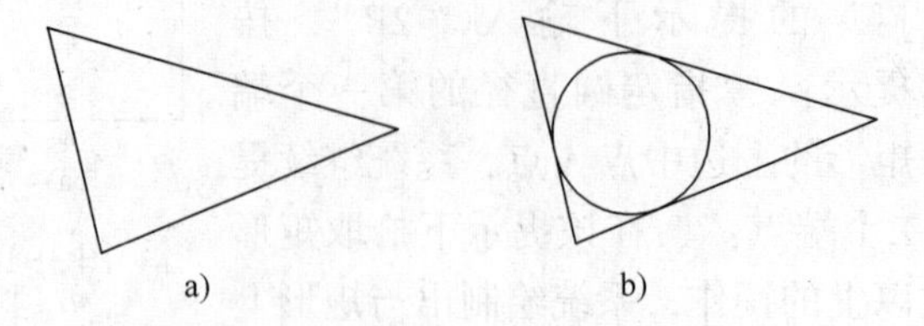

图 3-16　绘制与 3 个对象相切的圆

3.5　绘制圆弧

圆弧是工程图中的一种重要实体，AutoCAD 2016 根据实际绘图的已知条件提供了多种绘制圆弧的方式。

选择菜单中的【绘图】|【圆弧】命令，系统将弹出绘制圆弧的下一级子菜单，如图 3-17 所示；也可以在功能区【默认】选项卡的【绘图】面板中找到，如图 3-18 所示。以下重点介绍几种常用绘制圆弧的方式。

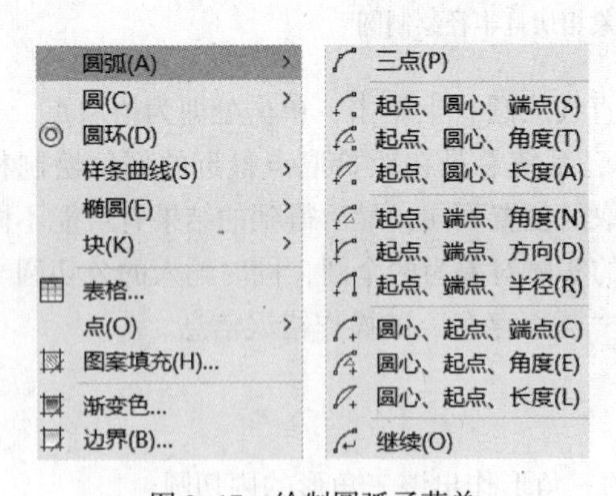

图 3-17　绘制圆弧子菜单

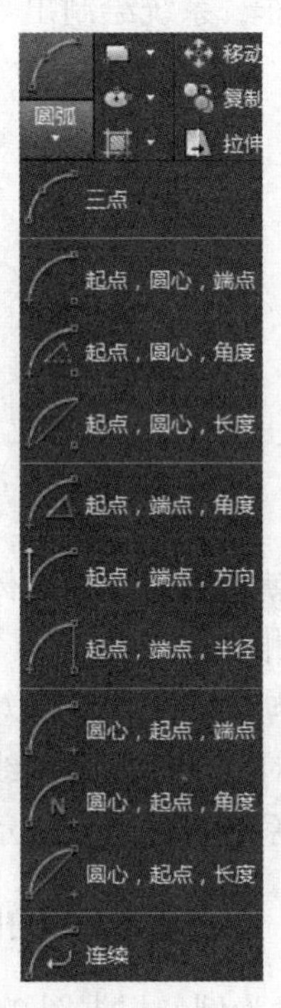

图 3-18　功能区面板中的圆弧命令工具

3.5.1　使用三点法绘制圆弧

选择菜单中的【绘图】|【圆弧】|【三点(P)】命令，或单击【绘图】工具栏中的【圆弧】按钮，或单击功能区【默认】选项卡的【绘图】面板中的【三点】按钮，在“ARC 指定圆弧的起点或 [圆心(C)]:”的提示下，输入圆弧的起点，系统继续提示：“指

定圆弧的第二个点或［圆心(C)/端点(E)］:”，在该提示下，输入圆弧的第二个点，系统继续提示：“ARC 指定圆弧的端点:”，在该提示下，输入圆弧的终点。

通过以上的操作，系统绘制出通过三点的圆弧。

3.5.2 用起点、圆心、端点方式绘制圆弧

选择菜单中的【绘图】|【圆弧】|【起点、圆心、端点(S)】命令，在“ARC 指定圆弧的起点或［圆心(C)］:”的提示下，输入圆弧的起点，系统继续提示：“指定圆弧的第二个点或［圆心(C) 端点(E)］: _c 指定圆弧的圆心:”，在该提示下确定圆心，系统继续提示：“指定圆弧的端点或［角度(A)/弦长(L)］:”，在该提示下输入圆弧的终点。

通过以上的操作，系统绘制出以起点、圆心和终点的圆弧。

系统默认的方式是按逆时针方向绘制圆弧。当给出圆弧的起点和圆心后，圆弧的半径已经确定，终点只决定圆弧的长度范围，圆弧截止于圆心和终点的连线上或圆心和终点连线的延长线上。

3.5.3 用起点、圆心、角度方式绘制圆弧

这里的角度是指圆弧所对应的圆心角。选择菜单中的【绘图】|【圆弧】|【起点、圆心、角度(T)】命令，在“ARC 指定圆弧的起点或［圆心(C)］:”的提示下，输入圆弧的起点，系统继续提示：“指定圆弧的第二个点或［圆心(C) 端点(E)］: _c 指定圆弧的圆心:”，在该提示下确定圆心，系统继续提示：“指定圆弧的端点或［角度(A) 弦长(L)］: _a 指定包含角:”，在该提示下输入角度，按〈Enter〉键。

通过以上的操作，系统绘制出以起点、圆心和圆心角的圆弧。

按提示输入圆心角（包含角）的值时，若输入值为正，系统从起点开始沿逆时针方向绘制圆弧；若输入值为负，系统则从起点开始沿顺时针方向绘制圆弧。

3.5.4 用起点、端点、半径方式绘制圆弧

选择菜单中的【绘图】|【圆弧】|【起点、端点、半径(R)】命令，在“ARC 指定圆弧的起点或［圆心(C)］:”的提示下，输入圆弧的起点，系统继续提示：“指定圆弧的端点:”，在该提示下确定圆弧的终点，系统继续提示：“指定圆弧的圆心或［角度(A) 方向(D) 半径(R)］: _r 指定圆弧的半径:”，在该提示下输入半径，按〈Enter〉键。

通过以上的操作，系统绘制出以起点、终点和半径的圆弧。

用起点、终点、半径方式绘制圆弧时，在默认情况下，只能沿逆时针方向绘制圆弧。若输入的半径值为正，系统则绘制出小于180°的圆弧，反之，系统将绘制出大于180°的圆弧。

3.5.5 其他绘制圆弧的方法

下面介绍除了上述几种法之外其他绘制圆弧的方法，在实际设计工作中，用户要根据具体的设计情况来灵活选用合适的方法来绘制圆弧。

1. 用起点，圆心，长度方式绘制圆弧

使用起点、圆心和弦长绘制圆弧，圆弧的另一端点通过指定圆弧起点和端点之间的弦长确定，生成的圆弧同样是默认从起点开始以逆时针绘制。

2. 用起点，端点，角度方式绘制圆弧

使用起点、端点和夹角绘制圆弧，圆弧端点之间的夹角确定圆弧的圆心和半径。

3. 用起点，端点，方向方式绘制圆弧

使用起点、端点和起点切向绘制圆弧。起点切向可以通过在所需切线上指定一个点或输入角度来确定。

4. 用圆心，起点，端点方式绘制圆弧

通过指定圆心位置、起点位置和终点位置来绘制圆弧。

5. 用圆心，起点，角度方式绘制圆弧

通过指定圆心位置、起点位置和圆弧所对应的圆心角（包含角）来绘制圆弧。

6. 用圆心，起点，长度方式绘制圆弧

通过指定圆心位置、起点位置和弦长绘制圆弧。

3.6 绘制点

点对象一般起到标记和参考作用。在默认情况下绘制的点在屏幕中以极小的圆点显示。为了使绘制的点在屏幕中显示得更清晰可辨，可以在绘制点对象之前设置点样式。

点与直线、圆弧和圆一样，都是图形实体对象，同样具备图形对象的属性，而且可以被编辑，对绘制出的点可以利用捕捉节点的模式进行捕捉。

3.6.1 设置点样式

为了能更好地显示点，系统备有一系列点样式，用户可以根据需要极其方便地选取合适的点样式，具体操作方法如下。

选择菜单中的【格式】|【点样式】命令，系统弹出如图3-19所示的【点样式】对话框，该对话框的各选项及功能介绍如下。

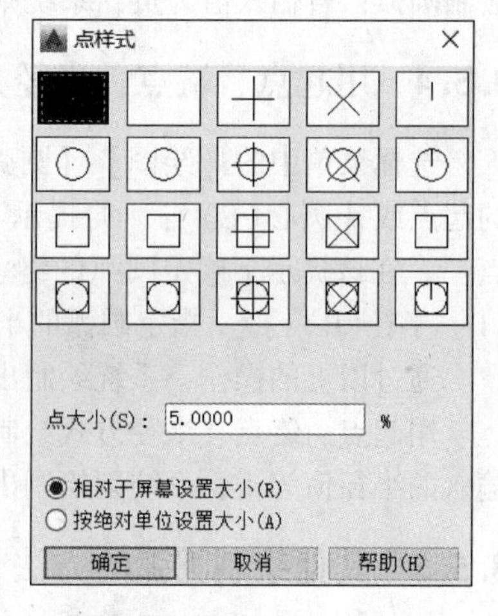

图3-19 【点样式】对话框

【点样式】列表用于显示和选择点样式。该对话框列出了可供选择的20种点样式，用户可以根据需要选取。具体的操作方法是：用鼠标单击某个点样式，该点样式即成为点的当前样式，然后单击【点样式】对话框中的【确定】按钮。

【点样式】对话框中有两种设置点大小的方式，其含义如下。

（1）【相对于屏幕设置大小】单选项：选择该单选项，点将按屏幕尺寸的百分比设置点的显示大小。当缩放图形时，点的显示大小不变。

（2）【按绝对单位设置大小】单选项：选择该单选项，点将按【点大小】文本框中指定的数值设置点的显示大小。当缩放图形时，绘图区中点的显示大小也会随之改变。

3.6.2 绘制单点和多点

1. 绘制单点

在 AutoCAD 2016 中，每执行一次单点命令只能绘制一个单点。

选择菜单中的【绘图】|【点】|【单点】命令，系统提示："指定点："，在该提示下，输入点的坐标或用光标直接拾取点，点即绘制完毕。

2. 绘制多点

若要绘制多点，使用单点命令绘制多个点会显得十分繁琐，而且会影响绘图效率。使用多点绘制命令，就能很好地解决这个问题。

选择菜单中的【绘图】|【点】|【多点】命令，或单击【绘图】工具栏中的【点】按钮，或单击功能区【默认】选项卡的【绘图】面板中的【多点】按钮，系统提示："POINT 指定点："，在该提示的不断重复下，用户可以连续输入点的坐标或用光标直接拾取点，多点即绘制出。

用户不能用〈Enter〉键结束绘制多点命令，只能用〈Esc〉键结束该命令。

注意：在 AutoCAD 2016 中，虽然"单点"命令和"多点"命令在命令行的提示都是 POINT，但输入"POINT"命令对应的是菜单中的【绘图】|【点】|【单点】命令；而在【AutoCAD 经典】工作界面中【绘图】工具栏中的【点】按钮对应的是菜单中的【绘图】|【点】|【多点】命令。

3.6.3 绘制定数等分点和定距等分点

使用系统提供的【定数等分】命令，可以在对象上按照给定的数目沿着对象的长度或周长创建等间距的点对象或块；而使用系统提供的【定距等分】命令，则可以在对象上以指定的间距连续地创建点或插入块。值得注意的是定距等分或定数等分的起点是随对象类型而变化的；对于直线或非闭合的多段线，其起点是距离选择点最近的端点；对于闭合的多段线，起点是多段线的起点；对于圆，其起点是以圆心为起点、以当前捕捉角度为方向的捕捉路径与圆的交点。

1. 定数等分

定数等分对象指在对象上放置等分点，将选择的对象等分为指定的几段，使用该命令可辅助绘制其他图形。

下面以图 3-20 为例，来讲解该命令的操作过程。

选择菜单中的【绘图】|【点】|【定数等分】命令，或在功能区【默认】选项卡的【绘图】面板中单击【定数等分】按钮。系统提示："选择要定数等分的对象："，在该提示下，选择图 3-20a 中的圆，系统继续提示："输入线段数目或［块(B)］："，在该提示下输入"4"，按〈Enter〉键。通过以上的操作，系统就将圆进行了四等分，等分结果如图 3-20b 所示。

2. 定距等分

定距等分对象是指在所选对象上按指定距离绘制多个点对象。

下面以图 3-21 为例，来讲解该命令的操作过程。

选择菜单中的【绘图】|【点】|【定距等分】命令，或在功能区【默认】选项卡的【绘

图】面板中单击【定距等分】按钮。系统提示："选择要定距等分的对象："，在该提示下，选择图 3-21a 中的线段 AB，系统继续提示："指定线段长度或［块(B)］："，在该提示下输入"8"，按〈Enter〉键。通过以上操作，系统就在线段上从端点 A 开始，定距离地放置了一系列点，如图 3-21b 所示。

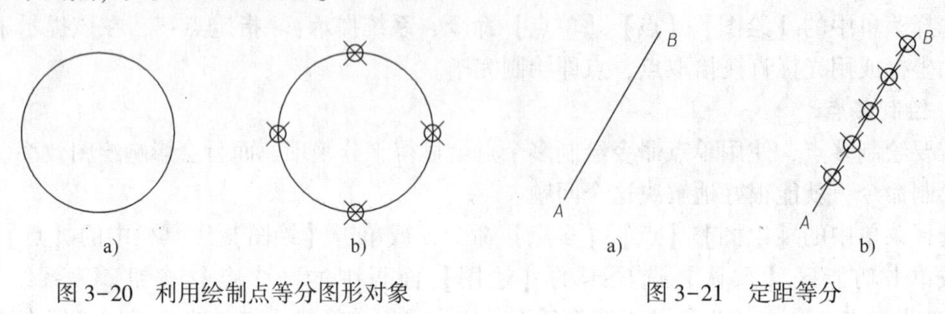

图 3-20　利用绘制点等分图形对象　　　　图 3-21　定距等分

3.7　图案填充与渐变色

使用 AutoCAD 2016 绘制机械图形或建筑图形时。需要对图形进行图案填充，以表达剖视图和断面图。通过本节的学习，要求读者能够熟练地绘制出工程图中的剖视图和断面图。

在绘制机械图时，为了能够充分表达机械零件和机械结构的内部形状和断面形状，经常采用剖视图和断面图的表达方法。如图 3-22 所示为常见的工程图中的几种典型的剖视图和断面图，以下将具体介绍图示这些剖视图和断面图的绘制方法。

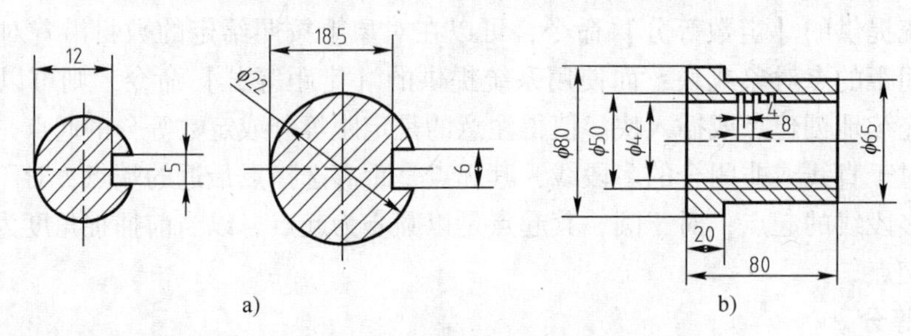

图 3-22　断面图和剖视图
a）轴的断面图　b）剖视图

图案填充是一种以指定的图案或颜色来充满定义封闭边界（例如工程图中的剖面）的操作。在 AutoCAD 2016 中可不仅以创建图案填充和渐变色填充，还可以对填充后的图案进行编辑。

在封闭区域内进行图案填充有两种完全不同的操作方式，一种是关闭功能区，一种开启功能区。

3.7.1　关闭功能区时图案填充

在 AutoCAD 2016 中，如果关闭了功能区，那么从菜单栏中选择【绘图】|【图案填充】命令或单击【绘图】工具栏中的【图案填充】按钮，系统弹出如图 3-23 所示的【图案填充和渐变色】对话框。

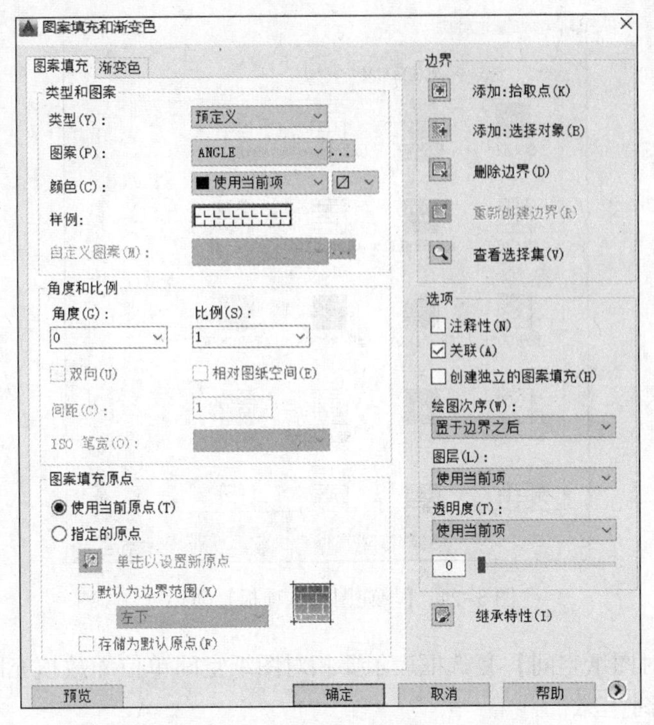

图 3-23 【图案填充和渐变色】对话框

下面分别介绍这些选项卡的具体内容。

1.【图案填充】选项卡

【图案填充和渐变色】对话框中的【图案填充】选项卡如图 3-23 所示，该选项卡用于设置和进行图案填充，其中各选项的含义和功能如下所述。

(1)【类型和图案】选项区。该选项区用于设置填充图案的类型和图案。

1)【类型】下拉列表用于设置填充图案的类型，包括【预定义】、【用户定义】和【自定义】三个选项。选择不同的选项，【图案】和【样例】选项也会发生相应的变化。

2)【图案】下拉列表用于设置填充的图案，用户可以从该下拉列表中根据图案名称来选择填充图案，也可以单击其右边的...按钮，系统弹出如图 3-24 所示的【填充图案选项板】对话框，选择所需的填充图案后单击【确定】按钮即可。

3)【样例】预览窗口用于预览当前选中的图案，单击窗口中的样例，系统也同样弹出【填充图案选项板】对话框。

4)【自定义图案】下拉列表。只有当填充的图案类型选择为【自定义】选项时，该选项才可用。用户可以在该下拉列表中根据图案名称来选择填充图案，也可以单击其右边的...按钮，在系统弹出【填充图案选项板】对话框中选择图案。

(2)【角度和比例】选项区。该选项区用于指定选定填充图案的角度和比例。

1)【角度】下拉列表用于确定填充图案相对于当前坐标系 X 轴的转角，用户可以从该下拉列表中选取角度，也可以直接在文本框中输入角度。

2)【比例】下拉列表用于设置填充图案的缩放比例系数，用户可以从该下拉列表中选取比例，也可以直接在文本框中输入比例系数。

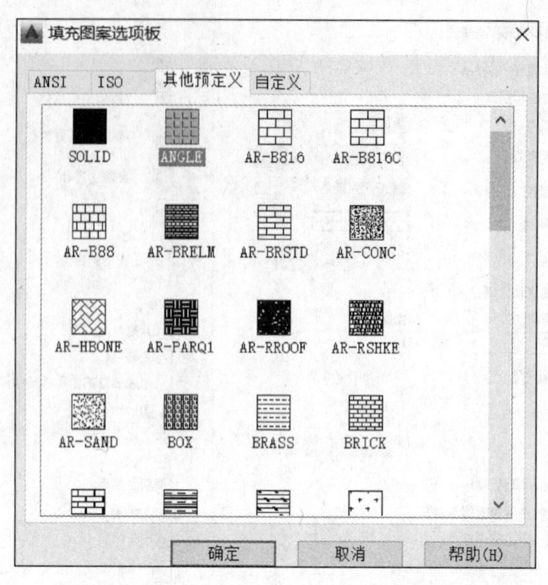

图 3-24 【填充图案选项板】对话框

3）选中【相对图纸空间】复选框表示要相对图纸空间单位缩放填充图案，该选项只有在【布局】中填充才有效。

4）【间距】文本框用于确定用户定义的简单填充图案中平行线的间距，该选项只有在填充图案为【用户定义】类型时才有效。

5）【ISO 笔宽】下拉列表用于设置笔的宽度，该选项只有在填充图案为“预定义”类型，并选择了【ISO】填充图案时才有效。

(3)【图案填充原点】选项区。该选项区用于设置填充图案生成的起始位置。选中【使用当前原点】单选按钮，默认情况下，填充图案生成的起始位置为（0，0）；选中【指定的原点】单选按钮，可以指定新的填充图案生成的起始位置。

(4)【边界】选项区。该选项区用于选择和查看图案填充的边界。

1）【添加：拾取点】按钮可用点选的方式定义填充边界。单击该按钮，对话框暂时消失，系统返回绘图窗口。移动光标在需要填充的封闭区域内单击，系统会自动选择出包围该点的封闭填充边界，同时以虚线形式呈高亮度显示该填充边界，用点选的方式可以一次性选择多个填充区域。

2）【添加：选择对象】按钮可用选择对象的方式定义填充边界。单击该按钮，对话框暂时消失，系统返回绘图窗口。可以用单选或默认窗口的方式选择填充边界对象。

3）【删除边界】按钮用于删除前面定义的填充边界。单击该按钮，对话框暂时消失，系统返回绘图窗口。可以用单选的方式删除前面选择的填充边界对象。

4）【重新创建边界】按钮可以围绕选定的图案填充或图案填充对象创建多段线或面域。

5）单击【查看选择集】按钮，对话框暂时消失，系统返回绘图窗口，用户可以查看已经选择的边界对象。

(5)【选项】选项区。该选项区用于设置填充的图案与填充边界的关系。

1）选中【关联】单选按钮表示填充图案和填充边界相关联，即完成填充后，如果填充边界发生变化，填充图案自动随填充边界的变化而更新。

2）选中【创建独立的图案填充】复选框表示当选择了多个闭合边界时，每个闭合边界的图案填充是独立的。

3）【绘图次序】下拉列表用于为图案填充指定绘图次序，可以将图案填充置于所有其他对象之前或之后，也可以将图案填充置于图案填充边界之前或之后。

（6）【继承特性】按钮。单击【继承特性】按钮可以将选中的、图中已有的填充图案作为当前的填充图案。

2.【渐变色】选项卡

【图案填充和渐变色】对话框中的【渐变色】选项卡如图 3-25 所示，该选项卡用于使用渐变色代替填充图案进行填充，其中各选项的含义和功能如下所述。

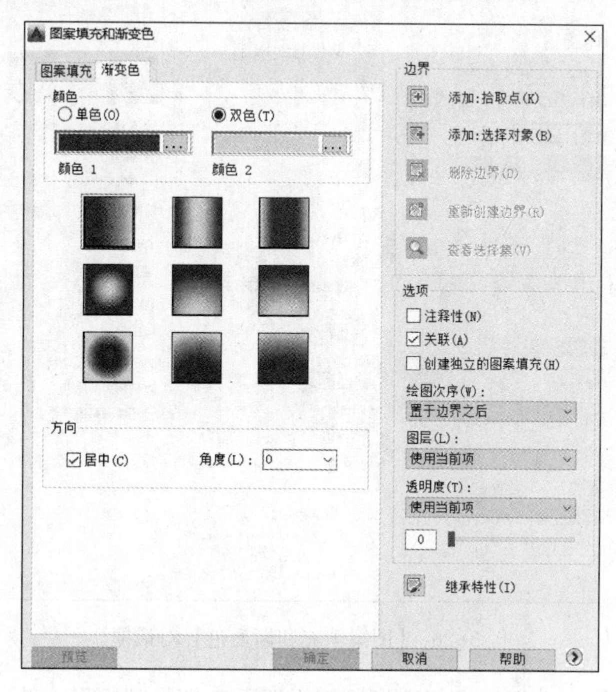

图 3-25 【图案填充和渐变色】对话框

（1）【单色】单选按钮。选中该单选按钮，系统将使用由一种颜色产生的渐变色来填充选定的填充区。双击其右边的颜色条或单击按钮，系统将弹出【选择颜色】对话框。在该对话框中，可以选择渐变色的颜色。用户还可以通过拖动“着色/渐浅”滑块来调整渐变色的变化程度。

（2）【双色】单选按钮。选中该单选按钮，系统将使用由两种颜色产生的渐变色来填充选定的填充区。

（3）【渐变色图案】预览列表。该列表显示了当前设置的渐变色图案的 9 种效果以供用户选用。

（4）【居中】复选框。选中该复选框，创建的渐变色图案显示为对称渐变。

（5）【角度】下拉列表。该下拉列表用于设置渐变色的角度。

（6）【预览】按钮。该按钮用于预览填充效果。单击该按钮，对话框暂时消失，系统返回绘图窗口，并显示当前的填充效果，以便用户调整图案填充的各项设置和所选择的填充区域，用户可按〈Esc〉键返回对话框进行调整，也可以按〈Enter〉键进行图案填充并结束该命令。

3. 控制孤岛填充

在进行图案填充，通常将位于一个已定义好多的填充区域内的封闭区域成为孤岛。单击【图案填充和渐变色】对话框右下方的按钮，将【图案填充和渐变色】对话框展开，将显示更多选项，如图 3-26 所示，可以对孤岛和边界进行设置，其中各选项的含义和功能如下所述。

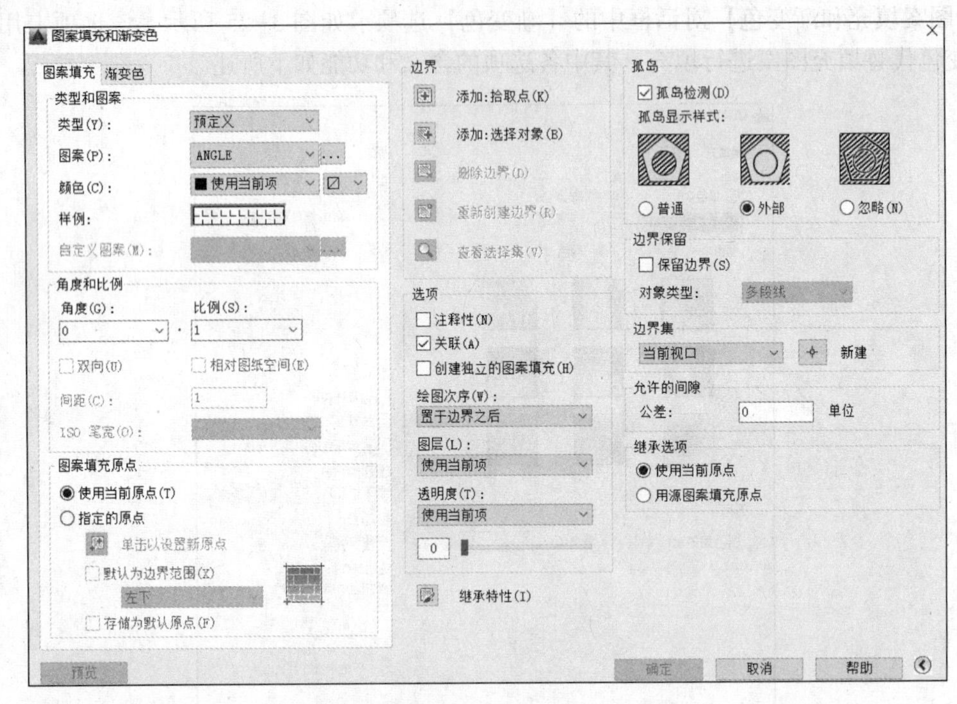

图 3-26 【图案填充和渐变色】对话框

（1）【孤岛检测】复选框。该复选框用于设置是否把内部边界中的对象也包含为边界对象，选中该复选框将激活下面的【孤岛显示样式】栏。

（2）【孤岛显示样式】栏。该栏用于设置孤岛的填充方式。当拾取点被多重区域包含时，【普通】样式为从最外层的边界向内每隔一层填充一次；【外部】样式将只填充从最外层边界向内第一层边界之间的区域；【忽略】样式忽略内边界，填充最外层边界的内部。

（3）【保留边界】复选框。该复选框用于控制是否保留边界，默认为不选中的复选框，即填充区域后删除边界。如果选择该复选框，则可在下方的下拉列表框中选择将边界创建后面域或是多段线。

（4）【边界集】下拉列表选框。该下拉列表框指定使用当前视口中的对象还是使用现在选择集中的对象作为边界集，单击其右侧的【选择新边界集】按钮可返回绘图区重新选择作为边界集的对象。

（5）【允许的间隙】栏。该栏将近似封闭区域的一组对象视为一个闭合的图案填充边界。公差的默认值为“0”，即该区域必须没有任何间隙才能填充，如果加大该值，则接近封闭的区域也可以被填充。

3.7.2 开启功能区时图案填充

1. 在封闭区域进行图案填充

在图3-27所示的封闭图形中，按照如下步骤在封闭区域内进行图案填充。

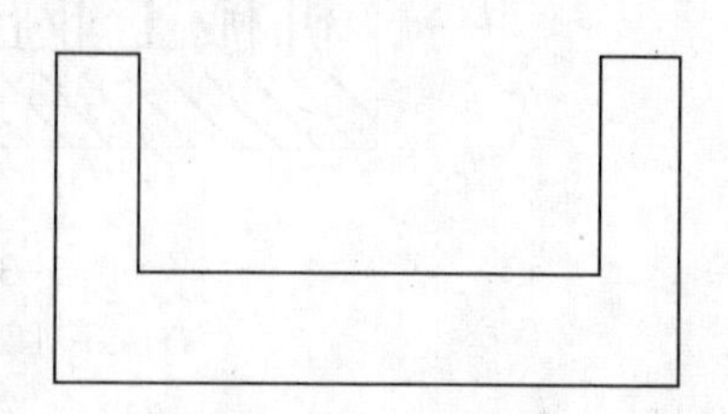

图3-27 封闭图形

(1) 如果开启了功能区，那么在功能区【默认】选项卡的【绘图】面板中单击【图案填充】按钮，系统功能区将出现图3-28所示的【图案填充创建】上下文选项卡，该选项卡包括【边界】面板、【图案】面板、【特性】面板、【原点】面板、【选项】面板和【关闭】面板，操作内容和在【图案填充和渐变色】对话框进行的操作内容实质上是一样的，只是用户操作习惯和界面方式不同而已。这里以开启功能区为例，使用【图案填充创建】上下文选项卡来对封闭区域进行图案填充。

图3-28 【图案填充创建】上下文选项卡

(2) 在功能区【图案填充创建】选项卡的【图案】面板中选择【ANSI31】图案，在【特性】面板中接受默认的角度为0，比例为1，在【原点】面板中单击【设定原点】按钮，在【选项】面板中确保单击选中【关联】按钮。

(3) 在【边界】面板中单击【拾取点】按钮，接着将鼠标光标置于绘图区，在图形的封闭区域内任意一点单击。

用户也可以在【边界】面板中单击【选择边界对象】按钮，接着在图形窗口中选择所有边界。

(4) 在【图案填充创建】选项卡的【关闭】面板中单击【关闭图案填充创建】按钮，图案填充的完成效果如图3-29所示。

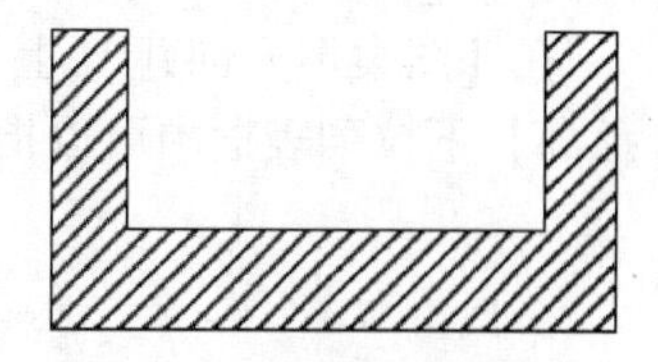

图3-29 图案填充的效果

如果在要进行图案填充的外边界内具有诸如文本、属性、实体填充对象这些中的某个对象时，可以设置该对象是否属于边界集的一部分，这样就会控制图案是否围绕该对象来填充。

以图3-30为例，在【图案填充创建】上下文选项卡的【边界】面板上，单击【拾取点】按钮，在外边界内的区域单击，则指定的边界集默认包含文字对象。要想使文字对象不属于边界集，那么在【边界】面板中单击【删除边界对象】按钮，此时出现【选择要删除的边界】的提示信息，使用鼠标选择文字对象，然后按〈Enter〉键确认，或者在【图案填充创建】上下文选项卡中单击【关闭图案填充创建】按钮。

2. 控制填充原点

在通常情况下，采用默认的填充原点基本上可以满足设计要求。但在某些设计场合，可能需要重新设置图案填充的原点。

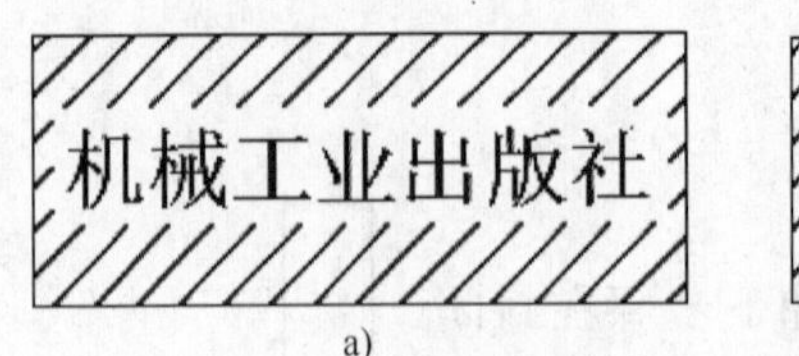

a)

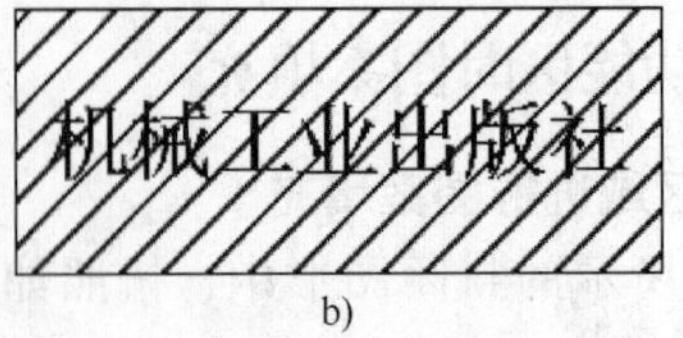

b)

图 3-30　填充线与某个对象相交时的情况
a）文字对象包含在边界集中　b）文字对象不属于边界集

在功能区【图案填充创建】上下文选项卡中打开【原点】溢出面板，使用相应的工具按钮可以控制填充原点，如图 3-31 所示。其中，【左下】按钮用于将图案填充原点设置在图案填充矩形范围的左下角，【右下】按钮用于将图案填充原点设置在图案填充矩形范围的右下角，【左上】按钮用于将图案填充原点设置在图案填充矩形范围的左上角，【右上】按钮用于将图案填充原点设置在图案填充矩形范围的右上角，【中心】按钮用于将图案填充原点设置在图案填充矩形范围的中心，【使用当前原点】按钮用于使用当前的默认图案填充原点。

3. 使用孤岛检测

AutoCAD 2016 的孤岛可以理解为内部闭合边界。使用孤岛检测可以决定要填充的边界对象，系统提供了四种孤岛显示样式，分别为【普通孤岛检测】、【外部孤岛检测】、【忽略孤岛检测】和【无孤岛检测】，它们的功能意义如下。

（1）【普通孤岛检测】。从图案填充拾取点指定的区域开始向内自动填充孤岛，即从外部边界向内部填充，如果遇到第一个内部孤岛，将关闭图案填充，直到遇到该孤岛内的另一个孤岛，如此继续检测进行填充。

（2）【外部孤岛检测】。相对于图案填充拾取点的位置，仅填充外部图案填充边界和任何内部孤岛之间的区域。

（3）【忽略孤岛检测】。从最外部的图案填充边界开始向内填充，忽略任何内部对象。

（4）【无孤岛检测】。关闭以使用传统孤岛检测方法。

在【图案填充创建】上下文选项卡中打开【选项】溢出面板，如图 3-32 所示，在【孤岛】下拉列表框中可以指定选用何种孤岛显示样式。

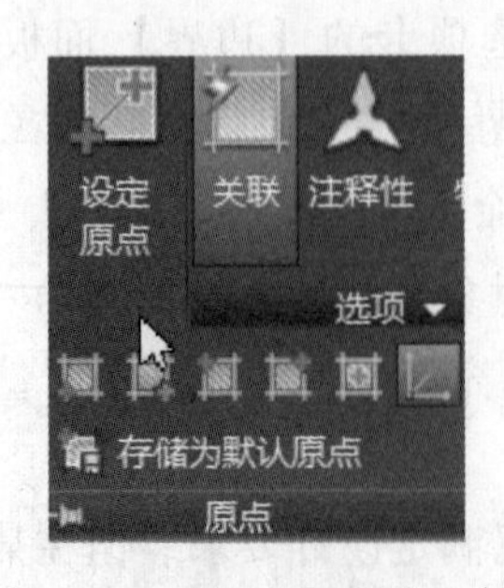

图 3-31　【原点】溢出面板

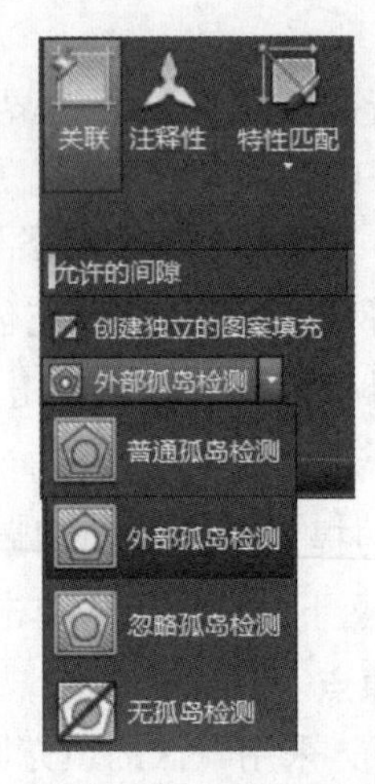

图 3-32　打开【选项】溢出面板

4. 建立关联图案填充

关联图案填充能够随边界的更改自动更新。在默认情况下，用【图案填充】（HATCH）命令创建的图案填充区域是关联的。如果要用【图案填充】命令创建非关联图案填充，则需要在功能区【图案填充创建】上下文选项卡的【选项】面板中取消选中【关联】按钮。

5. 在不封闭区域进行图案填充

填充图案的区域通常是封闭的，但也允许填充边界未完全闭合的区域（实际上是通过指定要在几何对象之间桥接的最大间隙，这些对象经过延伸后将闭合边界）。这需要在【图案填充创建】上下文选项卡中，利用【选项】溢出面板中的【允许的间隙】文本框来设置可忽略的最大间隙值，该值默认为 0（此值默认为 0 表示指定对象必须为封闭区域而没有间隙）。

3.8　边界与面域

【边界】的创建命令为 BOUNDARY，其功能是用封闭区域创建面域或多段线；【面域】的创建命令为 REGION，其功能是用包含封闭区域的对象转换为面域对象，所谓的面域是具有物理特性（例如形心或质量中心）的二维封闭区域。

3.8.1　多段线的绘制及编辑

AutoCAD 2016 不仅向用户提供了基本的绘制和修改编辑命令，而且还提供了一些特殊的绘制和编辑命令，掌握了这些命令的使用方法，就可以快速地绘制和编辑工程图，提高绘图效率。

多段线由多段图线组成，它可以包括直线和圆弧，多段线中各段图线可以设置不同的线宽，并且无论包含多少条直线和圆弧，只要是在同一次命令中绘制的多段线都是一个整体图形对象，可以统一对其进行编辑，这对绘图而言是非常方便的。

1. 多段线的绘制

选择菜单中的【绘图】|【多选线】命令，或单击【绘图】工具栏中的【多段线】按钮，或在功能区【默认】选项卡的【绘图】面板中单击【多段线】按钮，系统提示：“指定起点:”，在该提示下，确定多段线的起点，系统接着提示：

“当前线宽为 0.0000”
“指定下一个点或[圆弧(A)/半宽(H)/长度(L)/放弃(U)/宽度(W)]:”

下面详细介绍上述提示中各选项的含义和操作过程。

（1）【指定下一个点】选项是系统的默认选项。选择该选项，直接输入一点，系统将从起点到该点绘制一段线段，并继续提示：

“指定下一点或[圆弧(A)/闭合(C)/半宽(H)/长度(L)/放弃(U)/宽度(W)]:”

（2）【圆弧(A)】选项用于将绘制线段的方式切换为绘制圆弧方式。选择该选项，输入“A”，按〈Enter〉键，系统继续提示：

“指定圆弧的端点或[角度(A)/圆心(CE)/方向(D)/半宽(H)/直线(L)/半径(R)/第二个点(S)/放弃(U)/宽度(W)]:”

用户可以从上面提示的【指定圆弧的端点】选项、【角度(A)】选项、【圆心(CE)】选项、【方向(D)】选项、【半径(R)】选项和【第二个点(S)】选项中选择一种绘制圆弧的方法。

“直线(L)”选项用于将绘制圆弧方式切换为绘制直线段方式。

其他各选项与绘制直线时的同名选项功能相同，将在下面介绍。

(3)【闭合(C)】选项用于把多段线的最后一点和起点相连，形成一条封闭的多段线，并结束该命令。

在选择【闭合】选项时，如果多段线是绘制直线段方式，则系统用直线连接最后一点和起点；如果多段线是绘制圆弧方式，则系统用圆弧连接最后一点和起点。

(4)【半宽(H)】选项用于设置多段线的半宽值。选择该选项，系统将提示用户输入多段线的起点半宽值和终点半宽值。在绘制多段线的过程中，多段线的每一段都可以重新设置半宽值，另外，各段的起点和终点半宽值可以不同。

(5)【长度(L)】选项用于确定多段线下一段线段的长度。若多段线的上一段是线段，系统将以用户确定的长度沿上一段线段方向绘制出这段线段；若多段线的上一段是圆弧，系统将以用户确定的长度绘制出与圆弧相切的这段线段。

(6)【放弃(U)】选项用于取消绘制的最后一段图线。

(7)【宽度(W)】选项用于设置多段线的宽度值。

系统默认的多段线宽度值为0。设置了多段线的宽度值后，下一次再绘制多段线时，起点的宽度值将以上一次设置的宽度值为默认值，而终点的宽度值则以本次起点的宽度值为默认值。

2. 多段线的编辑

选择菜单中的【修改】|【对象】|【多选线】命令，或在功能区【默认】选项卡的【修改】面板中单击【编辑多段线】按钮，“选择多段线或［多条(M)]:”，在该提示下可以选择一条或多条多段线，如果选择的对象不是多段线，系统将提示：“输入选项［闭合(C)/合并(J)/宽度(W)/编辑顶点(E)/拟合(F)/样条曲线(S)/非曲线化(D)/线型生成(L)/反转(R)放弃(U)]”，在上述提示下如果按〈Enter〉键，则结束多段线编辑命令，其他各选项的含义和操作过程介绍如下。

(1)【闭合(C)】选项用于封闭多段线。选择该选项，输入“C”，按〈Enter〉键，系统将选取的多段线首尾相连，形成一条封闭的多段线。如果选取的多段线是封闭的，该选项则变为“打开(O)”。

(2)【合并(J)】选项用于将直线、圆弧或者多段线连接到指定的非闭合多段线上。选择该选项，输入“J”，按〈Enter〉键，如果编辑的是多个多段线，系统将提示用户输入合并多段线的允许距离；如果编辑的是单个多段线，系统将把用户选取的首尾连接的直线、圆弧等对象连成一条多段线。

执行该选项的操作时，要连接的各相邻对象必须在形式上彼此首尾相连。

(3)　【宽度(W)】选项用于重新设置所编辑的多段线的宽度。选择该选项，输入“W”，按〈Enter〉键，在系统提示下输入新的线宽后，所选择的多段线线宽均变成该线宽。

(4)【编辑顶点(E)】选项用于编辑多段线的顶点。

(5)【拟合(F)】选项用于将选择的多段线拟合成一条光滑曲线。选择该选项，输入

"F"，按〈Enter〉键，系统将通过多段线的每个顶点绘制出一条光滑的曲线。

(6)【样条曲线(S)】选项用于将选择的多段线拟合成一条样条曲线。选择该选项，输入"S"，按〈Enter〉键，系统将以多段线的各顶点为控制点（一般只通过多段线的起点和终点）绘制出一条样条曲线。

(7)【非曲线化(D)】选项用于将拟合或样条曲线化的多段线恢复到原状。

(8)【线型生成(L)】选项用于设置非连续线型多段线在各顶点处的绘制方法。

(9)【放弃(U)】选项用于取消多段线编辑命令的上一次操作。

3.8.2 创建边界和面域

1. 边界的创建

在 AutoCAD 2016 中，用户在已有的图形对象中，可用相邻的或重叠的图形对象生成一条多段线边界。进行这样的操作时，重叠对象的边必须形成完全封闭的区域，即使边界间有很小的间隙，操作也将失败。

边界的结果类型分为【面域】和【多段线】两种类型。创建边界后，原来由多个图元对象连续组成的闭合图形可以成为一个单一的对象。

在菜单栏中选择【绘图】|【边界】命令，或在命令行输入"BOUNDARY"，按〈Enter〉键，或在功能区【默认】选项卡的【绘图】面板中单击【边界】按钮，系统弹出如图 3-33 所示的【边界创建】对话框，下面对该对话框有关的选项进行介绍。

(1)【拾取点】按钮用于通过选点的方式生成多段线边界。单击该按钮，【边界创建】对话框暂时消失，系统返回绘图窗口，并出现如下提示："拾取内部点:"，在该提示下，在绘图窗口中要生成多段线边界的区域内部拾取点，系统将会按用户的设置自动生成多段线边界，同时，所生成的多段线边界以虚线形式呈高亮度显示。

如果用户选择的区域没有完全封闭，系统会弹出如图 3-34 所示的提示信息。

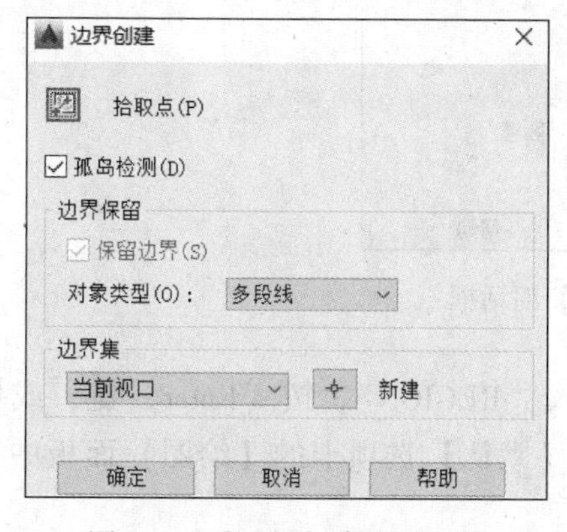

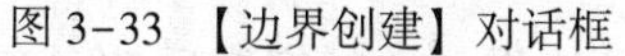

图 3-33 【边界创建】对话框

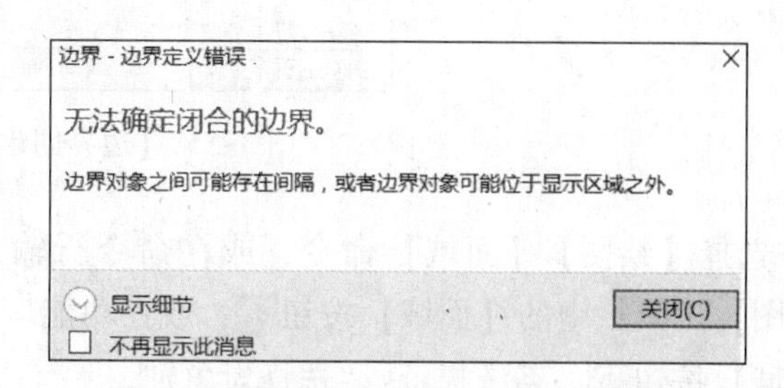

图 3-34 信息提示框

(2) 选中【孤岛检测】复选框表示在创建多段线边界时要检查设置孤岛情况。孤岛是指封闭区域内部的图形对象。

(3)【边界保留】选项区用于指定是否将边界保留为对象，并确定应用于这些对象的对象类型。

(4)【边界集】选项区用于指定进行边界分析的范围，其默认选项是当前视口，即在定义边界时，系统分析范围为当前视口中的所有对象。

用户也可以单击【新建】按钮旁边的按钮回到绘图窗口，通过选择要分析的对象来构造一个新的选择集。

从封闭区域创建多段线或面域的一般步骤简述如下。

(1) 在菜单栏中选择【绘图】|【边界】命令，或在功能区【默认】选项卡的【绘图】面板中单击【边界】按钮，系统弹出如图 3-35 所示的【边界创建】对话框。

(2) 在【边界保留】选项组的【对象类型】下拉列表框中选择【多段线】或【面域】，接着设置是否启用【孤岛检测】以及边界集选项。

(3) 单击【拾取点】按钮，拾取所需要的内部点，按〈Enter〉键。

2. 面域的创建

面域是封闭区域所形成的二维实体对象，可以将它看成是一个平面实心区域。虽然 AutoCAD 2016 中有许多命令可以生成封闭区域（如圆、正多边形、矩形等），但面域和这些封闭区域有本质的不同。面域不仅包含边的信息，而且还包含整个面的信息。AutoCAD 2016 可以利用这些信息计算工程属性，如面积、质心和惯性矩等。

用户可以用前面介绍过的【边界创建】对话框创建面域，只需将【对象类型】下拉列表框中选择【面域】，如图 3-35 所示。其他操作和创建多段线边界的操作一样，在此不再赘述。下面介绍另外一种创建面域的方法。

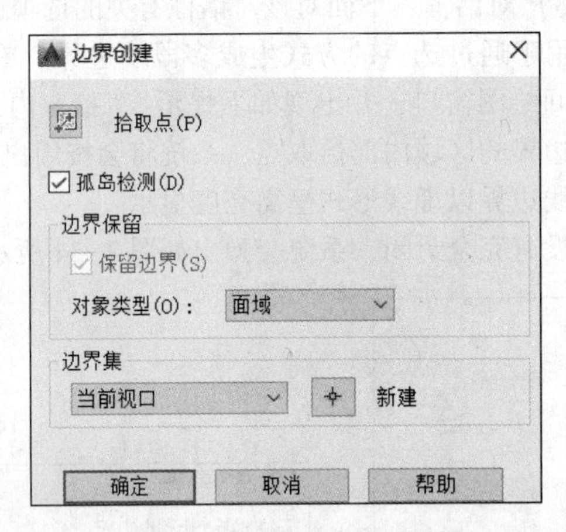

图 3-35 【边界创建】对话框

选择【绘图】|【面域】命令，或在命令行输入“REGION”，按〈Enter〉键，或单击【绘图】工具栏中的【面域】按钮，或在功能区【默认】选项卡的【绘图】面板中单击【面域】按钮。系统提示：“选择对象：”。

在上述提示下，可以选取用来创建面域的平面闭合环边界，选择完毕后按〈Enter〉键，此时，系统将结束该命令，并在命令行出现下面的提示：“已提取 1 个环。已创建 1 个面域。”

REGION 命令只能通过平面闭合环来创建面域，即组成面域边界的图形对象必须是自行封闭的或经修剪而封闭的。如果是由图形对象内部相交而构成的封闭区域，则不能通过 REGION 命令创建面域，但可以通过 BOUNDAY 命令来创建面域。

3. 面域的布尔运算

布尔运算是一种数学逻辑运算。在 AutoCAD 2016 中，可以对共面的面域和三维实体进行布尔运算，从而提高绘图效率。

面域可以进行【并集】、【差集】和【交集】三种布尔运算，其运算的结果如图 3-36 所示。

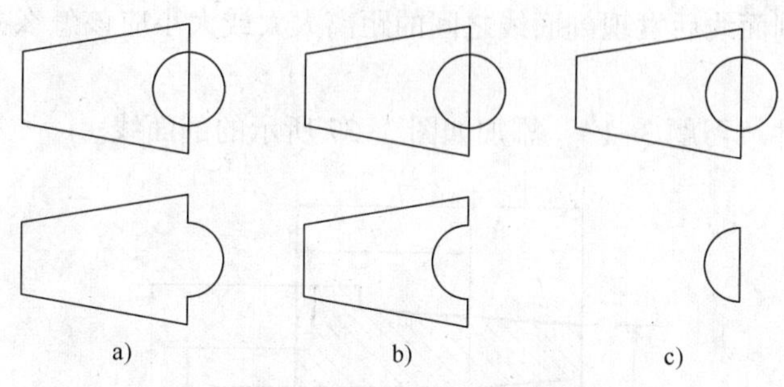

图 3-36 面域的布尔运算的结果

a)【并集】运算 b)【差集】运算 c)【交集】运算

(1)【并集】运算。并集运算是指将两个或多个面域合并为一个单独的面域。并集运算可以通过选择【修改】|【实体编辑】|【并集】命令来进行，此时需要连续选择要合并的面域对象，然后按〈Enter〉键，系统即完成并集运算并结束该命令。

(2)【差集】运算。差集运算是指从一个面域中减去另一个面域。差集运算可以通过选择【修改】|【实体编辑】|【差集】命令来进行，此时需要先选择求差的源面域，然后按〈Enter〉键，再选择要被减掉的面域按〈Enter〉键，系统即完成差集运算并结束该命令。

(3)【交集】运算。交集运算是指从两个或多个面域中抽取其重叠部分而形成一个独立的面域。交集运算可以通过选择【修改】|【实体编辑】|【交集】命令来进行，此时需要连续选择参加运算的面域对象，然后按〈Enter〉键，系统即完成交集运算并结束该命令。

在上述三种布尔运算中，如果用户选择的面域实际并未相交，则运算的结果是，通过并集运算，所选的面域被合并成一个单独的面域；通过差集运算，将删除被减掉的面域；通过交集运算，则删除所有选择的面域。

3.9 思考与练习

一、填空题

1. 当选择了多个闭合边界时，在“图案填充”对话框中，选中__________复选框，每个闭合边界的图案填充是独立的。

2. 在 AutoCAD 2016 中，使用“图案填充”对话框中的__________选项卡，可以对封闭区域进行渐变色填充。

二、简答题

1. 指定点的方式有几种？有几种方法可以精确输入点的坐标？

2. 多段线与一般线段有什么区别？

3. 绘制带有线宽的直线有哪几种方法？

4. 绘制圆的方法有哪几种?

5. 绘制圆弧的方法有哪几种?

6. 简述在指定对象上创建定数等分点和定距等分点的一般方法和步骤。

7. 如何创建图案填充?

8. 选择填充图案边界的方法有几种?

9. 如果在填充剖面线后发现剖面线之间的距离太大或太小应该怎么办?

三、操作题

1. 打开练习文件“习题 3-1”,添加如图 3-37 所示的剖面线。

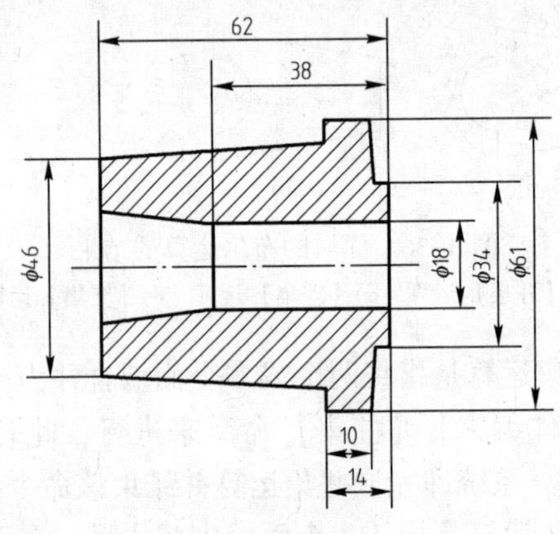

图 3-37 习题图 1

2. 绘制三角形 *OAC* 和 *OBC* 的内切圆;绘制三角形 *ABC* 的外接圆。完成后的图形如图 3-38 所示。

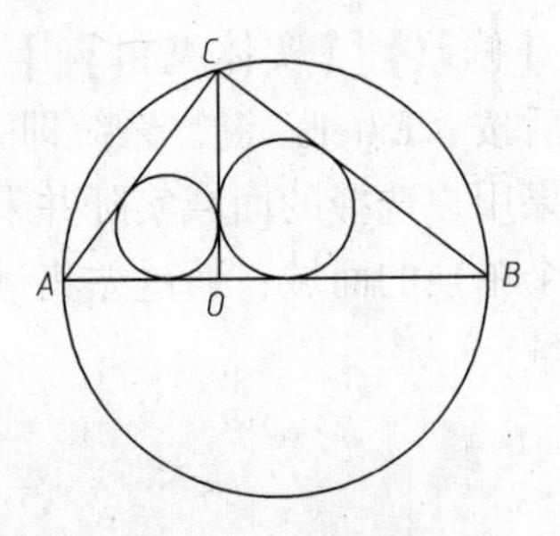

图 3-38 习题图 2

3. 新建图形文件,绘制如图 3-39 所示的图形,尺寸自定。

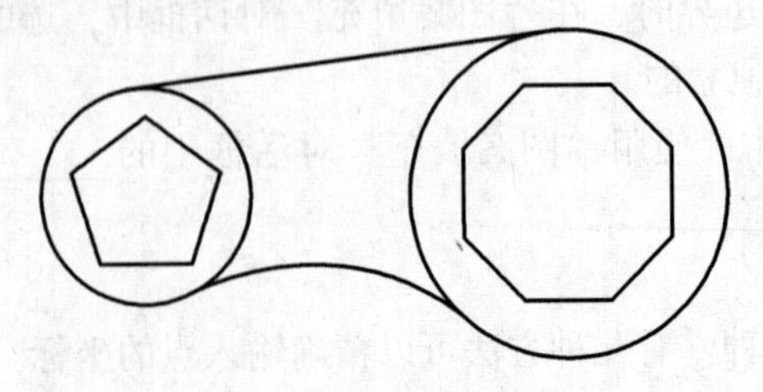

图 3-39 习题图 3

第4章　基本图形修改

仅掌握绘图命令是不够的，一般而言还必须对绘制的基本对象进行各种编辑才能满足绘图的需求。AutoCAD 2016 具有强大的图形编辑和修改功能，这在设计和绘图的过程中发挥了重要的作用，它可以帮助用户合理地构造与组织图形，大大减少了绘图时的重复工作，从而提高了设计和绘图效率。利用 AutoCAD 2016 的编辑功能，可以对各种图形进行删除与恢复，改变其位置和大小、复制、镜像、偏移及阵列等操作，从而大大提高了绘图速度。

4.1　选取图形对象

要对绘制的图形进行编辑，首先必须选择要编辑的图形对象，然后才能进行编辑操作。在执行某些编辑命令过程中，命令行出现“选择对象:”的提示，AutoCAD 2016 的许多编辑修改命令都有这样的提示，要求用户从屏幕上的绘图窗口中选取要编辑修改的图形实体对象，被选中的图形对象将用虚线显示，选择了图形对象后，命令行将反复出现“选择对象:”的提示，可以继续选择图形对象，直到按〈Enter〉键结束图形对象的选择，而这些被选择的图形对象也就构成了选择集。在命令行出现“选择对象:”的提示时，十字光标将变成一个小方块（称为拾取框）。AutoCAD 2016 提供了多种实体对象的选择方式，下面将做详细介绍。

4.1.1　直接点取方式

这是系统默认的一种选择实体方式，点选对象是最简单、也是最常用的选择方式；选择方法是在“选择对象:”的提示下，当需选择某个对象时，直接用十字光标在绘图区中单击该对象即可，连续单击不同的对象则可同时选择多个对象。选中的对象将以虚线形式显示，如图 4-1 所示。

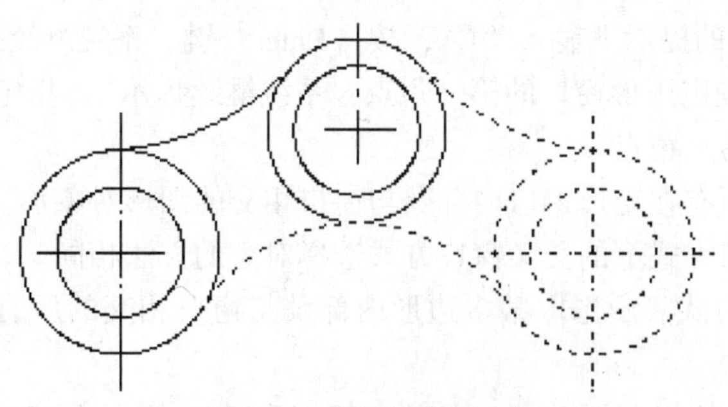

图 4-1　虚线表示已选中

4.1.2　默认窗口方式

当命令行出现“选择对象:”的提示时，如果将拾取框移动到图形窗口空白处单击鼠标左键，系统接着提示“指定对角点:”，此时，将光标移动到另一位置后单击，系统会自动以这两个点为对角点确定一个默认的矩形选择窗口。

使用默认的矩形选择窗口选择对象有两种不同的操作方式，其选择的结果也不同。

(1) 用从左向右的方式确定矩形选择窗口，矩形窗口显示为实线，此时，只有完全在矩形窗口内的图形对象才被选中（相当于窗口方式），如图 4-2 所示，此方式叫完全窗口。

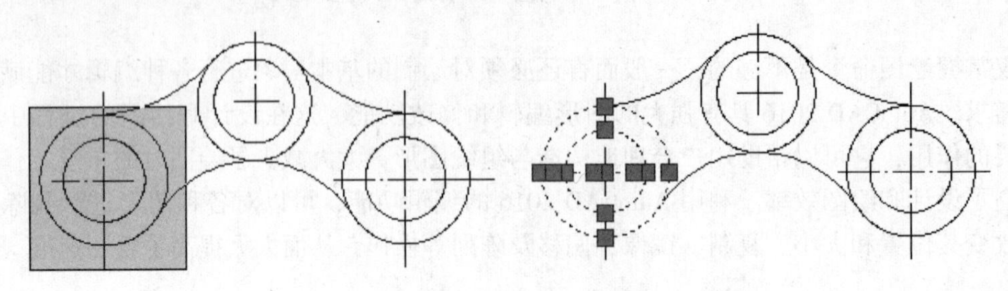

图 4-2　从左向右的方式选择窗口

(2) 用从右向左的方式确定矩形选择窗口，矩形窗口显示为虚线，此时，只要图形对象有一部分在矩形窗口内，该图形对象将被选中（相当于交叉窗口方式），如图 4-3 所示，此方式叫交叉窗口。

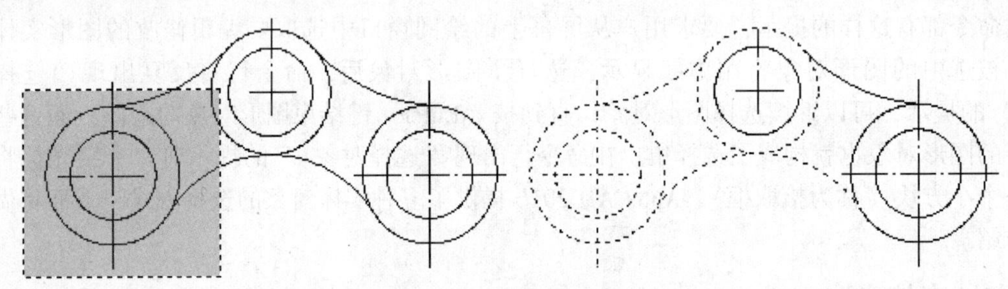

图 4-3　从右向左的方式选择窗口

4.1.3　交叉窗口和交叉多边形方式

(1) 交叉窗口方式表示选取某矩形窗口内部及与窗口相交的所有图形对象，其操作步骤如下。

在“选择对象:”的提示下输入“C”，按〈Enter〉键，系统继续提示：“指定第一个角点:”，在该提示下，确定矩形窗口的第一角点，系统继续提示：“指定对角点:”，在该提示下，确定矩形窗口的另一角点。

通过以上操作，所有在矩形窗口内部及与窗口相交的图形对象均被选中。交叉窗口方式下选择对象与默认窗口方式下的交叉窗口方式选择对象的方法相同。

(2) 交叉多边形方式表示选取某多边形内部及与窗口相交的所有图形对象，其操作步骤如下。

在“选择对象:”的提示下输入“CP”，按〈Enter〉键，系统继续提示：“第一圈围点:”，在该提示下，确定多边形第一条边的起点，系统继续提示：“指定直线的端点或［放弃(U)］:”，在该提示下，确定第一条边的终点，系统继续提示：“指定直线的端点或［放弃(U)］:”，在该提示下，确定多边形第二条边的终点（系统默认将第一条边的终点作为第二条边的起点），系统将继续提示：“指定直线的端点或［放弃(U)］:”，在不断出现的该提示下，用户可以连续确定多边形的各个边，直到按〈Enter〉键结束为止。

通过以上操作，所有在多边形内部及与多边形的边相交的图形对象均被选中，如图 4-4 所示。

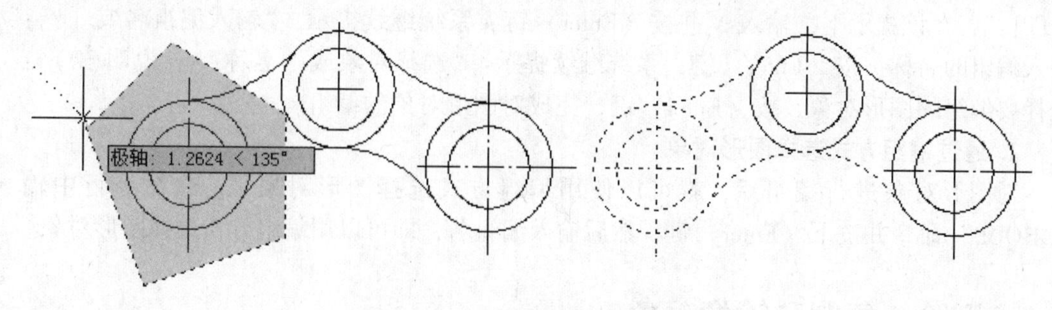

图 4-4 交叉多边形方式选择窗口

4.1.4 全部方式和最后方式

（1）全部方式表示要选取当前图形的所有对象，其操作步骤是在“选择对象:”的提示下，输入“ALL”，按〈Enter〉键，系统将选中当前图形中的所有对象。

（2）最后方式表示选取最后绘制在图中的图形对象，其操作步骤是在“选择对象:”的提示下，输入“LAST”，按〈Enter〉键，系统将选中最后绘制在图中的图形对象。

4.1.5 栏选图形方式

以栏选方式选择图形对象时可以拖拽出任意折线，凡是与折线相交的图形对象均会被选择，利用该方式选择连续性目标非常方便，但栏选线不能封闭或相交。

当出现“选择对象:”的命令提示时，在命令行中输入“FENCE”命令并按〈Enter〉键，即可在绘图区中绘制任意折线对目标对象进行栏选，如图 4-5 所示。

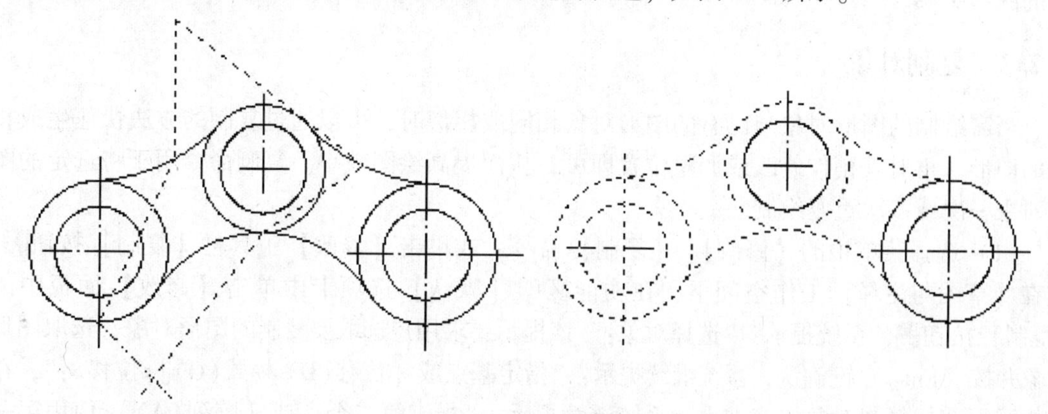

图 4-5 栏选方式选择窗口

4.1.6 选择编组中的对象

在编辑图形对象的过程中，经常需要选择几个图形对象，这时可以将几个对象编为一个组，然后使用编组方式快速选择已编组的图形对象，从而提高绘图效率。

1. 编组对象

使用编组方式选择图形对象之前，首先需要将图形对象编组。编组对象的操作是通过“GROUP”命令来完成的。执行该命令后，系统提示：“选择对象或［名称(N) 说明(D)］:”，在该提示下，输入N并按〈Enter〉键，系统继续提示：“输入编组名或［?］:”，输入编组的名称，按〈Enter〉键，系统继续提示：“选择对象或［名称(N) 说明(D)］:”，选择要编组的图形对象，按〈Enter〉键，完成对图形对象的编组。

2. 通过编组方式选择图形对象

对图形对象进行编组后，就可以使用编组方式选择图形对象了。在命令行中输入“GROUP”命令并按下〈Enter〉键，然后输入编组名，即可以用编组方式选择图形对象。

4.2 删除、复制和镜像对象

4.2.1 删除对象

在实际设计中，时常要对不需要的图形对象进行删除操作，删除图形对象的操作步骤如下。

(1) 选择菜单中的【修改】|【删除】命令，或单击【修改】工具栏【删除】按钮，或在【草图与注释】工作空间下，在功能区的【默认】选项卡中单击【修改】面板中的【删除】按钮。

(2) 在“选择对象”的提示下，使用各种有效的方法选择要删除的图形对象。

(3) 按〈Enter〉键确认。

删除选定的图形对象，也可以在选择要删除的图形对象之后，在绘图区域中单击右键，从弹出的快捷菜单中选择【删除】命令。此外，还可以使用键盘上的〈Delete〉键来删除选定的图形对象。

4.2.2 复制对象

当需绘制的图形对象与已有的图形对象相同或相似时，可以通过复制的方法快速生成相同的图形，再对其稍作修改或调整位置即可，从而提高绘图效率。复制命令用于将选定的图形对象一次或多次重复绘制。

(1) 选择菜单中的【修改】|【复制】命令，或单击【修改】工具栏【复制】按钮，或在【草图与注释】工作空间下，在功能区的【默认】选项卡中单击【修改】面板中的【复制】按钮，系统提示：“选择对象:”该提示要求用户选取要复制的图形对象，选取图形对象并按〈Enter〉键确认，系统继续提示：“指定基点或［位移(D) 模式(O)］<位移>:”，在该提示下选择复制对象的基准点，系统继续提示：“指定第二个点或［阵列(A)］<使用第一个点作为位移>:”，该提示要求用户确定复制图形对象的目的点，在该提示下给出目的点，系统即可将选定的图形对象复制出一个且重复提示“指定第二个点或［阵列(A) 退出(E) 放弃(U)］<退出>:”，在该提示下，可以反复复制所选的图形对象，直到直接按〈Enter〉键结束复制命令。

(2) 如果在“指定基点或［位移(D) 模式(O)］<位移>:”提示下输入“D”，按

〈Enter〉键，系统将以坐标原点作为位移的第一点，并继续提示：“指定位移<0.0000, 0.0000, 0.0000>:”，在该提示下给出位移的第二点，系统将以坐标原点和用户给出的第二点之间的位移复制出新的图形对象并结束该命令。

(3) 如果在“指定基点或［位移(D) 模式(O)］<位移>:”的提示下输入“O”，按〈Enter〉键，系统继续提示：“输入复制模式选项［单个(S) 多个(M)］<多个>:”，在该提示下选择是单个复制还是多个复制，选择完毕后，系统回到提示“指定基点或［位移(D) 模式(O)］<位移>:”。

4.2.3 镜像对象

镜像是将用户所选择的图形对象向相反的方向进行对称的复制，实际绘图时常用于对称图形的绘制。

选择菜单中的【修改】|【镜像】命令，或单击【修改】工具栏【镜像】按钮，或在【草图与注释】工作空间下，在功能区的【默认】选项卡中单击【修改】面板中的【镜像】按钮，系统提示：“选择对象:”，在该提示下，选择要镜像复制的图形对象，按〈Enter〉键，系统继续提示：“指定镜像线的第一点:”，该提示要求确定镜像线上的第一点，确定第一点后，系统继续提示：“指定镜像线的第二点:”，该提示要求确定镜像线上的第二点，确定第二点后，系统继续提示：“是否删除源对象？［是(Y)/否(N)］<N>:”，该提示询问是否要删除原来的对象，系统默认的选项是保留原来的图形对象，如果决定要删除原来的对象，可在该提示下输入“Y”，按〈Enter〉键。

通过上述的过程即可完成图形对象的镜像复制，如图 4-6 所示为镜像的实例。

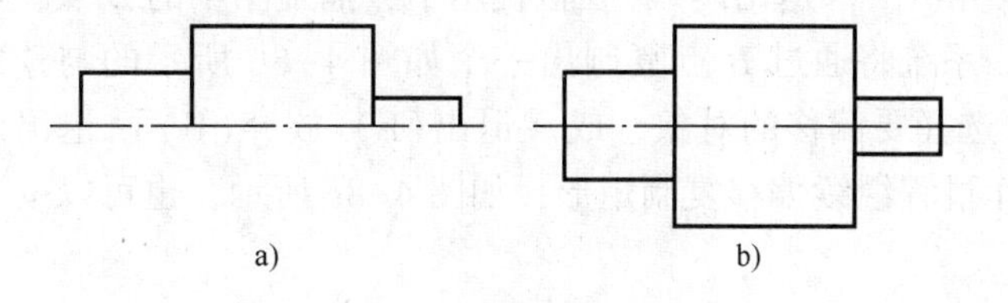

图 4-6　图形对象的镜像

a）镜像前的图形　b）镜像后的结果

4.3 偏移对象

偏移命令主要用于平行复制一个与选定图形对象相类似的新对象，并把它放置到指定的、与选定图形对象有一定距离的位置。

选择菜单中的【修改】|【偏移】命令，或单击【修改】工具栏【偏移】按钮，或在【草图与注释】工作空间下，在功能区的【默认】选项卡中单击【修改】面板中的【偏移】按钮，系统提示：“指定偏移距离或［通过(T)/删除(E)/图层(L)］<通过>:”，下面说明该提示中各选项的含义和操作过程。

(1)【指定偏移距离】选项是系统的默认选项，用于通过指定偏移距离来偏移复制图形对象，下面以图 4-7 为例，说明该选项的操作过程。

在“指定偏移距离或［通过(T)/删除(E)/图层(L)］<通过>:”的提示下，输入“5”，按

〈Enter〉键，系统继续提示：“选择要偏移的对象，或［退出(E)/放弃(U)］<退出>:”，在该提示下选择图 4-7a 中的直线，系统继续提示：“指定要偏移的那一侧上的点，或［退出(E)/多个(M)/放弃(U)］<退出>:”，在该提示下，移动光标至直线的下侧单击，如图 4-7a 所示。

经过以上的操作，系统将平行复制出一条位于选定直线下移 5 的新直线，如图 4-7b 所示，并继续提示：“选择要偏移的对象，或［退出(E)/放弃(U)］<退出>:”，在该提示下，可以按照上面的操作过程继续偏移直线，如图 4-7c 所示，也可以按〈Enter〉键结束该命令。

在实际绘图时，利用直线的偏移可以快捷地解决平行轴线、平行轮廓线之间的定位问题。

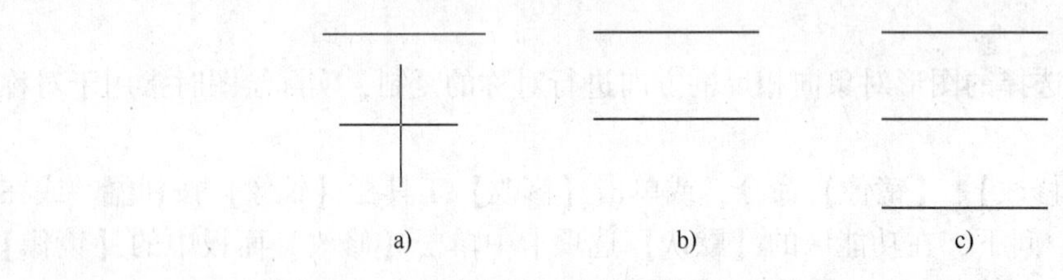

图 4-7　指定距离进行偏移

(2)【通过(T)】选项用于通过确定通过点来偏移复制图形对象。下面以图 4-8 为例，说明该选项的操作过程。

在“指定偏移距离或［通过(T)/删除(E)/图层(L)］<通过>:”的提示下，输入“T”，按〈Enter〉键或直接按〈Enter〉键，系统继续提示：“选择要偏移的对象，或［退出(E)/放弃(U)］<退出>:”，在该提示下，选取图中的矩形，系统继续提示：“指定通过点或［退出(E)/多个(M)/放弃(U)］<退出>:”，在该提示下，捕捉图中的 B 点，如图 4-8a 所示。

通过上述操作，系统将通过 B 点复制出一个如图 4-8b 所示的与选定的矩形相似的图形，并继续提示：“选择要偏移的对象，或［退出(E)/放弃(U)］<退出>:”，在该提示下，可以按照上面的操作过程继续偏移复制矩形，如图 4-8c 所示，也可以按〈Enter〉键结束该命令。

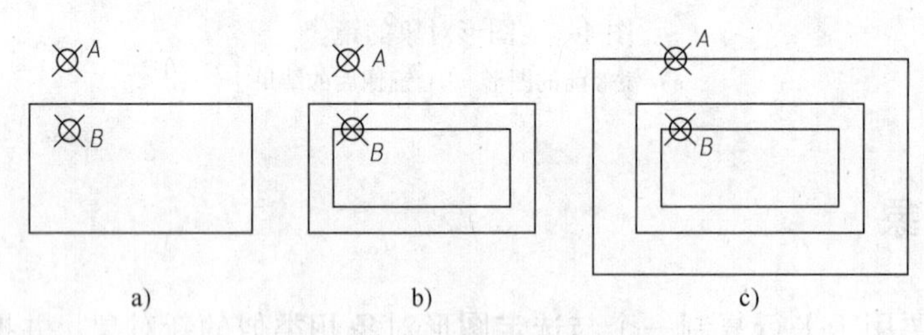

图 4-8　指定通过点进行偏移

(3)【删除(E)】选项用于设置在偏移复制新图形对象的同时是否要删除被偏移的图形对象。

(4)【图层(L)】选项用于设置偏移复制新图形对象的图层是否和源对象相同。

4.4　阵列对象

在实际工程设计绘图时，经常会碰到数量很多且结构完全相同的图形对象。绘制这些图形对象时，除可以用复制命令外，对于呈规律分布的图形对象（例如机械零件中呈圆周状态均匀分布的小圆孔等结构）来说，也可以用阵列命令进行多个复制。对于创建多个定间距的相同图形对象来说，阵列要比复制更简单、更快捷。

4.4.1 矩形阵列

在 AutoCAD 2016 中，矩形阵列是指将项目分布到任意行、列和层的组合。在二维制图中，只考虑行和列的相关设置（行数、行间距、列数和列间距），而不用考虑层的设置（默认层数为 1），所述的行和列的轴相互垂直。矩形阵列的示例如图 4-9 所示。在创建矩形阵列的过程中，通过拖曳阵列夹点，可以增加或减少阵列中行、列的数量和间距，如图 4-10 所示。

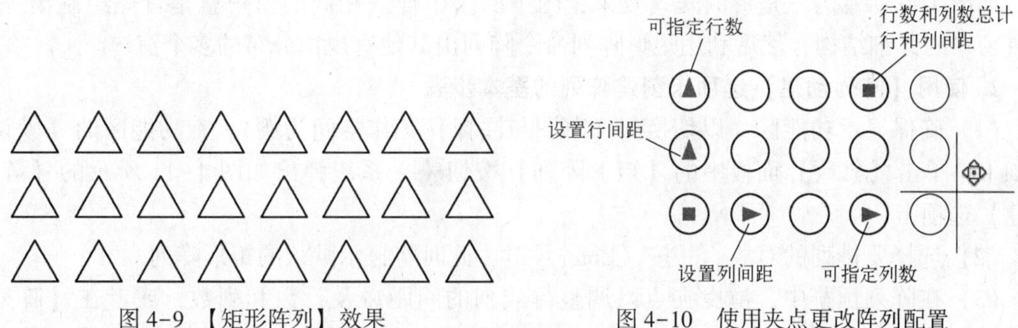

图 4-9 【矩形阵列】效果　　图 4-10 使用夹点更改阵列配置

选择菜单中的【修改】|【阵列】|【矩形阵列】命令，或单击【修改】工具栏【矩形阵列】按钮，或在【草图与注释】工作空间下，在功能区的【默认】选项卡中单击【修改】面板中的【矩形阵列】按钮，系统弹出如图 4-11 所示的【阵列创建】选项卡，同时系统提示："选择对象："，选择要阵列的对象，单击鼠标右键或者按〈Enter〉键，系统继续提示："选择夹点以编辑阵列或［关联(AS)/基点(B)/计数(COU)/间距(S)/列数(COL)/行数(R)/层数(L)/退出(X)］<退出>："。

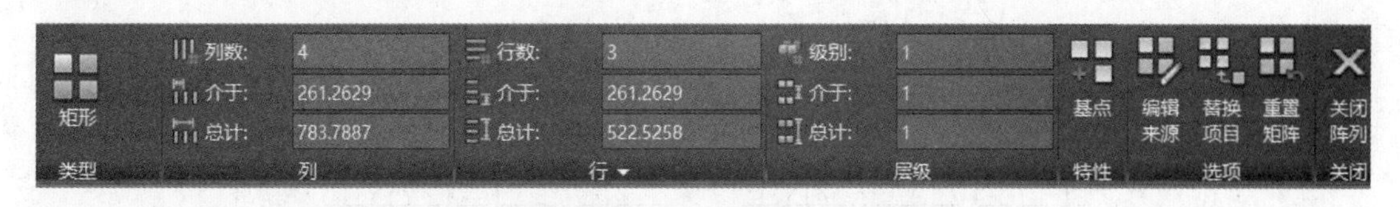

图 4-11 【阵列创建】选项卡

1. 提示中各选项的含义和操作过程

（1）关联(AS)。指定阵列后得到的对象（包括源对象）是关联的还是独立的。如果选择关联，阵列后得到的对象（包括源对象）是一个整体，否则阵列后各图形对象为独立的对象。输入"AS"，按〈Enter〉键，系统继续提示："创建关联阵列［是(Y)/否(N)］<否>："，"Y"表示创建关联，"N"表示不关联，根据需要选择即可。

以"关联"方式阵列后，可通过分解功能将其分解，即取消关联（通过菜单的【修改】|【分解】命令实现）。

（2）计数(COU)。指定阵列的行数和列数。输入"COU"，按〈Enter〉键，系统继续提示："输入列数数或［表达式(E)］<4>:"，用于输入阵列列数，也可以通过表达式确定列数。输入"8"，按〈Enter〉键，系统继续提示："输入行数或［表达式(E)］<3>:"，用于输入阵列行数，也可以通过表达式确定行数，输入"3"，按〈Enter〉键。

(3) 间距(S)。设置阵列的列间距和行间距。输入"S"，按〈Enter〉键，系统继续提示："指定列之间的距离或［单位单元(U)］:"，用于指定列间距，输入距离，按〈Enter〉键，系统继续提示："指定行之间的距离:"，用于指定行间距，输入距离，按〈Enter〉键，系统继续提示："选择夹点以编辑阵列或［关联(AS)/基点(B)/计数(COU)/间距(S)/列数(COL)/行数(R)/层数(L)/退出(X)］<退出>:"。

(4) 列数(COL)、行数(R)和层数(L)。分别设置阵列的列数、列间距；行数、行间距；层数（三维阵列）、层间距。

如图 4-9 所示为三角形的阵列效果，图中的多个样式相同的窗户就是首先绘制出一个位置窗户的详细结构，然后利用矩形阵列命令阵列出其他有规律分布的多个窗户。

2. 使用【阵列创建】选项卡创建阵列的基本步骤

(1) 确保显示功能区（以切换到【草图与注释】工作空间为例），在功能区的【默认】选项卡中单击【修改】面板中的【矩形阵列】按钮▦，系统弹出如图 4-11 所示的【阵列创建】选项卡。

(2) 选择要排列的对象，并按〈Enter〉键，此时将显示默认的矩形阵列。

(3) 在阵列预览中，拖曳夹点以调整行或列的间距以及行数和列数，或者在【阵列】上下文功能区中修改值，即在功能区中出现的【阵列创建】选项卡中分别设置列、行、层和特性等相关参数。

(4) 在【阵列创建】选项卡中单击【关闭阵列】按钮☒。

4.4.2 环形阵列

环形阵列是指将选定的对象围绕指定的圆心实现多重复制。如图 4-12 所示即为一个环形阵列示例。

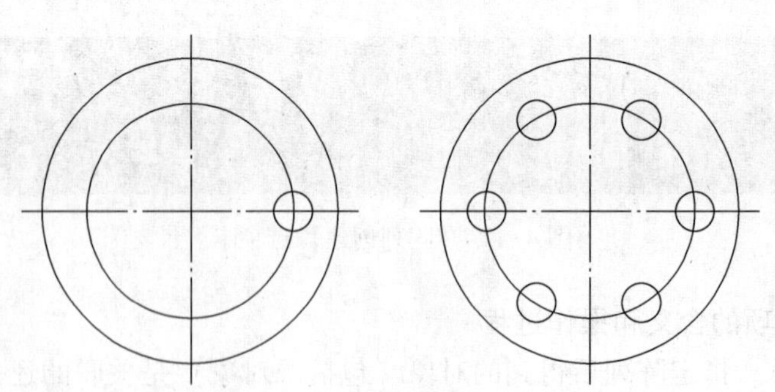

图 4-12 环形阵列示例

选择菜单中的【修改】|【阵列】|【环形阵列】命令，【草图与注释】工作空间下，在功能区的【默认】选项卡中单击【修改】面板中的【环形阵列】按钮⁂，系统提示："选择对象:"，选择要阵列的对象，单击鼠标右键或者按〈Enter〉键，系统继续提示："指定阵列的中心点或［基点(B)/旋转轴(A)］:"，"指定阵列的中心点"选项用于确定环形阵列

时的阵列中心点。选择阵列的中心点，系统继续提示：“选择夹点以编辑阵列或［关联(AS) 基点(B) 项目(I) 项目间角度(A) 填充角度(F) 行(ROW) 层(L) 旋转项目(ROT) 退出(X)］<退出>:”。

其中，【项目(I)】选项用于设置阵列后所显示的对象数目；“项目间角度(A)”选项用于设置环形阵列后相邻两对象之间的夹角；【填充角度(F)】选项用于设置阵列后第一个和最后一个项目之间的角度。

4.4.3 路径阵列

选择菜单中的【修改】|【阵列】|【路径阵列】命令，【草图与注释】工作空间下，在功能区的【默认】选项卡中单击【修改】面板中的【路径阵列】按钮。可以创建沿整个路径或部分路径平均分布的对象副本，路径可以是直线、多段线、三维多段线、样条曲线、螺旋、圆弧、圆或椭圆。

在创建路径阵列时，用户也可以从功能区出现的【阵列创建】选项卡中设置路径阵列的相关参数，包括项目、行、层级和特性设置，如图 4-13 所示。使用【阵列创建】选项卡，更能直观地设定阵列参数，包括默认设置，还可以一目了然地获知阵列的相关特性，如关联、基点、切线方向、对齐项目和 Z 方向等。

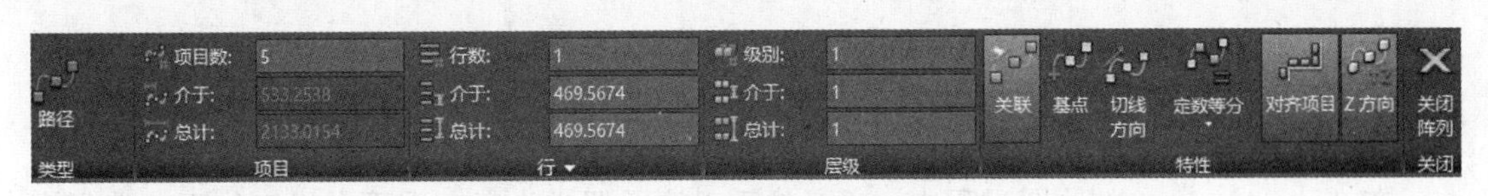

图 4-13 【阵列创建】选项卡

创建路径阵列基本步骤如下所述：

(1) 打开练习文件夹中的第 3 章中的文件“路径阵列 .dwg”图形文档，该图形文档中存在着图 4-14a 所示的一个圆和一条样条线。

(2) 选择菜单中的【修改】|【阵列】|【路径阵列】命令，【草图与注释】工作空间下，在功能区的【默认】选项卡中单击【修改】面板中的【路径阵列】按钮。

(3) 根据命令行提示进行如下操作。

命令:_arraypath
选择对象:找到1个　　　　　　　　//选择圆
选择对象:　　　　　　　　　　　　//按〈Enter〉键结束选择要阵列的对象
类型=路径　　关联=否
选择路径曲线:　　　　　　　　　　//选择样条线
选择夹点以编辑阵列或［关联(AS) 方法(M) 基点(B) 切向(T) 项目(I) 行(R) 层(L) 对齐项目(A)/Z 方向(Z) 退出(X)］<退出>:M　按〈Enter〉键　　　//选择【方法】选项
输入路径方法［定数等分(D) 定距等分(M)］<定距等分>:D　按〈Enter〉键　//选择【定数等分】选项
选择夹点以编辑阵列或［关联(AS) 方法(M) 基点(B) 切向(T) 项目(I) 行(R) 层(L) 对齐项目(A)/Z 方向(Z) 退出(X)］<退出>:I　按〈Enter〉键　　　//选择【项目】选项

输入沿路径的项目数或[表达式(E)]<5>:6　按〈Enter〉键　//输入阵列的数

选择夹点以编辑阵列或[关联(AS) 方法(M) 基点(B) 切向(T) 项目(I) 行(R) 层(L) 对齐项目(A) Z 方向(Z) 退出(X)]<退出>:A　按〈Enter〉键　//选择【对齐项目】选项

是否将阵列项目与路径对齐? [是(Y)/否(N)]<是>:按〈Enter〉键　//默认选择【是】选项

选择夹点以编辑阵列或[关联(AS) 方法(M) 基点(B) 切向(T) 项目(I)行(R) 层(L) 对齐项目(A) Z 方向(Z) 退出(X)]<退出>:　按〈Enter〉键　//按〈Enter〉键退出

创建的路径阵列如图 4-14b 所示。

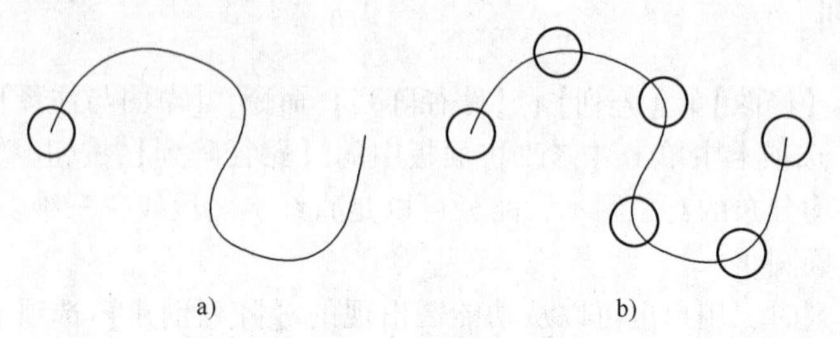

图 4-14　创建路径阵列

4.5　移动、旋转和缩放对象

4.5.1　移动对象

在 AutoCAD 2016 的绘图过程中，不必像手工绘图那样为考虑图面布局工作而花费很多时间，如果出现了图形相对于图形界限定位不当的情况，只需使用移动命令即可方便地将部分图形或整个图形移到图形界限中的适当位置。

下面以图 4-15 为例，说明利用移动命令将图 4-15a 中的正方形移动到六边形右下方的操作方法。

选择菜单中的【修改】|【阵列】|【移动】命令，或单击【修改】工具栏【移动】按钮，或在【草图与注释】工作空间下，在功能区的【默认】选项卡中单击【修改】面板中的【移动】按钮，系统提示："选择对象:"，在该提示下选择图 4-15a 中的圆并按〈Enter〉键，系统继续提示："指定基点或［位移（D）］<位移>:"，在该提示下，利用覆盖捕捉方式捕捉正方形的一端点，系统继续提示："指定第二个点或<使用第一个点作为位移>:"，在该提示下，利用覆盖捕捉方式捕捉正六边形中的右下边的任意一点，如图 4-15b 所示。

以上的操作过程的结果如图 4-15c 所示。

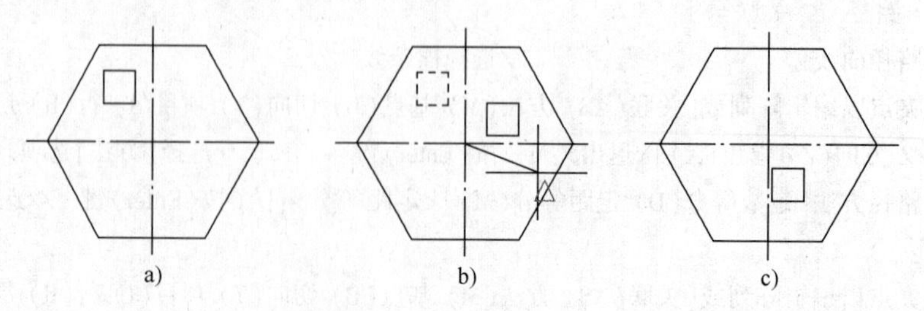

图 4-15　图形对象移动

4.5.2 旋转对象

该命令用于将选中的图形对象绕指定的基准点进行旋转。

选择菜单中的【修改】|【阵列】|【旋转】命令，或单击【修改】工具栏【旋转】按钮，或在【草图与注释】工作空间下，在功能区的【默认】选项卡中单击【修改】面板中的【旋转】按钮，系统提示：“选择对象：”，在该提示下，选择要进行旋转的图形对象然后按〈Enter〉键，系统继续提示：“指定基点：”，在该提示下，指定图形旋转的中心点然后按〈Enter〉键，系统继续提示：“指定旋转角度，或［复制(C)/参照(R)］<0>：”，在该提示下，输入图形旋转的角度后按〈Enter〉键，系统将用户选择的图形对象绕指定的中心点旋转输入的角度。

如图 4-16b 为图形 4-16a 以正六边形的中心为旋转中心，顺时针旋转 135°后的图形。

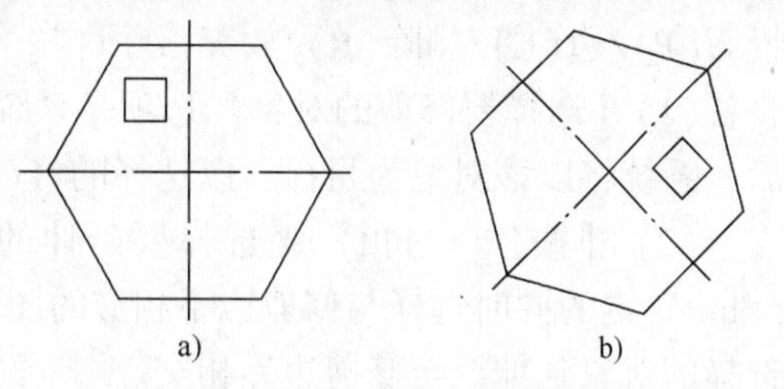

图 4-16　图形对象选择

4.5.3 缩放对象

在绘图过程中，有时需要根据情况改变已绘制图形对象的大小和长宽比例等。如果删除原来的图形对象后重新绘制未免过于麻烦，这时可以通过 AutoCAD 2016 提供等比例缩放、拉伸和拉长等功能来调整图形对象的比例，以提高绘图效率。比例缩放命令用于将选中的图形对象相对于基准点按用户输入的比例进行放大或缩小。

选择菜单中的【修改】|【阵列】|【缩放】命令，或单击【修改】工具栏【缩放】按钮，或在【草图与注释】工作空间下，在功能区的【默认】选项卡中单击【修改】面板中的【缩放】按钮，系统提示：“选择对象：”，在该提示下，选择要进行比例缩放的图形对象后按〈Enter〉键，系统继续提示：“指定基点：”，在该提示下，选择图形缩放的基点，系统继续提示：“指定比例因子或［复制(C)/参照(R)］：”，在该提示下，输入比例因子，系统将用户选择的图形对象以基点为基准按输入的比例因子进行缩放。

如果在“指定比例因子或［复制(C)/参照(R)］：”的提示下输入“C”，系统对图形对象按比例缩放形成一个新的图形并保留缩放前的图形；如果输入“R”，则对图形对象进行参照缩放，这时用户需要按照系统的提示依次输入参照长度值和新的长度值，系统将根据参照长度与新长度的值自动计算比例因子（比例因子=新长度值/参照长度值），然后进行缩放。

4.6 修剪和延伸对象

4.6.1 修剪对象

使用修剪命令可以将对象超出指定边界的线条修剪掉。修剪对象时需要先指定边界，再选择要修剪的对象，被修剪的对象可以是直线、圆弧、多段线、样条曲线、射线和构造线等。

选择菜单中的【修改】|【阵列】|【修剪】命令，或单击【修改】工具栏【修剪】按钮，或在【草图与注释】工作空间下，在功能区的【默认】选项卡中单击【修改】面板中的【修剪】按钮，系统提示：

“当前设置：投影=UCS，边=无选择剪切边……选择对象或 <全部选择>:”。

在上述提示下，选择作为修剪边的图形对象，修剪边可以同时选择多个，选择完毕后单击鼠标右键或按〈Enter〉键，系统继续提示：

“选择要修剪的对象，或按住〈Shift〉键选择要延伸的对象，或［栏选(F)/窗交(C)/投影(P)/边(E)/删除(R)/放弃(U)］:”。

(1)【选择要修剪的对象】选项是系统的默认选项。用户直接在绘图窗口选择图形对象后，系统将以该对象为目标、以选择的修剪边为边界对该对象进行剪切处理。

(2)【按住〈Shift〉键选择要延伸的对象】选项用来提供延伸的功能。如果在按住〈Shift〉键的同时选择与修剪边不相交的图形对象，修剪边界将变成延伸边界，系统将用户选择的对象延伸至与修剪边界相交。

(3)【栏选(F)】选项表示将采用栏选的方法选择修剪对象。

(4)【窗交(C)】选项表示将采用交叉窗口的方法选择修剪对象。

(5)【投影(P)】选项用于设置在修剪对象时系统使用的投影模式。

(6)【边(E)】选项用于设置修剪边的隐含延伸模式。选择该选项，输入“E”，按〈Enter〉键，系统继续提示：“输入隐含边延伸模式［延伸(E)/不延伸(N)］<不延伸>:”。

1) 选择【延伸(E)】选项表示按延伸模式进行修剪。如果修剪边太短，没有与被修剪对象相交，那么系统会假想地将修剪边延长，然后进行修剪，如图 4-17b 所示。

2) 选择【不延伸(N)】选项表示按实际情况进行修剪。如果修剪边太短，没有与被修剪对象相交，那么被修剪对象则不进行修剪，如图 4-17c 所示。

(7)【删除(R)】选项用于在修剪过程中删除图形对象。

(8)【放弃(U)】选项用于取消上一次的修剪操作。

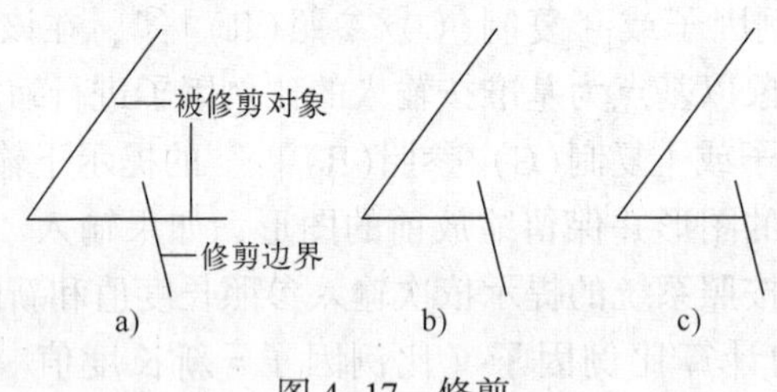

图 4-17　修剪

4.6.2　延伸对象

修剪和延伸命令可以说是一组作用相反的命令，使用延伸命令可以将直线、圆弧和多段线等对象的端点延长到指定的边界。

选择菜单中的【修改】|【阵列】|【延伸】命令，或单击【修改】工具栏【延伸】按钮，或在【草图与注释】工作空间下，在功能区的【默认】选项卡中单击【修改】面板中的【延伸】按钮，系统提示：“当前设置：投影=UCS，边=无选择边界的边…选择对象或 <全部选择>:”。

在上述提示下，选择作为延伸边的图形对象，延伸边可以同时选择多个，选择完毕后单击鼠标右键或按〈Enter〉键，系统继续提示："选择要延伸的对象，或按住〈Shift〉键选择要修剪的对象，或[栏选(F)/窗交(C)/投影(P)/边(E)/放弃(U)]:"。

(1)【选择要延伸的对象】选项是系统的默认选项。直接在绘图窗口选择图形对象后，系统将以该对象为目标、以选择的延伸边为边界对该对象进行延伸处理。

(2)【按住〈Shift〉键选择要修剪的对象】选项用来提供修剪的功能。如果在按住〈Shift〉键的同时选择与延伸边不相交的图形对象，延伸边界将变成修剪边界，系统将对用户选择的对象进行修剪。

【边(E)】、【栏选(F)】、【窗交(C)】、【投影(P)】和【放弃(U)】选项与修剪命令的同名选项含义相似，在此不再赘述。

4.7 打断与合并对象

4.7.1 打断对象

打断对象可以将直线、多段线、射线、样条曲线、圆和圆弧等对象分成两个对象或删除对象中的一部分。

选择菜单中的【修改】|【阵列】|【打断】命令，或单击【修改】工具栏【打断】按钮，或在【草图与注释】工作空间下，在功能区的【默认】选项卡中单击【修改】面板中的【打断】按钮，系统提示："选择对象:"，在该提示下，选择要打断的图形对象，系统继续提示："指定第二个打断点或[第一点(F)]:"。

(1)【指定第二个打断点】选项是系统的默认选项。选择该选项，系统默认在"选择对象:"的提示下选择的拾取点为第一个打断点，此时系统要求用户再指定第二个打断点，如果直接在所选对象上另外拾取一点或在所选对象外拾取一点，系统就会将所选图形对象上两个拾取点之间的部分删除。

(2)【第一点(F)】选项用于重新确定第一个打断点。选择该选项，输入"F"，按〈Enter〉键，系统继续提示："指定第一个打断点:"，在该提示下，在选择的图形对象上确定第一个打断点，系统继续提示："指定第二个打断点:"，在该提示下，确定第二个打断点，系统将用户选择的图形对象上两个打断点之间的部分删除。

当用户选择的两个打断点重合时，所选择的图形对象虽然在显示上没有任何变化，但图形对象在打断点处实际已经被断开。

4.7.2 合并对象

合并对象命令用于将断开的几部分图形对象合并在一起，使其成为一个整体。合并对象与打断对象是一组效果相反的命令。

选择菜单中的【修改】|【阵列】|【合并】命令，或单击【修改】工具栏【合并】按钮，或在【草图与注释】工作空间下，在功能区的【默认】选项卡中单击【修改】面板中的【合并】按钮，系统提示："选择源对象或要一次合并的多个对象:"在该提示下，选择要合并一图形对象，单击鼠标右键或按〈Enter〉键，系统继续提示："选择要合并到源

的直线:”，在该提示下，确定第二个要合并的图形对象，系统继续提示：“选择要合并到源的直线:”，在该提示下，可以继续选取要合并的图形对象，如果单击鼠标右键或按〈Enter〉键，系统将用户前面选择的几部分图形对象进行合并后结束该命令。

如果合并直线，直线对象必须共线（位于同一无限长的直线上）；如果合并圆弧，圆弧对象必须位于同一假想的圆上；如果合并多段线，对象之间不能有间隙，并且必须位于与UCS 的 XY 平面平行的同一平面上。

4.8 倒角与圆角

4.8.1 倒角

机械类产品的边缘通常都不会设计成90°的直角，这是为了避免因碰撞而损伤产品，以及边角伤害到使用者。因此，使用 AutoCAD 2016 绘制这些图样时，也需要为其边缘进行倒角或圆角处理。

倒角命令用于在两条不平行的直线或多段线创建有一定斜度的倒角。

选择菜单中的【修改】|【阵列】|【倒角】命令，或单击【修改】工具栏【倒角】按钮，或在【草图与注释】工作空间下，在功能区的【默认】选项卡中单击【修改】面板中的【倒角】按钮，系统提示：

(“修剪”模式)“当前倒角距离 1=0.0000,距离 2=0.0000
选择第一条直线或[放弃(U)/多段线(P) 距离(D) 角度(A) 修剪(T) 方式(E) 多个(M)]:”

以上提示中的第一行说明了当前的倒角模式，其余行提示了该命令的几个选项。

(1)【指定第一条直线】选项是系统的默认选项。选择该选项，直接在绘图窗口选取要进行倒角的第一条直线，系统继续提示：

“选择第二条直线,或按住〈Shift〉键选择要应用角点的直线:”,在该提示下,选取要进行倒角的第二条直线,系统将会按照当前的倒角模式对选取的两条直线进行倒角。

如果按住〈Shift〉键选择直线或多段线，它们的长度将调整以适应倒角，并用0值替代当前的倒角距离。

(2)【放弃(U)】选项用于恢复在命令执行中的上一个操作。

(3)【多段线(P)】选项用于对整条多段线的各顶点处（交角）进行倒角。选择该选项，系统继续提示：

“选择二维多段线:”,在该提示下,选择要进行倒角的多段线,选择结束后,系统将在多段线的各顶点处进行倒角。

【多段线(P)】选项也适用于矩形和正多边形。在对封闭多边形进行倒角时，采用不同方法画出的封闭多边形的倒角结果不同。若画多段线时用【闭合(C)】选项进行封闭，系统将在每一个顶点处倒角；若封闭多边形是使用点的捕捉功能画出的，系统则认为封闭处是断点，所以不进行倒角。

(4)【距离(D)】选项用于设置倒角的距离。选择该选项，输入“D”，按〈Enter〉键，系统继续提示：

“指定第一个倒角距离<0.0000>:”，在该提示下，输入沿第一条直线方向上的倒角距离，按〈Enter〉键，系统继续提示：

“指定第二个倒角距离<5.0000>:”，在该提示下，输入沿第二条直线方向上的倒角距离，按〈Enter〉键，系统返回提示：

“选择第一条直线或［放弃(U) 多段线(P) 距离(D) 角度(A) 修剪(T) 方式(E) 多个(M)］”在上述提示下，可以继续进行倒角的其他选项操作。

(5)【角度(A)】选项用于根据第一个倒角距离和角度来设置倒角尺寸。选择该选项，系统继续提示：

“指定第一条直线的倒角长度<0.0000>:”，在该提示下，输入第一条直线的倒角距离后按〈Enter〉键，系统继续提示：

“指定第一条直线的倒角角度<0>:”，在该提示下，输入倒角边与第一条直线间的夹角后按〈Enter〉键，系统返回提示：

“选择第一条直线或［放弃(U) 多段线(P) 距离(D) 角度(A) 修剪(T) 方式(E) 多个(M)］:”在上述提示下，可以继续进行倒角的其他选项操作。

(6)【修剪(T)】选项用于设置进行倒角时是否对相应的被倒角边进行修剪。选择该选项，系统继续提示：“输入修剪模式选项［修剪(T)/不修剪(N)］<修剪>:”。

1）选择【修剪(T)】选项，在倒角的同时对被倒角边进行修剪，如图 4-18b 所示。

2）选择【不修剪(N)】选项，在倒角时不对被倒角边进行修剪，如图 4-18c 所示。

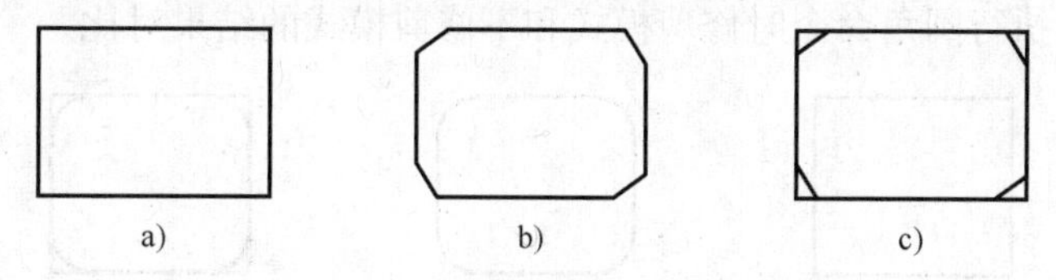

图 4-18　倒角时修剪模式与不修剪模式的结构

(7)【方法(E)】选项用于设置倒角方法。选择该选项，系统继续提示：“输入修剪方法［距离(D)/角度(A)］<角度>:”。

前面对上述提示中的各选项已作过介绍，在此不再赘述。

(8)【多个(M)】选项用于对多个对象进行倒角。选择该选项，进行倒角操作后，系统将反复提示：“选择第一条直线或［放弃(U) 多段线(P) 距离(D) 角度(A) 修剪(T) 方式(E) 多个(M)］:”，在该提示下，可以多次进行倒角，直到按〈Enter〉键结束该命令。

当出现按照用户的设置不能倒角的情况时（例如倒角距离太大、倒角角度无效或选择的两条直线平行），系统将在命令行给出信息提示。在修剪模式下对相交的两条直线进行倒角时，两条直线的保留部分将是拾取点的一边。

如果将倒角距离设置为 0，执行倒角命令可以使没有相交的两条直线（两直线不平行）交于一点。

4.8.2　圆角

圆角命令用于将两个图形对象用指定半径的圆弧光滑连接起来。

选择菜单中的【修改】|【阵列】|【圆角】命令，或单击【修改】工具栏【圆角】按钮▢，或在【草图与注释】工作空间下，在功能区的【默认】选项卡中单击【修改】面板中的【圆角】按钮▢，系统提示：

“当前设置：模式=修剪，半径=0.0000

选择第一个对象或［放弃(U)/多段线(P)/半径(R)/修剪(T)/多个(M)］：”。

(1)【选择第一个对象】选项是系统的默认选项。选择该选项，直接在绘图窗口选取要用圆角连接的第一图形对象，系统继续提示：“选择第二个对象，或按住〈Shift〉键选择要应用角点的对象：”，在该提示下，选取要用圆角连接的第二个图形对象，系统会按照当前的圆角半径将选取的两个图形对象用圆角连接起来。

如果按住〈Shift〉键选择直线或多段线，它们的长度将调整以适应圆角，并用0值替代当前的圆角半径。

(2)【放弃(U)】选项用于恢复在命令执行中的上一个操作。

(3)【多段线(P)】选项用于对整条多段线的各顶点处（交角）进行圆角连接。该选项的操作过程与倒角命令的同名选项相同，在此不再赘述。

(4)【半径(R)】选项用于设置圆角半径。选择该选项，输入“R”，按〈Enter〉键，系统继续提示：“指定圆角半径<0.0000>：”，在该提示下，输入新的圆角半径并按〈Enter〉键，系统返回提示：“选择第一个对象或［放弃(U)/多段线(P)/半径(R)/修剪(T)/多个(M)］：”。

(5)【修剪(T)】选项的含义和操作与倒角命令的同名选项相似，在此不再赘述。如图4-19b所示为在执行圆角命令时修剪模式和不修剪模式的结果对比。

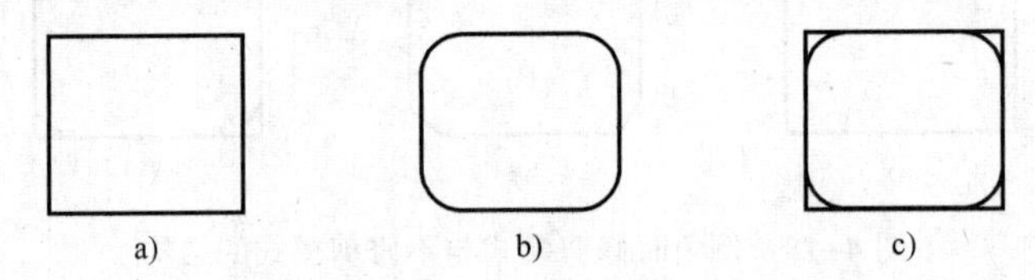

图4-19　圆角时修剪模式与不修剪模式的结构

(6)【多个(M)】选项用于对图形对象的多处进行圆角连接。

当出现按照用户的设置不能用圆角进行连接的情况时（例如圆角半径太大或太小），系统将在命令行给出信息提示。在修剪模式下对相交的两个图形对象进行圆角连接时，两个图形对象的保留部分将是拾取点的一边；当选取的是两条平行线时，系统会自动将圆角半径定义为两条平行线间距离的一半，并将这两条平行线用圆角连接起来，如图4-19c所示。

如果将圆角半径设置为0，执行倒角命令可以使没有相交的两条直线（两直线不平行）交于一点。圆角命令可以用于机械制图中圆弧连接的绘制，使圆弧连接绘制工作更简化、更快捷。

4.9　思考与练习

一、简答题

1. 删除图形对象有哪几种方法？

2. 如何在 AutoCAD 2016 中复制图形对象？

3. 如果要打断对象而不创建间隙，应该如何操作？

4. 在 AutoCAD 2016 中，【打断】和【打断于点】命令有什么区别？

5. 【修剪】和【延伸】命令是相对应的命令，有哪些相同和不同？

6. 哪些命令可以复制对象？

二、操作题

1. 绘制边长为 60 的五角星，如图 4-20 所示。

图 4-20　习题图 1

2. 新建图形文件，分别绘制如图 4-21 所示的图形。

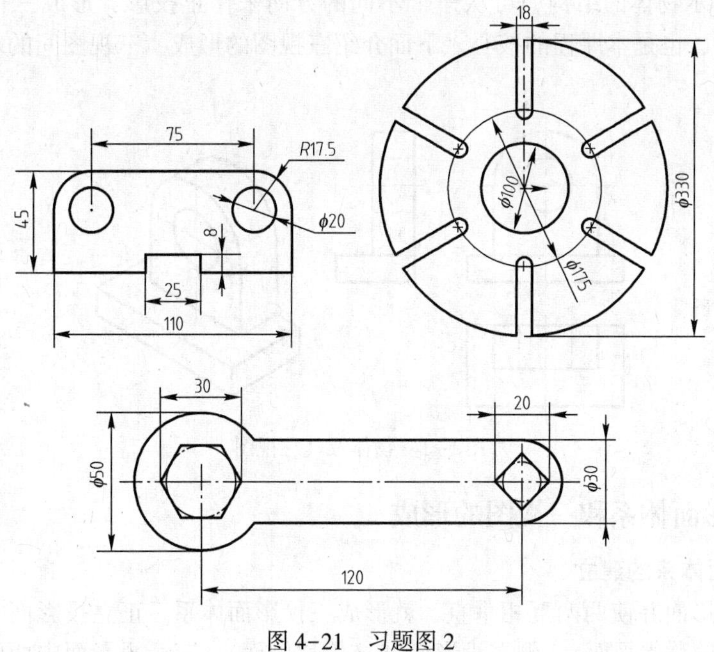

图 4-21　习题图 2

第 5 章　绘制三视图及零件图

机械工程图样是用一组视图，采用适当的表达方法表示机器零件的内外结构形状，视图的绘制必须符合投影规律。三视图是机械图样中最基本的图形，是将物体放在三投影面体系中，分别向三个投影面投射所得到的图形，即主视图、俯视图、左视图。将三投影面体系展开在一个平面内，三视图之间应满足三等关系，即“主俯视图长对正，主左视图高平齐，俯左视图宽相等”，三等关系这个重要特性是绘图和读图的依据。

利用 AutoCAD 2016 绘制三视图，用户可以应用系统提供的一些命令绘制辅助线，或利用一些辅助工具，保证三视图之间的三等关系。

5.1　物体的三视图

如图 5-1 所示物体的结构，可从三个不同的方向来作正投影，形成三视图，这是工程制图的理论基础，也是本课程的核心。下面介绍三视图的形成、三视图间的对应关系有其严密的几何原理。

图 5-1　物体及其三视图

5.1.1　三投影面体系和三视图的形成

1. 三投影面体系的建立

设立三个投影面并使两两互相垂直，就形成三投影面体系。正立投影面 *V*（简称正面）、水平投影面 *H*（简称水平面）、侧立投影面 *W*（简称侧面）。三个投影面中两两面的交线 *OX*、*OY*、*OZ* 称为投影轴，分别代表物体的长、宽、高三个方向。对物体向三个不同的投影面作正投影，就得到三面投影图，可理解成视线代替了投影线所以称视图，如图 5-2 所示。

由前向后投影获得的图形即物体的正面投影称为主视图。

由上向下投影获得的图形即物体的水平投影称为俯视图。

由左向右投影获得的图形即物体的侧面投影称为左视图。

2. 三投影面体系的展开

现在三个视图还在空间的三个投影面上，为了画图看图方便，需将三投影面体系展开到同一平面上。规则是：沿 *OY* 轴剪开，*H* 面绕 *OX* 轴向下旋转 90°，与 *V* 面摊平，*W* 面绕 *OZ*

轴向右旋转 90°，与 V 面摊平，如图 5-3a 所示。于是，得到在同一平面上的三个视图，完成了“空间到平面”的转换，如图 5-3b 所示。画图时不必画出投影面的边框，最后得到如图 5-3c 所示的三视图。

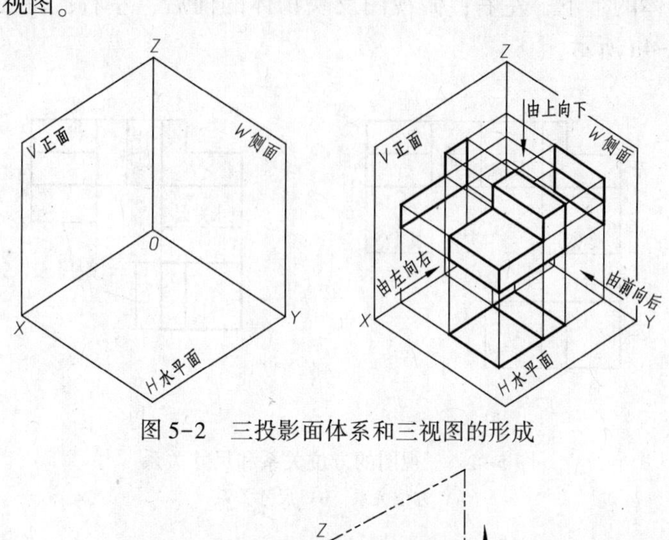

图 5-2　三投影面体系和三视图的形成

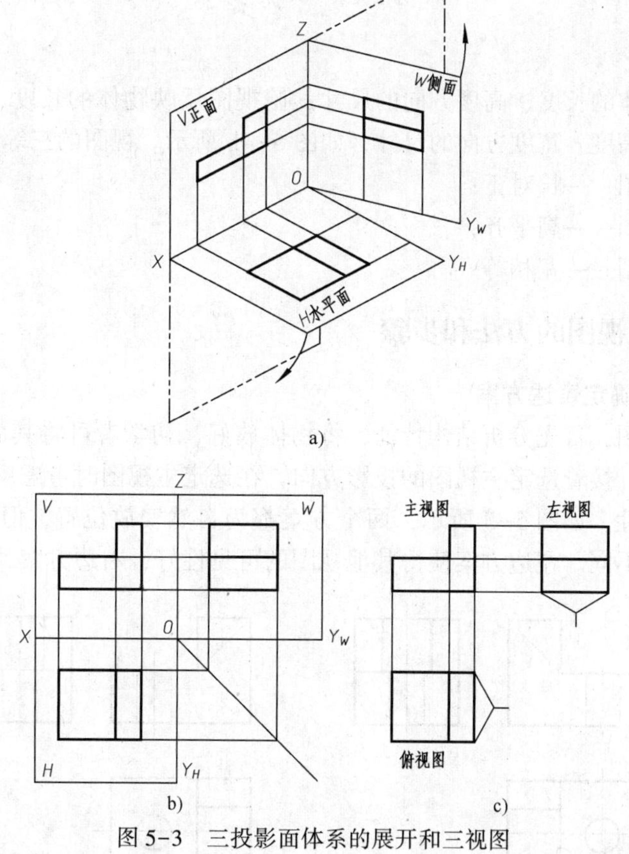

图 5-3　三投影面体系的展开和三视图

5.1.2　三视图之间的对应关系

1. 位置关系

从三视图的形成过程可以看出，主视图放置好后，俯视图放在主视图的正下方，左视图放在主视图的正右方。

2. 方位关系

主视图反映物体的上下、左右；俯视图反映物体的前后、左右；左视图反映物体的前后、上下。如图 5-4a 所示。

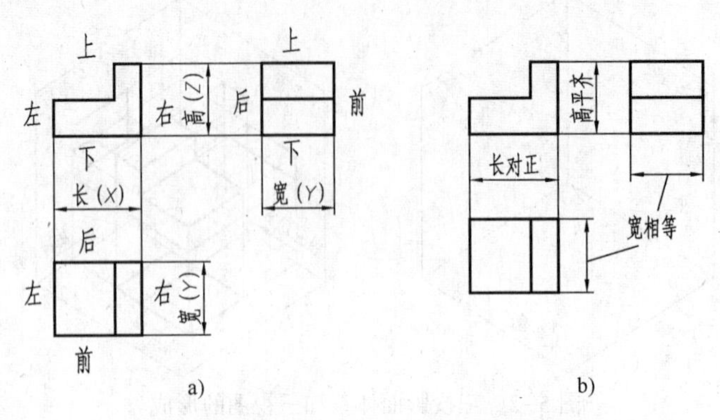

图 5-4　三视图的方位关系和尺寸关系

a）方位关系　b）尺寸关系

3. 尺寸关系

主视图反映物体的长度、高度方向的尺寸；俯视图反映物体的长度、宽度方向的尺寸；左视图反映物体的高度、宽度方向的尺寸，如图 5-4b 所示。视图的三等关系如下：

主视图与俯视图——长对正；

主视图与左视图——高平齐；

左视图与俯视图——宽相等。

5.1.3　画物体三视图的方法和步骤

1. 分析结构，确定表达方案

作物体的三视图，首先分析结构特征，将物体放好，初学者可将其放成最稳定的状态，即取自然安放位置；接着选定主视图的投影方向，在选定主视图时考虑反映总体特征，并兼顾其他视图的可见性，如图 5-5 所示，两个方案都为自然安放位置，但主视图的投影方向不同，投影效果就不同。左边方案使得其他视图的可见性好，右边方案就差。

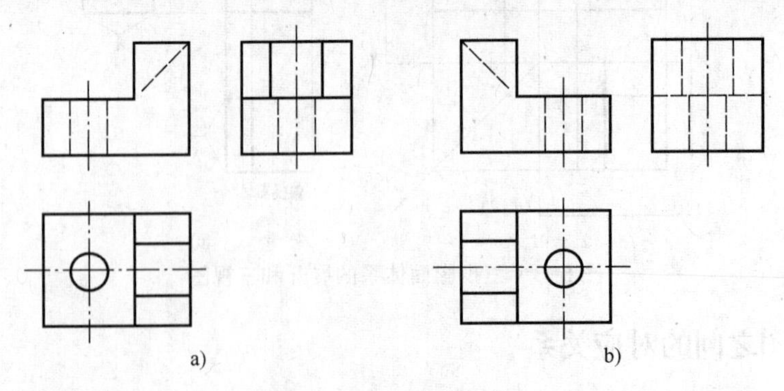

图 5-5　表达方案比较

a）好　b）不好

2. 布局

画基准线，并注意留出标注尺寸的空间。

3. 绘制三视图

按物体的构成，由大结构到小结构依次作图，因为小结构附属于大结构，并且应该从每一部分的形状特征视图入手，再根据长对正、高平齐、宽相等的对应关系，绘制其他的视图，如图 5-6 所示。

4. 检查、整理、描深

检查投影是否正确，有没有漏线、多线；线型是否符合《国标》要求等。

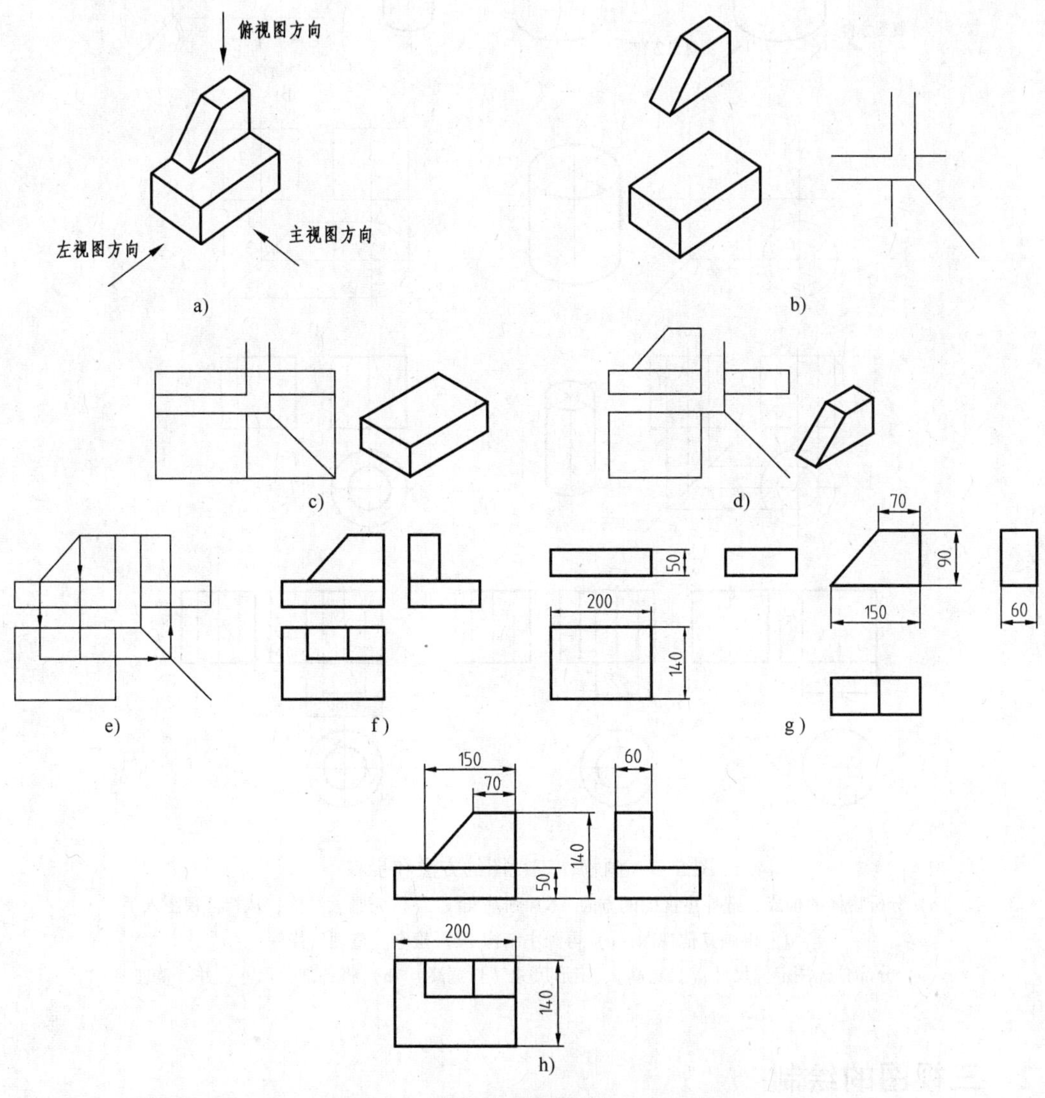

图 5-6 画物体三视图的方法和步骤

a）分析物体的构成，选择主视图方向 b）画基准线 c）先画大结构，从特征视图入手 d）再画小结构，从特征视图入手 e）由等量关系画其他图 f）检查、整理、描深 g）分部分标注其定位尺寸（长宽高）、定形尺寸（长宽高） h）将各部分尺寸合并、整理

5. 物体的尺寸标注

按物体的组成，分部分地标注各部分的尺寸——定位尺寸（长宽高）、定形尺寸（长宽高）。

实例 1：画下列物体的三视图，如图 5-6 所示。

实例 2：画下列圆柱筒的三视图，如图 5-7 所示。

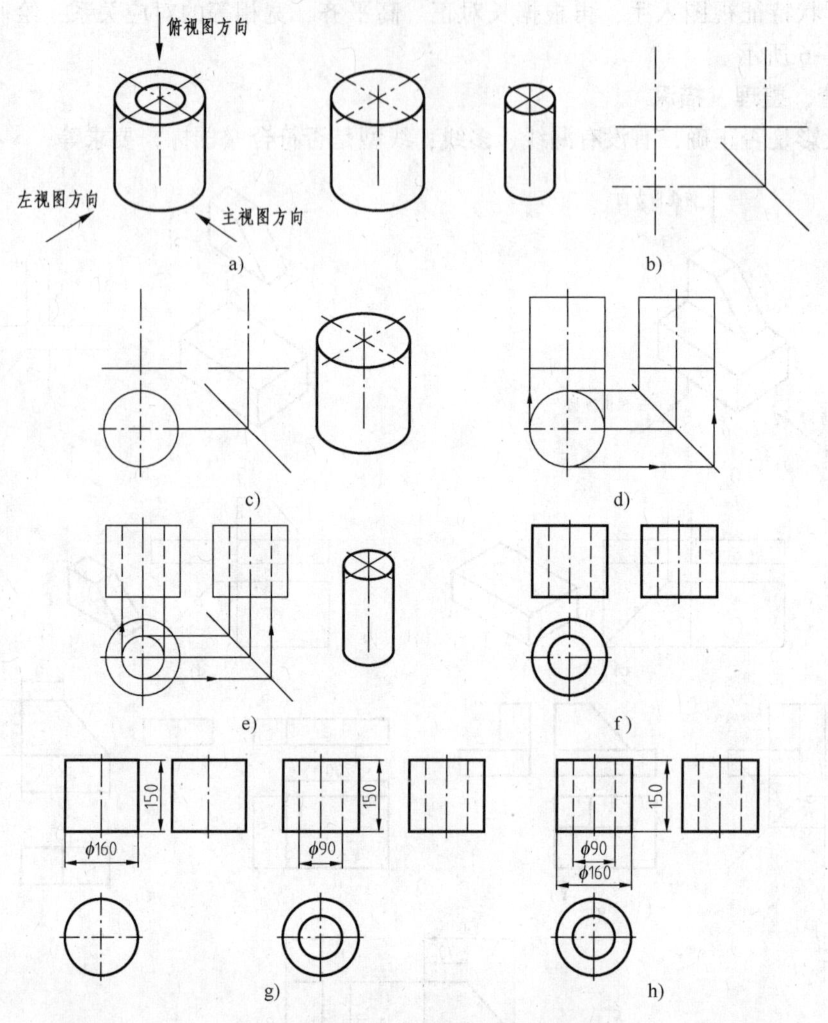

图 5-7　画物体三视图的方法和步骤

a）分析物体的构成，选择主视图的方向　b）画基准线　c）先画大结构，从特征视图入手　d）再画其他视图　e）再画小结构　f）检查、整理、描深　g）分部分标注定位尺寸（长宽高）、定形尺寸（长宽高）　h）将各部分尺寸合并、整理

5.2　三视图的绘制

通过本节的学习和实际训练，要求读者能够熟练掌握特殊图形的绘制和编辑修改命令，快速、准确地绘制出建筑形体和机械零件的三视图，为绘制工程图打下良好的基础。

本节的主要内容有 AutoCAD 2016 中特殊图形对象的绘制和编辑修改命令、绘制基本体和组合体的三视图的步骤和方法。

如图 5-8 所示为常见的组合体的三视图。利用 AutoCAD 2016 绘制这些三视图，要保证绘出的三视图符合视图之间的“三等”规律，另外还需要熟练掌握特殊图形的绘制和编辑修改方法（如截交线和相贯线的绘制）。

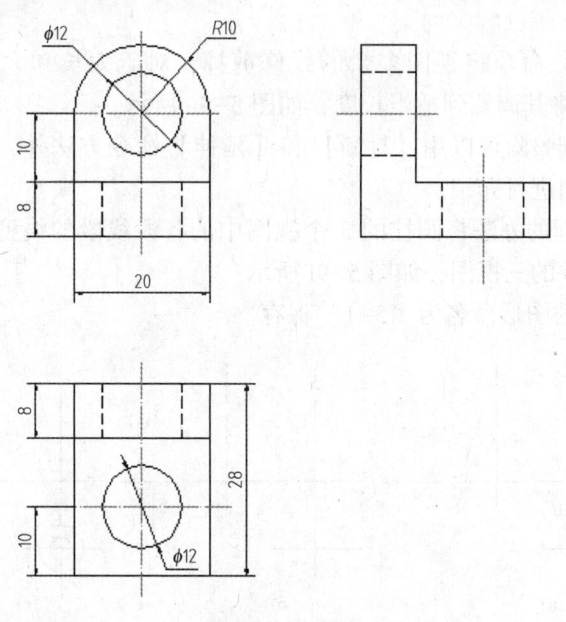

图 5-8　三视图

5.2.1　基本体和切口体的三视图绘制方法

绘制任何形体的三视图，一般都应该根据形体的尺寸、形状及绘图的比例，先进行图形界限、绘图单位、图层等基本绘图环境的设置，然后使用绘图命令绘制各视图的底图，最后通过对绘制出的底图利用修改和编辑命令进行整理得到最终的三视图。在具体的绘图过程中，应该充分利用 AutoCAD 2016 的“正交”“捕捉”等绘图辅助功能和添加辅助线的方法来保证视图之间的“三等”规律。

实例 3：绘制出一个高为 80、内孔直径为 50、外圆直径为 25 的空心圆柱的三视图。绘制完成后将该图命名为“5-1”保存。

通过图形分析可以看出：绘制该图前应该先设置图形界限和创建必要的图层。在绘制图形的过程中为了作图简便，遵循三视图的“三等”规律，在绘制三个视图的定位基准线时，可以将主视图和俯视图的左右对称线、主视图和左视图的上下基准线同时绘制出，然后同时偏移出需要的轮廓线，最后再通过【打断】和【特性匹配】命令修改编辑出需要的图形。

下面结合图 5-9 来说明该空心圆柱三视图的绘制过程和方法。

（1）建立新的图形文件，并根据圆柱的尺寸、视图线型需要和绘图比例来设置图形界限、创建图层。

（2）确定作图的基准，输入【直线】命令，绘制出圆柱各视图垂直方向的对称线和水平方向的基准线，如图 5-9a 所示。

（3）通过【打断】命令将主视图和俯视图连在一起的垂直方向的线断开，如图 5-9b 所示。

（4）通过【圆】命令绘制出圆柱俯视图的两个圆（ϕ50、ϕ25），如图 5-9c 所示。

（5）通过【偏移】命令，根据给定的尺寸偏移复制出圆柱主视图和左视图的轮廓线，如图 5-9d 所示。

（6）通过【修剪】命令将视图多余的线修剪掉，对于太长和太短的线段，利用【打断】和【延伸】命令将其调整到适当长度，如图 5-9e 所示。

对于线段长度的调整除可以用【打断】和【延伸】命令方法外，还可以用夹点编辑的方法，此方法将在后面进行介绍。

（7）利用图层管理的办法将圆柱的 3 个视图中的各段线段的线型、线宽等特性按要求进行调整，便得到圆柱的三视图，如图 5-9f 所示。

（8）将绘制完成的图形命名为“5-1”保存。

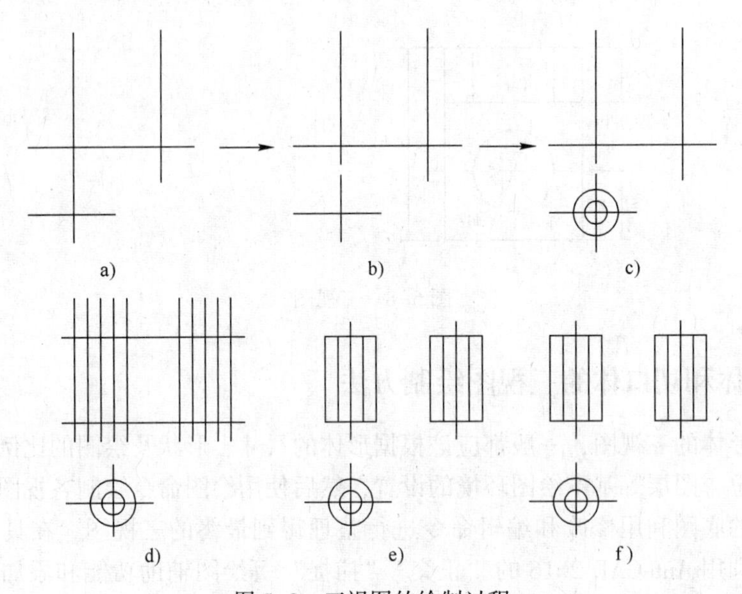

图 5-9　三视图的绘制过程

实例 4：根据图 5-10 给定的条件绘制出开槽圆柱的三视图，绘制完成后将该图文件命名为“5-2”保存。

从图 5-10 中可以看出：该开槽圆柱的主视图和部分俯视图已经给出，现在是要根据已知条件补全俯视图和绘制出左视图。在绘制图形的过程中为了作图简便，遵循三视图的“三等”规律，打开“正交”功能来保证主视图和左视图间的“高平齐”，通过延长俯视图和左视图的前后对称中心线，使其交于一点，然后过交点作-45°构造线，用该构造线保证绘制俯视图和左视图之间的“宽相等”。下面结合图 5-11 和图 5-12 来说明该三视图的绘制方法。

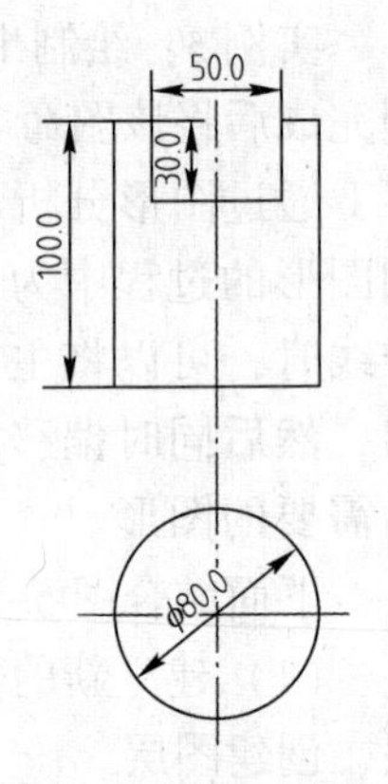

图 5-10　端面有开槽的圆柱

（1）建立新的图形文件，并根据开槽圆柱的尺寸、视图线型需要和绘图比例来设置图形界限、创建图层。

（2）根据给定条件按照图 5-10 所示绘制出开槽圆柱的主视图和部分俯视图，如图 5-11a 所示。

（3）通过【直线】命令，绘制出左视图的轴线，如图 5-11b 所示。

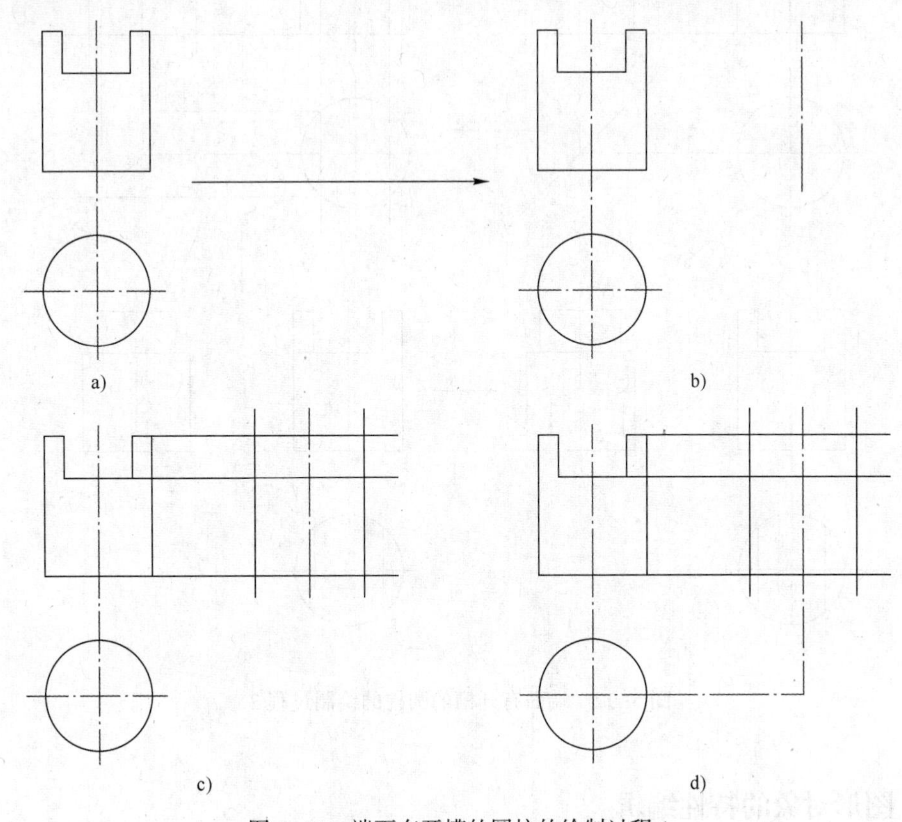

图 5-11　端面有开槽的圆柱的绘制过程 1

（4）通过【直线】命令，利用主视图的已知条件，按照三视图的投影规律，打开【正交】功能，投影出俯视图和左视图开槽位置的投影线。如图 5-11c 所示。

（5）通过【延伸】命令，使俯视图的轴线和左视图的轴线同时延伸交于 *O* 点，如图 5-11d 所示。

（6）通过【构造线】命令，过 *O* 点作-45°的构造线作为俯视图和左视图联系的辅助线，然后利用【打断】和【删除】命令调整构造线为适当长度，如图 5-12a 所示。

（7）根据三视图的【宽相等】规律，利用作出的构造线，从俯视图出发把左视图开槽的宽度位置确定，如图 5-12b 所示。

（8）通过【修剪】命令，修剪掉多余的线段，并删除作为辅助线的构造线和多余图线，如图 5-12c 所示。

（9）利用图层管理的方法将开槽圆柱的俯视图和左视图中的各线段的线型、线宽等特性按要求进行调整，便得到开槽圆柱的完整三视图，如图 5-12d 所示。

（10）将该图文件命名为“5-2”保存。

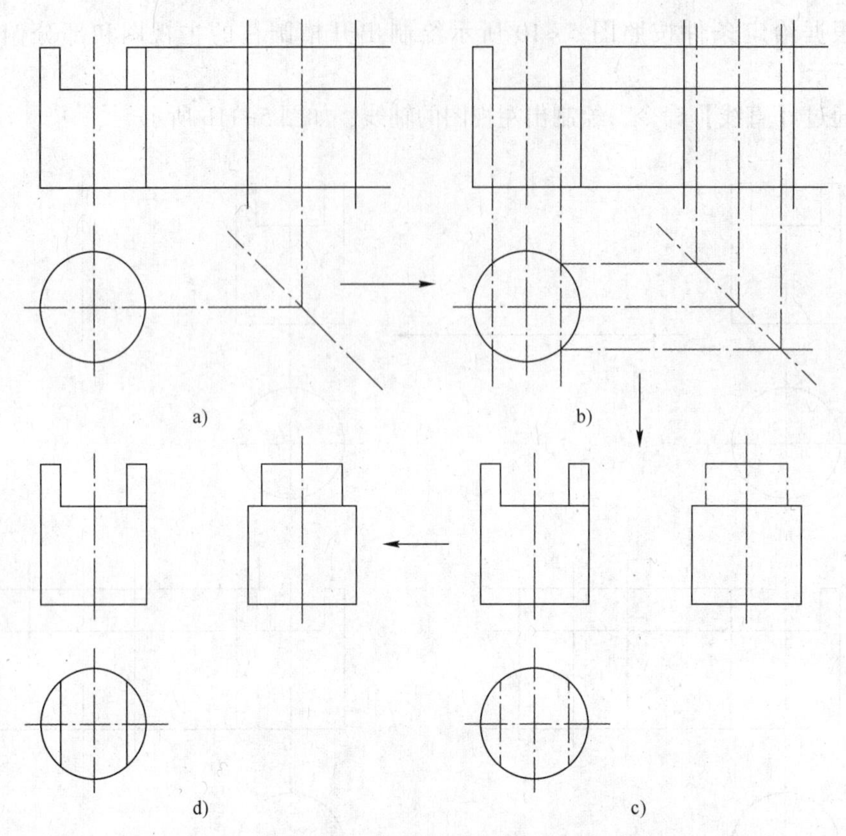

图 5-12　端面有开槽的圆柱的绘制过程 2

5.2.2　图形对象的特性编辑

用户绘制的每个图形对象都有自己的特性，这些特性包括图形对象的基本属性（如图层、颜色、线型、线宽等）和图形对象的几何特性（如尺寸、位置等）。利用单独的命令可以修改图形对象的特性，例如：选择菜单中的【格式】|【颜色】命令可以修改颜色；选择菜单中的【修改】|【缩放】命令可以改变图形对象的尺寸。但是，这些命令修改的内容单一，不能综合修改图形对象的特性，而利用 AutoCAD 2016 的图形对象特性编辑命令就可以对图形对象进行综合的编辑修改。

选择菜单中的【修改】|【特性】命令，系统将打开如图 5-13 所示的【特性】窗口。此时，如果选中某个图形对象（图形对象显示夹点），【特性】窗口将显示所选图形对象的有关特性，如图 5-14 所示。用户在该窗口中就可以对选中图形对象的特性进行综合修改。

无论一次修改一个还是多个图形对象，也无论是修改哪一种图形对象，用【特性】窗口修改图形对象特性的操作都可以归纳为以下两种情况。

1. 修改数值选项

(1) 用拾取点的方法修改。该方法的操作过程如图 5-15 所示，图中选择的修改对象为圆，单击需要修改的选项行（图中选择的是圆心的坐标），该选项行最右边会显示一个【拾取点】按钮，单击该按钮，即可在绘图窗口中拾取一点，该点即为圆的新圆心位置（此时圆也随之移到了新的位置）。

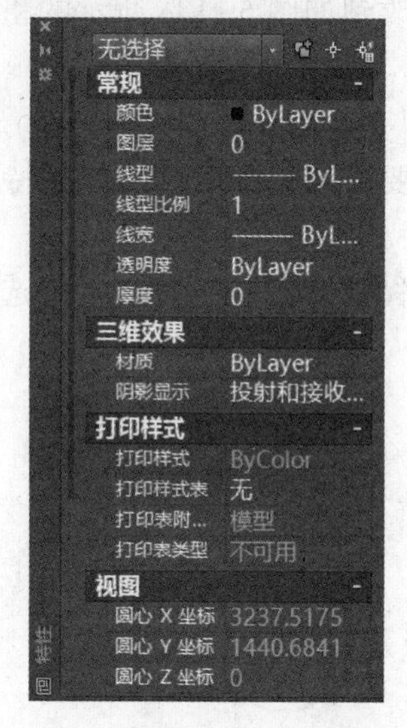

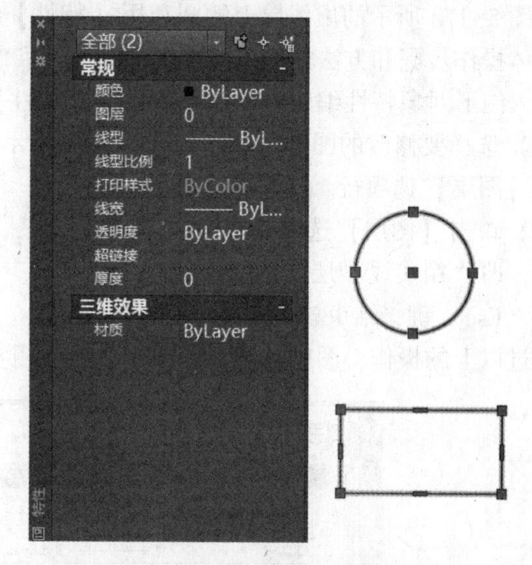

图 5-13 【特性】窗口

图 5-14 选中图形对象的【特性】窗口

（2）用输入一个新值的方法修改。该方法的操作过程如图 5-16 所示，图中选择的修改对象为圆，单击需要修改的选项行（图中选择的是圆的半径），再双击其数值，然后输入一个新值来代替原来的数值，最后按〈Enter〉键确定，即可改变圆的半径。

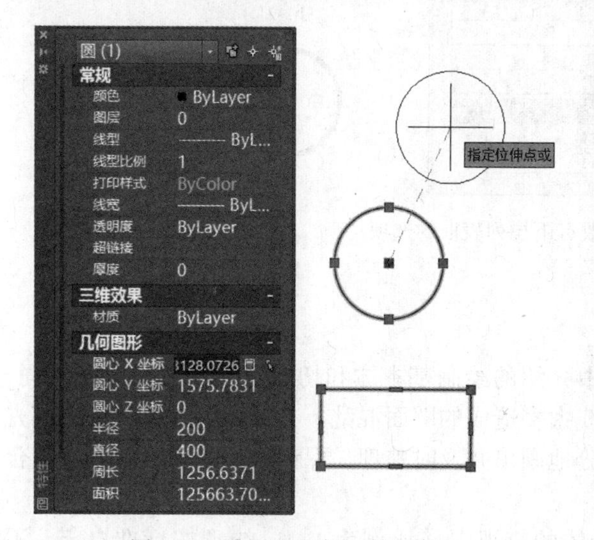

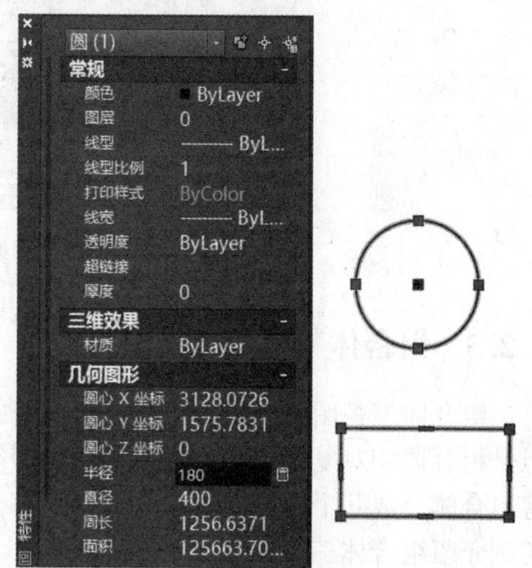

图 5-15 【用选取点】方法修改

图 5-16 用【输入一新值】方法修改

要结束对图形对象的特性修改，可按〈Esc〉键，然后可再选择其他的图形对象进行修改或单击【特性】窗口左上方的【关闭】按钮关闭该窗口，退出图形对象的特性编辑命令。

打开【特性】窗口，在没有选择图形对象时，窗口显示整个绘图窗口的特性及它们的当前设置。打开【特性】窗口不影响用户在绘图窗口中的各种操作。利用【特性】窗口可以方便地对后面章节将要介绍的文本对象、尺寸标注、图块等对象进行编辑修改。

2. 修改有下拉列表框的选项

下面以一个实例来说明修改方法。

将图 5-17a 所示的虚线层上的圆利用【特性】窗口修改到如图 5-13c 所示的粗实线层上，具体操作步骤和方法如下。

输入图形对象特性编辑命令，系统弹出【特性】窗口。

(1) 选择要修改的图形对象，如图 5-17b 所示，单击要修改的选项行，即【特性】窗口中的【图层】选项行。

(2) 单击【图层】选项行右边的下三角按钮，打开【图层】下拉列表，从中选择需要的图层，即“粗实线”层。

按〈Esc〉键，结束该命令。

通过以上的操作，图中的虚线圆即被修改为粗实线圆，如图 5-17c 所示。

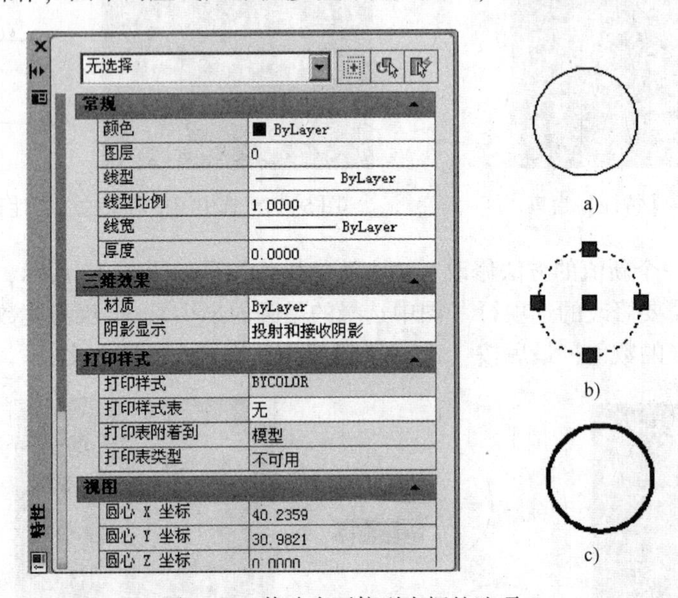

图 5-17　修改有下拉列表框的选项

5.2.3　组合体三视图的绘制方法

组合体三视图的绘制方法与 5.2.1 节中介绍的绘制基本体和切口三视图方法基本相同，但是组合体相对复杂一些，为了避免因图线太多造成的图面混乱，在具体画图过程中应该先将组合体分成几个部分，然后一部分一部分地画出并及时整理，保证图面的清晰。下面结合实例介绍组合体三视图的绘制方法。

实例 5：按照图 5-18 所示，画该组合体的三视图（比例为 1∶1，线型按标准自定，不标注尺寸），绘制完成后将该图命名为“5-3”保存。

通过图形分析可以看出：绘制该图前应该先设置图形界限和创建必要的图层。在绘制图形的过程中为了作图简便，遵循三视图的“三等”规律，在绘制三个视图的定位基准线时，可以将主视图和俯视图的左右对称线、主视图和左视图的上下基准线同时绘制出，然后同时偏移出需要的轮廓线，最后再通过【打断】和【特性匹配】命令修改编辑出需要的图线。对于槽、孔等内部结构，可以先将反映出形状特征的视图绘制出来，然后打开【正交】功能从反应形状特征的视图出发绘制出其在另外两个视图的轮廓线，最后再通过【修剪】和【特性匹配】命令修改编辑出需要的图线。下面结合图 5-19 和图 5-20 来说明该组合体三视图的绘制过程和方法。

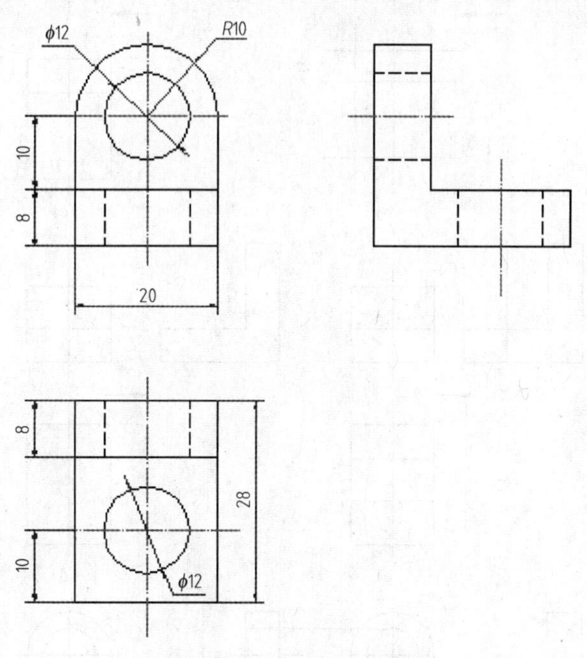

图 5-18　组合体的三视图

（1）建立新的图形文件，并根据组合体的尺寸、视图线型需要和绘图比例来设置图形界限、创建图层。

（2）确定作图的基准。通过【直线】命令，绘制出组合体各视图的作图基准线，如图 5-19a 所示。

（3）绘制底板的三面视图。通过【偏移】命令，利用作出的作图基准线，把底板的 3 个视图的轮廓线偏移复制出来，如图 5-19b 所示。然后输入【修剪】命令，将图中多余的线修剪掉，以使图面保持清晰，如图 5-19c 所示。

（4）绘制竖板的三面视图。通过【偏移】命令，把底板的 3 个视图的轮廓线偏移复制出来，如图 5-19d 所示。然后通过【修剪】命令，将图中多余的线修剪掉，如图 5-19e 所示。

（5）通过【圆】命令，在主视图上绘制半径为 10、直径为 12 的圆，如图 5-19f 所示。

（6）绘制底板上的圆孔，如图 5-19g 所示。

（7）通过【偏移】命令，按照相应尺寸偏移相关的直线，将圆孔的各视图的中心线位置确定，然后通过【直线】命令，打开【正交】功能，利用捕捉功能从俯视图出发绘制出圆孔在主视图上的投影轮廓线，如图 5-19h 所示。最后通过【修剪】命令，将图中多余的线修剪掉，如图 5-19i 所示。

（8）利用图层管理的方法将组合体 3 个视图中的各线段的线型、线宽等特性按要求进行调整，便得到该组合体的三视图，如图 5-20 所示。

（9）将绘制完成的图命名为“5-3”保存。

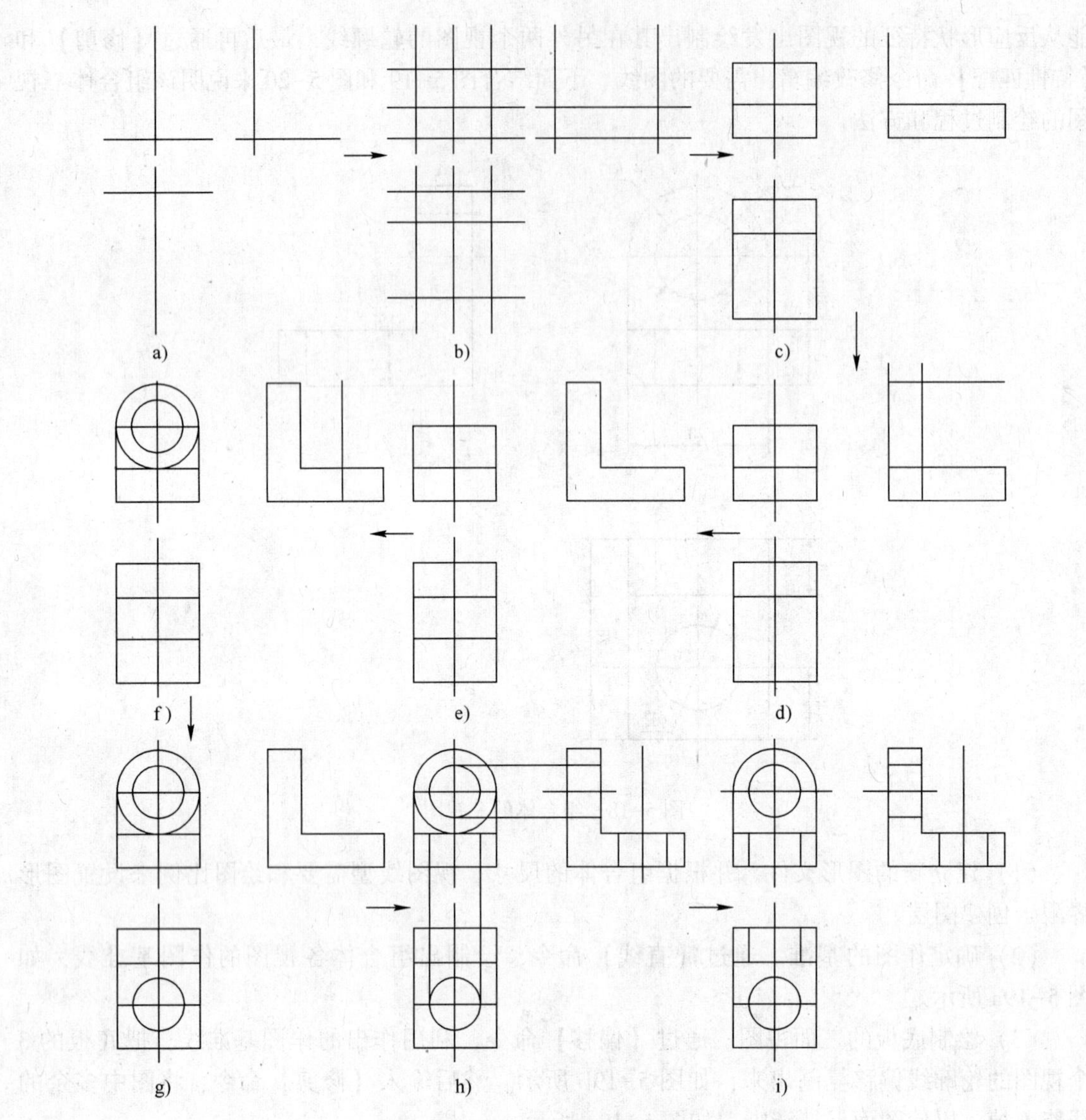

图 5-19　组合体的三视图绘制过程

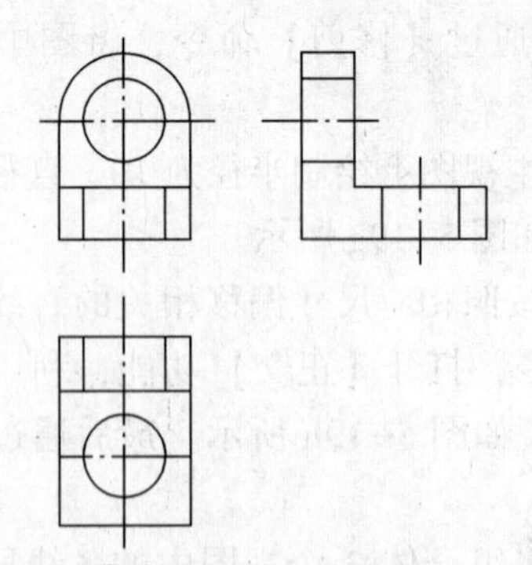
图 5-20　组合体的三视图绘制

5.3 轴类零件的绘制

5.3.1 轴套类零件

1. 常见零件的分类

机器是由零件装配而成的，零件的结构千变万化，但是可根据其几何特征分成四大类：轴套类零件、盘盖轮类零件、叉架类零件和箱壳类零件，如图 5-21 所示。每个大类又可细分，而每一个细类及细类中的各个零件的作用、结构细节是有明显差异的。但不管它们的差异如何，同类零件在其视图表达、尺寸、技术要求甚至加工工艺流程还是有许多共性的，所以零件分类有利于设计工程师表达设计意图，又有利于工艺设计师制作工艺文件。

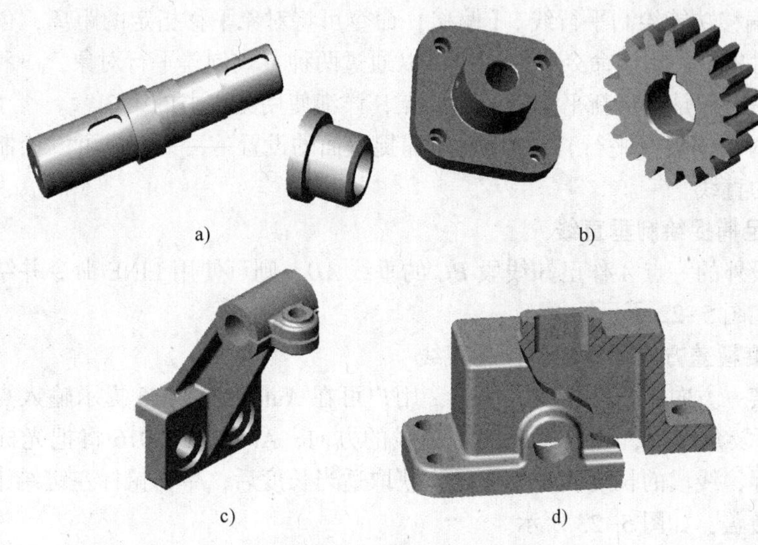

图 5-21　常见零件的分类

a）轴套类零件　b）盘盖轮类零件　c）叉架类零件　d）箱壳类零件

（1）轴套类零件。主体为回转类结构，径向尺寸小，轴向尺寸大，如图 5-21a 所示。轴是机器某一部件的回转核心零件，以实心零件居多，也有空心轴（如机床主轴常常是空心零件）；套是空心零件。

（2）盘盖轮类零件。主体结构为扁平形状。若主体结构为回转体，则有较大的径向尺寸和较小的轴向尺寸，如图 5-21b 所示。

（3）叉架类零件。叉是操纵件，操纵其他零件变位，其运动就像晾晒衣服时用衣叉操纵衣架的移动一样；架是支承件，用以支持其他零件。两者的共同点是结构较复杂或不规则：叉由圆柱筒结构（与轴相连获得动力）、叉口和连接结构组成；架由支持底部结构、支持面（点）和连接结构组成，如图 5-21c 所示。

（4）箱壳类零件。箱壳顾名思义有一大容腔，可安装其他零件，一般由底板、箱壁、箱孔、凸台等结构组成，如图 5-21d 所示。底板起支承作用，使机箱能平稳放置；箱壁形成容腔；箱体孔用来直接装入零件，如轴承、油板和螺塞等；箱壁内外有一些凸台，以加宽安装零件的支承宽度。

2. 轴套类零件的视图表达

（1）结构特征。前面介绍过轴类零件的结构特点一般为：主体为回转类结构，且常常是由若干个同轴回转体组合而成，径向尺寸小，轴向尺寸大，即细长类回转结构。这里要详细介绍轴上一些局部小结构，如倒角、螺纹、螺纹退刀槽、砂轮越程槽、键槽和凹坑等结构。

（2）表达方案。在考虑视图表达方案时不去教条地应用三视图，而是用主视图表达主体结构，用断面图、局部放大图、局部剖视图等处理局部结构的表达。零件的放置遵循加工位置原则，零件的主要加工工序为车削加工，轴线水平放置，大端在左小端在右，这样便于操作者看图，少出或不出废品。

5.3.2 平行线、垂线及任意角度斜线画法

1. 绘制平行线

（1）通过偏移功能绘制平行线。【偏移】命令可将对象平移指定的距离，创建一个与原对象类似的新对象。使用该命令时，用户可以通过两种方式创建平行对象，一种是输入平行线间的距离，另一种是指定新平行线通过的点，详细使用见本书的第 3 章。

（2）利用对象捕捉（平行）。利用对象捕捉里面的设置——平行，可以绘制与原有直线具有平行关系的直线。

2. 利用垂足捕捉绘制垂直线

若是过线段外的一点 *A* 作已知线段 *BC* 的垂线 *AD*，则可使用 LINE 命令并结合垂足捕捉绘制该垂线，如图 5-22 所示。

3. 利用角度覆盖方式画垂线和倾斜直线

如果要沿某一方向画任意长度的线段，用户可在 AutoCAD 2016 提示输入点时，输入一个小于号“<”及角度值，该角度表明了画线的方向，AutoCAD 2016 将把光标锁定在此方向上，移动光标，线段的长度就发生变化，获取适当长度后，单击鼠标左键结束，这种画线方式称为角度覆盖，如图 5-23 所示。

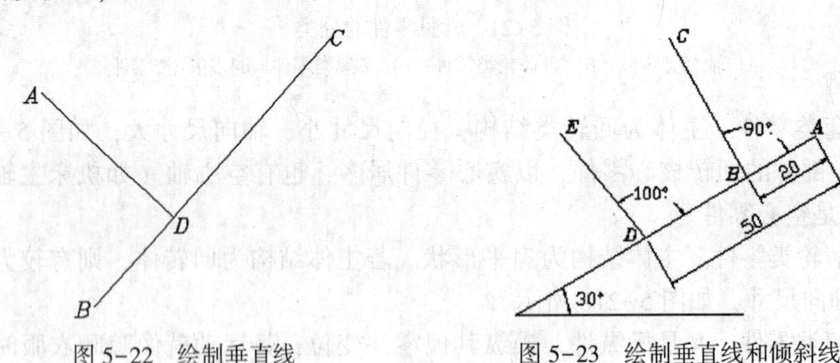

图 5-22 绘制垂直线　　图 5-23 绘制垂直线和倾斜线

4. 用 XLINE（构造线）命令画水平、竖直及倾斜直线

XLINE（构造线）命令可以画无限长的构造线，利用它能直接画出水平方向、竖直方向、倾斜方向及平行关系的线段，作图过程中采用此命令画定位线或绘图辅助线是很方便的。

5. 调整线段的长度——LENGTHEN（拉长）命令

LENGTHEN 命令可以改变线段、圆弧、椭圆弧及样条曲线等的长度。使用此命令时，经常采用的选项是【动态】，即直观地拖动对象来改变其长度。如图 5-24 所示，用 LENGTHEN

命令将左图修改为右图。

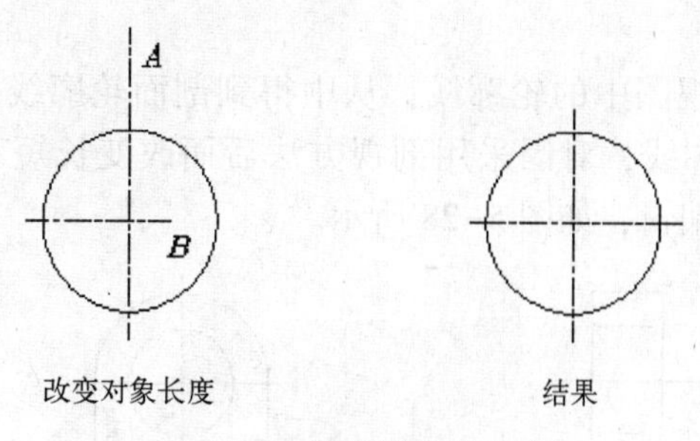

图 5-24　调整线段的长度

5.3.3　剖视图的绘制方法（断裂线和图案填充命令）

绘制机械零件的剖视图，应该先选择剖切方法和剖切位置，然后将剖视图中的剖面轮廓线和可见的其他轮廓线绘制出来，最后将剖面进行图案填充（绘制剖面符号）即可得到剖视图。下面给出两个绘制剖面图的实例。

实例 6：打开第 5 章保存的“5-3”图形文件，对该组合体进行适当的剖切并绘制出剖视图，完成后将剖视图命名为“5-13”保存。

分析：该组合体可以在左视图中对两个圆孔进行两处局部剖视（也可以有其他剖切方法）。在绘制局部剖视的左视图的过程中，用样条曲线将局部剖视图的断裂线绘出，然后将剖切到的轮廓线按需要进行特性匹配，最后利用【图案填充】命令将剖切到的面绘制出断面符号。

（1）打开“5-3”图形文件，如图 5-25 所示，对该组合体进行分析，选择剖视方案。该组合体的底板上的两个圆孔在左视图不可见，投影为虚线。为了看到这些结构，可以在左视图上选择全剖视或局部剖视，本例题中选择的是局部剖视。

（2）绘制局部剖视的边界线。通过【样条曲线】命令，绘制出局部剖视的边界线，如图 5-26 所示。

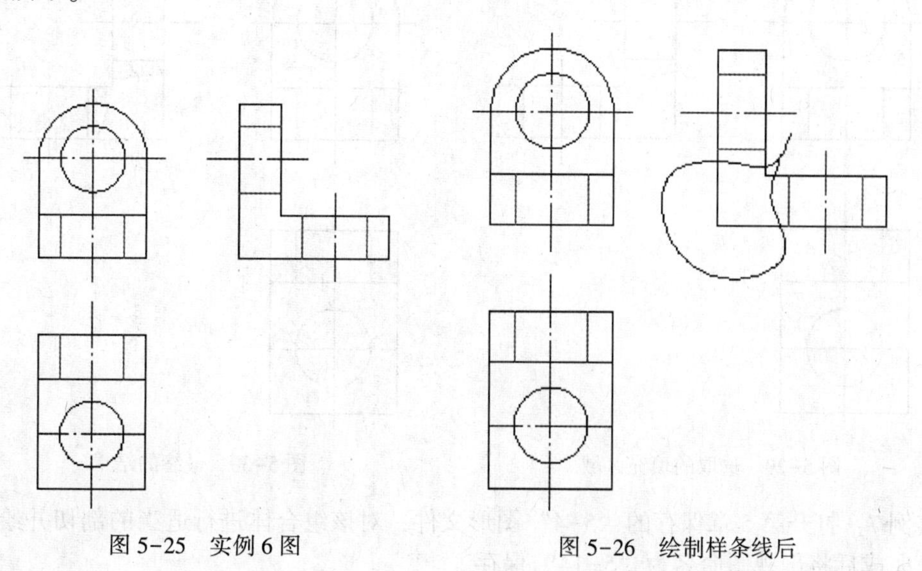
图 5-25　实例 6 图　　　　图 5-26　绘制样条线后

（3）修剪样条线，通过【修剪】命令，修剪步骤（2）绘制的样条线，结果如图 5-27 所示。

（4）通过分析修改剖视图中的轮廓线，从中得到剖面轮廓线。在分析的基础上，按剖视绘制左视图中的各条轮廓线，对因采用剖视方法后而改变长短和特性（如虚线变为粗实线）的轮廓线进行修改和编辑，如图 5-28 所示。

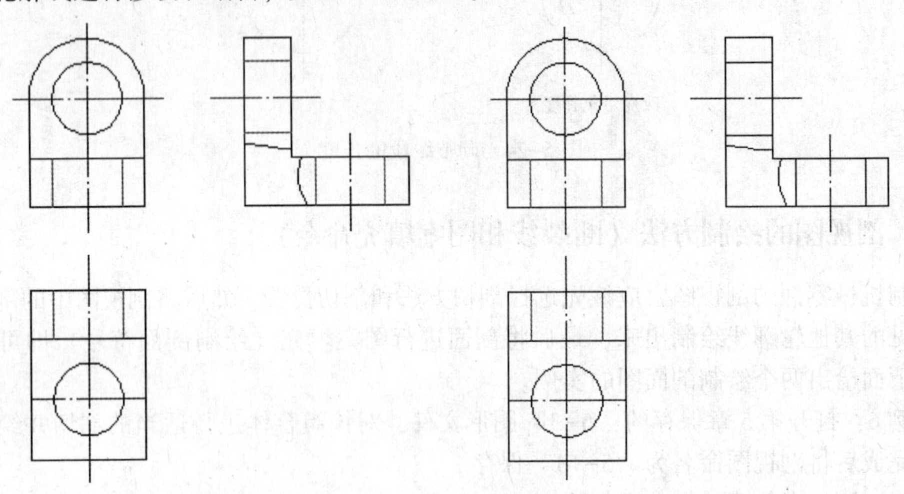

图 5-27　修剪样条后　　图 5-28　修改轮廓线后

（5）填充剖面线。选择菜单中的【绘图】|【图案填充】命令或单击【绘图】工具栏中的【图案填充】按钮，或在功能区【默认】选项卡的【绘图】面板中单击【图案填充】按钮，系统弹出【图案填充创建】上下文选项卡，单击【边界】选项卡中的【拾取点】按钮，在绘图区选取如图 5-29 所示的图形区域，按下〈Enter〉键，最终结果如图 5-30 所示。

（6）将该图命名为“5-13”保存。

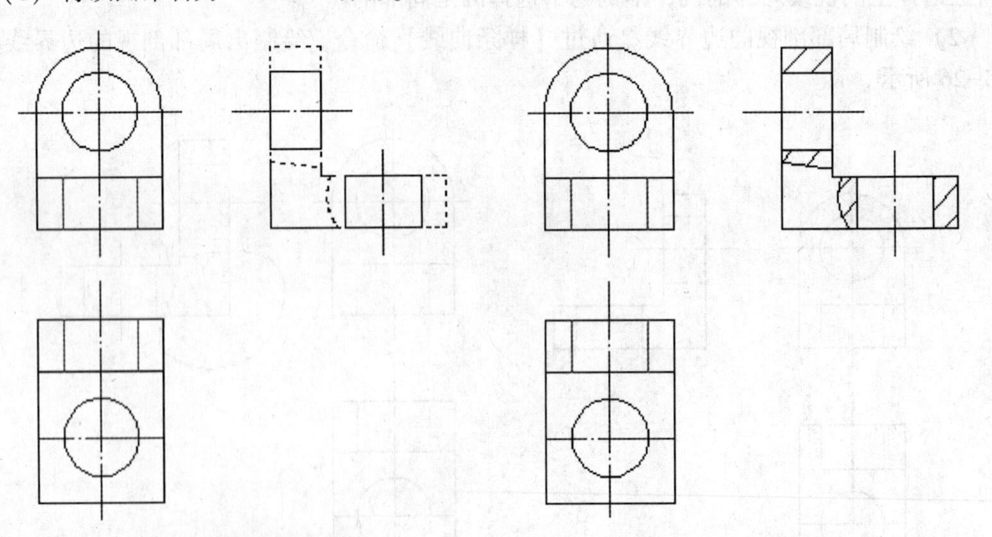

图 5-29　选取的填充区域　　图 5-30　最终的结果

实例 7：打开第 5 章保存的“5-4”图形文件，对该组合体进行适当的剖切并绘制出剖视图，完成后将剖视图命名为“5-14”保存。

通过图形分析可以看出：该组合体可以在俯视图中通过对称面进行旋转剖视（也可以用其他剖切方法）。在绘制左视图中的全剖视图过程中，先对俯视图进行分析，将剖视后不需要的线删除，再将剖切到的轮廓线按需要进行特性匹配，最后利用【图案填充】命令将剖切到的面绘制出断面符号。

（1）打开“5-4”图形文件，如图 5-31 所示，对该组合体进行分析，选择剖视方案。该组合体的所有孔的俯视图均不可见，投影为虚线。

（2）通过分析，修改剖视图中的轮廓线，从中得到剖面轮廓线。在分析的基础上，对因采用剖视方法后而改变长短和特性（如虚线变为粗实线）的轮廓线进行修改和编辑，如图 5-32 所示。

（3）填充剖面线。通过【图案填充】命令，通过各种设置和选择后，在剖视图上剖面绘制出剖面线，如图 5-33 所示。

（4）将该图命名为“5-14”保存。

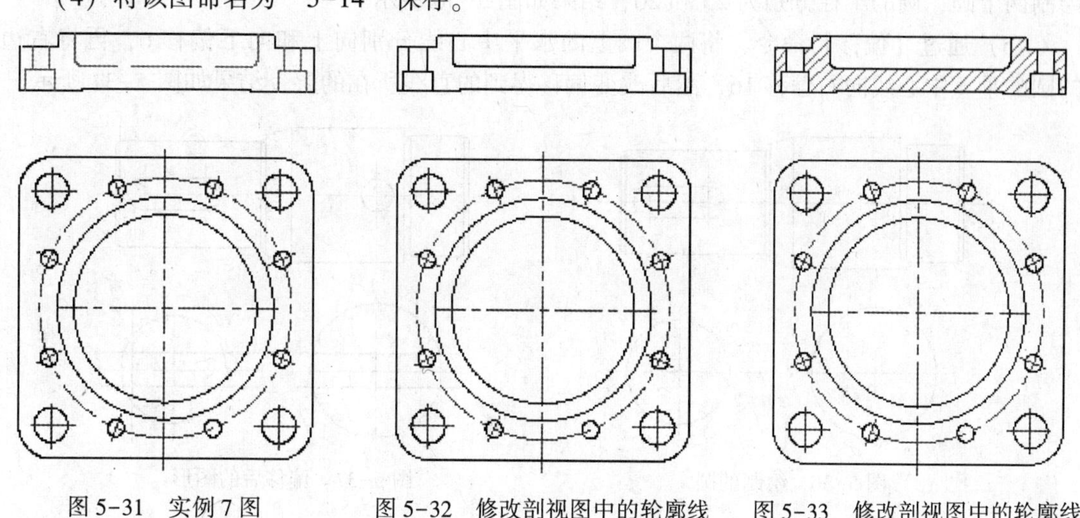

图 5-31　实例 7 图　　图 5-32　修改剖视图中的轮廓线　　图 5-33　修改剖视图中的轮廓线

5.3.4　断面图的绘制方法

绘制机械零件的断面图，应该先根据已有的视图分析清楚零件的形状，选择要表达零件断面的剖切位置，然后确定断面图的位置并绘制出断面图的轮廓，最后将断面进行图案填充，即可得到断面图。下面给出绘制断面图的实例。

实例 8：绘制如图 5-34 所示轴的两面视图，然后在轴的适当位置作移出断面图以代替左视图。

通过图形分析可以看出：轴上有通孔和键槽两处需要表达断面的形状。在绘制断面图过程中，先确定出剖切位置断面图的位置，然后绘制出各断面的形状，再将剖切到的轮廓线按需要进行特性匹配，最后利用【图案填充】命令将剖切到的面绘制出断面符号。

（1）建立新的图形文件，并根据轴的尺寸、视图线型需要和绘图比例来设置图形界限、创建图层。

（2）根据给定条件按照图 5-34 所示绘制出轴的主视图。

（3）通过【直线】命令，先绘制出表达断面图剖切位置的图线，然后绘制出断面图的作图基准线，将左视图删除，结果如图 5-35 所示。

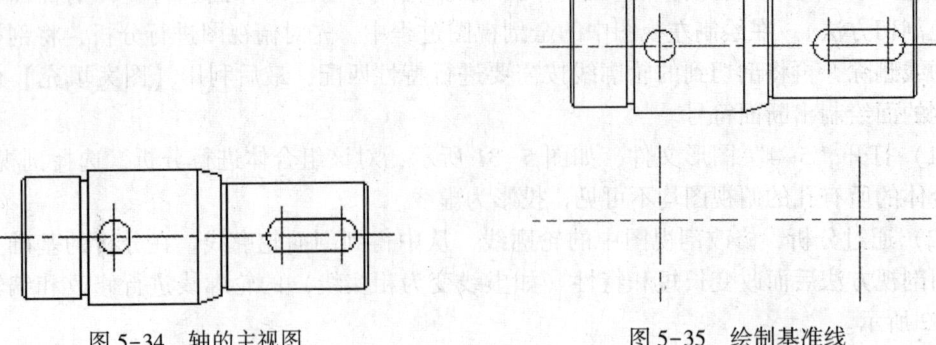

图 5-34　轴的主视图　　　　图 5-35　绘制基准线

（4）绘制两个圆，通过【圆】命令，分别在步骤（3）绘制的基准线上的两个交点上绘制两个圆，圆的半径分别为 25 和 20，结果如图 5-36 所示。

（5）通过【偏移】命令，将两个圆上的水平中心线分别向上和向下偏移 6，再将右边的圆的垂直中心线向右偏移 16，然后改变偏移得到的直线所在的层，结果如图 5-37 所示。

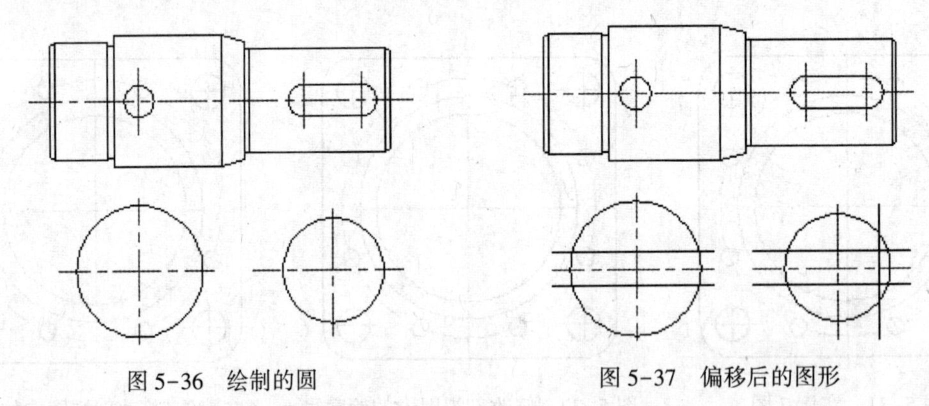

图 5-36　绘制的圆　　　　图 5-37　偏移后的图形

（6）修剪图形。通过【修剪】命令，将如图 5-37 所示的图形修剪为如图 5-38 所示的图形。

（7）填充剖面线。通过【图案填充】命令，通过各种设置和选择后，在断面图上的剖面绘制出剖面线，如图 5-39 所示。

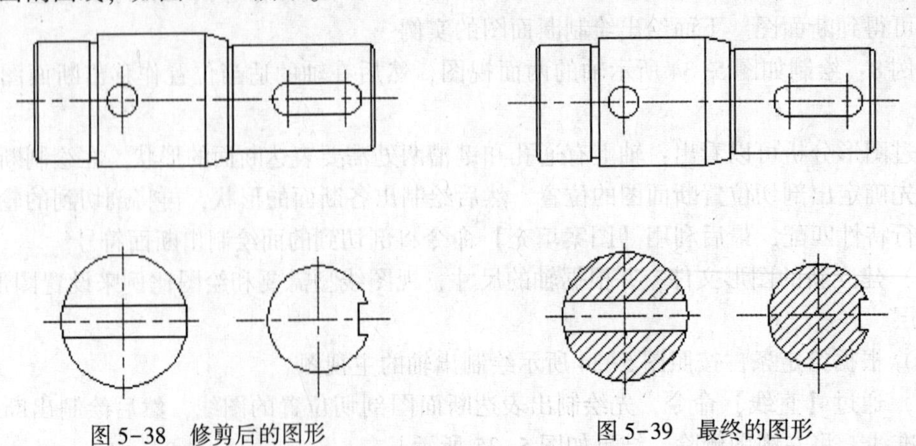

图 5-38　修剪后的图形　　　　图 5-39　最终的图形

5.3.5 局部放大图的绘制方法（缩放命令）

当选择好合适的比例绘图时，有时零件上有一些细小结构表达不清，这时可采用局部放大图的方法来绘制，局部放大图的绘图比例比原图大，但也应符合制图国标的比例规定，这种将局部细小结构用大于原图比例画出的图形，称为局部放大图，如图 5-40、图 5-41 所示。

局部放大图的画法和标注注意点如下：

（1）局部放大图与原图形的表达方式无关，并需用细实线圈出被放大的部位。

（2）当同一零件上有几处需要放大时，需用罗马数字依次标明放大部位，并在局部放大图的上方标注出相应的罗马数字和所采用的比例，如图 5-40 所示。

（3）对于同一零件上的不同部位，当图形相同或对称时，只需画出一个局部放大图，如图 5-41 所示。

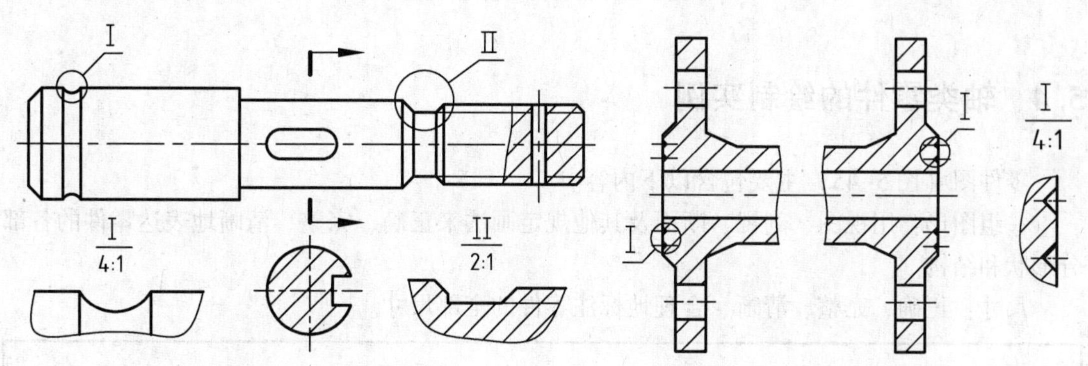

图 5-40　局部放大图的画法和标注 1　　　　图 5-41　局部放大图的画法和标注 2

绘制局部放大视图的方法常用的有两种，一是在布局空间为局部放大图加一个视口；二是在模型空间对原图进行局部复制后放大。两种方法说着容易，做起来还是很复杂的。所以，优秀的国产 CAD 软件一般将局部放大做成工具，启用工具依提示智能截图，轻松标注。

下面讲述如何在模型空间利用原图轻松绘制方形局部放大视图。

在一般的 CAD 里，绘制局部放大视图的步骤如下：

（1）定边界。先设置当前图层为细实线层，线型线宽为随层细实线，再启动画圆或矩形命令，在原图中绘制圆或矩形框，以示放大区域，在如图 5-39 所示的轴类图中绘制一个圆，如图 5-42 所示。

（2）复制。启动修改中的复制命令，从右下向左上方拉框，选中圆内或矩形框内所有图素，复制到空白区域。

（3）修剪。以圆或矩形为边界，将边界外的对象全部修剪掉，修剪后的结果如图 5-43 所示。

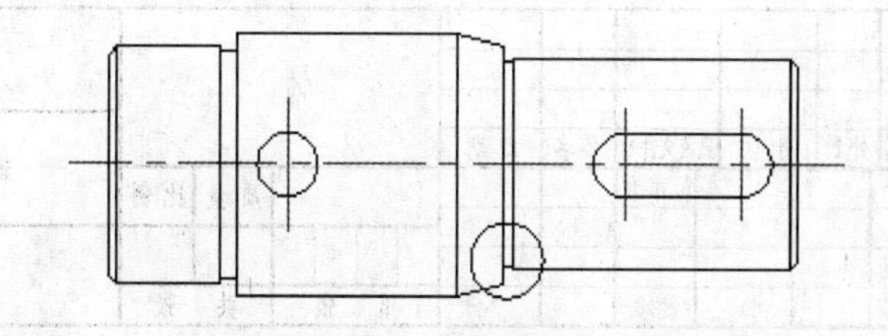

图 5-42　局部放大图的画法和标注 3

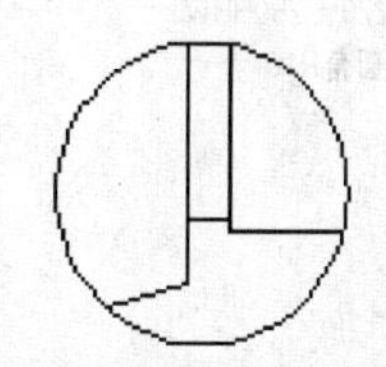

图 5-43　修剪后的视图

（4）放大。放大比例参照图形比例与局部放大比例进行计算，如 k 倍，通过【缩放】命令将如图 5-43 所示的视图放大 5 倍，结果如图 5-44 所示。

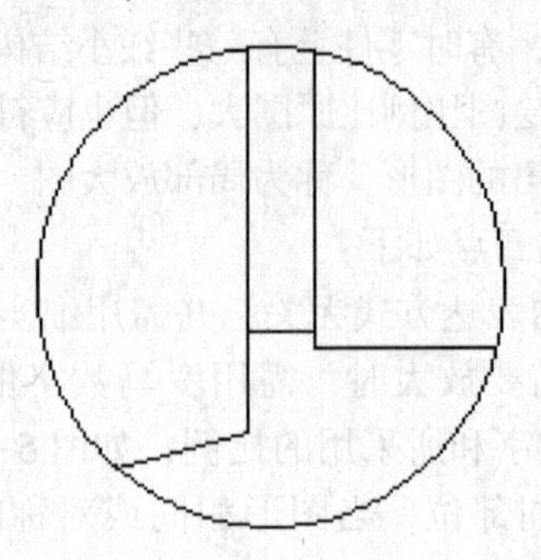

图 5-44　放大 5 倍后的视图

5.4　轴类零件的绘制实例

零件图（图 5-45）主要包含以下内容。

一组图形：用视图、剖视、断面及其他规定画法来正确、完整、清晰地表达零件的各部分形状和结构。

尺寸：正确、完整、清晰、合理地标注零件的全部尺寸。

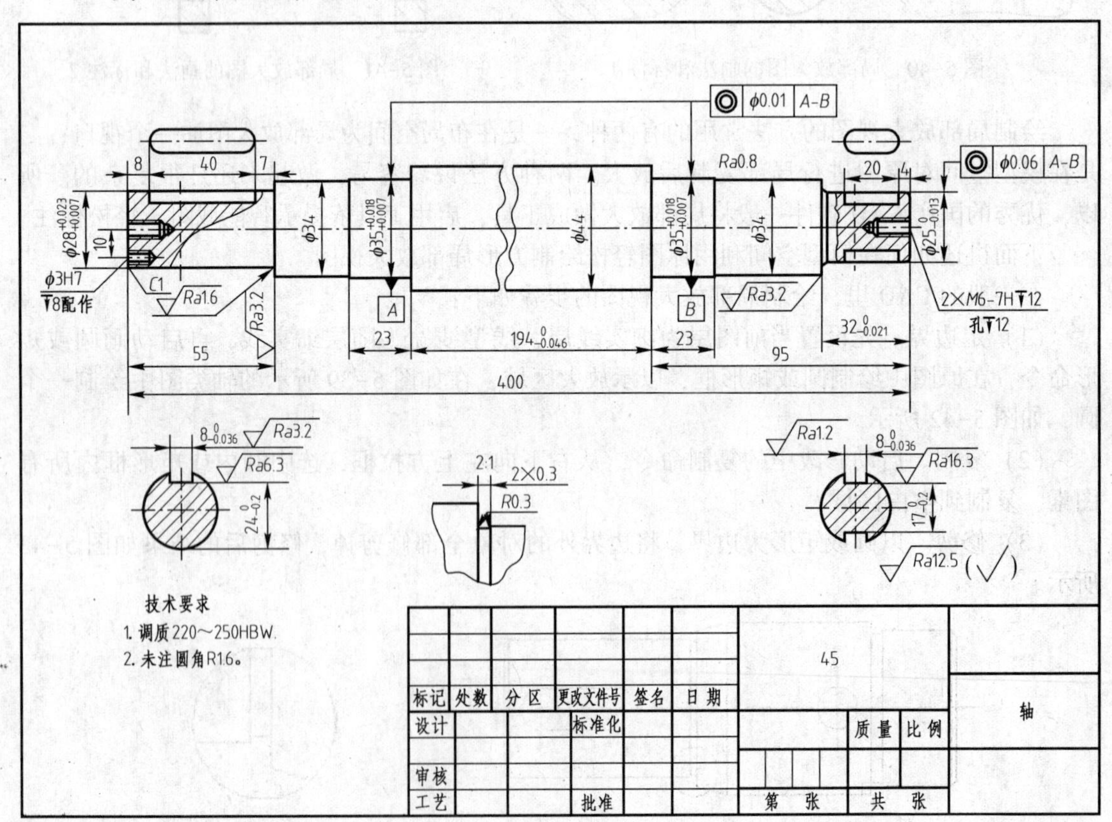

图 5-45　轴零件图

技术要求：用符号或文字来说明零件在制造、检验等过程中应达到的一些技术要求，如表面粗糙度、尺寸公差、几何公差、热处理要求等。技术要求的文字一般标注在标题栏上方图纸空白处。

标题栏：标题栏位于图纸的右下角，应填写零件的名称、材料、数量、图的比例以及设计、描图、审核人的签字、日期等各项内容。

5.4.1　绘制主视图

轴类零件的主视图是对称的线性机构，绘制相对简单。绘制主视图使用的命令主要有直线（LINE）、偏移（OFFSET）、镜像（MIRROR）、修剪（TRIM）、打断（BREAK）、倒角（CHAMFER）、圆角（FILLET）、样条曲线（SPLINE）、移动（MOVE）和图案填充（HATCH）等。

（1）绘制中心线和轴左端面轮廓线，如图 5-46 所示。使用【直线】命令在绘图区域绘制中心线和轴左端面轮廓线的时候，不必精确确定长度和位置，通过目测比实长略大即可。要达到最佳的效果，需要在后续的操作中逐步调整。

图 5-46　绘制中心线和轴左端面轮廓线

（2）绘制各轴段的端面轮廓线，如图 5-47 所示。使用【偏移】命令并根据轴的轴向尺寸 400、95、194、23、32 等绘制各轴段的端面轮廓线。

图 5-47　绘制各轴段的端面轮廓线

（3）绘制各轴段的转向轮廓线。绘制轴的转向轮廓线时，使用【直线】命令结合状态栏的极轴追踪、对象捕捉和对象捕捉追踪相关功能即可。因为轴的转向轮廓线是上下对称的，所以可以先绘制出中心线上方的一半转向轮廓线后，使用镜像（MIRROR）命令绘制中心线下方的另一半。

以绘制 ϕ28 轴段为例，先激活【直线】命令，命令行提示“指定第一个点”时使用鼠标把光标移动到 ϕ28 左端面轮廓线与中心线的交点处，这时不要单击鼠标左键确认，让光标在此交点上稍作停留后向上移动，等追踪线出现后通过键盘输入 14（ϕ28 轴段转向轮廓线距离中心线的尺寸）确定该直线的第一点，如图 5-48 所示。

图 5-48　绘制转向轮廓线步骤 1

确定直线第一点之后，命令行提示“指定第二个点”时将光标向右移动捕捉到该直线与 $\phi28$ 轴段右端面轮廓线的交点，这时单击鼠标左键确认直线第二个点并按〈Enter〉键结束命令完成该轴段转向轮廓线的绘制，如图 5-49 所示。

图 5-49　绘制转向轮廓线步骤 2

其他轴段转向轮廓线的绘制方法相同，如图 5-50 所示。

图 5-50　绘制转向轮廓线步骤 3

绘制完中心线上方的转向轮廓线后，激活【镜像】命令，命令行提示“选择对象”时用鼠标一次性选择中心线上方所有的转向轮廓线单击左键并按〈Enter〉键确认，如图 5-51 所示。

图 5-51　绘制转向轮廓线步骤 4

在命令行提示“指定镜像线的第一点”“指定镜像线的第二点”时，只需在中心线上用鼠标任意单击左键指定两个点并按〈Enter〉键确认即可完成操作，如图 5-52 所示。

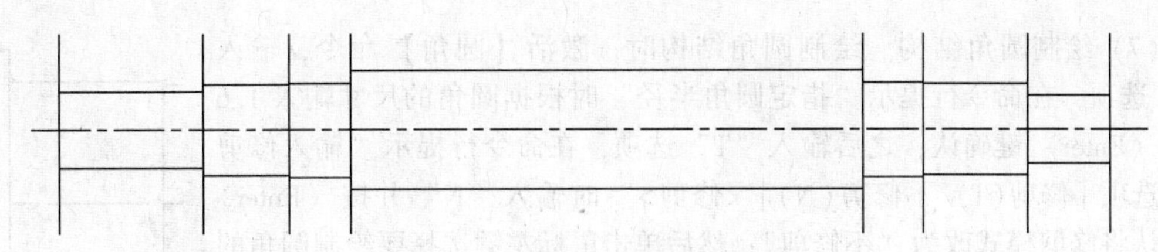

图 5-52　绘制转向轮廓线步骤 5

（4）修剪多余线条完成主视图轮廓。在绘制完各轴段转向轮廓线后激活【修剪】命令，命令行提示“选择对象”时用鼠标一次性选择所有的转向轮廓线作为边界对象单击左键并按〈Enter〉键确认，如图 5-53 所示。

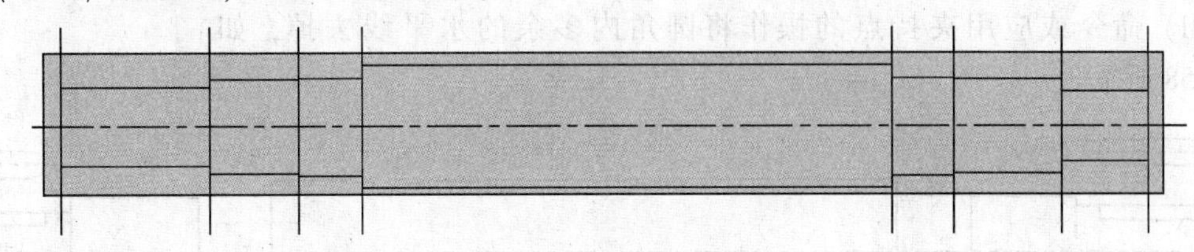

图 5-53　修剪步骤 1

在命令行提示“选择要修剪的对象”时，依次单击鼠标左键选择需要修剪的过长线条并按〈Enter〉键确认完成修剪操作，如图 5-54 所示。

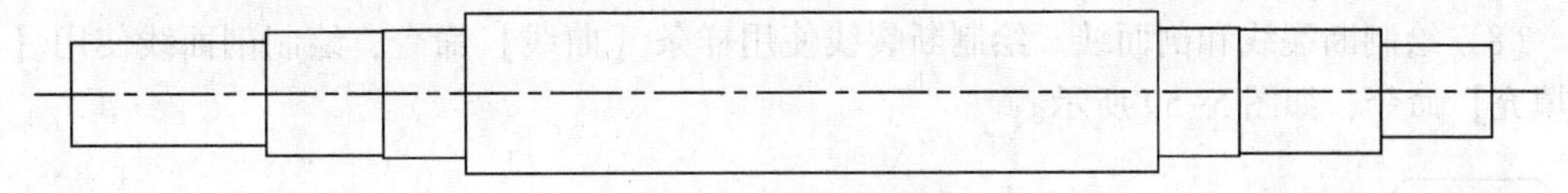

图 5-54　修剪步骤 2

（5）绘制键槽、螺纹孔和销孔结构。绘制这些结构时主要也是使用【直线】命令，使用的技巧和绘制转向轮廓线相似，如图 5-55 所示。

图 5-55　绘制键槽、螺纹孔和销孔结构

（6）绘制轴两端倒角结构。绘制倒角结构时，激活【倒角】命令，输入“D”选项，在命令行提示“指定第一个倒角距离”“指定第二个倒角距离”时根据倒角的尺寸都输入 1 并按〈Enter〉键确认。然后单击鼠标左键选择需要倒角的两个直线对象即可，如图 5-56 所示。

图 5-56　绘制轴两端倒角结构

(7) 绘制圆角结构。绘制圆角结构时，激活【圆角】命令，输入“R”选项，在命令行提示“指定圆角半径”时根据圆角的尺寸输入 1.6 并按〈Enter〉键确认；之后输入“T”选项，在命令行提示“输入修剪模式选项［修剪(T)/不修剪(N)］<修剪>”时输入“N”并按〈Enter〉键确认将修剪模式改为“不修剪”；然后单击鼠标左键选择要绘制圆角的两个直线对象，如图 5-57 所示。

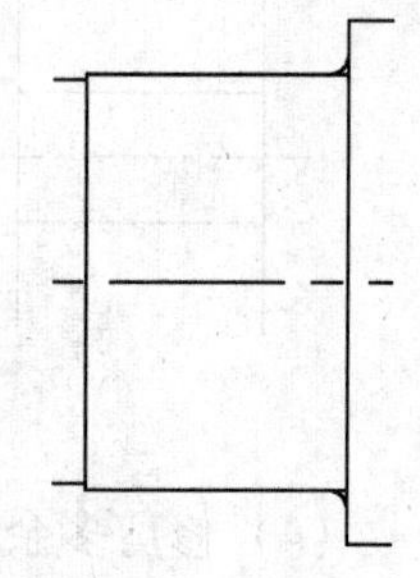
图 5-57　绘制圆角步骤 1

使用【圆角】命令绘制圆角时将修剪模式改为“不修剪”是因为需要绘制圆角的竖直轮廓线不需要被修剪。如果在“修剪”模式下操作，过程会非常烦琐。在“不修剪”模式下绘制圆角后，还需要使用修剪(TRIM) 命令或应用夹持点的操作将圆角内多余的水平线去掉，如图 5-58 所示。

图 5-58　绘制圆角步骤 2

(8) 绘制断裂线和剖面线。绘制断裂线使用样条【曲线】命令，绘制剖面线使用【图案填充】命令，如图 5-59 所示。

图 5-59　绘制断裂线和剖面线

在使用【样条曲线】命令绘制断裂线时，最好把状态栏“极轴追踪”功能设置为“关闭”状态（可使用快捷键〈F10〉打开或关闭此功能），以免该功能影响绘图员用鼠标手动确定断裂线的方向和形状。

在使用【图案填充】命令绘制剖面线时，一定要确保图案填充的区域是由完全封闭的线框围成的，否则可能导致操作失败。

(9) 用断裂画法表达主视图。因为 ϕ44 轴段截面形状一致且该轴段上没有局部结构需要表达，所以可以采用断裂画法以节省图幅。具体操作步骤如下：

步骤 1：使用【样条曲线】命令绘制断裂线并使用【修剪】命令修剪多余直线对象，如图 5-60 所示。

步骤 2：使用【移动】命令将主视图左右两部分移动到一起并使用【打断】命令去掉过长的中心线部分，如图 5-61 所示。

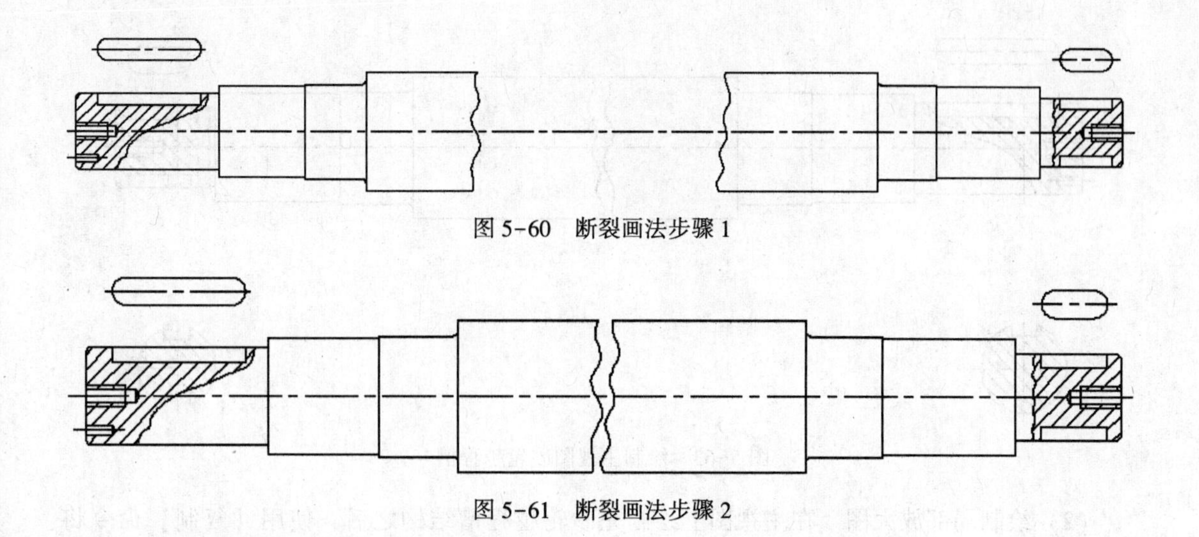

图 5-60　断裂画法步骤 1

图 5-61　断裂画法步骤 2

5.4.2　绘制断面图

绘制断面图使用的命令主要有直线（LINE）、圆（CIRCLE）、镜像（MIRROR）、修剪（TRIM）、打断（BREAK）和图案填充（HATCH）等。

绘制断面图键槽结构时根据键槽尺寸使用【直线】命令直接绘制投影线，绘图技巧与绘制主视图转向轮廓线相同。键槽结构轮廓线也可以使用【偏移】命令绘制，采用何种方式绘图依绘图者的操作习惯而定，如图 5-62 所示。

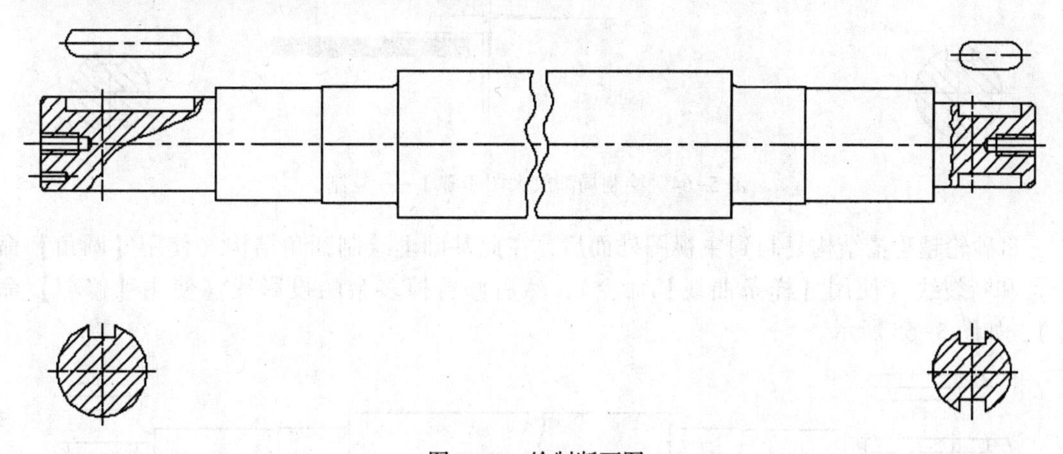

图 5-62　绘制断面图

5.4.3　绘制砂轮越程槽结构和局部放大图

要清楚表达螺纹退刀槽结构和砂轮越程槽结构，往往需要局部放大图。

（1）绘制主视图砂轮越程槽结构。在主视图上绘制砂轮越程槽时需要用的命令主要有直线（LINE）、镜像（MIRROR）和修剪（TRIM）等。因为主视图的比例比较小，不能够把砂轮越程槽的细节结构表达清楚，所以不必绘制圆角等结构。细节结构需要用局部放大图表达清楚，如图 5-63 所示。

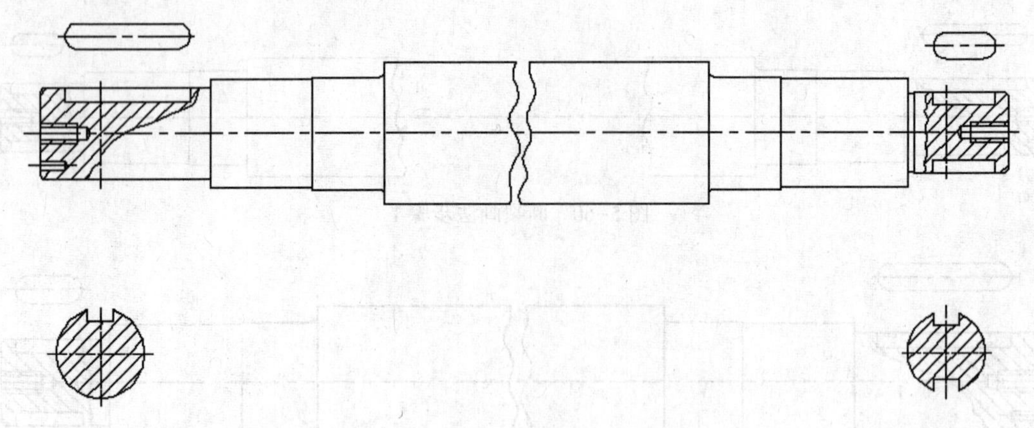

图 5-63　绘制主视图砂轮越程槽

(2) 绘制局部放大图。在主视图上绘制完砂轮越程槽结构之后，使用【复制】命令将主视图中越程槽结构投影线复制到主视图之外合适的位置，如图 5-64 所示。

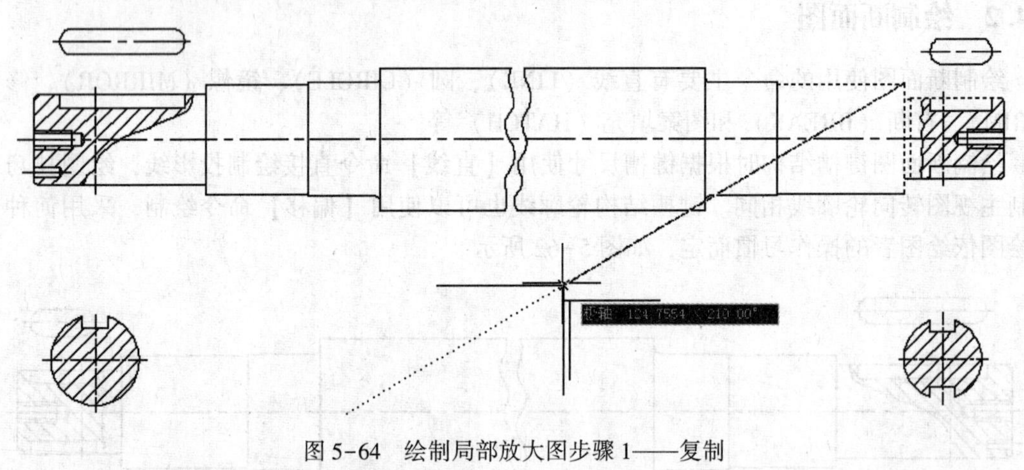

图 5-64　绘制局部放大图步骤 1——复制

将砂轮越程槽结构复制到主视图外面后，在此基础上绘制圆角结构（使用【圆角】命令）和断裂线（使用【样条曲线】命令），然后修剪掉多余的投影线（使用【修剪】命令），如图 5-65 所示。

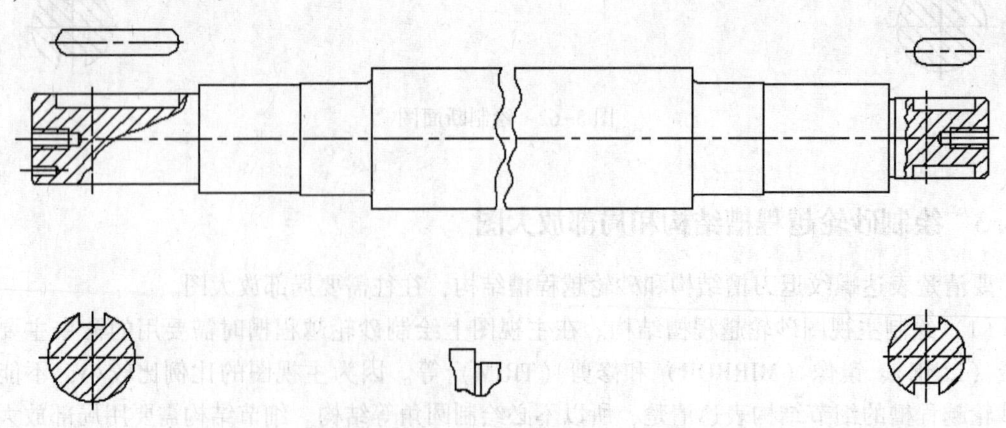

图 5-65　绘制局部放大图步骤 2——绘制细节结构

在绘制好砂轮越程槽局部放大图的细节结构后，在此基础上根据主视图和局部放大图的比例关系，使用【缩放】命令将该图放大至指定的比例，完成局部放大图的绘制，如图 5-66 所示。

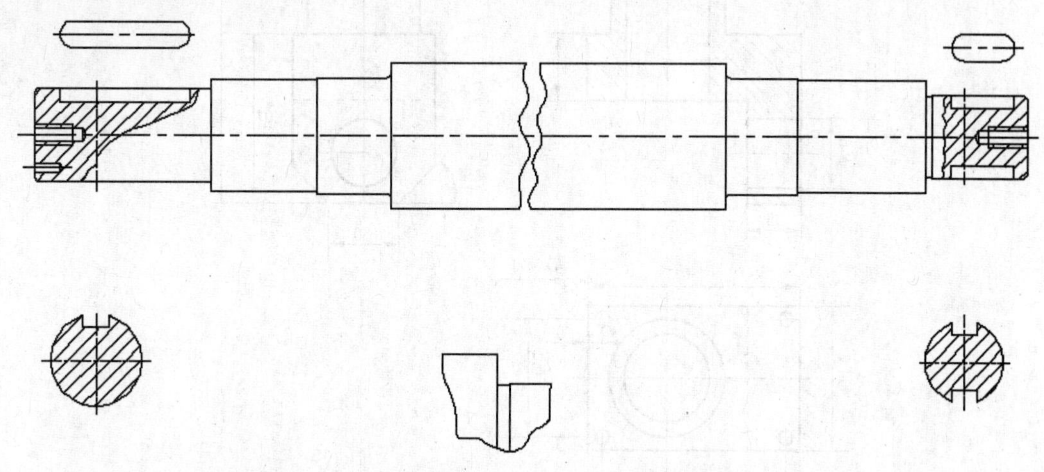

图 5-66　绘制局部放大图步骤 3——放大至指定比例

5.5　叉架类零件图的绘制实例

叉架类零件也是零件的一个大类，从图 5-67 中可看出叉架类零件的结构形状，总的特征是由三部分组成，即工作部分（图中的上端圆柱筒）、支承（或安装）部分（图中的下端底板）及连接部分（中间部分的两块板），其上面常有光孔、螺纹孔、肋板、槽等结构，连接部分的断面形状通常为“+”“丁”“∟”“—”“⊔”“工”形。

在工程上，为了能弥补视图立体感的不足，更形象交流自己的设计构思，表示机器或零件的形状的时候，经常以勾画立体图的方式进行。对于学习阶段的学生碰到较复杂难以想象的零件图，如果能一边看视图一边勾画立体图的话，一切难点将迎刃而解。

图 5-67　轴承座立体图

下面以支架零件图的绘制来介绍叉架类零件图的绘制过程，零件图如图 5-68 所示。

（1）打开第 5 章的“支架 . dwg”图形文件。

（2）通过【直线】命令，绘制一个 150 mm×100 mm 的矩形，结果如图 5-69 所示。

（3）通过【偏移】命令，偏移矩形的垂直边线 a 和 c，生成定位直线 b、d、e、f，执行结果如图 5-70 所示。

（4）如图 5-71 所示，先绘制一条连接矩形垂直边线中点的直线 g，然后将 g 直线向下偏移 40 mm，生成 h 直线。分别以直线 f 和 h、e 和 h 的交点为圆心绘制两个表示螺孔的半径为 5 mm 的圆，执行结果如图 5-71 所示。

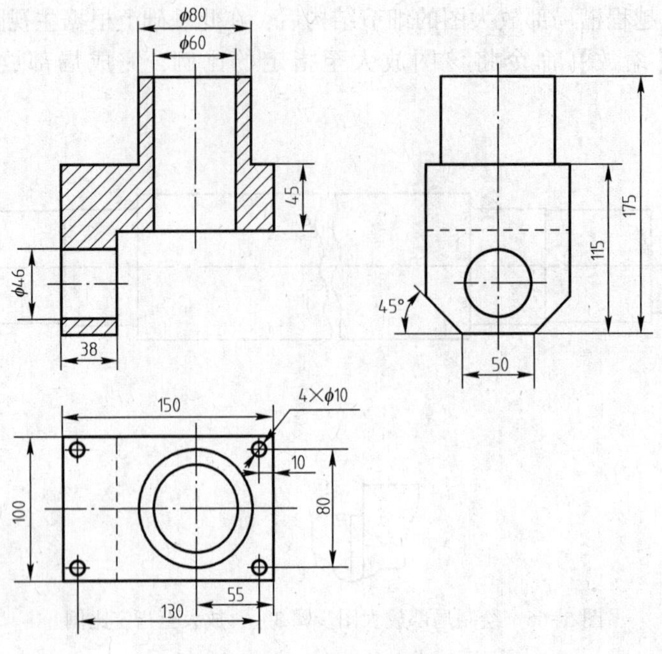

图 5-68　支架零件图

(5) 修剪 e、f、h 直线，修改孔的中心线的长度，然后镜像螺孔，执行结果如图 5-72 所示。

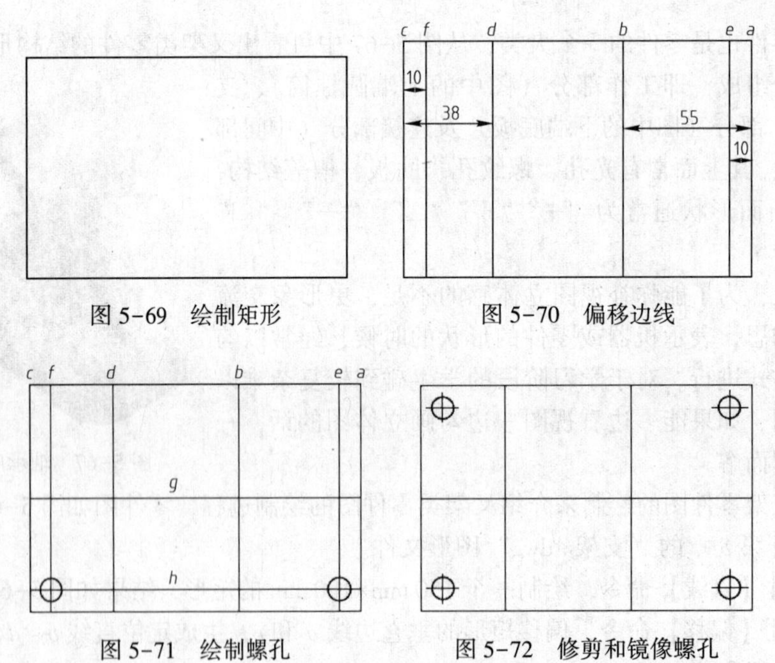

图 5-69　绘制矩形　　图 5-70　偏移边线

图 5-71　绘制螺孔　　图 5-72　修剪和镜像螺孔

(6) 以直线 b 和 g 的交点为圆心绘制直径为 60 mm 和 80 mm 的圆，执行结果如图 5-73 所示。

(7) 通过【图层】设置，将图 5-71 中 d 直线从【01-轮廓线】图层更改到【虚线】图层。执行结果如图 5-74 所示。

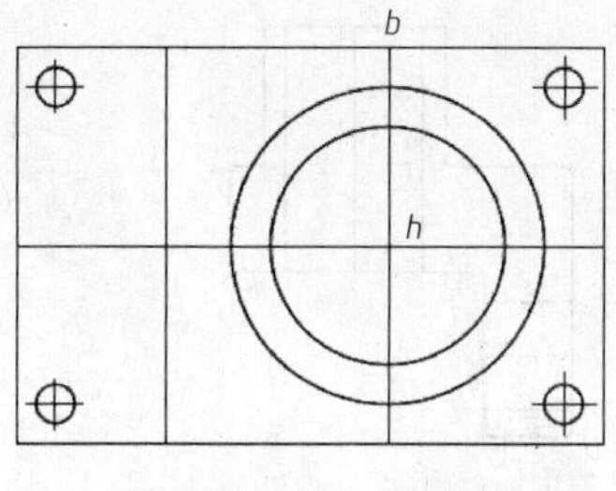

图 5-73　绘制两个圆

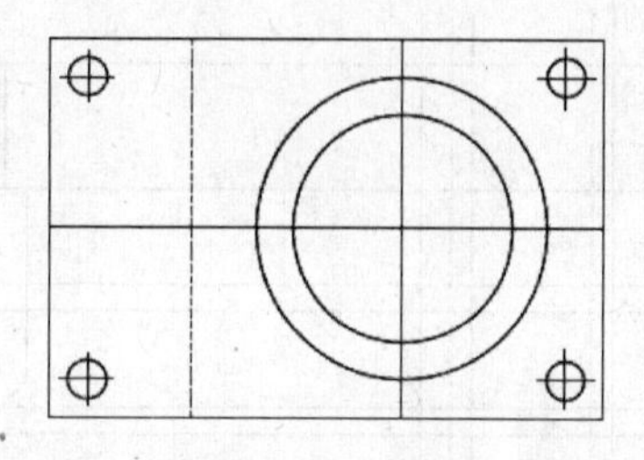

图 5-74　更改图层

（8）在图 5-74 的右上方向绘制 5 条水平线和 1 条垂直线，结果如图 5-75 所示。

（9）将垂直线向两侧分别偏移 25 mm、40 mm、50 mm，执行结果如图 5-76 所示。

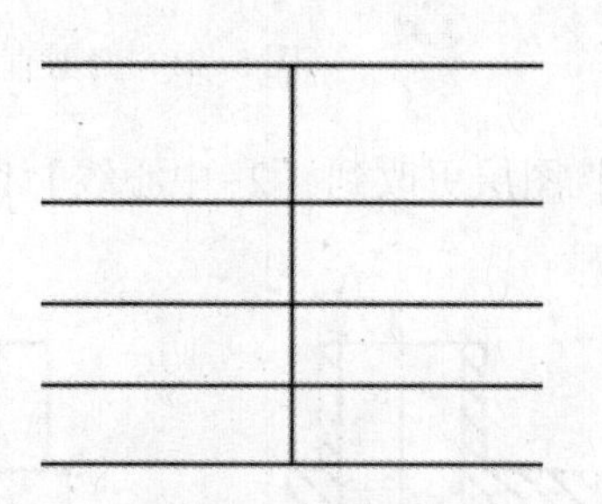

图 5-75　绘制直线

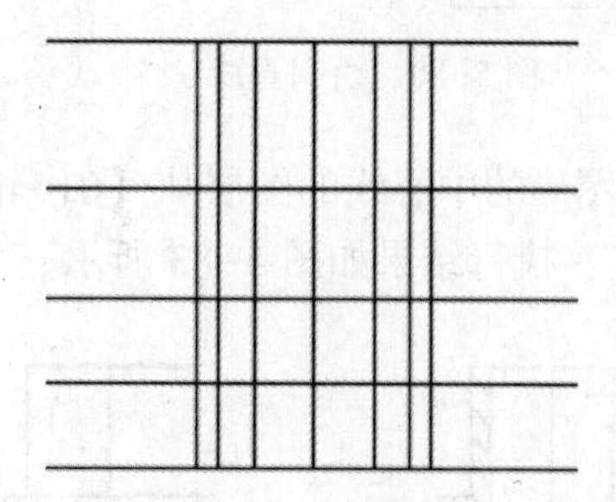

图 5-76　偏移直线

（10）对直线进行修剪，执行结果如图 5-77 所示。

（11）设置极轴捕捉的角度为 45°，过点 1、2 绘制两条倾斜直线，结果如图 5-78 所示。对相关直线进行修剪，然后通过【图层】功能，将图中 i 线段从【01-轮廓线】图层更改到【虚线】图层。然后绘制一个半径为 23 mm 的圆，圆心为直线的交点，执行结果如图 5-79 所示。

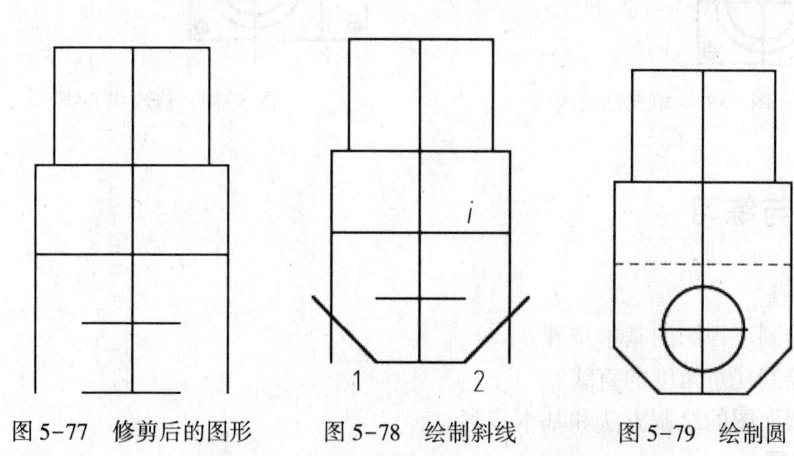

图 5-77　修剪后的图形　　图 5-78　绘制斜线　　图 5-79　绘制圆

（12）绘制主视图时可以借助俯视图和左视图来完成。如图 5-80 所示，过俯视图和左视图引出数条直线，这些直线即可构成主视图。

（13）对上一步绘制的直线进行修剪，执行结果如图 5-81 所示。

（14）填充剖面线，执行结果如图 5-82 所示。

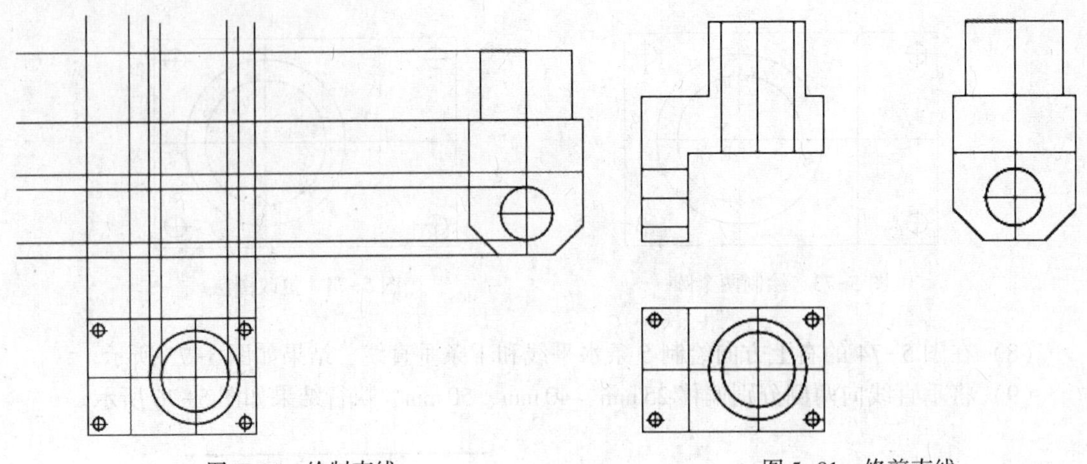

图 5-80　绘制直线　　　　图 5-81　修剪直线

（15）将图形的中心线的图层从【01-轮廓线】图层更改到【2-中心线】图层，并修改中心线的长度，执行结果如图 5-83 所示。

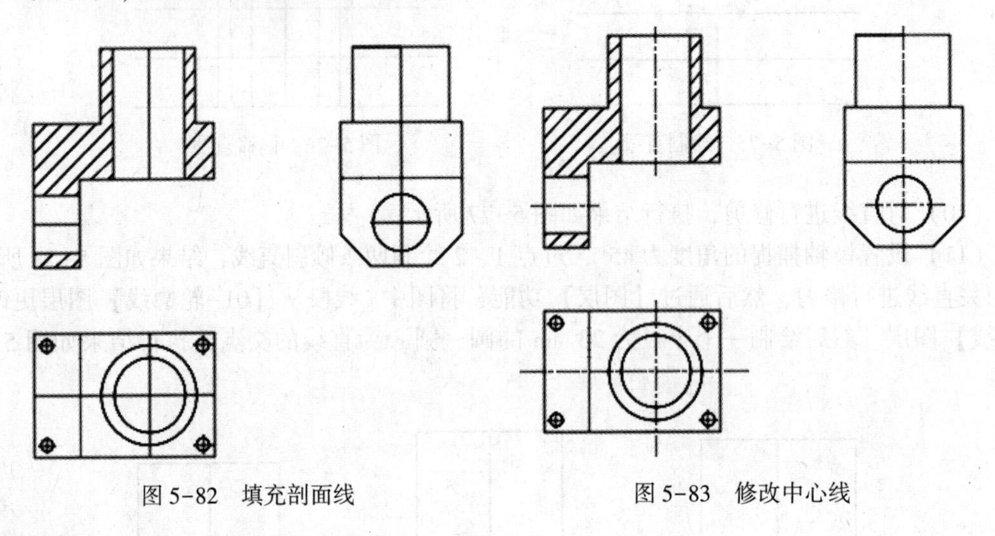

图 5-82　填充剖面线　　　　图 5-83　修改中心线

5.6　思考与练习

一、简答题

1. 简述绘制三视图的基本步骤。
2. 如何绘制任意角度的直线？
3. 简述断面图的绘制方法和基本步骤。

二、操作题

绘制如图 5-84～图 5-86 所示的图形。

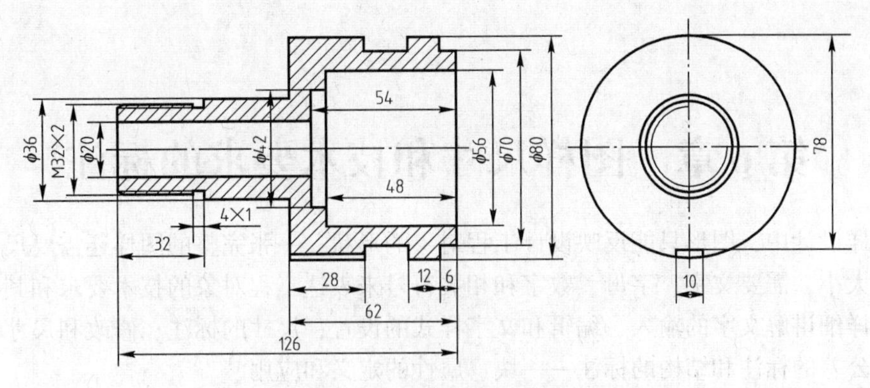

图 5-84　轴类零件的绘制

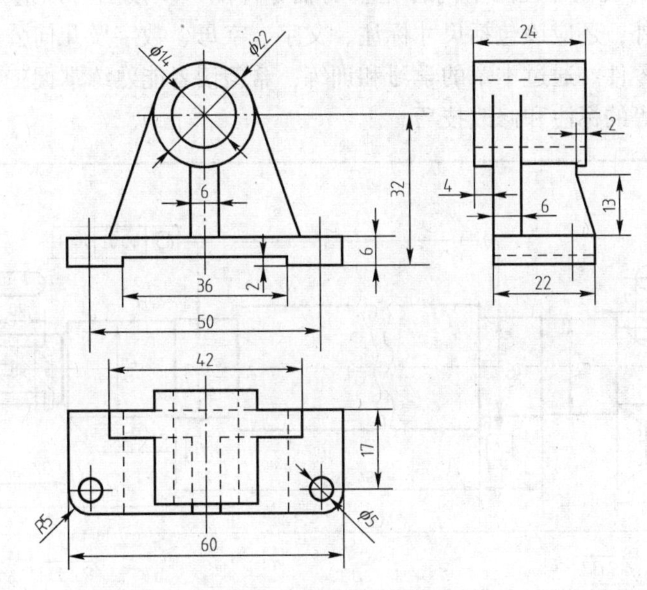

图 5-85　叉架类零件的绘制

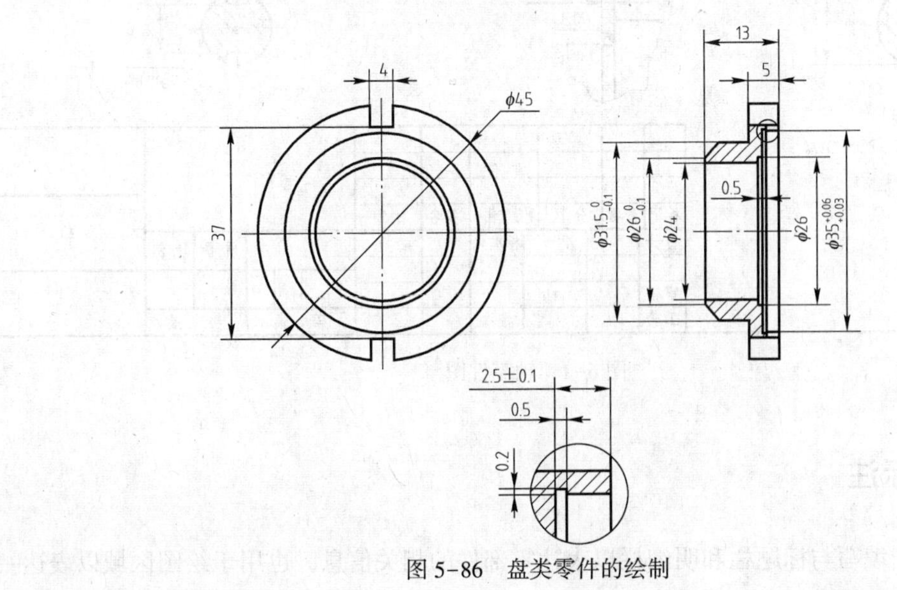

图 5-86　盘类零件的绘制

第6章　图样尺寸和技术要求的标注

在图样设计中，图形只能反映设计工程对象的形状。一张完整的图样还需要尺寸表达工程对象的大小，需要文字、字母、数字和相关符号来表达工程对象的技术要求和其他相关信息。本章详细讲解文字的输入、编辑和文字样式的设置；尺寸的标注、修改和尺寸样式的设置；几何公差的标注和结构的标注——块、属性的定义和应用。

如图6-1所示为机械工程图中内容完整的轴零件图，从该图可以清楚地看到内容完整的零件图除了视图外，还应该包括尺寸标注、文字、字母、数字及几何公差和结构等其他内容以完整地表达该零件。通过本章的学习和训练，希望读者能熟练掌握工程图样中文字、尺寸和相关技术要求等的标注和修改技巧。

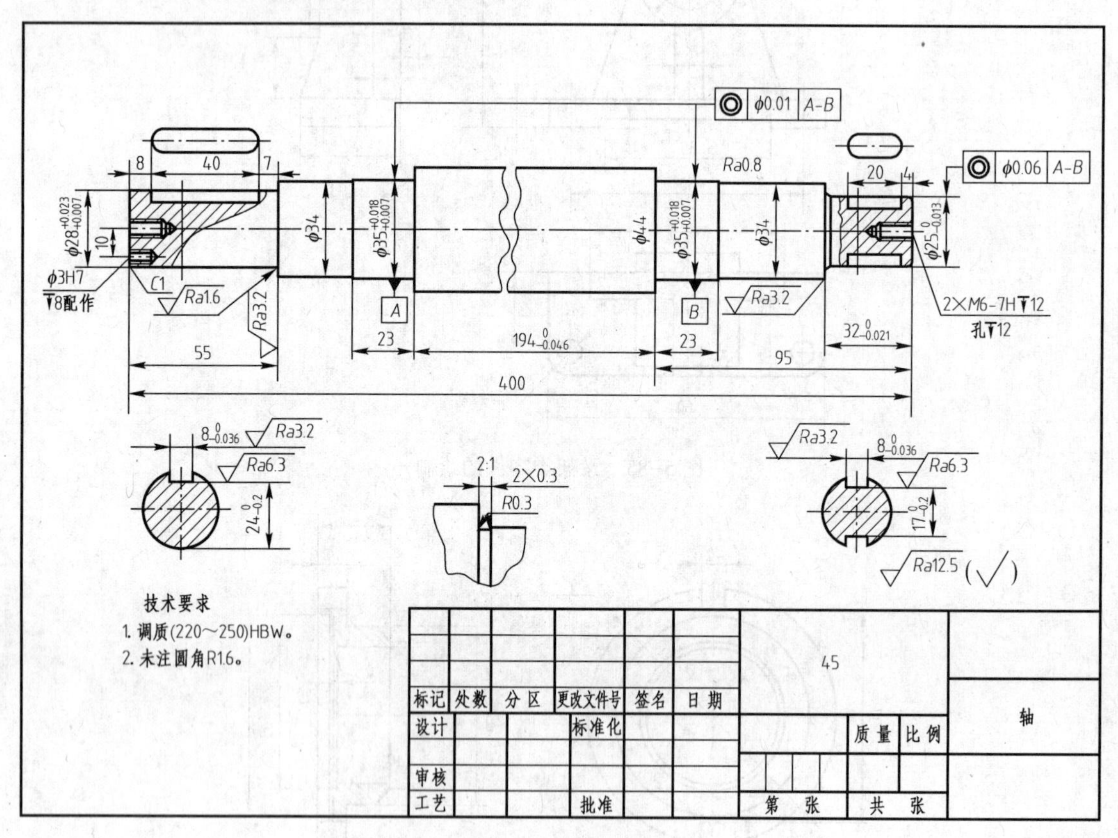

图6-1　轴零件图

6.1　文字标注

文字常用于填写与标题栏和明细栏以表达零部件的相关信息，也用于绘图区域以表达一定的加工要求和技术要求；尺寸标注和技术要求的标注中用到的汉字、字母和数字也是文字的范畴。

文字的输入和编辑都很简单，正确标注相关文字的关键在于文字样式（或格式）的设置。

6.1.1 字体

1. 一般规定

按 GB/T 14691—2008、GB/T 14665—2008 规定，对字体有以下要求。

（1）图样中书写字体必须做到：字体工整、笔划清楚、间隔均匀、排列整齐。

（2）汉字应写成长仿宋体，并应采用国家正式公布推行的简化字。汉字的高度不应小于 3.5 mm，其字宽一般为 $h/\sqrt{2}$（h 表示字高）。

（3）字号即字体的高度，其公称尺寸系列为 1.8 mm、2.5 mm、3.5 mm、5 mm、7 mm、10 mm、14 mm、20 mm。如需书写更大的字，其字高应按$\sqrt{2}$的比率递增。

（4）字母和数字分为 A 型和 B 型。A 型字体的笔划宽度 d 为字高 h 的十四分之一；B 型字体对应为十分之一。同一图样上，只允许使用一种型式。

（5）字母和数字可写成斜体或直体。斜体字字头向右倾斜，与水平基准线成 75°角。

2. 字体示例

（1）汉字——长仿宋体

10 号字 字体工整 笔划清楚 间隔均匀 排列整齐

7 号字 横平竖直 注意起落 结构均匀 填满方格

5 号字 技术制图 机械电子 汽车航空 船舶土木 建筑矿山 井坑港口 纺织服装

3.5 号字 螺纹齿轮 端子接线 飞行指导 驾驶舱位 挖填施工 饮水通风 闸阀坝 棉麻化纤

（2）拉丁字母

A 型大写斜体 *ABCDEFGHIJKLMNOP*

A 型小写斜体 *abcdefghijklmnop*

（3）希腊字母

B 型大写斜体 *ABCDEFGHIJKLMNOP*

A 型大写斜体 *ΑΒΓΕΖΗΘΙΚ*

A 型小写直体 αβγδεζηθικ

（4）阿拉伯数字

斜体 *1234567890* 直体 1234567890

3. 图样中书写规定

（1）用作指数、分数、极限偏差、注脚等的数字及字母，一般应采用小一号字体。

（2）图样中的数字符号、物理量符号、计量单位符号以及其他符号、代号应分别符合有关规定。

AutoCAD 2016 图形中文字的字体形状、方向、角度等都受其文字样式的控制。用户在向图形中添加文字时，系统使用当前默认的文字样式。如果用户要使用其他的文字样式，则必须将其文字样式置于当前。AutoCAD 2016 的默认文字样式名称为 Standard，默认字体为 txt. shx。

在 AutoCAD 2016 中，用户可以采用的字体大体可以分为两类：一类是 Windows 操作系统自带的 True Type 字体，该字体比较光滑，文字有线宽；另一类是 AutoCAD 2016 本身特有的形 shx 字体，该字体是 AutoCAD 2016 本身编译的形文件字体，文字没有线宽。

在工程图中进行各种文字的书写时，应该按照国家标准中的推荐选择字体。最新的国家标准推荐：工程图中的中文汉字应采用仿宋 GB 2312 字体或矢量字体“gbenor. shx”或“gbeitc. shx”（此时需要选中“使用大字体”复选框并选择大字体中的“gbcbig”）；工程图中直体的英文、数字应采用“gbenor. shx”字体；工程图中斜体的英文、数字应采用“gbeitc. shx”字体。

6.1.2 文字样式

1. 设置文字样式

选择菜单中的【格式】|【文字样式】命令，或单击【样式】工具栏【文字样式】按钮，或在【草图与注释】工作空间下，在功能区的【默认】选项卡中单击【注释】面板中的【文字样式】按钮，系统弹出如图 6-2 所示的【文字样式】对话框，在该对话框中，用户可以创建新的文字样式、修改已有的文字样式或选择当前的文字样式，以下详细介绍该对话框中各选项的含义和功能。

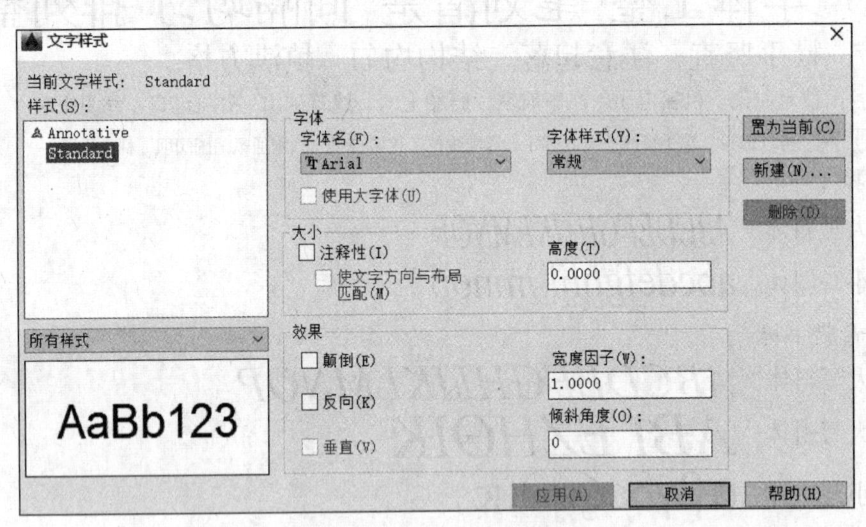

图 6-2 【文字样式】对话框

（1）【样式】列表区。【样式】列表区主要用于显示用户设置的文字样式，用户在【样式】列表框内选择好一种样式时，下边的预览框内将显示出用户所选择文字样式的字体预览。

（2）【新建】按钮。单击该按钮，系统将弹出如图 6-3 所示的【新建文字样式】对话框，在该对话框的【样式名】文本框中输入新的文字样式名，然后单击【确定】按钮，该对话框消失，系统返回到【新建文字样式】对话框，新输入的文字样式名即出现在【样式】

列表框中，此时就可以进行创建新文字样式的下一步操作。

(3)【字体】选项区。该选项区用于设置当前文字样式的字体。【字体名】下拉列表列出了供用户选用的所有 True Type 字体和形 shx 字体，如图 6-4 所示。

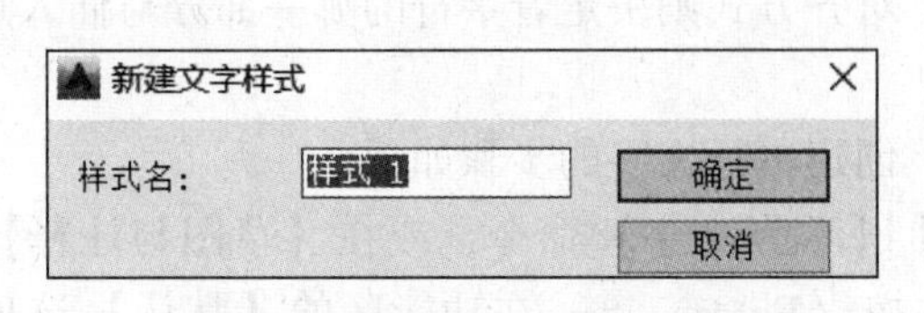

图 6-3 【新建文字样式】对话框

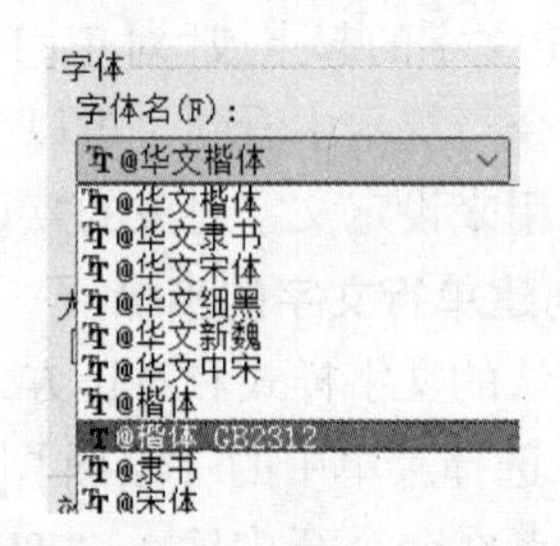

图 6-4 【字体名】下拉列表框

(4)【大小】选项区。【大小】选项区用于设置文字的高度。选中【注释性】复选框用于设置图形在图纸空间中文字的高度。【高度】文本框用于模型空间中设置文字的高度，系统默认的高度值为 0。若选用系统的默认高度值（0），则在每次输入文字的操作过程中，系统将提示用户指定文字高度；如果在【高度】文本框中设置了文字高度，系统将按此高度输入文字，而不再提示。

(5) 其他按钮。单击【置为当前】按钮可以将用户选择的文字样式置为当前文字样式。单击【删除】按钮，将删除用户选择的文字样式。系统默认的 Standard 文字样式和已经使用了的文字样式不能被删除，Standard 文字样式也不能被重新命名。单击【应用】按钮，即可使用设置的文字样式。

2. 选用设置好的文字样式

文字样式设置好后，在具体输入文字之前，应该根据输入的文字对象选择适当的文字样式，以使绘制出的工程图符合国家标准要求。将设置好的文字样式置于当前的具体操作介绍如下。

(1) 利用【文字样式】对话框。在【文字样式】对话框中，单击【字体名】下拉列表框右侧的下三角按钮，打开下拉列表，选中要使用的文字样式，该文字样式名称就出现在【样式】列表框中，然后关闭对话框即可。

(2) 利用【样式】工具栏。如图 6-5 所示为【样式】工具栏的各项内容。用户可以单击【文字样式】下拉列表框的下三角按钮，在下拉列表中选中要使用的文字样式，即可将该文字样式置于当前。关于当前文字样式的切换，在执行文字输入命令的过程中也可以进行。

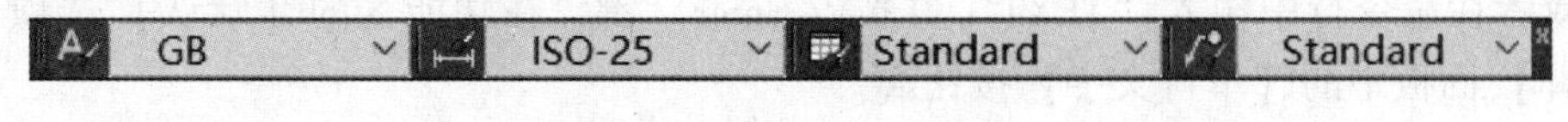

图 6-5 【样式】工具栏

6.1.3 文字的输入和编辑

1. 创建单行文字

单行文字是指在创建的多行段落文字中，每一行文字都是独立的对象，可以单独对各行文字进行编辑。

选择菜单中的【绘图】|【文字】|【单行文字】命令，或在【草图与注释】工作空间下，在功能区的【默认】选项卡中单击【注释】面板中的【单行文字】按钮，系统提示：

“当前文字样式：“Standard” 文字高度：2.5000　注释性：否 对正：左”

“指定文字的起点或[对正(J)样式(S)]:”

从命令行提示中看到，可以为单行文字指定文字样式并设置对正（对齐）方式。其中文字样式用来设定文字对象的默认特征，对齐方式则决定着字符的哪一部分与插入点对齐。

2. 创建单行文字的步骤

以默认的文字样式和对正方式为例，创建单行文字的步骤如下。

（1）选择菜单中的【绘图】|【文字】|【单行文字】命令，或在【草图与注释】工作空间下，或者在命令行中输入“TEXT”并按〈Enter〉键，在功能区的【默认】选项卡中单击【注释】面板中的【单行文字】按钮。

（2）指定文字的起点（插入点）。如果直接按〈Enter〉键，那么 AutoCAD 2016 系统认为将紧接着上一次创建的文字对象（如果有的话）定位新的文字起点。

（3）指定文字的高度。指定文字起点（插入点）后，一条施引线从文字起点附着到光标上，如图 6-6 所示。如果在某一个合适点单击，则将拖引线的长度设置为文字的高度。

（4）指定文字的旋转角度。可以输入角度值或使用定点设备来指定文字的旋转角度。

（5）输入文字。在每一行结尾按〈Enter〉键，可以按照需要输入另一行文字。若使用鼠标在图形区域中指定另一个点，则光标将移到该点处，可以在该点处继续输入文字，如图 6-7 所示。每次按〈Enter〉键或指定点时，都会开始创建新的文字对象。

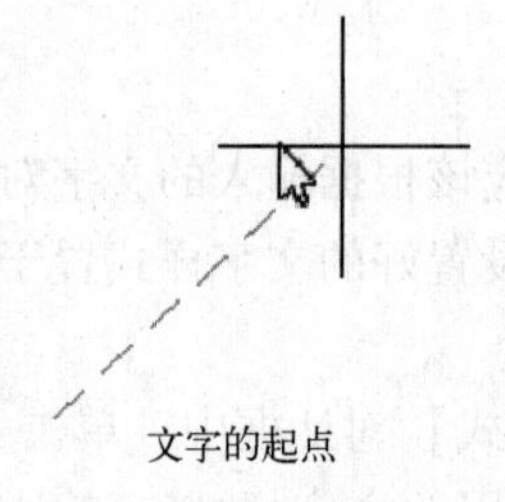

图 6-6　附着光标的拖引线

图 6-7　重新指点文字输入点

3. 创建单行文字时指定文字样式

在创建单行文字时可以指定文字样式，其步骤如下。

（1）选择菜单中的【绘图】|【文字】|【单行文字】命令，或在【草图与注释】工作空间下，或者在命令行中输入“TEXT”并按〈Enter〉键，在功能区的【默认】选项卡中单击【注释】面板中的【单行文字】按钮。

（2）当前命令行提示为“指定文字的起点或［对正(J)样式(S)]:”时，在当前命令行中输入“S”并按〈Enter〉键确认选择【样式(S)】选项。

（3）在“输入样式名”提示下输入现有文字样式名。

如果要首先查看文字样式列表，则使用鼠标选择“?”提示选项（或者输入“?”并按〈Enter〉键）接着在“输入要列出的文字样式<*>:”提示下按〈Enter〉键，此时系统弹出如图 6-8 所示的 AutoCAD 命令历史记录列表（使用“草图与注释”工作空间的浮动命令窗口时）来显示文字样式列表，或者弹出【AutoCAD 文本窗口】对话框表来显示文字样式（使用固定命令窗口时）。

```
   生成方式: 常规
样式名: "Standard"    字体: 宋体
   高度:  0.0000  宽度因子:  1.0000
倾斜角度: 0.00
   生成方式: 常规
样式名: "标题"          字体: 宋体
   高度:  6.0000  宽度因子:  1.0000
倾斜角度: 0.00
   生成方式: 常规
样式名: "说明"          字体: 宋体
   高度:  3.0000  宽度因子:  1.0000
倾斜角度: 0.00
   生成方式: 常规
当前文字样式: 说明
当前文字样式: "说明" 文字高度:
3.0000  注释性:  是  对正:  左
```

图 6-8　查看文字样式列表

（4）继续进行创建单行文字的操作。

4. 创建多行文字

多行文字又称段落文字，由两行及两行以上的文字组成，而且各行文字都是作为一个整体进行处理的。多行文字与单行文字相比更容易管理。常用于创建比较复杂的图形说明、文字说明以及图框注释等。

输入多行文字之前，需要指定文字边框的对角点，所述的“文字边框”用于定义多行文字对象中段落的宽度。下面介绍创建多行文字的步骤。

（1）选择菜单中的【绘图】|【文字】|【多行文字】命令，或单击【样式】工具栏【多行文字】按钮A，或在【草图与注释】工作空间下，在功能区的【默认】选项卡中单击【注释】面板中的【多行文字】按钮A。

（2）指定边框的两个对角点以定义多行文字对象的宽度。如果功能区处于激活开启状态，AutoCAD 会打开【文字编辑器】功能区上下文选项卡并显示一个多行文字输入框，如图 6-9 所示（图中以功能区处于激活开启状态为例）。如果功能区未处于激活开启状态，则显示在位文字编辑器。

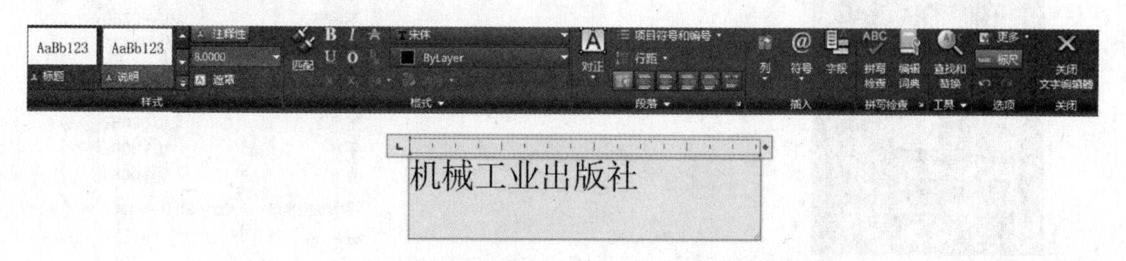

图 6-9　【文字编辑器】功能区上下文选项卡和输入框

可以设置多行文字输入框顶部是否带有标尺，其方法是在功能区【文字编辑器】选项卡的【选项】面板中单击【标尺】按钮取消选中。

（3）利用【文字编辑器】设置所需要的文字样式和文字格式。

（4）在多行文字输入框内输入文字。可以利用【插入】面板中的按钮来设置添加一些特殊符号。

（5）如果需要，可以设置形式、对齐方式、部分字符的特殊格式等。

（6）在功能区【文字编辑器】选项卡中单击【关闭】文字编辑器按钮，完成多行文字的创建。

5. 在多行文字中插入符号

在创建多行文字的过程中可以插入一些特殊符号，例如“直径”符号、“几乎相等”符号、“不相等”符号和“地界线”符号等。

在创建多行文字时，在功能区【文字编辑器】选项卡的【插入】面板中单击【符号】按钮，展开如图6-10所示的【符号】下拉菜单，然后从中选择某种符号的选项以在多行文字中插入所需的符号。

如果功能区处于未被激活的状态，那么在创建多行文字时，可以在单击【文字格式】工具栏中单击【选项】按钮，在展开的选项菜单中选择【符号】命令，从而展开【符号】级联菜单，从中选择所需的符号选项。在如图6-11所示的【文字格式】工具栏中单击【符号】按钮也可以展开【符号】下拉菜单。

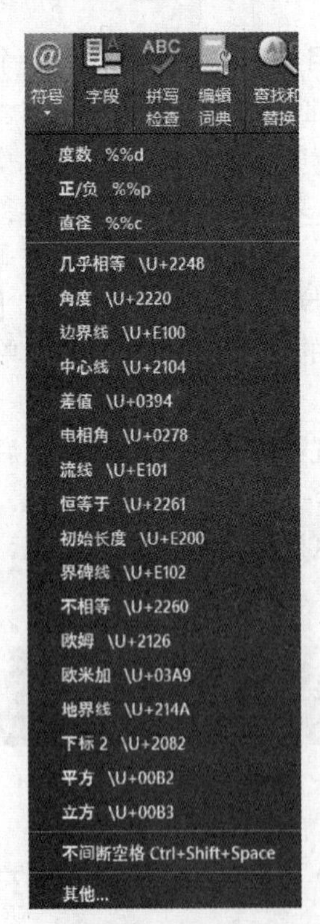

图6-10 展开【符号】下拉菜单

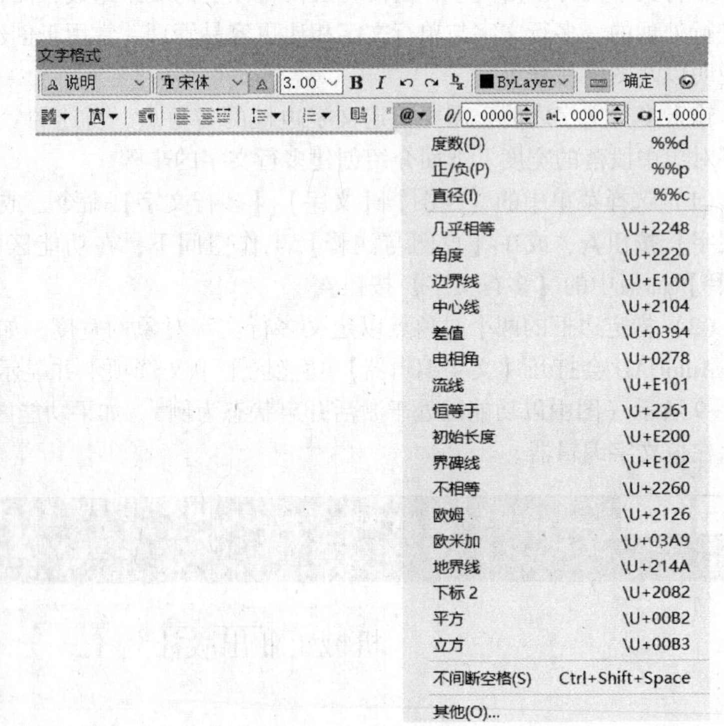

图6-11 【文字格式】工具栏

6. 常用特殊字符的输入

在工程制图中，经常需要标注一些特殊的符号，如表示直径的代号“ϕ”、表示角度单位的“°”等，但这些常用的特殊符号不能用键盘直接输入。为解决常用特殊符号的输入问题，AutoCAD 2016 提供了一些简洁的控制码，通过从键盘直接输入这些控制码，就可以达到输入特殊符号的目的。

AutoCAD 2016 提供的控制码均由两个百分号（%%）和一个字母组成，具体控制码与其所对应输入的符号情况见表 6-1。

表 6-1　控制码与其所对应输入的符号情况

输入的控制码	实际输入的符号或功能
%%C	φ
%%D	°
%%P	±
%%U	打开或关闭文字的下划线
%%O	打开或关闭文字的上划线

%%U 和%%P 是两个切换开关，在文字中第一次输入该控制码时，表示打开下划线或上划线，第二次输入该控制码时，则表示关闭下划线或上划线；AutoCAD 2016 提供的控制码只能在 shx 字体中使用，如果在 True Type 字体中使用，则无法显示相应的特殊符号，而只能显示一些乱码或问号。

7. 编辑文字

AutoCAD 2016 向用户提供了文字编辑功能，利用这些功能可以对已书写在图形中的文字内容及属性进行编辑和修改。

(1) 快速编辑文字内容。选择菜单中的【修改】|【对象】|【文字】|【编辑】命令，系统提示：“选择注释对象或 [放弃(U)]:”，在该提示下，用光标选择要进行编辑的单行文字，围绕整行文字就出现一个带颜色的方框，整个单行文字全部被选中，此时便可以编辑修改文字。如果要编辑其中的单个文字，可以用光标在该方框中再进行选取，然后就可以对选中的单个文字进行删除、添加、修改等编辑操作。

如果在“选择注释对象:”的提示下选择多行文字，系统将弹出【文字编辑器】功能区上下文选项卡和输入框，可以利用其对多行文字进行编辑。

(2) 文字的缩放。选择菜单中的【修改】|【对象】|【文字】|【比例】命令，系统提示：“选择对象:”，在该提示下，可以选择单行文字或多行文字，选择完毕后按〈Enter〉键，系统继续提示：“输入缩放的基点选项 [现有(E) 左对齐(L) 居中(C) 中间(M) 右对齐(R) 左上(TL) 中上(TC) 右上(TR) 左中(ML) 正中(MC) 右中(MR) 左下(BL) 中下(BC) 右下(BR)] <现有>:”。

在上述提示下，选择进行缩放的基准点，选择完毕后，系统继续提示：

“指定新模型高度或 [图纸高度(P)匹配对象(M) 比例因子(S)] <3.5>:”

(1)【指定新高度】选项。该选项是系统的默认选项。选择该选项，直接输入新的高度值，系统将按用户输入的新高度值重新生成单行或多行文字。

(2)【匹配对象(M)】选项。该选项用于指定图形中已存在的单行或多行文字，使用户选择的单行或多行文字的高度与指定的单行或多行文字的高度相同。

(3)【缩放比例(S)】选项。该选项用于根据所选单行或多行文字当前的高度进行比例缩放。

6.2 尺寸和几何公差标注

在图形设计中，尺寸标注是绘图设计工作中必不可少的部分，因为绘制图形的根本目的是反映对象的形状，而图形中各个对象的真实大小和相互位置只有经过尺寸标注后才能确定。所以，以正确的格式准确、完整、清晰地标注出工程对象的尺寸，极其重要。

6.2.1 尺寸标注法

图样中，除需表达零件的结构形状外，还需标注尺寸，以确定零件的大小。GB 4458.4—2003 中对尺寸标注的基本方法做了一系列规定，必须严格遵守。

1. 基本规定

(1) 图样中的尺寸，以毫米为单位时，不需注明计量单位代号或名称。若采用其他单位，则必须标注相应计量单位或名称（如 35°30′）。

(2) 图样上所注的尺寸数值是零件的真实大小，与图形大小及绘图的准确度无关。

(3) 零件的每一尺寸，在图样中一般只标注一次。

(4) 图样中标注尺寸是该零件最后完工时的尺寸，否则应另加说明。

2. 尺寸要素

一个完整的尺寸，包含下列 5 个尺寸要素。

(1) 尺寸延伸线。尺寸延伸线用细实线绘制，如图 6-12a 所示。尺寸延伸线一般是图形轮廓线、轴线或对称中心线的延伸线，超出箭头约 2~3 mm。也可直接用轮廓线、轴线或对称中心线作为尺寸延伸线。

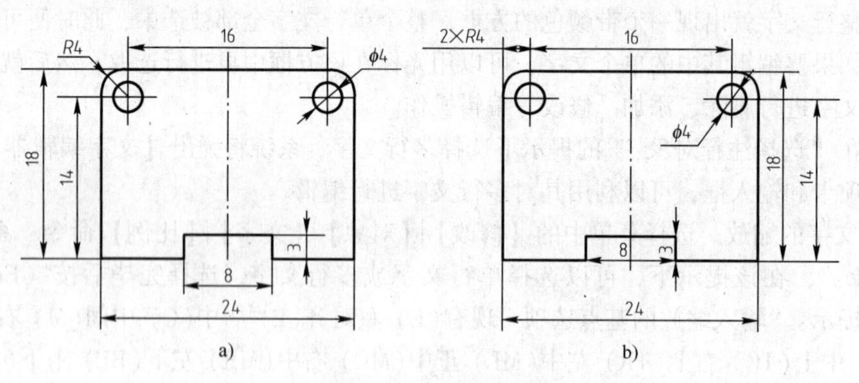

图 6-12 尺寸标注

a) 正确 b) 错误

尺寸延伸线一般与尺寸线垂直，必要时允许倾斜。

(2) 尺寸线。尺寸线用细实线绘制，如图 6-12a 所示。尺寸线必须单独画出，不能用图上任何其他图线代替，也不能与图线重合或在其延长线上（图 6-12b 中尺寸 3 和 8 的尺寸线），并应尽量避免尺寸线之间及尺寸线与尺寸延伸线之间相交。

标注线性尺寸时，尺寸线必须与所标注的线段平行，相同方向的各尺寸线间距要均匀，间隔应大于 5 mm。

（3）尺寸线终端。尺寸线终端有两种形式：箭头或细斜线，如图 6-13 所示。

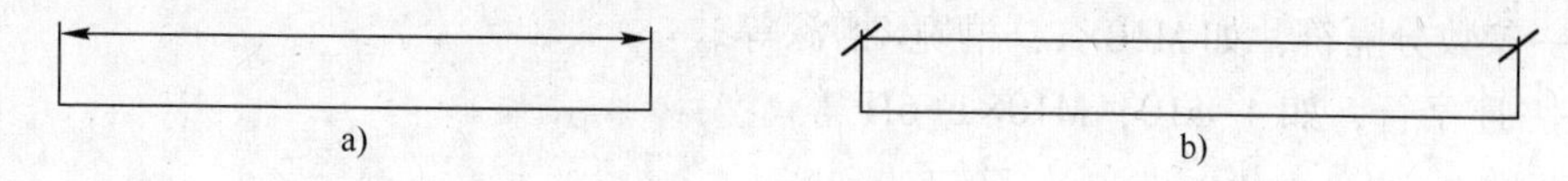

图 6-13　尺寸线终端

箭头适用于各种类型的图形，箭头尖端与尺寸延伸线接触，不得超出中间也不得有间隙，如图 6-14 所示。

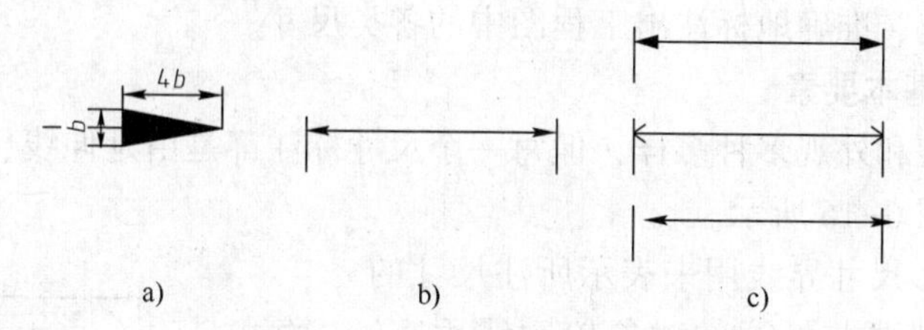

图 6-14　箭头

a）箭头画法　b）正确画法　c）错误画法

细斜线其方向和画法如图 6-14b 所示。当尺寸线终端采用斜线形式时，尺寸线与尺寸延伸线必须相互垂直，并且同一图样中只能采用一种尺寸线终端形式。

当采用箭头作为尺寸线终端时，位置若不够，允许用圆点或细斜线代替箭头。

（4）尺寸数字。线性尺寸的数字一般注写在尺寸线上方或尺寸线中断处。同一图样内大小一致，空间不够时可引出标注。

线性尺寸数字方向按图 6-15a 所示方向进行注写，并尽可能避免在图示 30°范围内标注尺寸，当无法避免时，可按图 6-15b 所示标注。

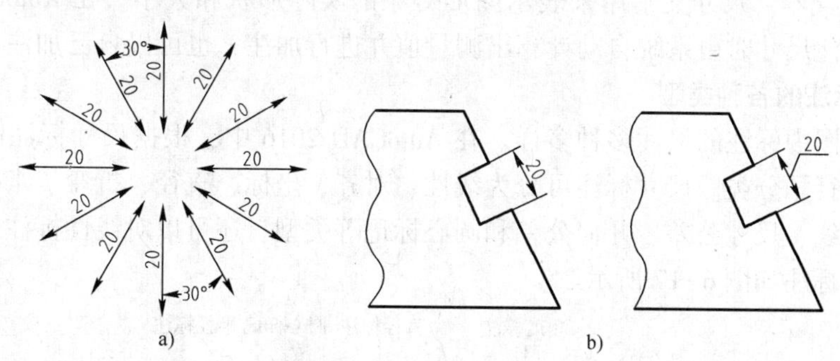

图 6-15　尺寸数字

（5）符号。图中用符号区分不同类型的尺寸：

ϕ——表示直径。

R——表示半径。

S——表示球面。

δ——表示板状零件厚度。

□——表示正方形。

∠——表示斜度。

⊲——表示锥度。

±——表示正负偏差。

×——参数分隔符，如 M10×1，槽宽×槽深等。

-——连字符，如 4-ϕ10，M10×1-6H 等。

6.2.2 尺寸标注的基本知识

尺寸是进行工程施工、机械装配和制造的重要依据，它表达了实体的大小，所以尺寸标注则是工程图中的重要内容。AutoCAD 2016 向用户提供了方便、快捷的尺寸标注功能，利用这些功能可以快速、准确地标注出工程图中的各类尺寸。

1. 尺寸标注的基本要素

尺寸标注的类型和外观多种多样，但每一个尺寸标注都是由延伸线、尺寸线、箭头和尺寸文本组成的，如图 6-16 所示。

（1）尺寸界线。尺寸界线用来表示所注尺寸的范围。尺寸界线一般要与标注的对象轮廓线垂直，必要时也可以倾斜。在 AutoCAD 2016 中，尺寸界线在标注尺寸时由系统自动绘制或系统自动用轮廓线代替。

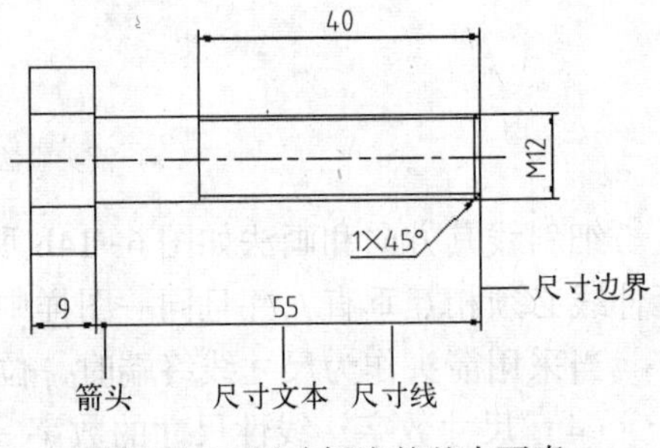

图 6-16 尺寸标注的基本要素

（2）尺寸线。尺寸线用来表示尺寸度量的方向。在 AutoCAD 2016 中，尺寸线在标注尺寸时由系统自动绘制。

（3）箭头。箭头用来表示尺寸的起止位置。在 AutoCAD 2016 中，箭头在标注尺寸时由系统按用户设置好的形式和大小自动绘制。

（4）尺寸文本。尺寸文本用来表示图形对象的实际形状和大小。在 AutoCAD 2016 中，尺寸文本在标注尺寸时由系统自动计算出测量值并进行加注，也可以自己加注。

2. 尺寸标注的各种类型

实际工程图中标注的尺寸多种多样。在 AutoCAD 2016 中，根据尺寸标注的需要，对各种尺寸标注进行了分类。尺寸标注可分为线性、对齐、坐标、直径、折弯、半径、角度、基线、连续、引线、尺寸公差、几何公差和圆心标记等类型，还可以对线性标注进行折弯和打断，各类尺寸标注如图 6-17 所示。

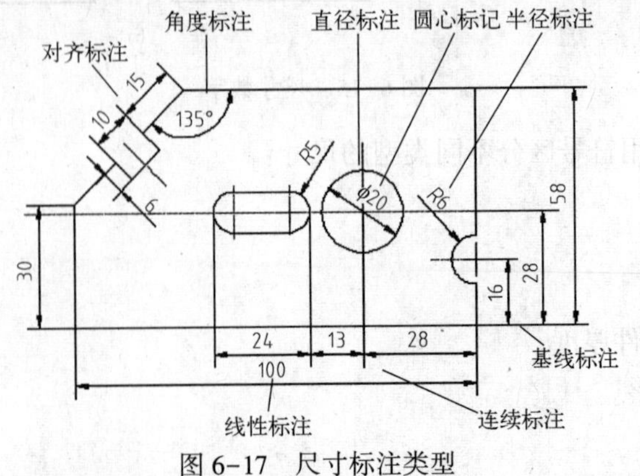

图 6-17 尺寸标注类型

3. 【尺寸标注】工具栏

在对图形进行尺寸标注时，可以将【标注】工具栏调出，并将其放置到绘图窗口的边缘。应用【标注】工具栏可以方便地输入标注尺寸的各种命令。如图 6-18 所示为【标注】工具栏及工具栏中的各项内容。

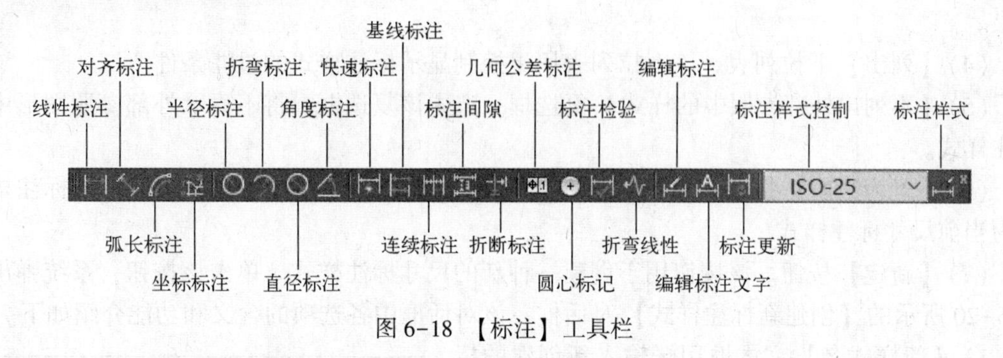

图 6-18 【标注】工具栏

6.2.3 设置尺寸标注的样式

尺寸标注的格式和外观称为尺寸样式，AutoCAD 2016 根据用户新建图形时所选用的单位，为用户设置了默认的尺寸标注样式。若在新建图形时选用了公制单位，系统的默认标注样式为 ISO—25；如果在新建图形时选用了英制单位，系统的默认标注样式为 Standard。由于系统提供的标注样式与我国的工程制图标准有不一样的地方，所以在进行尺寸标注之前对系统默认的标注样式要进行修改或创建自己需要的、符合工程制图国家标准的标注样式。

1. 新建标注样式或修改已有的标注样式

选择菜单中的【格式】|【标注样式】命令，或单击【样式】工具栏【标注样式】按钮，或在【草图与注释】工作空间下，在功能区的【默认】选项卡中单击【注释】面板中的【标注样式】按钮，系统弹出如图 6-19 所示的【标注样式管理器】对话框。以下对该对话框中的各个选项进行介绍。

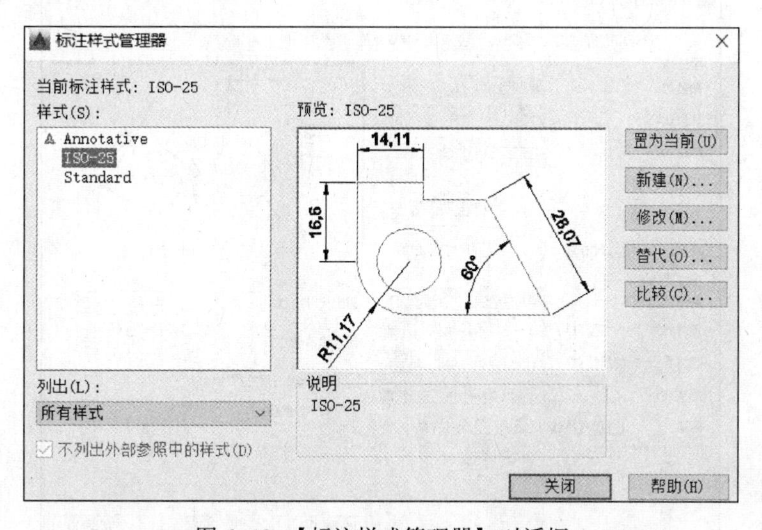

图 6-19 【标注样式管理器】对话框

（1）【当前标注样式】文本区。该文本区用于显示当前使用的尺寸标注样式。

（2）【样式】列表框。该列表框中显示图形文件中已有的标注样式，其中，选中的标注样式以高亮度显示。

（3）【预览】窗口。该窗口用于显示在【样式】列表框中选中的标注样式的尺寸标注效果。

（4）【列出】下拉列表。该下拉列表用于控制显示标注样式的过滤条件。

（5）【不列出外部参照中的样式】复选框。选中该复选框，将不显示外部参照图形中的标注样式。

（6）【置为当前】按钮。单击该按钮，系统会将在【样式】列表框中选中的标注样式置为当前尺寸标注样式。

（7）【新建】按钮。该按钮用于创建一种新的尺寸标注样式。单击该按钮，系统弹出如图 6-20 所示的【创建新标注样式】对话框，该对话框中各选项的含义和功能介绍如下。

1）【新样式名】文本框用于输入新创建的标注样式名。

2）【基础样式】下拉列表用于显示和选择新样式所基于的样式名，单击该下拉列表框的下三角按钮，打开下拉列表，从中选择一种标注样式作为创建样式的基础样式。

3）【用于】下拉列表用于确定新样式的使用范围，单击该下拉列表框的下三角按钮，打开下拉列表，从中可以选择新样式的使用范围。

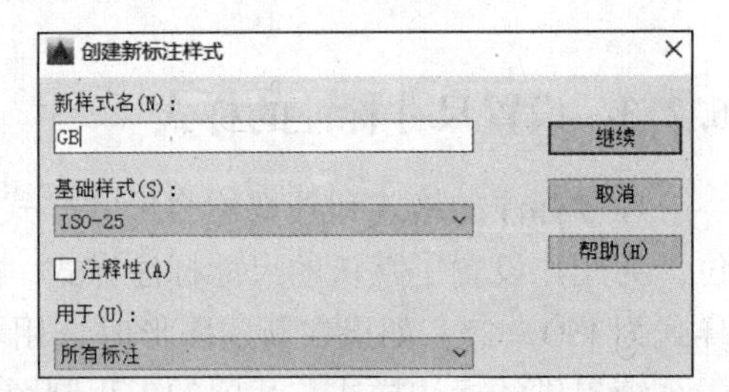

图 6-20 【创建新标注样式】对话框

4）单击【继续】按钮，系统弹出如图 6-21 所示的【新建标注样式】对话框，该对话框有 7 个选项卡，分别设置新创建的尺寸标注样式的 7 个方面，具体设置方法将在后面章节详细介绍。

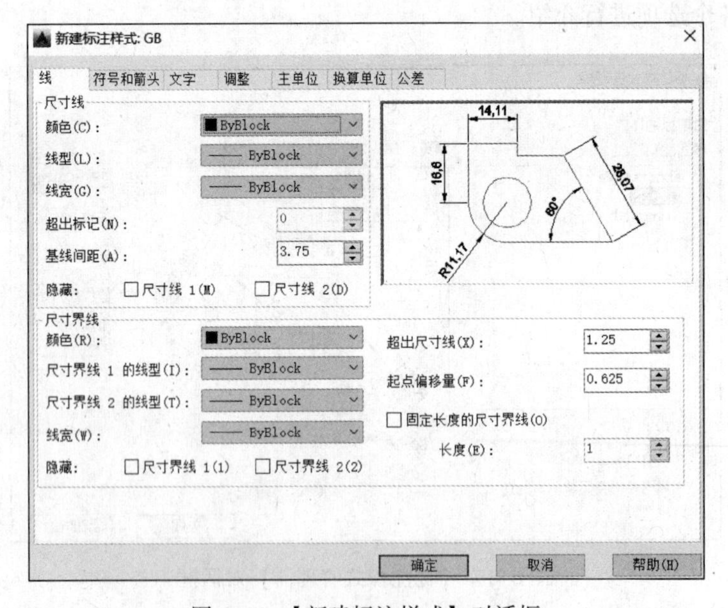

图 6-21 【新建标注样式】对话框

(8)【修改】按钮。该按钮用于修改当前的尺寸标注样式。单击该按钮，系统弹出【修改标注样式：样式 1】对话框，该对话框与如图 6-21 所示的【新建标注样式】对话框的具体内容完全相同。其中的各选项将在新创建尺寸标注样式中进行介绍。

(9)【替代】按钮。该按钮用于替代当前的标注样式。单击该按钮，系统弹出一个【替代当前样式】对话框，该对话框与如图 6-21 所示【新建标注样式】对话框的具体内容完全相同。其中的各选项将在新创建尺寸标注样式中进行介绍。

(10)【比较】按钮。该按钮用于比较两种尺寸标注样式之间的差别。单击该按钮，系统将弹出如图 6-22 所示的【比较标注样式】对话框，在该对话框中，系统将详细列出当前标注样式与用户选择的标注样式之间的不同处。

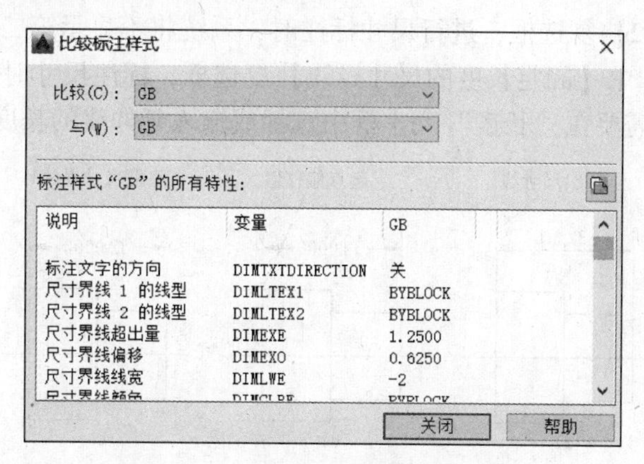

图 6-22 【比较标注样式】对话框

无论是新创建标注样式，还是对已有的标注样式进行修改或替代，其实质都是对尺寸标注样式的 7 方面进行设置，设置所用的对话框虽然名称不同，但对话框的内容却完全相同。下面以新创建尺寸标注样式的操作为例，详细介绍对尺寸标注样式的 7 个方面进行设置的具体过程。

2. 设置尺寸线和尺寸界线

前面已介绍过【创建新标注样式】对话框，单击该对话框的【继续】按钮，系统将弹出【新建标注样式】对话框，选择该对话框中的【线】选项卡，如图 6-21 所示，用户可以在此对尺寸界线和尺寸线进行设置。

(1)【尺寸线】选项区。该选项区用于设置尺寸线样式及基线间距。

【颜色】下拉列表用于显示和确定尺寸线的颜色。【线宽】下拉列表用于显示和确定尺寸线的线宽。【超出标记】文本框用于设置尺寸线超出尺寸界线的距离，如图 6-23a 所示。

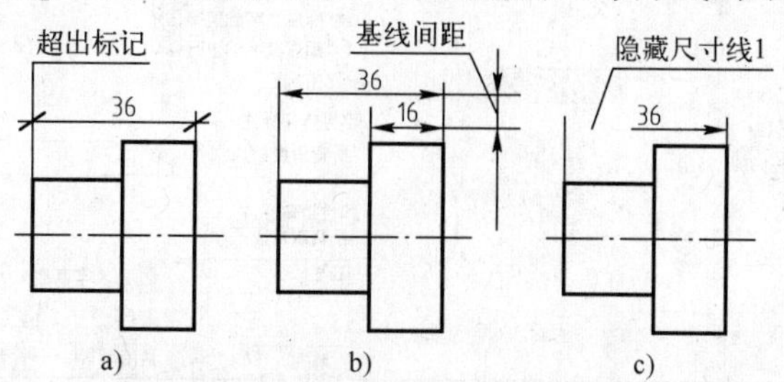

图 6-23 设置尺寸线及基线间距

【基线间距】文本框用于设置基线标注时尺寸线之间的距离，如图 6-23b 所示。【隐藏】选项区用于设置是否显示尺寸线。选中【尺寸线 1】复选框，进行尺寸标注时，将不显示第一条尺寸线（靠近尺寸标注的起点一段），如图 6-23c 所示。选中【尺寸线 2】复选框，进行尺寸标注时，将不显示第二条尺寸线（靠近尺寸标注的终点一段）。

（2）【尺寸界线】选项区。该选项区用于设置延伸线样式及起点偏移量。

【超出尺寸线】文本框用于设置延伸线超出尺寸线的距离，如图 6-24a 所示。【起点偏移量】文本框用于设置延伸线的实际起始点与用户指定延伸线起始点之间的偏移距离，如图 6-24b 所示。【隐藏】选项区用于设置是否显示延伸线。选中【尺寸界线 1】复选框，进行尺寸标注时，系统将不显示第一条延伸线（靠近尺寸标注的起点一段），如图 6-24c 所示。选中【尺寸界线 2】复选框，进行尺寸标注时，系统将不显示第二条延伸线（靠近尺寸标注的终点一段）。选中【固定长度的尺寸界线】复选框，标注尺寸时用户将自己确定延伸线的长度，此时用户需要在“长度”文本框中选择或输入延伸线的长度。

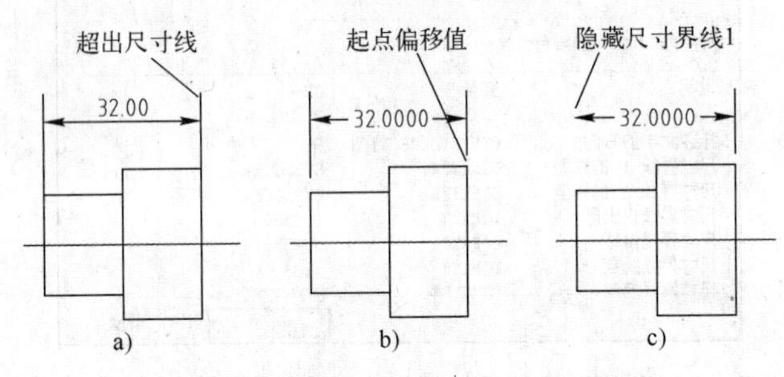

图 6-24　设置尺寸界限及起点偏移量

3. 设置箭头和符号

单击如图 6-21 所示对话框中的【符号和箭头】标签，打开【符号和箭头】选项卡，如图 6-25 所示。利用该选项卡可以对箭头、圆心标记、弧长符号和折弯标注样式进行设置。

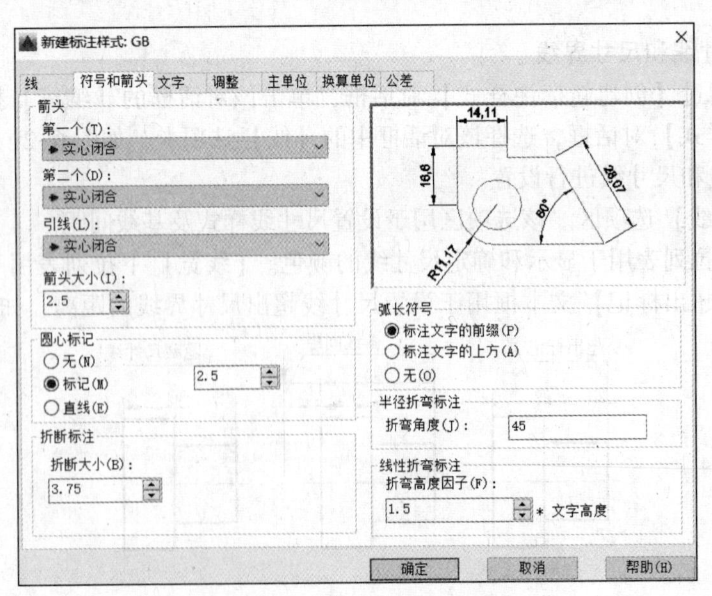

图 6-25　【新建标注样式】对话框

（1）【箭头】选项区。该选项区用于设置尺寸标注箭头的样式和大小。

（2）【圆心标记】选项区。该选项区用于设置圆或圆弧的圆心标记的类型和大小。

圆心类型有三种：无、标记和直线。选择【无】单选按钮表示圆心不标注标记，如图 6-26a 所示；选择【标记】单选按钮表示圆心用十字线标记，如图 6-26b 所示；选择【直线】单选按钮表示圆心用中心线标记，如图 6-26c 所示。【大小】文本框用于设置圆心标记的尺寸。

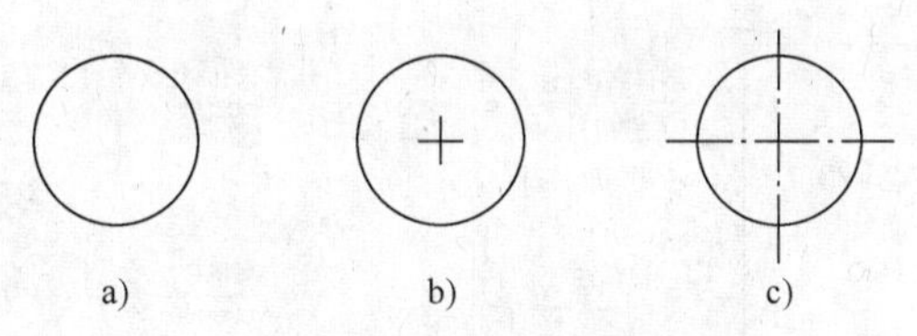

图 6-26　圆心标记类型

（3）【折断标注】选项区。该选项区用于选择使用折断标注时折断尺寸的大小。

（4）【弧长符号】选项区。该选项区用于选择标注圆弧长度时的圆弧符号。

（5）【半径标注折弯】选项区。该选项区用于设置标注大尺寸圆弧或圆的半径时折线之间的角度。

（6）【线性折弯标注】选项区。该选项区用于设置线性折弯标注时折弯的高度。

4. 设置尺寸文本

单击如图 6-21 所示对话框中的【文字】标签，打开【文字】选项卡，如图 6-27 所示。利用该选项卡可以对尺寸文本样式进行设置。

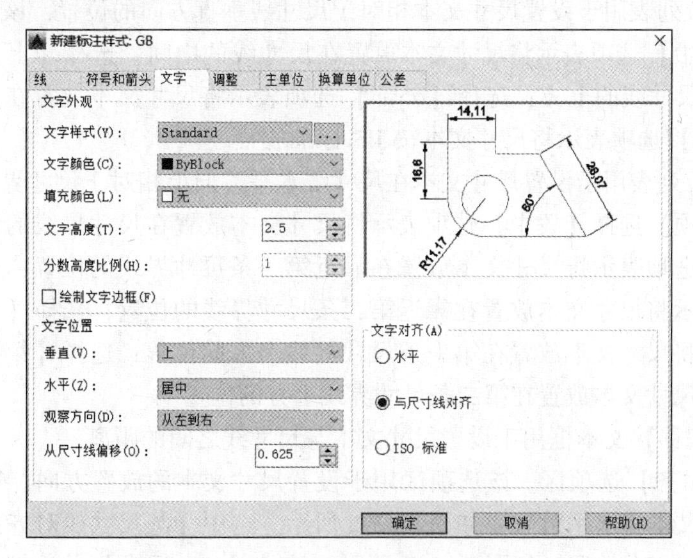

图 6-27　【新建标注样式】对话框

（1）【文字外观】选项区。该选项区用于设置尺寸文本的外观样式。

【文字样式】下拉列表用于设置尺寸文本的文字样式。单击该下拉列表框的下三角按钮，打开下拉列表，列表中列出已设置的文字样式供用户选择使用。单击其右边的按钮 …，系统将弹出如图 6-28 所示的【文字样式】对话框，在该对话框中可以设置尺寸文本的文字样式。【文字颜色】下拉列表用于设置尺寸文本的颜色。【文字高度】文本框用于设置尺寸文本的字高。【分数高度比例】文本框用于设置标注分数和尺寸公差的文本高度，系统用文字高度乘以该比例，然后将得到的值作为分数和尺寸公差的文本高度。选中【绘制文字边框】复选框，在进行尺寸标注时尺寸文本将带有一个矩形外框。

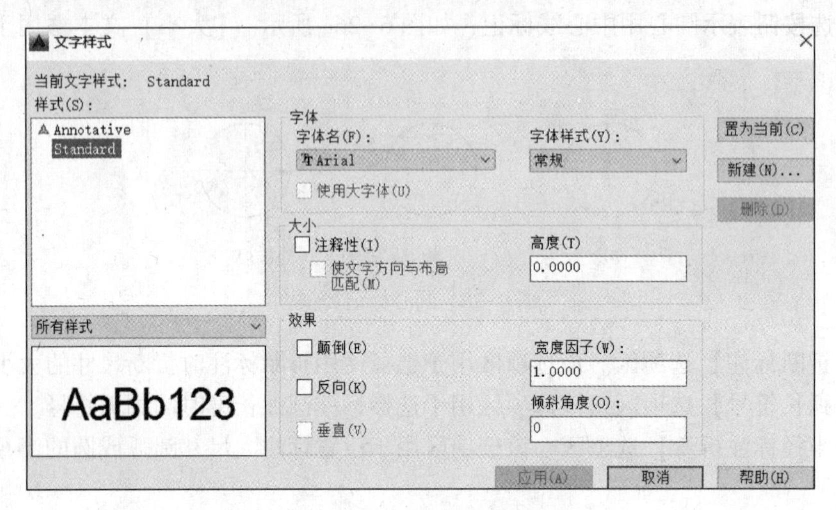

图 6-28 【文字样式】对话框

（2）【文字位置】选项区。该选项区用于设置尺寸文本相对于尺寸线和尺寸界线的放置位置。

【垂直】下拉列表用于设置尺寸文本相对于尺寸线垂直方向的位置，该下拉列表有 4 个选项。选择【置中】选项表示将尺寸文本放置在尺寸线的中间；选择【上方】选项表示将尺寸文本放置在尺寸线的上方；选择【外部】选项表示将尺寸文本放置在远离图形对象的一边；选择【JIS】选项表示将尺寸文本按 JIS 标准放置。

【水平】下拉列表用于设置尺寸文本在尺寸线水平方向上相对于尺寸界线的位置。该下拉列表有 5 个选项。选择【置中】选项表示将尺寸文本放置在尺寸界线的中间；选择【第一条尺寸界线】选项表示将尺寸文本放置在靠近第一条尺寸界线的位置；选择【第二条尺寸界线】选项表示将尺寸文本放置在靠近第二条尺寸界线的位置；选择【第一条尺寸界线上方】选项表示将尺寸文本放置在第一条尺寸界线上方的位置；选择【第二条尺寸界线上方】选项表示将尺寸文本放置在第二条尺寸界线上方的位置。

【从尺寸线偏移】文本框用于设置尺寸文本与尺寸线之间的距离。

（3）【文字对齐】选项区。该选项区用于设置尺寸文本的放置方向。选中【水平】单选按钮表示尺寸文本将水平放置，如图 6-29a 所示。选中【与尺寸线对齐】单选按钮表示尺寸文本沿尺寸线方向放置，如图 6-29b 所示。选中【ISO 标准】单选按钮表示尺寸文本按 ISO 标准放置，当尺寸文本在尺寸界线之内时，尺寸文本与尺寸线对齐；当尺寸文本在尺寸界线之外时，尺寸文本则水平放置，如图 6-29c 所示。

5. 调整尺寸文本、尺寸线和箭头

单击如图 6-21 所示对话框中的【调整】标签，打开【调整】选项卡，如图 6-30 所示。利用该选项卡可以进一步调整尺寸文本、尺寸线、尺寸箭头和引线等。

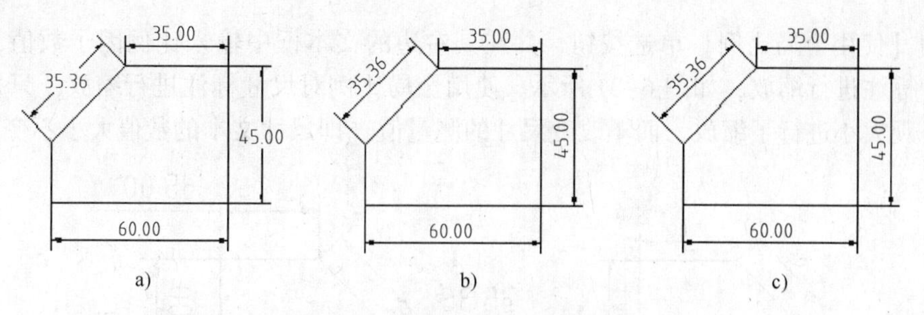

图 6-29 文字对齐的 3 种结果

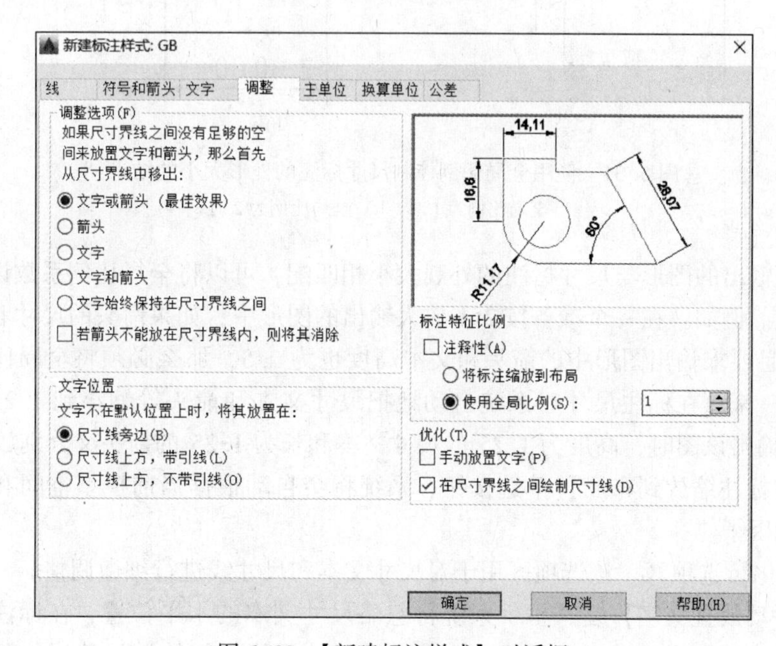

图 6-30 【新建标注样式】对话框

(1)【调整选项】选项区。该选项区用于确定当尺寸界线之间的距离太小，且没有足够的空间同时放置尺寸文本和尺寸箭头时，首先从尺寸界线移出的对象。

选中【文字或箭头（最佳效果）】单选按钮表示由系统按最佳效果选择移出的文字或箭头，该选项是系统的默认选项。选中【箭头】单选按钮表示首先将箭头移出。选中【文字】单选按钮表示首先将文字移出。选中【文字和箭头】单选按钮表示将文字和箭头同时移出。选中【文字始终保持在尺寸界线之间】单选按钮表示无论是否能放置下，都要将尺寸文本放置在尺寸界线之间。选中【若箭头不能放在尺寸界线内，则将其消除】复选框表示如果尺寸界线之间的距离太小，则可以隐藏箭头。

(2)【文字位置】选项区。该选项区用于设置当尺寸文本不在默认位置时尺寸文本的放置位置。

选中【尺寸线旁边】单选按钮表示将尺寸文本放置在尺寸线旁边。选中【尺寸线上方，带引线】单选按钮表示将尺寸文本放置在尺寸线上方且加注引线。选中【尺寸线上方，不带引线】单选按钮表示将尺寸文本放置在尺寸线上方，但不加注引线。

(3)【标注特征比例】选项区。该选项区用于设置标注尺寸的特征比例，即通过设置全局比例因子来增大或缩小尺寸标注的外观大小。

选中【使用全局比例】单选按钮，并在其右边的文本框中输入比例因子数值，可以对全部尺寸标注进行缩放，如图6-31所示。使用全局比例对尺寸标注进行缩放，只是对尺寸标注的外观大小进行了缩放，而不改变尺寸的测量值（即尺寸文本的数值大小不变）。

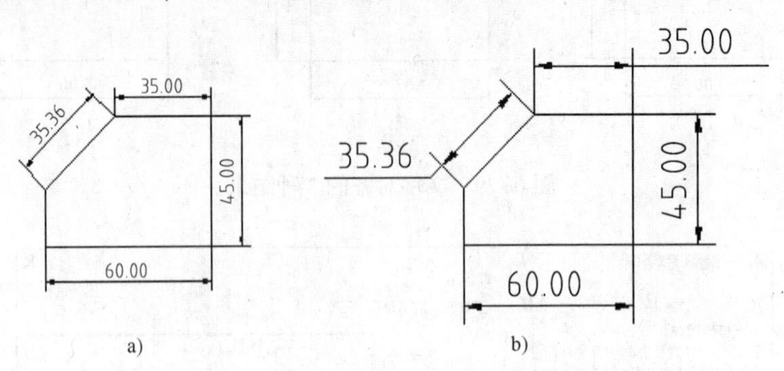

图6-31　使用全局比例控制尺寸标注的外形大小的结果

a）全局比例为1时　b）全局比例为2时

为了保证输出的图形与尺寸标注的外观大小相匹配，可以将全局比例系数设置为图形输出比例的倒数。例如：在一个准备按2∶1放大输出的图形中，如果箭头的尺寸和文本高度被定义为2.5，且要求输出图形中的箭头和文本高度也为2.5，那么必须将全局比例系数设置为0.5，这样一来，在标注尺寸时系统自动地把尺寸文本和箭头等缩小到1.25，用绘图仪（或打印机）输出该图时，高度为1.25的尺寸文本和长为1.25的箭头又分别放大到了2.5。

选中【将标注缩放到布局】单选按钮，系统将会自动根据当前模型空间和图纸空间的比例设置比例因子。

（4）【优化】选项区。该选项区用于对尺寸文本和尺寸线进行细微调整。

选中【手动放置文字】复选框，系统将忽略尺寸文本的水平位置，在标注时用户可以根据需要将尺寸文本放置在指定位置。选中【在尺寸界线之间绘制尺寸线】复选框，即使尺寸箭头放置在尺寸界线之外，在尺寸界线之间也将绘制尺寸线。

6. 设置尺寸文本主单位的格式

单击如图6-21所示对话框中的【主单位】标签，打开【主单位】选项卡，如图6-32所示。利用该选项卡可以设置尺寸文本的单位类型、精度、前缀和后缀等。

（1）【线性标注】选项区。该选项区用于设置线性标注的格式和精度。

【单位格式】下拉列表用于设置除角度标注外，其余各标注类型的尺寸单位格式。【精度】下拉列表用于设置除角度标注外，其余各标注类型尺寸单位的精度。【分数格式】下拉列表用于设置采用分数单位标注尺寸时的分数形式。用户可以在该下拉列表中显示的【水平】、【对角】和【非堆叠】3种形式中选择一种。【小数分隔符】下拉列表用于设置小数的分隔符。用户可以在该下拉列表中显示的【逗号】、【句号】和【空格】3种形式中选择一种。【舍入】文本框用于设置尺寸文本的舍入精度，即将尺寸测量值舍入到指定值。【前缀】文本框用于设置尺寸文本的前缀。【后缀】文本框用于设置尺寸文本的后缀。

（2）【测量单位比例】选项区。该选项区用于设置比例因子以及该比例因子是否仅用于布局标注。

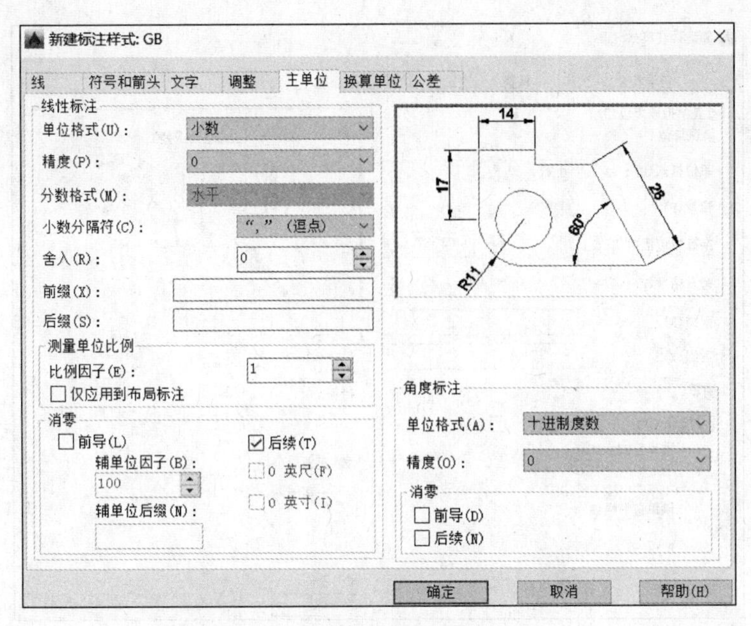

图 6-32 【新建标注样式】对话框

【比例因子】文本框用于设置除角度标注外所有标注测量值的比例因子。系统实际标注的尺寸数值为测量值与比例因子的积。选中“仅应用到布局标注”复选框，表示在【比例因子】文本框中设置的比例只用在布局尺寸中。

为保证图中尺寸标注的尺寸数值与实物相符，应该将比例因子设置为绘图比例的倒数，例如：在一个准备按 1:2 绘制的图形中，比例因子应该设置为 2，如果实物的长为 100，绘制在图中的长则只有 50，系统的测量值即为 50，在标注尺寸时，系统用测量值（50）乘以比例因子（2）作为尺寸文本数值（100）进行标注。

（3）【消零】选项区。该选项区用于设置是否显示尺寸文本中的【前导】和【后续】。

（4）【角度标注】选项区。该选项区用于设置角度标注尺寸的单位格式和精度。

7. 添加换算单位标注

单击如图 6-21 所示对话框中的【换算单位】标签，打开【换算单位】选项卡，如图 6-33 所示。利用该选项卡可以为标注的尺寸文本添加换算单位。

（1）【显示换算单位】复选框。选中该复选框，系统将同时显示主单位（一般为毫米）和换算单位（一般为英寸）两个尺寸文本（换算单位的尺寸文本位于方括号内）。

（2）【换算单位】选项区。该选项区用于设置线性标注时换算单位的格式和精度。该选项区中的各选项与主单位选项卡中【线性标注】选项区中的各选项含义相同，只是多了一个【换算单位倍数】选项。

【换算单位倍数】文本框用于设置主单位与换算单位之间的比例，换算单位尺寸值为主单位与所设置的比例之乘积。

（3）【消零】选项区。该选项区用于设置是否显示换算单位尺寸文本中的【前导】和【后续】消零。

（4）【位置】选项区。该选项区用于设置换算单位尺寸文本相对于主单位尺寸文本的放置位置。

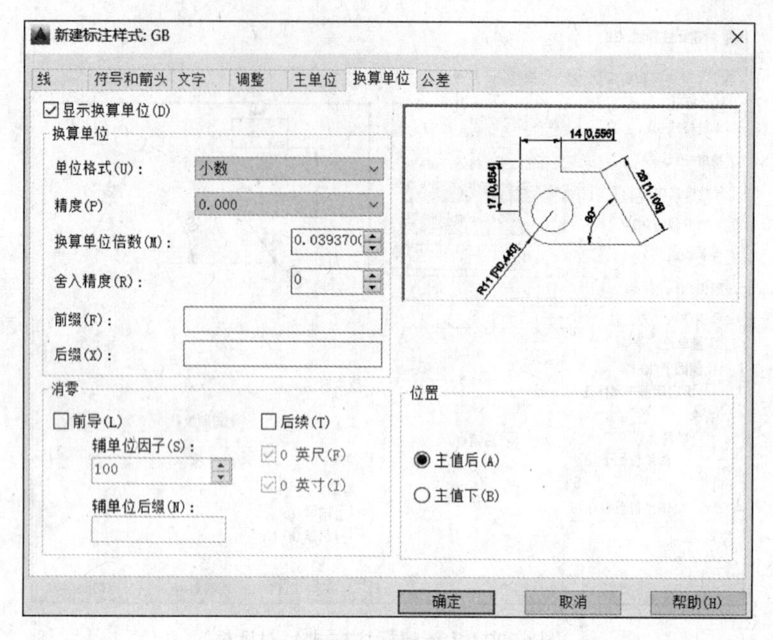

图 6-33 【新建标注样式】对话框

8. 添加和设置尺寸公差

单击如图 6-21 所示对话框中的【公差】标签，打开【公差】选项卡，如图 6-34 所示。利用该选项卡可以为尺寸标注添加和设置尺寸公差。

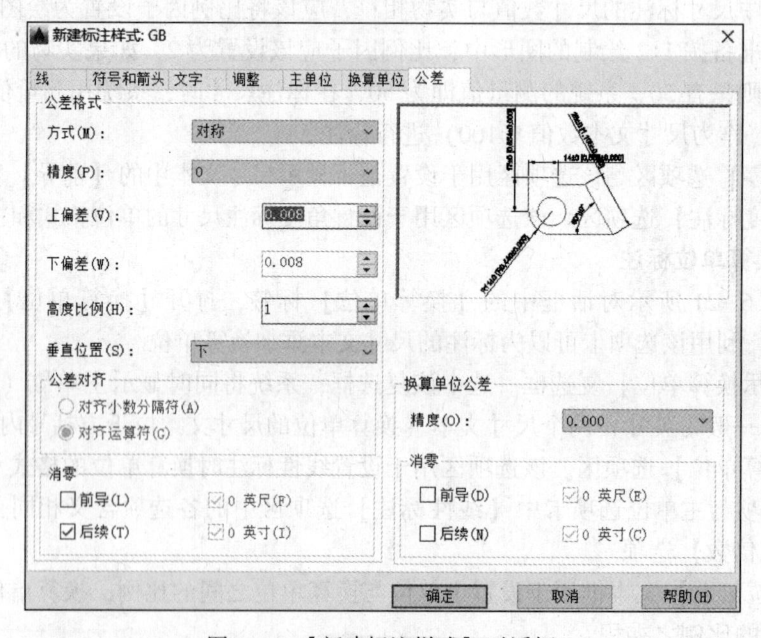

图 6-34 【新建标注样式】对话框

（1）【公差格式】选项区。该选项区用于设置尺寸公差的标注内容和标注格式。

【方式】下拉列表用于设置尺寸公差的标注形式，在打开的下拉列表中有 5 种标注形式供用户选择。选择【无】选项表示不注尺寸公差；选择【对称】选项表示要标注对称的尺寸公差；选择【极限偏差】选项表示要标注尺寸公差的上下极限偏差；选择【极限尺寸】选项表示要用标注上和下极限尺寸的方式来标注尺寸公差；选择【基本尺寸】选项表示只标注带方框的基本尺寸。

【精度】下拉列表用于设置尺寸公差的标注精度。

【上偏差】文本框用于设置尺寸公差的上极限偏差。

【下偏差】文本框用于设置尺寸公差的下极限偏差。

【高度比例】文本框用于设置尺寸公差的文本高度与基本尺寸文本高度的比例。

【垂直位置】下拉列表用于设置尺寸公差的文本与基本尺寸文本的相对位置，在打开的下拉列表中有 3 种形式供用户选择。选择【下】选项表示尺寸公差的文本与基本尺寸文本以底线对齐；选择【中】选项表示尺寸公差的文本与基本尺寸文本以中线对齐；选择【上】选项表示尺寸公差的文本与基本尺寸文本以顶线对齐。

（2）【公差对齐】选项区。该选项区用于设置尺寸公差的上下极限偏差数字的对齐方式。

（3）【消零】选项区。该选项区用于设置尺寸公差的零抑制，其内容和操作方法与【主单位】选项卡中的对应选项相同。

（4）【换算单位公差】选项区。该选项区用于添加换算单位的公差标注，其内容和操作方法与【换算单位】选项卡中的有关选项相同。

9. 尺寸标注样式的切换

前面已介绍过各种类型的尺寸和标注样式的设置方法，在进行尺寸标注时，应根据尺寸类型和标注形式来创建和选择适当的标注样式，以使标注出的尺寸符合工程制图规定的国家标准。

标注样式的切换可以用下面几种方法进行。

（1）选择菜单中的【格式】|【标注样式】命令，或单击【样式】工具栏【标注样式】按钮，或在【草图与注释】工作空间下，在功能区的【默认】选项卡中单击【注释】面板中的【标注样式】按钮，系统弹出如图 6-19 所示的【标注样式管理器】对话框，选取需要的标注样式，单击【置为当前】按钮。

（2）在【样式】工具栏中，单击【标注样式】下三角按钮，在下拉列表中选中需要的标注样式单击即可。

（3）在如图 6-18 所示的【标注】工具栏中，单击【标注样式】下三角按钮，在下拉列表中选中需要的标注样式单击即可。

（4）在功能区的【默认】选项卡中单击【注释】面板中的【标注样式】下三角按钮，在下拉列表中选中需要的标注样式单击即可。

6.2.4 工程图中尺寸标注方式及各类尺寸的标注

由于各种工程构件的结构和加工方法不同，所以在进行尺寸标注时需要采用不同的标注方式和标注类型。在 AutoCAD 2016 针对不同类型的对象提供了命令，如长度、半径、直径、坐标和角度等。进行尺寸标注时应根据具体构件来选择，从而使标注的尺寸符合设计要求，方便加工和测量。

1. 线性标注

线性标注用于标注两点间的水平或垂直距离。

选择菜单中的【标注】|【线性】命令，或单击【标注】工具栏【线性】按钮，或在【草图与注释】工作空间下，在功能区的【默认】选项卡中单击【注释】面板中的【线性】按钮，系统提示：

“指定第一个尺寸界线原点或 <选择对象>:”。

(1)【指定第一个尺寸界线原点】选项。该选项为系统的默认选项。选择该选项，直接指定第一条尺寸界线的原点，系统继续提示：“指定第二条延伸线原点:”，在该提示下，确定第二条尺寸界线原点，系统继续提示：“指定尺寸线位置或[多行文字(M) 文字(T) 角度(A) 水平(H) 垂直(V) 旋转(R)]:”。

选择【指定尺寸线位置】选项，可以直接在绘图窗口中用鼠标动态地控制尺寸线的位置，单击鼠标确定尺寸线的合适位置后，系统将自动测量并标注出两个原点间水平或垂直方向上的尺寸数值。选择【多行文字(M)】选项，系统将进入多行文字编辑模式，用户可以使用【文字格式】工具栏和【文字输入】窗口设置并输入尺寸文本，其中，【文字输入】窗口中尖括号里的数值是系统的测量值。选择【文字(T)】选项表示用户将通过命令行自行输入尺寸文本。选择【角度(A)】选项表示将尺寸文本旋转一定的角度，此时，系统将提示用户输入尺寸文本的旋转角度。选择【水平(H)】选项表示要标注水平方向的尺寸。选择“垂直(V)”选项表示要标注垂直方向的尺寸。选择【旋转(R)】选项表示要将尺寸线进行旋转，此时，系统将提示用户输入尺寸线的旋转角度。

(2)【选择对象】选项。在“指定第一条延伸线原点或<选择对象>:”的提示下直接按〈Enter〉键，系统将提示：“选择标注对象:”，在该提示下，可以直接选择要标注线性尺寸的某一条线段，系统自动把该线段的两个端点作为尺寸界线的两个原点，并继续提示：“指定尺寸线位置或[多行文字(M) 文字(T) 角度(A) 水平(H) 垂直(V) 旋转(R)]:”。

2. 对齐标注

对齐标注又称平行标注，因为标注的尺寸线始终与标注点的连线平行，因此，可以标注任意方向上两点间的距离。

选择菜单中的【标注】|【对齐】命令，或单击【标注】工具栏【对齐】按钮，或在【草图与注释】工作空间下，在功能区的【默认】选项卡中单击【注释】面板中的【对齐】按钮，系统提示：“指定第一个尺寸界线原点或<选择对象>:”。

(1)【指定第一个尺寸界线原点】选项。该选项为系统的默认选项。选择该选项，直接指定第一条尺寸界线的原点，系统继续提示：“指定第二条尺寸界线原点:”，在该提示下，确定第二条尺寸界线原点，系统继续提示：“指定尺寸线位置或[多行文字(M) 文字(T) 角度(A)]:”。【指定尺寸线位置】、【多行文字(M)】、【文字(T)】和【角度(A)】等选项与线性标注中同名选项的含义和操作方法基本相同，此处不再赘述。

(2)【选择对象】选项。该选项与线性标注中【选择对象】选项的含义和操作方法基本相同，不同之处在于选择标注对象时，该选项要求用户选择某一条倾斜的线段，选择后系统重复提示：“指定尺寸线位置或[多行文字(M) 文字(T) 角度(A)]:”。

3. 弧长标注

弧长标注用于标注圆弧或弧线段的长度。

选择菜单中的【标注】|【弧长】命令，或单击【标注】工具栏【弧长】按钮，或在【草图与注释】工作空间下，在功能区的【默认】选项卡中单击【注释】面板中的【弧长】按钮，系统提示："选择弧线段或多段线圆弧："，选择需要标注的弧线段，系统继续提示："指定弧长标注位置或［多行文字(M) 文字(T)/角度(A) 部分(P) 引线(L)］："。

4. 坐标标注

坐标标注分为 *X* 坐标标注和 *Y* 坐标标注，用户如果要绘制坐标标注，可通过坐标和引线端点的坐标差来确定。

选择菜单中的【标注】|【坐标】命令，或单击【标注】工具栏【坐标】按钮，或在【草图与注释】工作空间下，在功能区的【默认】选项卡中单击【注释】面板中的【坐标】按钮，系统提示："指定点坐标："，选择需要指定坐标的点，系统继续提示："指定引线端的或［X 基准(x) 多行文字(M) 文字(T) 角度(A)］："。

5. 半径标注

半径标注用于标注圆或圆弧的半径尺寸。

选择菜单中的【标注】|【半径】命令，或单击【标注】工具栏【半径】按钮，或在【草图与注释】工作空间下，在功能区的【默认】选项卡中单击【注释】面板中的【半径】按钮，系统提示："选择圆弧或圆："，在该提示下，选取要进行标注的圆或圆弧，系统继续提示："指定尺寸线位置或［多行文字(M) 文字(T) 角度(A)］："。

【指定尺寸线的位置】选项为系统的默认选项。选择该选项，直接选取一点来确定尺寸线的位置，系统将自动测量并注出圆或圆弧的半径尺寸，并在半径尺寸前自动加注半径代号"R"。

【多行文字(M)】、【文字(T)】和【角度(A)】等选项的含义和操作过程与前面介绍的同名选项相同。

通过多行文字或命令行自己输入半径尺寸时，必须给输入的半径值前加前缀"R"，否则半径尺寸前没有半径代号"R"。

6. 折弯标注

折弯标注用于标注当圆或圆弧的中心位于布局外且无法显示实际位置的圆弧和圆的半径尺寸。

选择菜单中的【标注】|【折弯】命令，或单击【标注】工具栏【折弯】按钮，或在【草图与注释】工作空间下，在功能区的【默认】选项卡中单击【注释】面板中的【折弯】按钮，系统提示："选择圆弧或圆："，在该提示下，选取要进行标注的圆或圆弧，系统继续提示："指定图示中心位置："，在该提示下，选取要进行标注的圆或圆弧的替代中心，系统继续提示："指定尺寸线位置或［多行文字(M) 文字(T) 角度(A)］："。

【指定尺寸线的位置】选项为系统的默认选项。选择该选项，直接选取一点来确定尺寸线的位置，系统将继续提示："指定折弯位置："，在该提示下，用户移动光标选取折线的位置，系统自动测量并注出圆或圆弧的半径尺寸。

【多行文字(M)】、【文字(T)】和【角度(A)】等选项的含义和操作过程与前面介绍的同名选项相同。

7. 直径标注

直径标注用于标注圆或圆弧的直径尺寸。

选择菜单中的【标注】|【直径】命令，或单击【标注】工具栏【直径】按钮，或在【草图与注释】工作空间下，在功能区的【默认】选项卡中单击【注释】面板中的【直径】按钮，系统提示："选择圆弧或圆:"，在该提示下，用户选取要进行标注的圆或圆弧，系统继续提示："指定尺寸线位置或[多行文字(M) 文字(T) 角度(A)]:"。

【指定尺寸线位置】选项为系统的默认选项。选择该选项，直接选取一点来确定尺寸线的位置，系统将自动测量并注出圆或圆弧的直径尺寸，并在直径尺寸前自动加注直径代号"ϕ"。

【多行文字(M)】、【文字(T)】和【角度(A)】等选项的含义和操作过程与前面介绍的同名选项相同。

通过多行文字或命令行自己输入直径尺寸时，必须给输入的直径值前加前缀"%%C"，否则直径尺寸前没有直径的代号"ϕ"。

8. 角度标注

角度标注命令可以精确测量并标注被测对象之间的夹角度数。

选择菜单中的【标注】|【角度】命令，或单击【标注】工具栏【角度】按钮，或在【草图与注释】工作空间下，在功能区的【默认】选项卡中单击【注释】面板中的【角度】按钮，系统提示："选择圆弧、圆、直线或 <指定顶点>:"。

(1)【选择圆弧】选项。该选项用于标注圆弧的圆心角。选择该选项，直接选择圆弧，系统继续提示："指定标注弧线位置或[多行文字(M) 文字(T) 角度(A) 象限点(Q)]:"。

【指定标注弧线位置】选项是系统的默认选项。选择该选项，直接选取一点来确定尺寸弧线的位置，系统将按实际测量值标注出角度，并在角度值后自动加注角度代号"°"。

【象限点(Q)】选项用于确定标注哪个角度。

【多行文字(M)】、【文字(T)】和【角度(A)】等选项的含义和操作过程与前面介绍的同名选项相同。

通过多行文字或命令行自己输入角度时，必须给输入的角度值后加后缀"%%D"，否则角度尺寸后没有角度单位的代号"°"。

(2)【选择圆】选项。该选项用于标注以圆心为顶角、以选择的另外两点为端点的圆弧角度。选择该选项，选择圆上一点，系统将该点作为要标注角度的圆弧起始点，并提示："指定角的第二个端点:"，在该提示下，确定另一点作为角的第二个端点，系统继续提示："指定标注弧线位置或[多行文字(M) 文字(T) 角度(A) 象限点(Q)]:"。

(3)【选择直线】选项。该选项用于标注两条不平行直线间的夹角。选择该选项，直接选择一条直线，系统继续提示："选择第二条直线:"，在该提示下，选择第二条直线，系统继续提示："指定标注弧线位置或[多行文字(M) 文字(T) 角度(A) 象限点(Q)]:"。

(4)【指定顶点】选项。该选项用于根据 3 个点标注角度，选择该选项以后直接按〈Enter〉键，系统将提示："指定角的顶点:"，在该提示下，指定一点作为角的顶点，系统继续提示："指定角的第一个端点:"，在该提示下，确定一点作为角的第一个端点，系统继续提示："指定角的第二个端点:"，在该提示下，再确定一点作为角的第二端点，系统继续提示："指定标注弧线位置或[多行文字(M) 文字(T) 角度(A) 象限点(Q)]:"。

9. 快速标注

快速标注是一种智能化的标注，它可以快速创建出多种形式的标注，如基线标注、连续标注、半径标注和直径标注等。

选择菜单中的【标注】|【快速标注】命令，或单击【标注】工具栏【快速标注】按钮，或在【草图与注释】工作空间下，在功能区的【默认】选项卡中单击【注释】面板中的【快速标注】按钮，系统提示："关联标注优先级=端点 选择要标注的几何图形:"，选择要标注的图形对象，单击鼠标右键或者按下〈Enter〉键，系统继续提示："指定尺寸线位置或［连续(C) 并列(S) 基线(B) 坐标(O) 半径(R) 直径(D) 基准点(P) 编辑(E) 设置(T)］<连续>:确定选择图形对象后，系统将根据所选对象的类型自动采用一种最适合的标注方式进行尺寸标注，用户也可以根据需要选择其他选项创建标注，各项选项的含义如下。

(1)【连续】选项。该选项用于创建一系列连续标注，与 DIMCONTINUE 命令的功能相同，但它不需要在已有的线性标注基础之上进行。

(2)【并列】选项。该选项用于创建一系列并列标注尺寸，用于标注对称性的尺寸。

(3)【基线】选项。该选项用于创建一系列的基线标注。

(4)【坐标】选项。该选项用于以某一点为基准，标注其他端点相对于该基点的相对坐标。

(5)【半径】选项。该选项用于创建一系列半径标注。

(6)【直径】选项。该选项用于创建一系列直径标注。

(7)【基准点】选项。该选项用于为基线标注和坐标标注设置基准点。

(8)【编辑】选项。该选项用于增加或减少尺寸标注中尺寸界线原点的数目。

(9)【设置】选项。该选项用于指定尺寸界线原点设置默认的对象捕捉模式。

10. 基线标注

基线标注必须是在已经进行线性或角度标注基础上，再对其他的图形对象进行基准标注。

选择菜单中的【标注】|【基线】命令，或单击【标注】工具栏【基线】按钮，或在【草图与注释】工作空间下，在功能区的【注释】选项卡中单击【标注】面板中的【基线】按钮，系统提示："指定第二条延伸线原点或［放弃(U) 选择(S)］<选择>:"。

(1)【指定第二条延伸线原点】选项。该选项是系统的默认选项。用户第一次进行标注后，选择基线标注命令，在上述提示下直接确定第二次尺寸标注的第二条尺寸界线原点(第一条尺寸界线与第一次尺寸标注的第一条尺寸界线重合)，系统将自动标注出尺寸。此后，系统将反复出现上述提示，直到按〈Esc〉键结束该命令。

(2)【放弃(U)】选项。该选项用于取消上一次的基线标注操作。

(3)【选择(S)】选项。该选项用于选择基线标注的基准。选择该选项，输入"S"，按〈Enter〉键，系统继续提示："选择基准标注:"，在该提示下选择基线标注的基准，系统返回提示："指定第二条尺寸界线原点或［放弃(U) 选择(S)］<选择>:"。

下面以图 6-35 为例来说明基线标注的具体操作过程。

选择菜单中的【标注】|【基线】命令，在"指定第一条延伸线原点或<选择对象>:"的提示下，选择图中的 A 点。

在"指定第二条延伸线原点:"的提示下，选择图中的 B 点。

在“指定尺寸线位置或［多行文字(M) 文字(T) 角度(A) 水平(H) 垂直(V) 旋转(R)］”的提示下，移动光标至适当位置单击，系统将标注出尺寸40。

选择菜单中的【标注】|【基线】命令，在“指定第二条延伸线原点或［放弃(U) 选择(S)］<选择>:”的提示下，选择图中的 *C* 点，系统将标注出尺寸80。

在“指定第二条尺寸界线原点或［放弃(U) 选择(S)］<选择>:”的重复提示下选择图中的 *D* 点，系统将标注出尺寸110。

在“指定第二条延伸线原点或［放弃(U) 选择(S)］<选择>:”的重复提示下，按〈Esc〉键结束基线标注命令。

以上的操作过程的结果如图6-35b 所示。

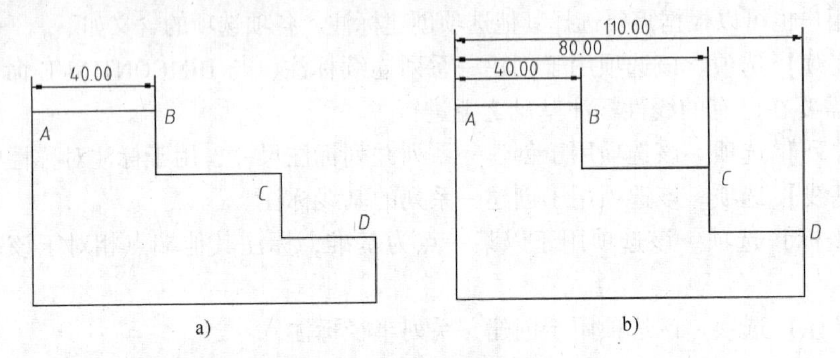

图 6-35　基线标注实例

用基线标注命令标注尺寸要求必须先创建（或选择）一个线性、对齐或角度标注作为基准；基线标注是以某一条尺寸界线（即基线）作为基准进行标注的，AutoCAD 2016 默认把最后标注尺寸的第一条尺寸界线作为基准。

11. 连续标注

连续标注用于标注同一方向上的连续线性尺寸和角度尺寸，它可以保证每个尺寸的精度。

选择菜单中的【标注】|【连续】命令，或单击【标注】工具栏【连续】按钮，或在【草图与注释】工作空间下，在功能区的【注释】选项卡中单击【标注】面板中的【连续】按钮，系统提示：“指定第二条尺寸界线原点或［放弃(U) 选择(S)］<选择>:”。

(1)【指定第二条延伸线原点】选项。该选项是系统的默认选项。第一次进行标注后，选择连续标注命令，在上述提示下直接确定第二次尺寸标注的第一条延伸线的原点（第一条延伸线与第一次尺寸标注的第二条延伸线重合），系统将自动标注出尺寸。此后，系统将反复出现上述提示，直到按〈Esc〉键结束该命令。

(2)【放弃(U)】选项。该选项用于取消上一次的连续标注操作。

(3)【选择(S)】选项。该选项用于选择连续标注的基准。选择该选项，输入“S”，按〈Enter〉键，系统继续提示：“选择连续标注:”，在该提示下选择连续标注的基准（即延伸线），系统返回提示：“指定第二条尺寸界线原点或［放弃(U) 选择(S)］<选择>:”。

下面以图6-36 为例来说明连续标注的具体操作过程。

选择菜单中的【标注】|【连续】命令，在“指定第一条延伸线原点或<选择对象>:”的提示下，选择图中的 *A* 点。

在“指定第二条尺寸界线原点:”的提示下，选择图中的 *B* 点。

在“指定尺寸线位置或［多行文字(M) 文字(T) 角度(A) 水平(H) 垂直(V) 旋转(R)］:”的提示下，移动光标至适当位置单击，系统将标注出尺寸40。

选择菜单中的【标注】|【连续】命令，在“指定第二条延伸线原点或［放弃(U) 选择(S)］<选择>:”的提示下，选择图中的 *C* 点，系统将标注出尺寸40。

在“指定第二条尺寸界线原点或［放弃(U) 选择(S)］<选择>:”的重复提示下，选择图中的 *D* 点，系统将标注出尺寸30。

在“指定第二条尺寸界线原点或［放弃(U) 选择(S)］<选择>:”的重复提示下，按〈Esc〉键结束连续标注命令。

以上的操作过程的结果如图6-36b所示。

用连续标注命令标注尺寸同样要求必须先创建（或选择）一个线性、对齐或角度标注作为基准；连续标注是以某一条延伸线（即基线）作为基准进行标注的，AutoCAD 2016 默认把最后标注尺寸的第二条延伸线作为基准。

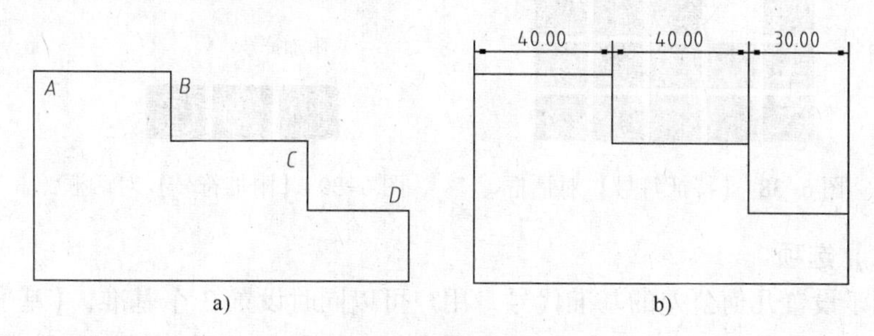

图6-36　连续标注实例

6.2.5　几何公差的创建

公差标注是机械绘图特有的标注，用于说明机械零件允许的误差范围，是加工生产和装配零件必须具有的标注，也是保证零件具有通用性的手段。几何公差是指机械零件的表面形状和有关部位的相对位置允许变动的范围，是指导生产、检验生产和控制质量的技术依据。

选择菜单中的【标注】|【公差】命令，或单击【标注】工具栏【公差】按钮，或在【草图与注释】工作空间下，在功能区的【注释】选项卡中单击【标注】面板中的【公差】按钮，系统弹出如图6-37所示的【形位公差】对话框（几何公差旧称形位公差），在该对话框中可对几何公差进行设置，设置完毕后单击【确定】按钮返回绘图区，并指定几何公差的标注位置即可插入几何公差。下面对该对话框中的内容进行介绍。

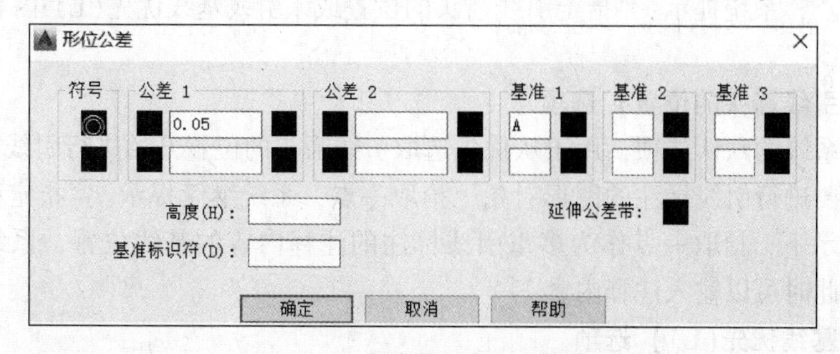

图6-37　【形位公差】对话框

1.【符号】选项

该选项用于选取几何公差的项目。单击【符号】下的方框，系统将弹出如图 6-38 所示的【特征符号】对话框，在该对话框中选取几何公差项目（可以同时选两项几何公差）后，系统将返回【形位公差】对话框。

2.【公差】选项

该选项用于设置几何公差的公差带符号、公差值及包容条件。【公差】项最前面的方框用来设置公差带的符号“ϕ”（单击方框）；【公差】项的中间文本框用来输入几何公差值；【公差】项的后面方框用来设置几何公差的附加符号。单击该方框，系统将弹出如图 6-39 所示的【附加符号】对话框，在该对话框中选择某个符号，系统将在【形位公差】对话框中显示该符号。

特征符号

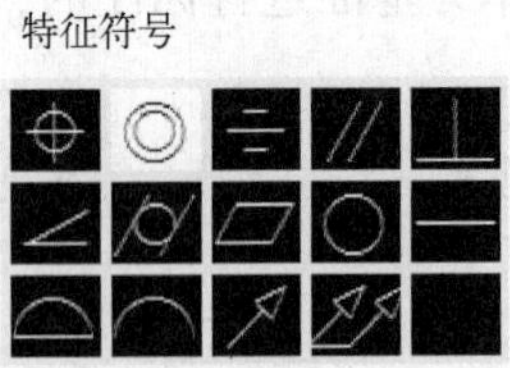

图 6-38 【特征符号】对话框

附加符号

图 6-39 【附加符号】对话框

3.【基准】选项

该选项用于设置几何公差的基准代号。用户可以同时设置 3 个基准，【基准】项的左端文本框用来输入基准代号；【基准】项的右端方框用来设置基准的附加符号，单击该方框，系统也将弹出如图 6-39 所示的【附加符号】对话框，在该对话框中选择某个符号，系统将在【形位公差】对话框中显示该符号。

6.2.6 多重引线标注

多重引线常用于对图形中的某些特定对象进行说明，使图形表达得更清楚。引线是连接图形对象和图形注释内容的线，文字是最常见的图形注释内容，在 AutoCAD 2016 中，图形注释内容也可以是图块等对象，这种用引线连接图形对象和图形注释的标注方法称为多重引线标注。

选择菜单中的【标注】|【多重引线】命令，在功能区的【默认】选项卡中单击【注释】面板中的【多重引线】按钮，在功能区的【注释】选项卡中单击【标注】面板中的【多重引线】按钮，系统提示：“指定引线箭头的位置或［引线基线优先(L) 内容优先(C) 选项(O)］<选项>:”。

1.【指定引线箭头的位置】选项

该选项是系统的默认选项，用于从优先选取引线箭头的位置开始进行引线标注。选择该选项，直接在要进行引线标注的图形对象上拾取一点，系统继续提示：“指定引线基线的位置:”，在该提示下，拾取一点作为多重引线标注的注释内容的基线位置，系统打开多行文字输入窗口，此时可以输入注释内容。

2.【引线基线优先(L)】选项

该选项用于从优先选取引线基线的位置开始进行引线标注。选择该选项，输入“L”，系统继续提示："指定引线基线的位置或［引线箭头优先(H)/内容优先(C)/选项(O)］<引线箭头优先>:"，在该提示下，拾取一点作为多重引线标注的注释内容的基线位置，系统继续提示："指定引线箭头的位置:"，在该提示下，直接在要进行引线标注的图形对象上拾取一点，系统打开多行文字输入窗口，此时可以输入注释内容。

3.【内容优先(C)】选项

该选项用于在多重引线标注时从优先选取多行文字的位置开始进行引线标注。选择该选项，在"指定引线箭头的位置或［引线基线优先(L) 内容优先© 选项(O)］<选项>:"的提示下输入"C"，按下〈Enter〉键，系统继续提示："指定文字的第一个角点或[引线箭头优先(H) 引线基线优先(L) 选项(O)]<选项>:"，在该提示下，确定多行文字的一个角点，系统继续提示："指定对角点:"，在该提示下，确定多行文字的另一个角点，系统将打开多行文字输入窗口，输入多行文字确定后，系统继续提示："指定引线箭头的位置:"，在该提示下，直接在要进行引线标注的图形对象上拾取一点，多重引线标注完毕。

4.【选项(O)】选项

该选项用于进行多重引线标注前的引线标注形式的设置。选择该选项，在"指定引线箭头的位置或[引线基线优先(L) 内容优先(C) 选项(O)]<选项>:"的提示下输入"O"，按下〈Enter〉键，系统继续提示："输入选项［引线类型(L) 引线基线(A) 内容类型(C) 最大节点数(M) 第一个角度(F)第二个角度(S) 退出选项(X)］<退出选项>:"，下面介绍该提示中各选项的含义。

(1)【引线类型(L)】选项用于选择引线的类型。选择该选项，输入"L"，系统继续提示："选择引线类型[直线(S) 样条曲线(P) 无(N)]<无>:"，在该提示下，输入"S"表示选择直线作为引线；输入"P"表示选择样条曲线作为引线；输入"N"表示只有图形注释内容而没有引线。

(2)【引线基线(A)】选项用于选择引线基线的类型。选择该选项输入"A"，系统继续提示："使用基线［是(Y) 否(N)］<是>:"，在该提示下，输入"Y"表示使用基线；输入"N"表示不使用基线。

(3)【内容类型(C)】选项用于设置图形注释内容。选择该选项输入"C"，系统继续提示："选择内容类型［块(B) 多行文字(M) 无(N)］<多行文字>:"，在该提示下，输入"B"表示选择图块作为图形注释内容；输入"M"表示选择多行文字作为图形注释内容；输入"N"表示只创建引线而没有图形注释内容。

(4)【最大节点数(M)】选项用于设置引线的段数。选择该选项输入"M"，系统继续提示："输入引线的最大节点数 <2>:"，在该提示下，用户可以输入最大节点数来设置引线的段数。

(5)【第一个角度(F)】选项和【第二个角度(S)】选项用于设置引线的角度。选择此两个选项分别输入"F"或"S"，系统继续提示用户输入第一个角度或第二个角度，此时多重引线标注中引线的角度即为用户输入的角度。

引线的角度是指引线与 X 轴的夹角，如果用户输入的是45°，引线与 X 轴的夹角为45°或45°的倍数。

(6)【退出选项(X)】选项用于结束多重引线标注前的引线标注形式的设置。选择该选项，输入"M"，系统返回提示："指定引线箭头的位置或[引线基线优先(L) 内容优先(C)

选项(O)]<选项>:"。

6.2.7 尺寸标注的编辑方法

在图形中创建尺寸标注后，根据需要可对尺寸标注进行编辑，如改变标注文字的位置和内容，以及主关联标注等。

1. 编辑尺寸标注

在 AutoCAD 2016 中编辑标注命令可以更改标注文字的内容和延伸线的倾斜角度等。

命令行输入"DIMEDIT"，按〈Enter〉键，系统提示：

"输入标注编辑类型[默认(H)/新建(N)/旋转(R)/倾斜(O)]<默认>:"

(1)【默认(H)】选项。该选项用于将尺寸文本按尺寸标注样式中所设置的位置、方向重新放置。选择该选项，输入"H"，按〈Enter〉键，系统继续提示："选择对象:"，在该提示下，选取要修改的尺寸标注，系统将对该尺寸标注的尺寸文本进行重新放置。

(2)【新建(N)】选项。该选项用于修改尺寸文本。选择该选项，输入"N"，按〈Enter〉键，系统将打开多行文字输入窗口，在该窗口输入新的尺寸文本，输入完毕后按〈Enter〉键，系统将提示："选择对象:"，在该提示下，选择一个或多个尺寸标注后按〈Enter〉键，则这些尺寸标注的尺寸文本全部变为输入的新文本。

(3)【旋转(R)】选项。该选项用于修改尺寸文本的方向。选择该选项，输入"R"，按〈Enter〉键，系统将提示："指定标注文字的角度:"，在该提示下，输入尺寸文本的旋转角度后按〈Enter〉键，系统继续提示："选择对象:"，在该提示下，选取要修改的尺寸标注，系统将对该尺寸标注的尺寸文本按输入的角度进行旋转。

(4)【倾斜(O)】选项。该选项用于将尺寸标注的延伸线倾斜一个角度。选择该选项，输入"O"，按〈Enter〉键，系统将提示："选择对象:"，在该提示下，选取要修改的尺寸标注后按〈Enter〉键，系统继续提示："输入倾斜角度(按〈Enter〉键表示无):"，在该提示下，输入延伸线的倾斜角度后按〈Enter〉键，系统将对用户所选尺寸标注的延伸线按输入的角度进行倾斜。

2. 编辑尺寸文本的位置

该命令用于修改尺寸文本的位置和方向。

在命令行输入"DIMTEDIT"，按〈Enter〉键，系统提示："选择标注:"，在该提示下选择要编辑修改的尺寸标注，系统接着提示："指定标注文字的新位置或[左(L) 右(R) 中心(C) 默认(H) 角度(A)]:"。

(1)【指定标注文字的新位置】选项。该选项是系统的默认选项。选择该选项，可以在绘图窗口中直接通过移动光标至适当的位置确定点的方法来确定尺寸文本的新位置。

(2)【左(L)】选项。选择该选项表示将尺寸文本沿尺寸线左对齐。

(3)【右(R)】选项。选择该选项表示将尺寸文本沿尺寸线右对齐。

(4)【中心(C)】选项。选择该选项表示将尺寸文本放置在尺寸线的中间。

(5)【默认(H)】选项。选择该选项表示将尺寸文本按用户在标注样式中设置的位置放置。

(6)【角度(A)】选项。选择该选项表示将尺寸文本按用户的指定角度放置。选择该选项，输入"A"，按〈Enter〉键，系统继续提示："指定标注文字的角度:"，在该提示下，输入尺寸文本的放置角度后按〈Enter〉键，系统将尺寸文本按用户的设置重新放置。

6.3 表面结构的标注

6.3.1 表面结构要求在零件图上的标注

1. 标注总则

表面结构要求对每一表面一般只标注一次，并尽可能注在相应的尺寸及其公差的同一视图上。除非另有说明，所标注的表面结构要求是对完工零件表面的要求。

表面结构标注总的原则是根据 GB/T 4458.4 的规定，使表面结构的注写和读取方向与尺寸的注写和读取方向一致，如图 6-40 所示。

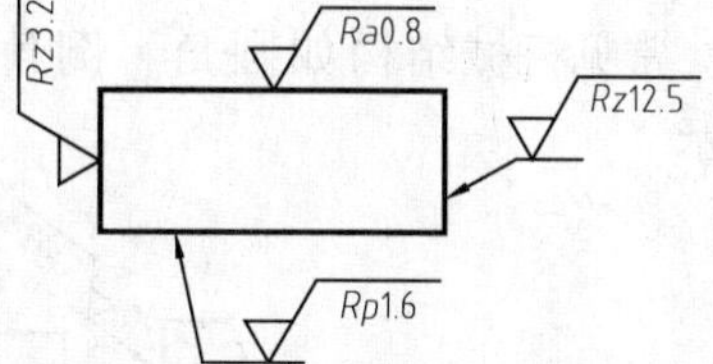

图 6-40 表面结构要求的注写方向

2. 标注要求

表面结构要求可标注在轮廓线上，其符号应从材料外指向并接触表面。必要时，表面结构符号也可用带箭头或黑点的指引线引出标注，或直接标注在延长线上。如图 6-41 和 4-42 所示。

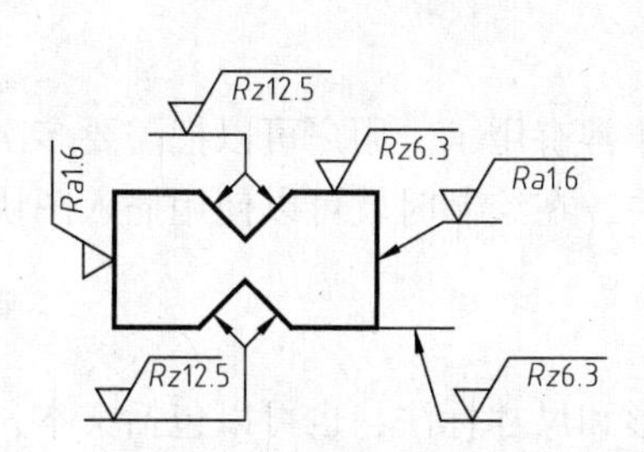

图 6-41 表面结构要求在轮廓线上的标注

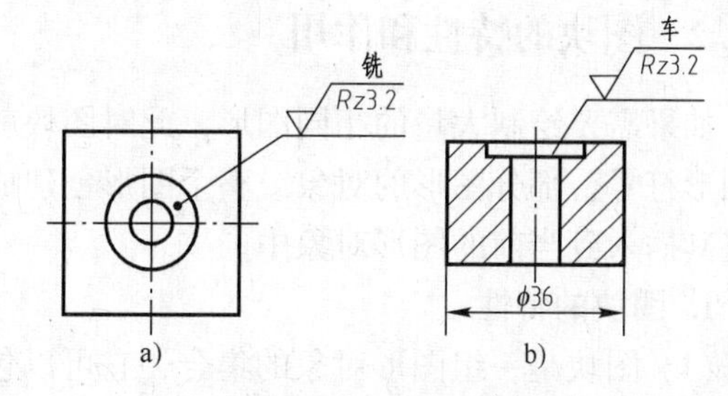

图 6-42 用指引线引出标注表面结构要求

在不致引起误解时，表面结构要求可以标注在指定的尺寸线上，如图 6-43 所示。

表面结构要求可标注在几何公差框格的上方，如图 6-44 所示。

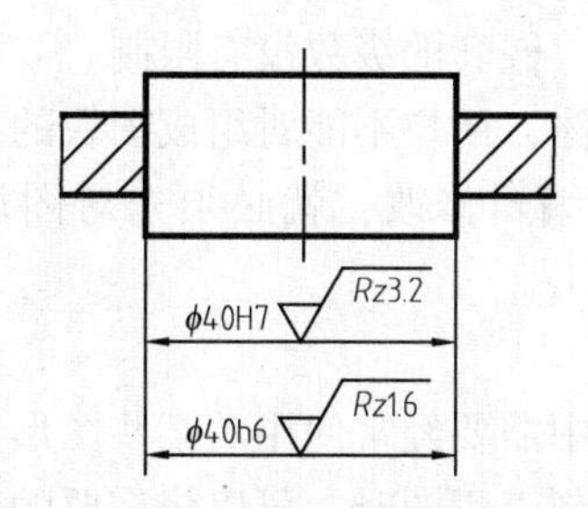

图 6-43 表面结构要求在尺寸线上的标注

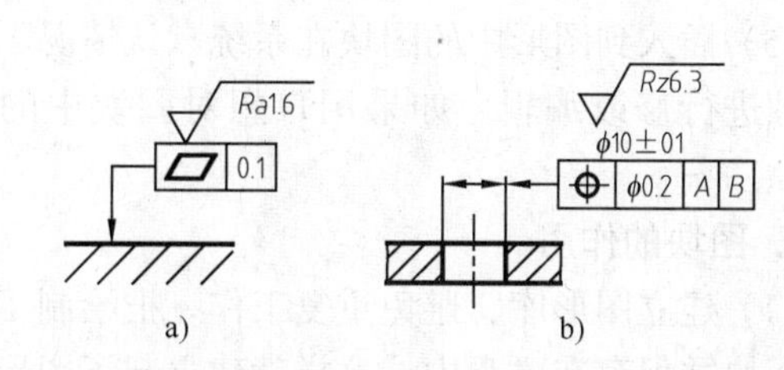

图 6-44 表面结构要求在几何公差框格上方的标注

圆柱和棱柱表面的表面结构要求只标注一次。如每个棱柱表面有不同的表面结构要求，则应分别单独标注，如图 6-45 所示。

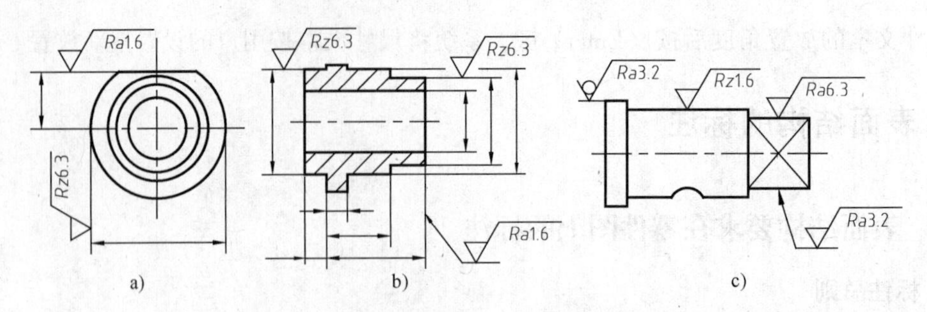

图 6-45　圆柱和棱柱上表面结构要求的注法

常见机械结构如圆角、倒角、螺纹、退刀槽和键槽的表面结构要求标注如图 6-46 所示。

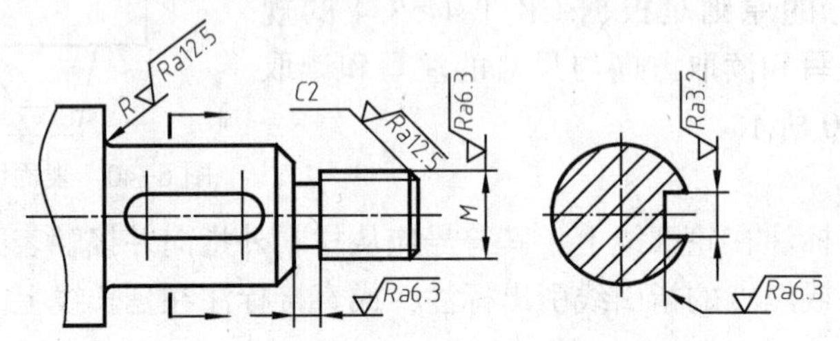

图 6-46　常见机械结构的表面结构要求注法

6.3.2　图块的特性和作用

如果需要绘制大量的相同图形，此时图块就变得非常有用了。用户可以把需要多次使用的图形符号，部分图形的对象或整个图形创建成为图块，在绘制时就可以使用插入图块的方法将其插入到当前的图形对象中。

1. 图块的特性

(1) 图块是一组图形对象的集合，它可以包括图形和尺寸标注，也可以包括文本，图块中的文本称为块属性。

(2) 图块包括一组图形对象和一个插入点，图块可以以不同的比例系数和旋转角度插入到图形中的任何位置，插入时以插入点为基准点。

(3) 组成图块的各个对象可以有自己的图层、线型和颜色。

(4) 一个图块中可以包含别的图块，称为图块的嵌套，嵌套的级数没有限制。

(5) 插入到图形中的图块在系统默认情况下是一个整体，用户不能对组成图块的各个对象单独进行修改编辑。如果用户想对图块中的对象进行编辑修改，就必须先对图块进行分解。

2. 图块的作用

(1) 建立图形库，避免重复工作。把绘制工程图过程中需要经常使用的某些图形结构定义成图块并保存在磁盘中，这样就建立起了图形库。在绘制工程图时，可以将需要的图块从图形库中调出，插入到图形中，从而提高工作效率。

(2) 节省磁盘的存储空间。每个图块在图形文件中只存储一次，在多次插入时，计算机只保留有关的插入信息，而不需要把整个图块重复存储，这样就节省了磁盘的存储空间。

(3) 便于图形修改。当某个图块修改后，所有原先插入图形中的图块全部随之自动更新，这样就使图形的修改更加方便。

（4）可以为图块增添属性。有时图块中需要增添一些文字信息，这些图块中的文字信息称为图块的属性。AutoCAD 2016 允许为图块增添属性并可以设置可变的属性值，每次插入图块时不仅可以对属性值进行修改，而且还可以从图中提取这些属性并将它们传递到数据库中。

6.3.3 图块的创建

选择菜单中的【绘图】|【块】|【创建】命令，或单击【绘图】工具栏【创建块】按钮，或在【草图与注释】工作空间下，在功能区的【插入】选项卡中单击【块定义】面板中的【创建块】按钮，系统弹出如图 6-47 所示的【块定义】对话框，利用该对话框可以进行图块的创建。现将该对话框的各选项含义及操作方法进行介绍。

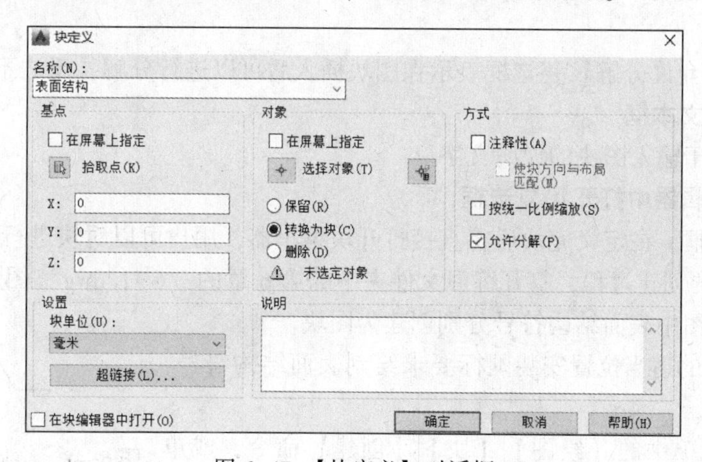

图 6-47 【块定义】对话框

1.【名称】下拉列表

该列表用于显示和输入图块的名称。

2.【基点】选项区

该选项区用于确定图块的插入点。

（1）单击【拾取点】按钮，系统切换到绘图窗口，用户可以在此窗口中用拾取点的方法确定图块的插入点。

（2）【X】、【Y】和【Z】文本框用于输入插入点的 X、Y 和 Z 坐标。

3.【对象】选项区

该选项区用于设置和选取组成图块的对象。

（1）单击【选择对象】按钮，系统切换到绘图窗口，用户可以在此窗口中直接选取要定义图块的图形对象。

（2）单击【快速选择】按钮，系统将弹出【快速选择】对话框，在该对话框中，可以设置所选择对象的过滤条件。

（3）选中【保留】单选按钮表示创建图块后仍保留组成图块的原图形对象。

（4）选中【转换为块】单选按钮表示创建图块后仍保留组成图块的原图形对象，并将其转换为图块。

（5）选中【删除】单选按钮表示创建图块后将删除组成图块的原图形对象。

4.【设置】选项区

该选项区用于图块创建后进行插入时的设置。

（1）【块单位】下拉列表用于设置块插入时的单位。

（2）单击【超链接】按钮，系统将弹出【插入超链接】对话框，利用该对话框可以将图块和另外的文件建立链接关系。

（3）【说明】文本框用于输入图块的说明文字。

5.【方式】选项区

该选项区用于图块创建后进行插入时的设置。

（1）选中【注释性】复选框用于在图纸空间插入块时的设置。

（2）选中【按统一比例缩放】复选框表示在图块插入时 X、Y 和 Z 方向将采用同样的缩放比例。

（3）选中【允许分解】复选框表示在图块插入后可以进行分解，反之不能分解。

6.【说明】文本框

该文本框用于输入图块的说明文字。

7.【在块编辑器中打开】复选框

选中该复选框，在定义完块后将直接打开块编辑器，用户可以对块进行编辑。

实例 1：块的创建过程，打开练习文件夹中的第 6 章的“6-1. dwg”图形文件，在该图形文件中将机械图中表面结构符号分别创建为图块。

（1）在该图的适当位置安装国标要求绘制表面结构符号，如 6-48 所示。

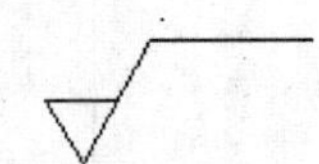

图 6-48　绘制的表面结构符号

（2）选择菜单中的【绘图】|【块】|【创建】命令，或单击【绘图】工具栏【创建块】按钮，或在【草图与注释】工作空间下，在功能区的【插入】选项卡中单击【块定义】面板中的【创建块】按钮，系统弹出如图 6-47 所示的【块定义】对话框。

（3）在对话框【名称】下拉列表中输入图块名【表面结构】，单击【对象】选项区的【选择对象】按钮，系统将切换至绘图窗口。

（4）在绘图窗口选择图 6-48 的图形后按〈Enter〉键，系统将返回对话框。

（5）单击对话框【基点】选项区的【拾取点】按钮，系统将再次切换至绘图窗口。

（6）在绘图窗口捕捉图 6-48 中最下端的交点，系统将返回对话框。

（7）单击【块定义】对话框中的【确定】按钮。

6.3.4　当前图形中的图块插入

利用图块插入命令可以在当前图形中插入图块或其他图形文件。

在【草图与注释】工作空间下，在功能区的【插入】选项卡中单击【块】面板中的【插入】|【表面结构】，可以直接插入已经定义的【表面结构】块。

也可以选择菜单中的【插入】|【块】命令，或单击【绘图】工具栏【插入块】按钮，系统弹出如图 6-49 所示的【插入】对话框。利用该对话框可以在当前图形中插入图块或其他图形文件。现将该对话框的各选项含义及操作方法进行介绍。

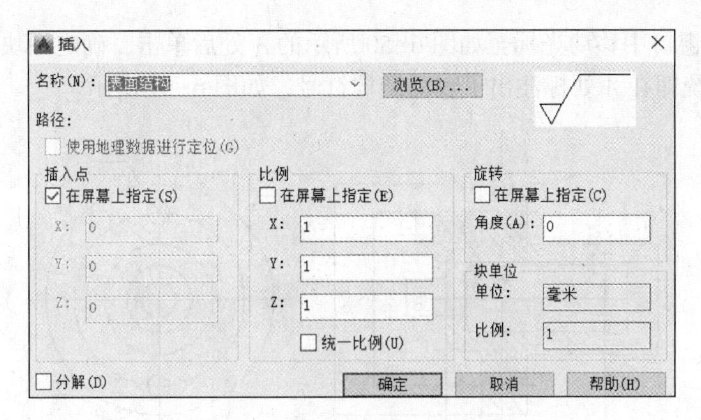

图 6-49 【插入】对话框

1.【名称】下拉列表

该下拉列表用于选择要插入的图块名称。单击下三角按钮，打开下拉列表（此表列有当前图形已定义的图块），可以在此选择要插入的图块，也可以单击其右边的“浏览”按钮，在系统弹出的【选择图形文件】对话框中选择用户已保存的其他图块或图形文件。

2.【插入点】选项区

该选项区用于确定图块插入点的位置。用户可以选中【在屏幕上指定】复选框，然后在绘图窗口中用拾取点的方法确定图块插入点的位置；也可以通过在“X”、“Y”和“Z”文本框中分别输入 *X*、*Y* 和 *Z* 坐标的方法来确定插入点的位置。

3.【比例】选项区

该选项区用于确定图块或图形文件插入时的缩放比例。用户可以直接在【X】、【Y】和【Z】文本框中分别输入图块或图形文件插入时 *X*、*Y* 和 *Z* 这 3 个方向的缩放比例，也可以选中【统一比例】复选框，使 3 个方向的插入比例相同，还可以选中【在屏幕上指定】复选框，然后在命令行输入缩放比例。

4.【旋转】选项区

该选项区用于设置图块或图形文件插入时的旋转角度。用户可以直接在【角度】文本框中输入旋转角度，也可以选中【在屏幕上指定】复选框，然后在命令行输入旋转角度。

5.【块单位】选项区

该选项区显示了选择的插入图块的单位和比例。

6.【分解】复选框

选中该复选框，可以将插入的图块分解成组成图块的各独立图形对象。为使读者能够掌握块的插入过程，下面举一个插入图块的实例。

实例 2：打开第 6 章中的图形文件“6-1.dwg”，按如图 6-52 所示的样图，标注图中零件各表面结构。

（1）选择菜单中的【插入】|【块】命令，或单击【绘图】工具栏【插入块】按钮，系统弹出如图 6-49 所示的【插入】对话框。在对话框的【名称】下拉列表中选择【表面结构】图块；在对话框的【插入点】选项区中选中【在屏幕上指定】复选框；在对话框的【缩放比例】选项区选中【统一比例】复选框并在【X】文本框中输入“1”；在对话框【旋转】选项区的【角度】文本框中输入“0”；单击对话框的【确定】按钮，系统返回绘图窗口。

（2）在绘图窗口中移动光标至如图 6-50 所示的 *A* 处后单击，确定图块的插入点。通过以上的操作，系统即在 *A* 处标注出了表面结构符号，如图 6-51 所示。

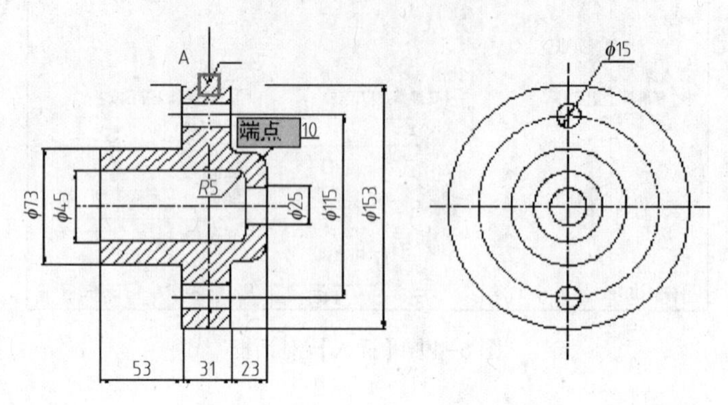

图 6-50　表面结构的标注位置

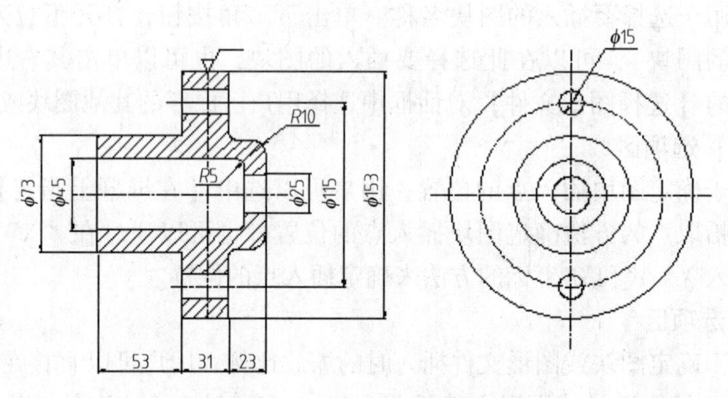

图 6-51　表面结构的标注过程

（3）选择菜单中的【绘图】|【文字】|【单行文字】命令，利用输入单行文字标注出各处的表面结构数值。完成了表面结构标注的如图 6-52 所示的图形。

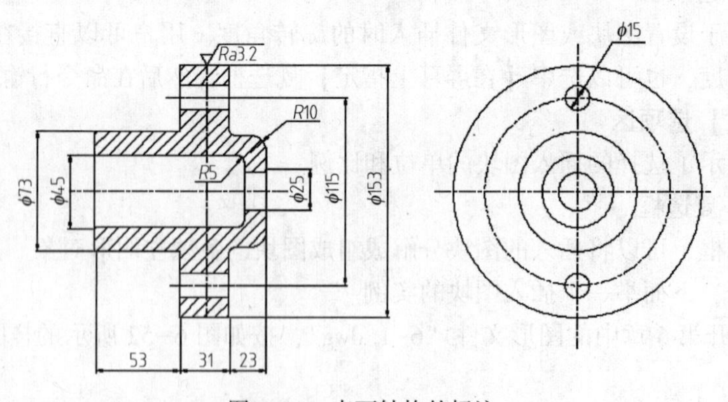

图 6-52　表面结构的标注

6.3.5　图块的存储与外部图块的插入

通过前面学习图块的创建和插入的内容，读者已基本掌握了图块的应用方法。但是用户创建图块后，只能在当前图形中插入，而其他图形文件无法引用创建的图块，这将很不方便。为解决这个问题，使实际工程设计绘图时创建的图块实现共享，AutoCAD 2016 为用户提供了图块的存储命令，通过该命令可以将已创建的图块或图形中的任何一部分作为外部图块进行保存。用图块存储命令保存的图块与其他的图形文件并无区别，同样可以打开和编辑，也可以在其他的图形文件中进行插入。

在【草图与注释】工作空间下，在功能区的【插入】选项卡中单击【块定义】面板中的【写块】按钮，或命令行输入“WBLOCK”，按〈Enter〉键，系统弹出如图 6-53 所示的【写块】对话框，利用该对话框可以将图块或图形对象存储为独立的外部图块。现通过一个实例来介绍该功能的具体应用。

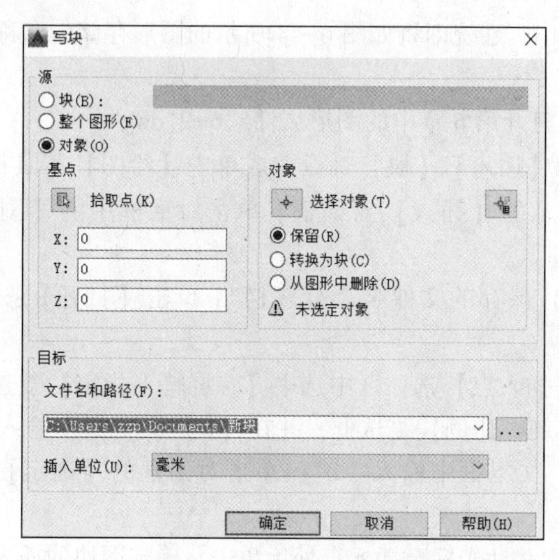

图 6-53 【写块】对话框

实例 3：打开第 6 章中的图形文件“6-2. dwg”，将该图形文件用图块存储命令命名为“标题栏”并保存（其中插入点选择标题栏的右下点）。

具体作图过程中需要先将标题栏定义为图块并存储（本题中应用了已经存储好的标题栏图块），下面结合图 6-54 来说明具体的操作方法和步骤。

标记	处数	更改文件号	签 字	日 期
设 计		标准审查		
校 对		审 定		
审 核		批 准		
工艺审查		日 期		

图样标记			重 量	比 例
共	页		第	页

图 6-54 图块存储命令应用实例

（1）在【草图与注释】工作空间下，在功能区的【插入】选项卡中单击【块定义】面板中的【写块】按钮，或命令行输入“WBLOCK”，按〈Enter〉键，在弹出的【写块】对话框的【源】选项区中选中【对象】单选按钮；单击【写块】对话框中【对象】选项区的【选择对象】按钮，系统切换到绘图窗口。

（2）在绘图窗口中选择整个标题栏后按〈Enter〉键，系统返回【写块】对话框。

（3）单击【写块】对话框中【基点】选项区的【拾取点】按钮，系统又切换到绘图窗口。

（4）在绘图窗口用捕捉方式捕捉标题栏最外轮廓线的右下角点，系统再次返回【写块】对话框。

（5）单击【写块】对话框中【文件名和路径】下拉列表右边的按钮，在弹出的【浏览图形文件】对话框中设置外部图块的保存位置和文件名称（标题栏），单击【写块】对话框中的【确定】按钮。

通过以上的五步操作，系统即将如图 6-54 所示的图形存储为名称为“标题栏”的外部图块。

（6）插入标题栏，打开第 6 章中的图形文件“6-2. dwg”。

（7）选择菜单中的【插入】|【块】命令，或单击【绘图】工具栏【插入块】按钮，系统弹出如图 6-49 所示的【插入】对话框。单击对话框中的【浏览】按钮，系统弹出【选择图形文件】对话框。

（8）选择步骤（5）保存的文件名“标题栏”；单击【打开】按钮，系统返回到【插入】对话框。

（9）在对话框的【插入点】选项区中选中【在屏幕上指定】复选框；在对话框的【缩放比例】选项区选中【统一比例】复选框，并在【X】文本框中输入【1】；在对话框【旋转】选项区的【角度】文本框中输入“0”；单击对话框的【确定】按钮，系统返回绘图窗口。

（10）在绘图窗口中移动光标至插入点处后单击，确定图块的插入点。

6.4 表格的绘制

表格是绘图设计中常用的对象，在创建设计说明的过程中，设计师需要创建各类表格，从而使设计说明更清楚、更完善。AutoCAD 2016 中提供了专门的表格创建命令，在创建表格前，通常还需要设置表格样式和参数特性。

在 AutoCAD 2005 版本之前，工程图中出现的表格是需要用绘制直线的方法来绘制的，但从 AutoCAD 2005 起，增加了直接绘制表格的功能。用户可以根据自己的需要在图形中方便地绘制各种形式的表格，并且可以像使用 Word 一样处理表格中的文字。

6.4.1 设置表格样式

表格的外观由表格样式控制，用户可以使用默认的表格样式，也可以使用自己创建和设置的表格样式。工程图中的表格样式是多样的，所以在使用表格前必须先创建用户需要的表格样式。

选择菜单中的【格式】|【表格样式】命令；或在【草图与注释】工作空间下，在功能区的【默认】选项卡中单击【注释】面板中的【表格样式】按钮，系统弹出如图 6-55 所示的【表格样式】对话框，利用该对话框就可以创建自己需要的表格样式了。

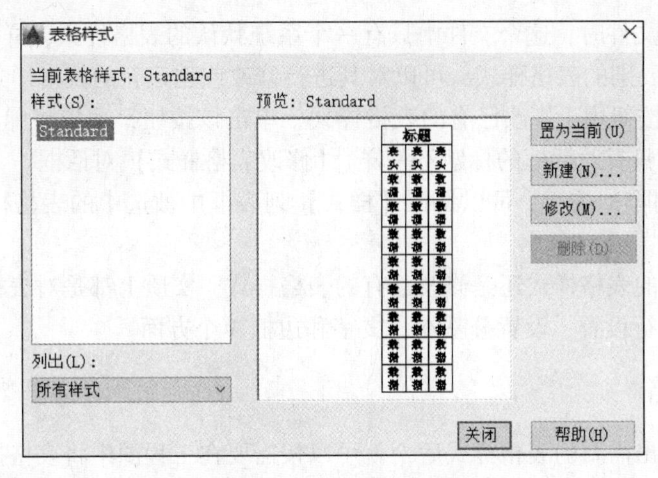

图 6-55 【表格样式】对话框

（1）【当前表格样式】标题用于显示当前的表格样式。

（2）【样式】列表框用于显示符合列出条件的所有样式。

（3）【列出】下拉列表用于设置在【样式】文本框中能够显示出的表格样式的条件。

（4）【预览】框中用于显示在【样式】列表框中被选中的表格样式的预览。

（5）单击【置为当前】按钮，可以将在【样式】列表框中被选中的表格样式置为当前表格样式。

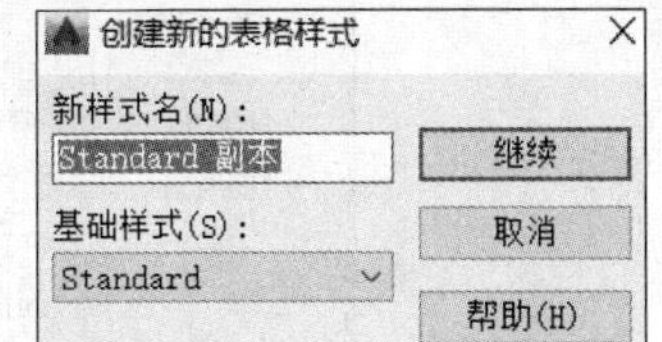

图 6-56 【创建新的表格样式】对话框

（6）【新建】按钮用于创建新的表格样式，单击该按钮，系统将弹出如图 6-56 所示的【创建新的表格样式】对话框。单击对话框中的【继续】按钮，系统将弹出如图 6-57 所示的【新建表格样式】对话框。

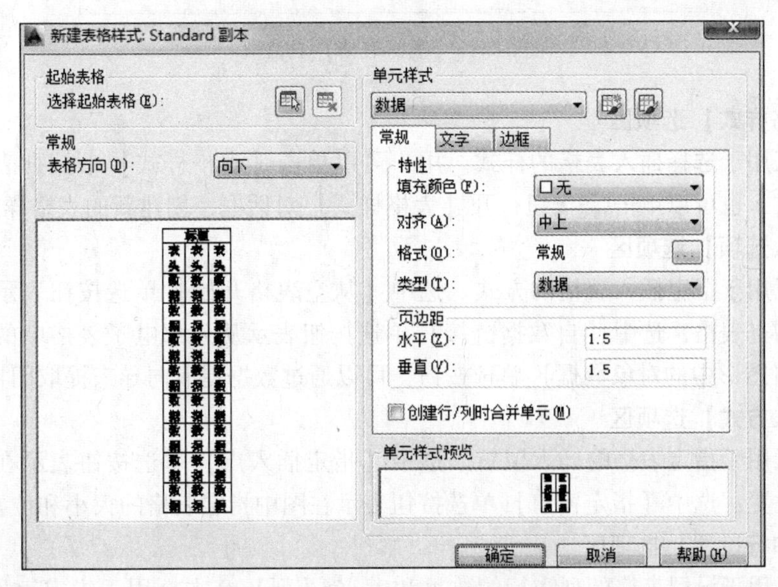

图 6-57 【新建表格样式】对话框

新建一个图形文件时，这个文件中只有一个系统默认的表格样式，样式名称为“Standard”。如果用户需要别的表格样式，可以对其进行修改或创建新的表格样式。

(7)【修改】按钮用于修改已有的表格样式，单击该按钮，系统将弹出与图 6-56 所示内容基本相同的（只有对话框的标题不一样）【修改表格样式】对话框。

(8) 单击【删除】按钮，可以将在【样式】列表框中被选中的表格样式置为当前表格样式删除。

无论是创建新的表格样式还是修改已有的表格样式，实质上都是对表格中的标题、表头和数据 3 个内容进行设置，设置分基本、文字和边框 3 个方面。

6.4.2 创建表格

当创建和设置出需要的表格样式后，就可以按需要在工程图中将表格插入。

选择菜单中的【绘图】|【表格】命令；或单击【绘图】工具栏中的【表格】按钮，或在功能区【默认】选项卡的【注释】面板中单击【表格】按钮，系统弹出如图 6-58 所示的【插入表格】对话框，用户可以利用该对话框插入自己需要的表格。

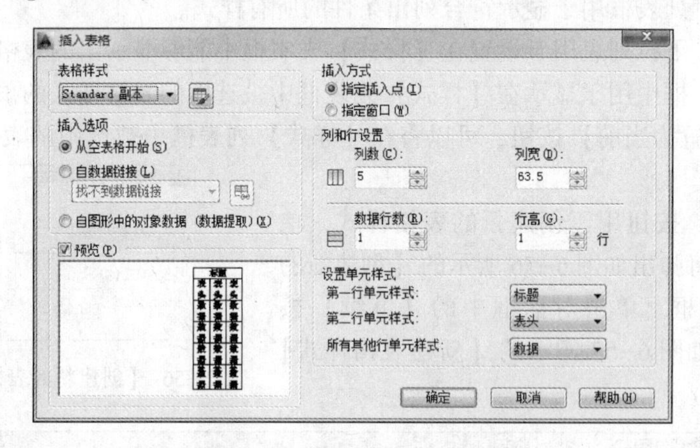

图 6-58 【插入表格】对话框

1.【表格样式】选项区

该选项区用于选择插入表格的样式。用户可以单击【表格样式】下拉列表来选择已创建的表格样式，也可以单击按钮打开【表格样式】对话框，创建新的表格样式。

2.【插入选项】选项区

该选项区用于指定插入表格的方式。选中【从空表格开始】单选按钮表示创建可以手动填充数据的空表格；选中【自数据链接】单选按钮表示从外部电子表格中的数据创建表格；选中【自图形中的对象数据】单选按钮，可以通过数据提取向导来提取图形中的数据。

3.【插入方式】选项区

该选项区用于指定表格的插入位置。选中【指定插入点】单选按钮表示在图中指定表格左上角的位置；选中【指定窗口】单选按钮表示在图中指定表格的大小和位置。

4.【列和行设置】选项区

该选项区用于设置表格的列和行的数目和大小。【列】文本框用于指定表格列数，【列宽】文本框用于指定表格列的宽度，【数据行】文本框用于指定表格行数，【行高】文本框用于指定表格的行高。

表格中的行高是指单元格的高度，行高的实际尺寸是通过设置“行”的数量来确定的，每行的高度是系统根据单元格中文本的高度和“页边距”里的“垂直”数值来自动确定的。

5.【设置单元样式】选项区

该选项区用于为那些不包含起始表格的表格样式指定新表格中行的单元格式。用户可以在【第一行单元样式】下拉列表中选择在表格中是否设置标题行，默认情况下设置标题行；用户可以在【第二行单元样式】下拉列表中选择在表格中是否设置表头行，默认情况下设置表头行；用户可以在“所有其他行单元样式”下拉列表中指定表格中所有其他行的单元样式，默认情况下使用数据单元样式。

6.【预览】文本框

该文本框内用于显示当前表格样式的样例。

下面通过一个实例来说明创建表格的方法和步骤。

实例4：按图6-59所示创建该表格，并填写出表格中的内容，完成后将该表格命名为“6-3”并保存。

<table>
<tr><td colspan="2">40</td><td>20</td></tr>
<tr><td colspan="2">模数</td><td>4</td></tr>
<tr><td colspan="2">齿数Z</td><td>45</td></tr>
<tr><td colspan="2">压力角</td><td>20°</td></tr>
<tr><td colspan="2">精度等级</td><td>7FL</td></tr>
<tr><td rowspan="2">配偶齿轮</td><td>件数</td><td>02</td></tr>
<tr><td>齿数</td><td>20</td></tr>
</table>

图6-59　创建表格实例

(1) 按前面所介绍的方法新建表格样式。在新建的样式中要将“新建表格样式：(数据)”对话框中的标题、表头和数据的【常规】选项卡中的【创建行/列时合并单元】复选框关闭，将标题、表头和数据的文字高度都设置为6，其他选项选择默认值。然后把新建表格样式置为当前。

(2) 选择菜单中的【绘图】|【表格】命令；或单击【绘图】工具栏中的【表格】按钮，或在功能区【默认】选项卡的【注释】面板中单击【表格】按钮，系统弹出如图6-58所示的【插入表格】对话框，此时可以按图6-59所示进行该对话框的设置。

1）对话框中选中【指定插入点】单选按钮。

2）在【列】文本框中输入“3”，【列宽】文本框中输入“20”。

3）【数据行】文本框中输入“4”，【行高】文本框中选择“1”。

4）在【第一行单元样式】下拉列表、【第二行单元样式】下拉列表和【所有其他行单元样式】下拉列表中都选择【数据】选项。

5）其他选项选用默认值，然后单击【确定】按钮。

此时对话框消失，系统返回绘图窗口，在绘图窗口中表格将随着光标的移动而动态地显示出位置，如图6-60所示。用户可以移动光标至合适的位置单击来确定表格的插入位置。

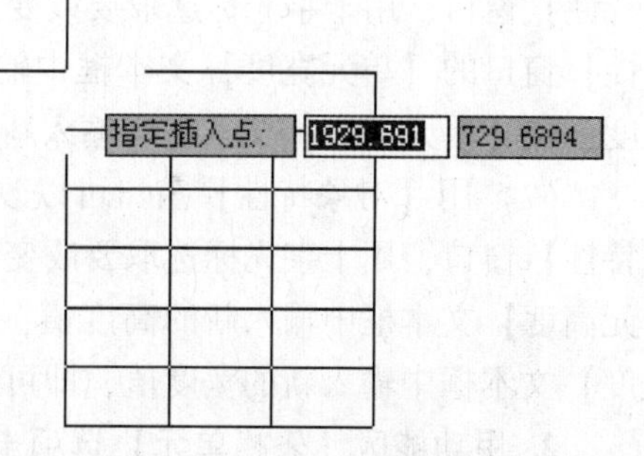

图6-60　选择插入表格的位置

(3) 将有关单元格合并。用十字光标选取最后一行的后两列单元格，系统会打开【表格单元】功能区上下文选项卡，单击其中的【合并单元】按钮，然后选择【按行】选项，如图6-61所示，合并结果如图6-62所示。

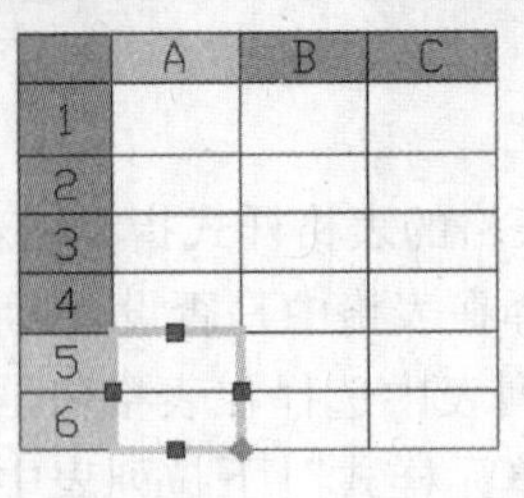

图 6-61　合并单元格

(4) 确定表格位置时，系统自动弹出多行文字的【文字格式】，并且光标将在表格的第一行第一列单元格内闪动，用户便可以开始输入该单元格内文本，如图 6-63 所示。输入完毕后，可以用键盘上光标移动键将光标移至下一个单元格中继续输入文本。

(5) 按照次序输入各单元格文本，直到输入所有文本，此时的结果如图 6-64 所示。

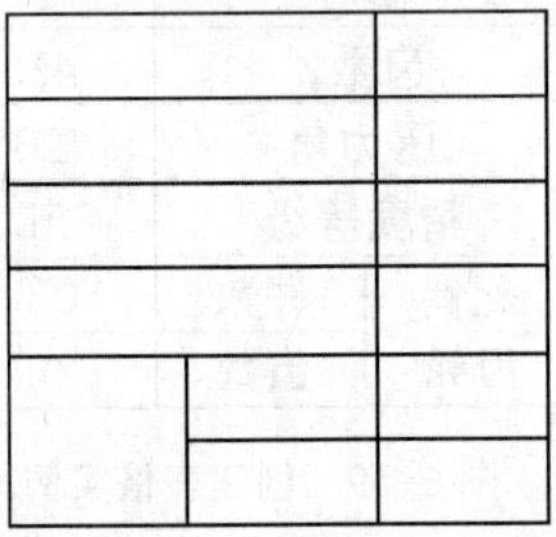

图 6-62　合并单元格的结果

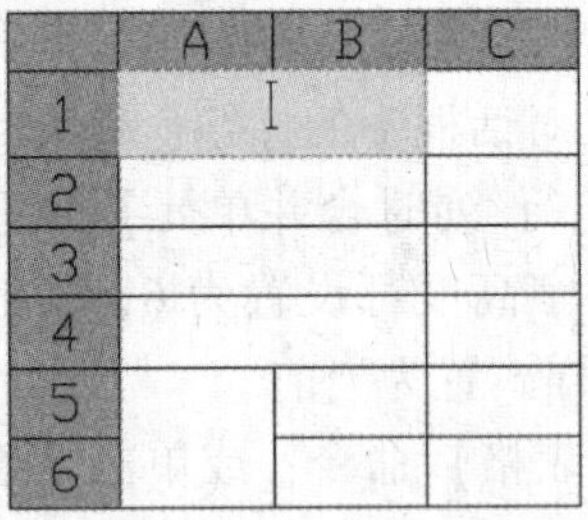

A B C
1 2 3 4 5 6

图 6-63　输入表格的内容

模数		4
齿数Z		45
压力角		20°
精度等级		7FL
配偶齿轮	件数	02
	齿数	20

图 6-64　表格输入的文本结果

通过以上的操作过程，完成了如图 6-59 所示表格的创建和表格中内容的填写工作。

6.4.3　编辑表格及表格单元

创建表格绘图窗口后，就可以按照自己的需要对插入的表格进行编辑了。以下介绍几种常用的对表格进行编辑的方法。

1. 用【对象特性】窗口编辑表格

(1) 用【对象特性】窗口可以改变所有单元格的行高和单列的列宽。系统弹出【对象特性】窗口，用十字光标选取要改变列宽的整列单元格，如图 6-65 所示。然后在【对象特性】窗口的【单元宽度】文本框中输入新的宽度值，即可改变所选择列的整列单元格的宽度；在【单元高度】文本框中输入新的高度值，即可改变表格中所有单元格的高度。

(2) 用【对象特性】窗口可以改变所有单元格的列宽和单行的行高。系统弹出【对象特性】窗口，用十字光标选取要改变行高的整行单元格，然后在【对象特性】窗口的【单元高度】文本框中输入新的高度值，即可改变所选择行的整行单元格的高度；在【单元宽度】文本框中输入新的宽度值，即可改变表格中所有单元格的宽度。

2. 用功能区【表格单元】选项卡中的相关功能编辑表格

在表格单元内单击，在功能区中会显示出图 6-61 所示的【表格单元】选项卡。利用该

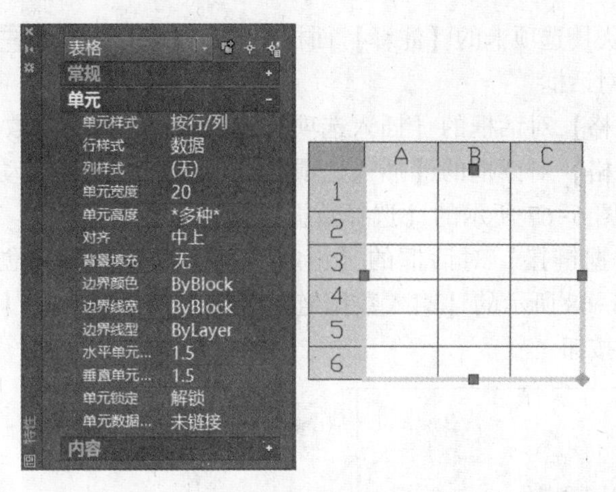

图 6-65　改变所有单元格的行高和单列的列宽

选项卡中的工具等，可以执行与表格单元相关的操作，例如，在选定单元上方插入行，在选定单元下方插入行，删除选定行，在选定单元左侧插入列，在选定单元右侧插入列，删除列，合并单元，取消合并单元，匹配单元，创建和编辑单元样式，插入块、字段和公式等。

如果功能区未处于活动状态，在表格单元内单击，则打开图 6-66 所示的【表格】工具栏。使用该工具栏，可以进行这些操作：编辑行和列，合并和取消合并单元，改变单元边框的外观，编辑数据格式和对齐，锁定和解锁编辑单元，插入块、字段和公式，创建和编辑单元样式以及将表格链接至外部数据。

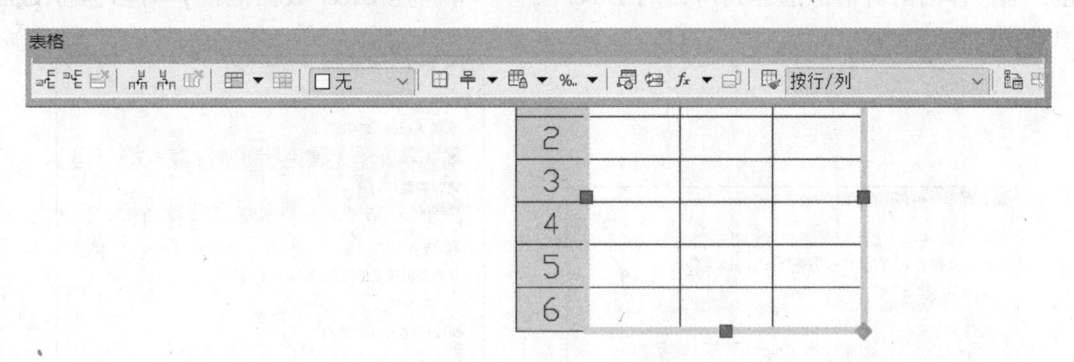

图 6-66　【表格】工具栏

在进行合并单元操作时，需要选择要合并的多个单元。如果要选择多个单元，可以在单击以选中第一个单元后，按住〈Shift〉键并在另一个单元内单击，则同时选中这两个单元格以及它们之间的所有单元格，然后单击【合并】按钮即可，还可以按行合并或按列合并。

6.4.4　从链接的电子表格创建 AutoCAD 表格

AutoCAD 2016 允许从链接的电子表格来创建 AutoCAD 表格。下面通过一个操作实例来说明这方面的内容。

首先，在 Microsoft Excel 软件中建立电子表格数据，然后将其保存在磁盘中的指定位置处。在该操作实例中，从链接的电子表格创建 AutoCAD 表格的具体操作步骤如下。

（1）选择菜单中的【绘图】|【表格】命令；或单击【绘图】工具栏中的【表格】按钮

，或在功能区【默认】选项卡的【注释】面板中单击【表格】按钮，系统弹出如图 6-58 所示的【插入表格】对话框。

（2）在【插入表格】对话框的【插入选项】选项组中选择【自数据链接】单选按钮。

（3）在【插入表格】对话框的【插入选项】选项组中单击【启动数据链接管理器】对话框按钮，系统弹出图 6-67 所示的【选择数据链接】对话框。

（4）在【选择数据链接】对话框的【链接】列表框中选择【创建新的 Excel 数据链接】，系统弹出如图 6-68 所示的【输入数据链接名称】对话框。在【名称】文本框中输入名称，单击【确定】按钮。

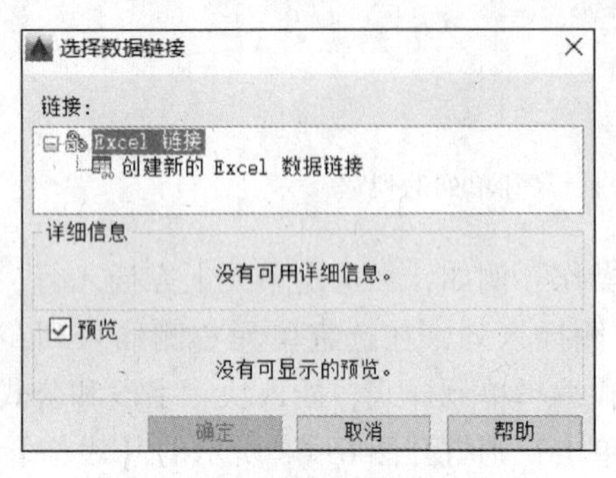

图 6-67 【选择数据链接】对话框

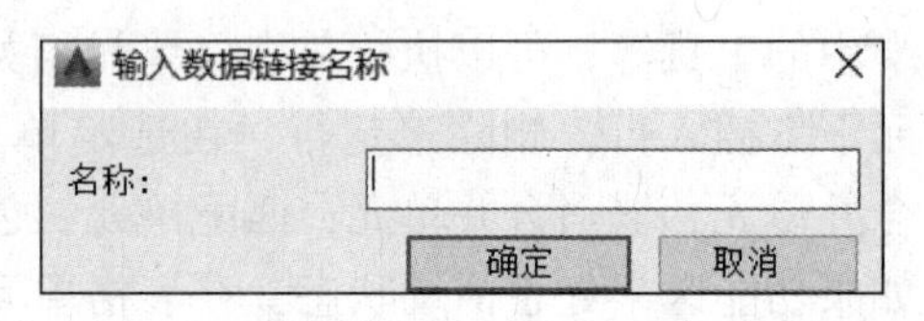

图 6-68 【输入数据链接名称】对话框

（5）系统弹出如图 6-69 所示的【新建 Excel 数据链接】对话框。单击【浏览文件】按钮，通过弹出的对话框选择到所需的 Excel 文件。【新建 Excel 数据链接】对话框将变为图 6-70 所示。

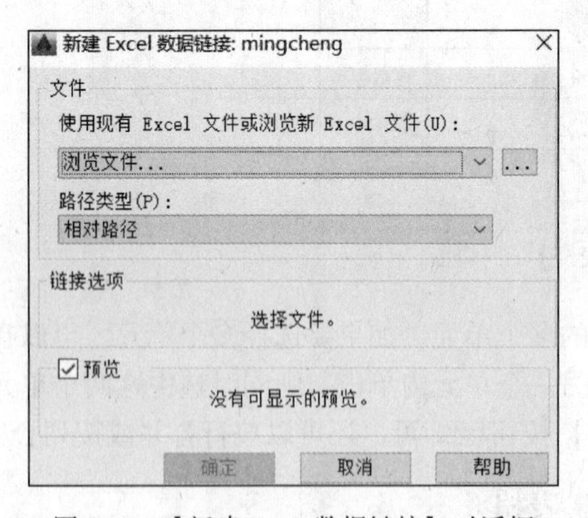

图 6-69 【新建 Excel 数据链接】对话框

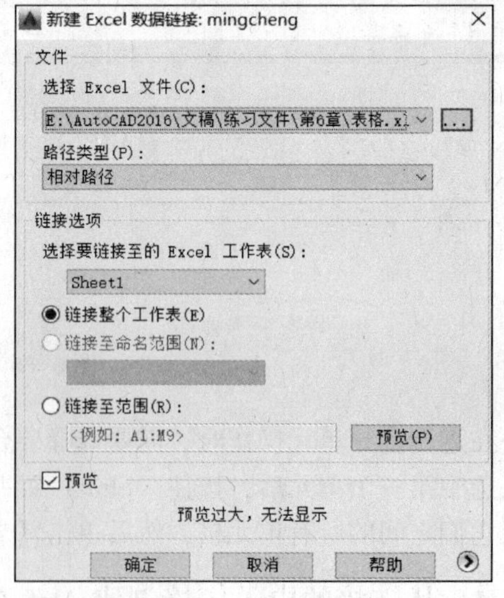

图 6-70 【新建 Excel 数据链接】对话框

（6）单击【新建 Excel 数据链接】对话框中的【确定】按钮，系统弹出如图 6-71 所示的【选择数据链接】对话框。

（7）单击【选择数据链接】对话框（图 6-71）中的【确定】按钮。

（8）单击【插入表格】对话框中的【确定】按钮，然后在图形区域中指定插入点。

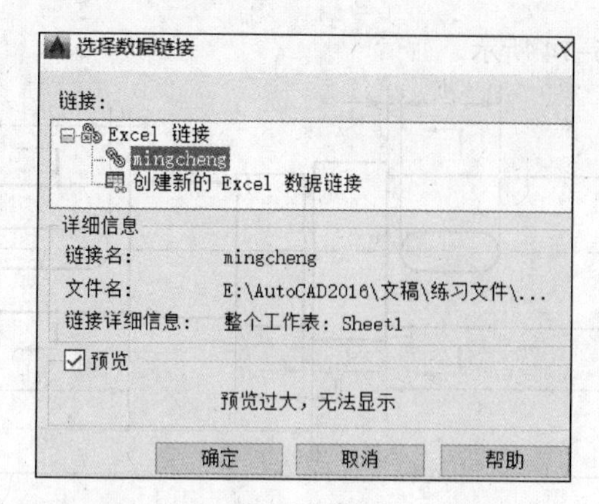

图 6-71 【选择数据链接】对话框

6.5 综合实例

6.5.1 轴类零件的标注

打开第 6 章中的图形文件“6-4. dwg”，按照以下步骤完成尺寸标注和公差标注。

1. 标注和编辑尺寸

标注尺寸前，需要根据中国的国家标准和行业惯例对文字样式和标注样式做相应设置。文字样式——将 Standard 样式如图 6-72 所示，主要应用于尺寸标注。

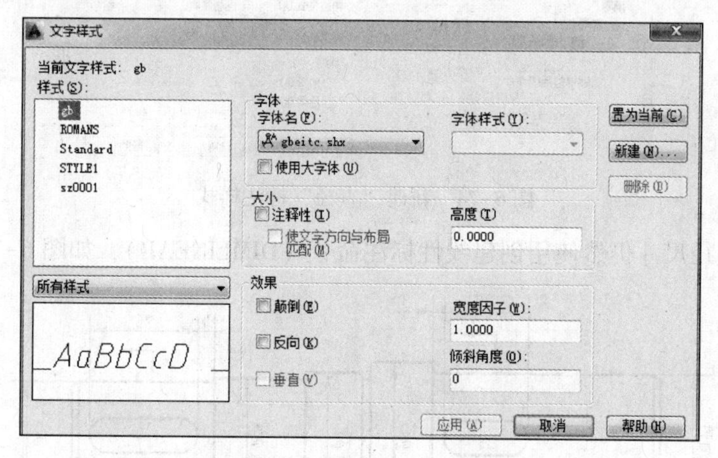

图 6-72 【文字样式】对话框

标注样式——将系统制造业（公制）样式做如下设置后即可满足一般线性尺寸的标注要求。

（1）标注线性尺寸。在对文字样式和标注样式按图 6-72 设置后（标注样式的其他面板参数暂时不用修改）就可以用创建线性标注命令（DIMLINEAR）标注最基本的线性尺寸了，如图 6-73 所示。

（2）标注普通直径尺寸。要在线性结构上标注直径尺寸，只需在图 6-73 中设置的制造业（公制）样式基础上新建一个格式，可以命名为“直径格式”。只需给主单位加上直径符

号 ϕ 的前缀%%c，如图 6-74 所示。

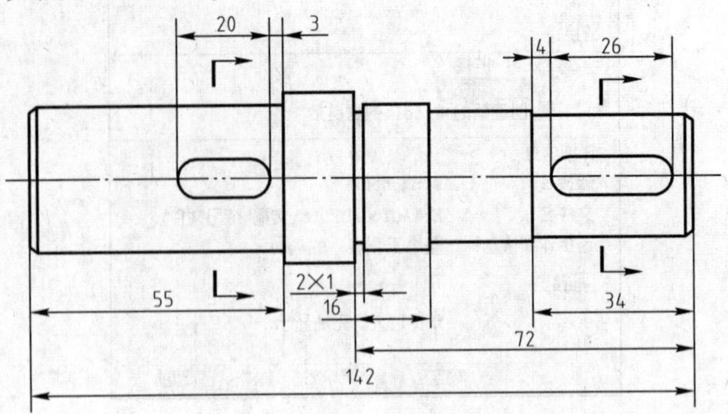

图 6-73　标注基本线性尺寸

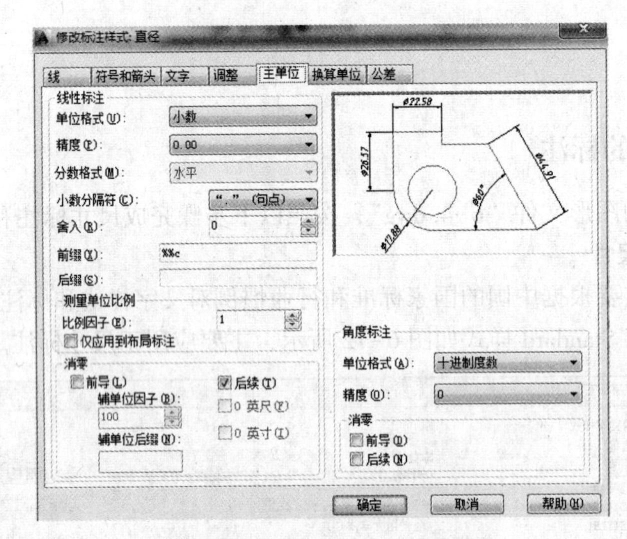

图 6-74　新建“直径”标注样式

标注普通直径尺寸仍然使用创建线性标注命令（DIMLINEAR），如图 6-75 所示。

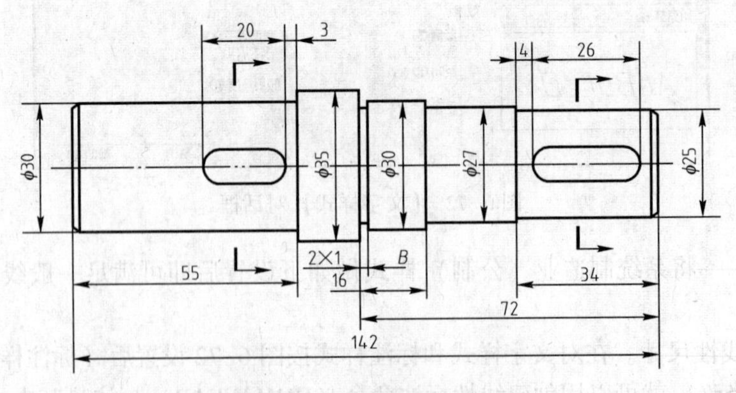

图 6-75　标注普通直径尺寸

（3）标注带公差的直径尺寸。要在线性结构上标注带公差的直径尺寸，选择尺寸 ϕ30，单击鼠标右键，在弹出的快捷菜单中选择【特性】命令，系统弹出如图 6-76 所示的【特性】管理器。单击【主单位】选项卡，将其展开，然后在【标注后缀】中输入“k6”；采用同样的方式将 ϕ35、ϕ30 和 ϕ25 添加后缀，结果如图 6-77 所示。

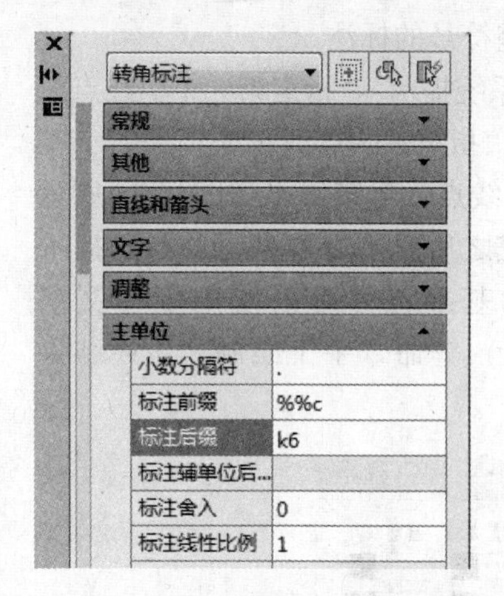

图 6-76 【特性】管理器

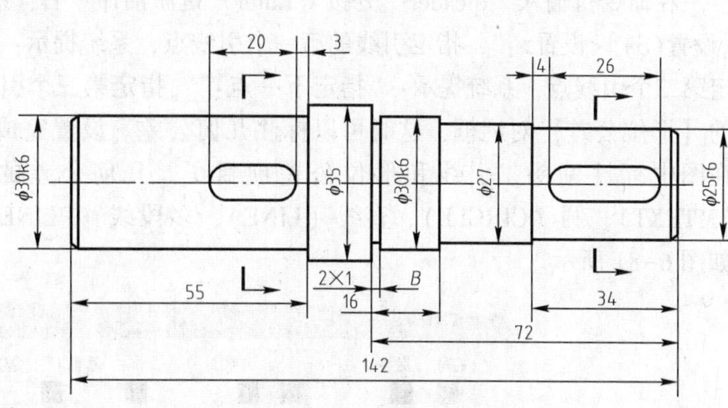

图 6-77 添加公差

（4）标注带公差的线性尺寸。一张零件图中的多个带公差的直径尺寸往往公差（上、下偏差）各不相同，但设置样式时，一般只设置一种标注样式来标注这一类尺寸格式。在使用这个格式标注完后，对于公差（上、下极限偏差）与标注格式不一致的尺寸，可以单击【特性】按钮或使用快捷键〈CTRL+1〉打开【特性】管理器对上、下极限偏差进行修改，如图 6-78 所示。

标注带公差的线性尺寸，也最好专门设置一种新的标注样式。可在以前设置样式基础上新建一个样式，可命名为“线性公差”，后续公差的设置方法与【直径公差】样式的设置方法相同，如图 6-79 所示。

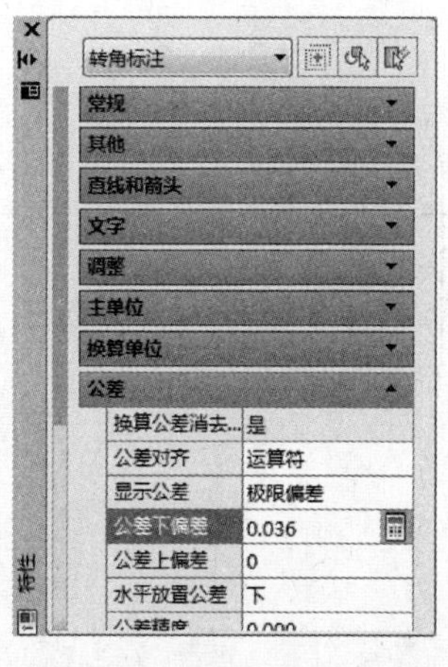

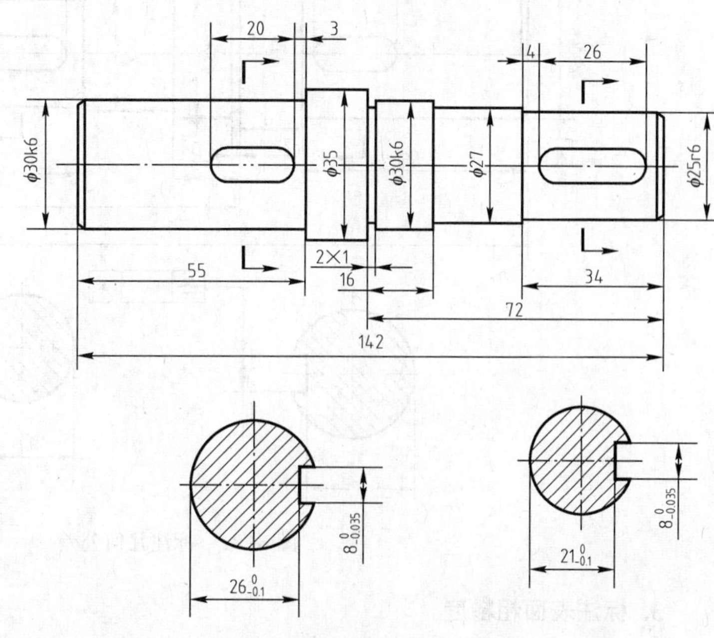

图 6-78 【特性】管理器

图 6-79 标注带公差的线性尺寸

2. 标注几何公差

标注几何公差时可以用公差（TOLERANCE）命令，工具栏图标按钮为。也可以使用快速引线（QLEADER）命令同时完成箭头引线和几何公差符号的标注。

在命令行输入“qleader”并按〈Enter〉键激活命令后，系统提示：“指定第一个引线点或[设置(S)]<设置>:”，指定引线的第一个引线点，系统提示：“指定下一点:<正交 关>”，指定第二个引线点，系统提示：“指定下一点:”，指定第三个引线点，系统弹出如图6-80所示的【形位公差】对话框，这时可以标注几何公差。设置完成之后就可以根据命令行的提示在图中标注箭头、引线和形位公差项目了。几何公差的基准符号可以使用多行文字（MTEXT）、圆（CIRCLE）、直线（LINE）、多段线（PLINE）等命令手工绘制，最终结果如图6-81所示。

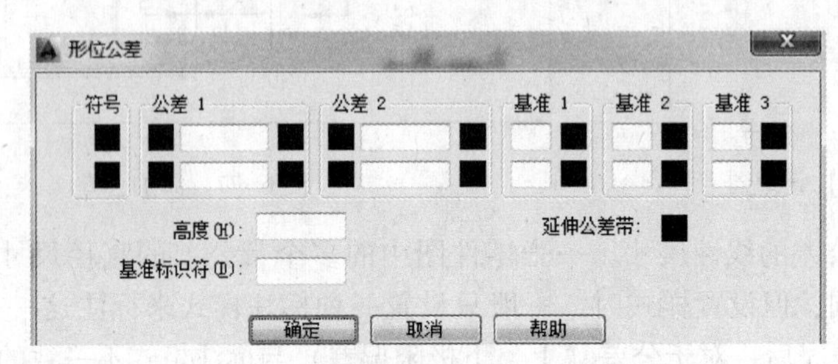

图6-80 【形位公差】对话框

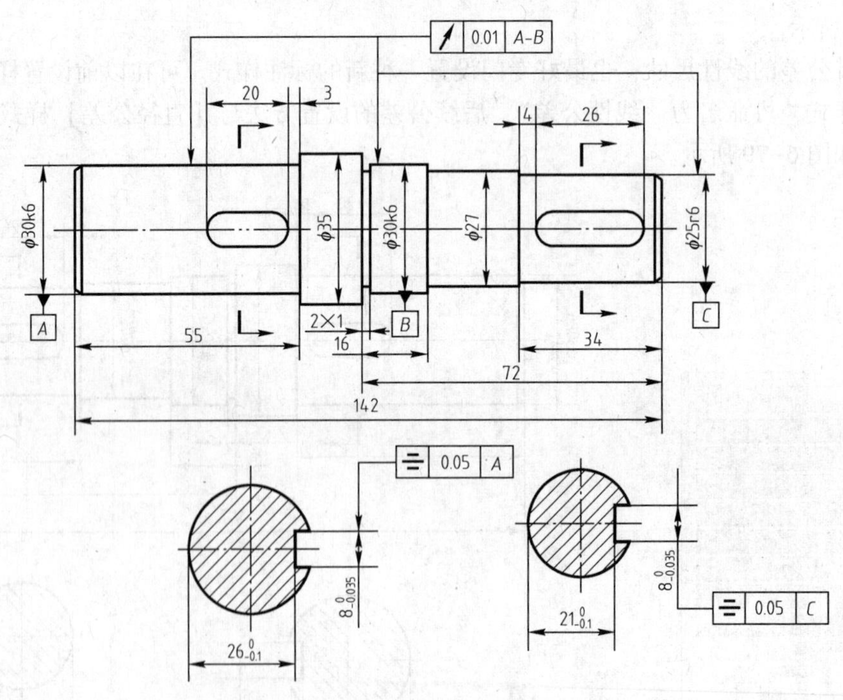

图6-81 标注几何公差

3. 标注表面粗糙度

标注表面粗糙度时一般使用【块】来操作，这样可以大大提高标注效率。

选择菜单中的【绘图】|【块】|【创建】命令，或单击【绘图】工具栏【创建块】按钮，或在【草图与注释】工作空间下，在功能区的【插入】选项卡中单击【块定义】面板中的【创建块】按钮，系统弹出【块定义】对话框。

将设置的属性置于屏幕指定的位置之后，使用正多边形（POLYGON）、直线（LINE）等命令绘制表面粗糙度符号，使用多行文字（MTEXT）命令绘制表面粗糙度参数名称 *Ra*，然后把这些对象按标注表面粗糙度的要求调整到合适的位置，如图 6-82 所示。

图 6-82　绘制表面粗糙度符号和参数名称

接下来要做的操作有：设置块的名称、指定块的基点、指定创建块的所有对象。

在【草图与注释】工作空间下，在功能区的【插入】选项卡中单击【块】面板中的【插入】|【表面结构】，可以直接插入已经定义的【表面结构】块。也可以选择菜单中的【插入】|【块】命令，或单击【绘图】工具栏【插入块】按钮，系统弹出【插入】对话框。然后根据提示用鼠标确定插入点和旋转角度，用键盘输入 *Ra* 参数值来完成命令，标注表面粗糙度，如图 6-83 所示。

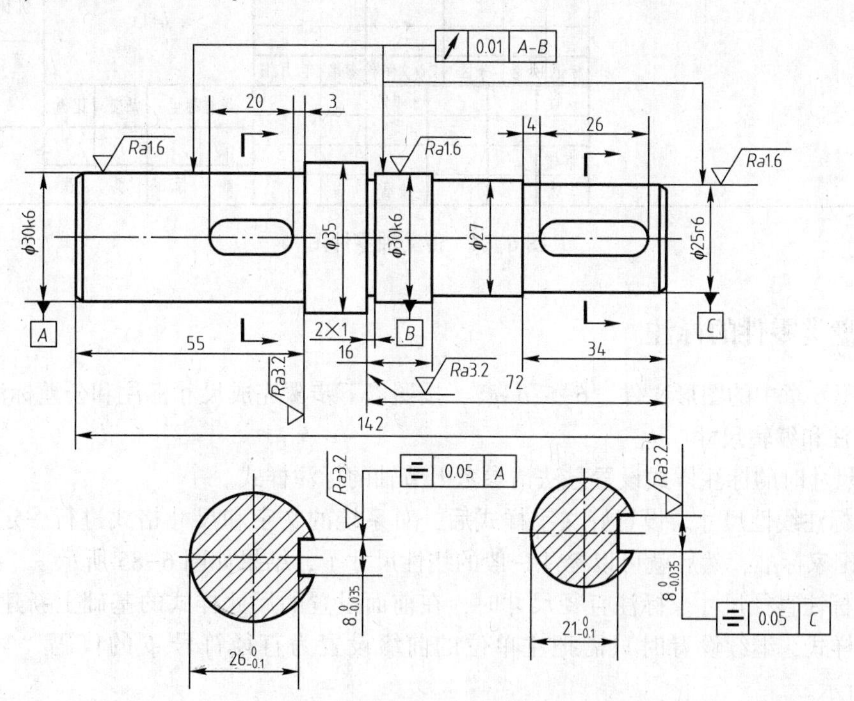

图 6-83　标注表面粗糙度

4. 填写技术要求和标题栏相关内容

按要求填写技术要求和标题栏相关内容，完成零件图。如图 6-84 所示。

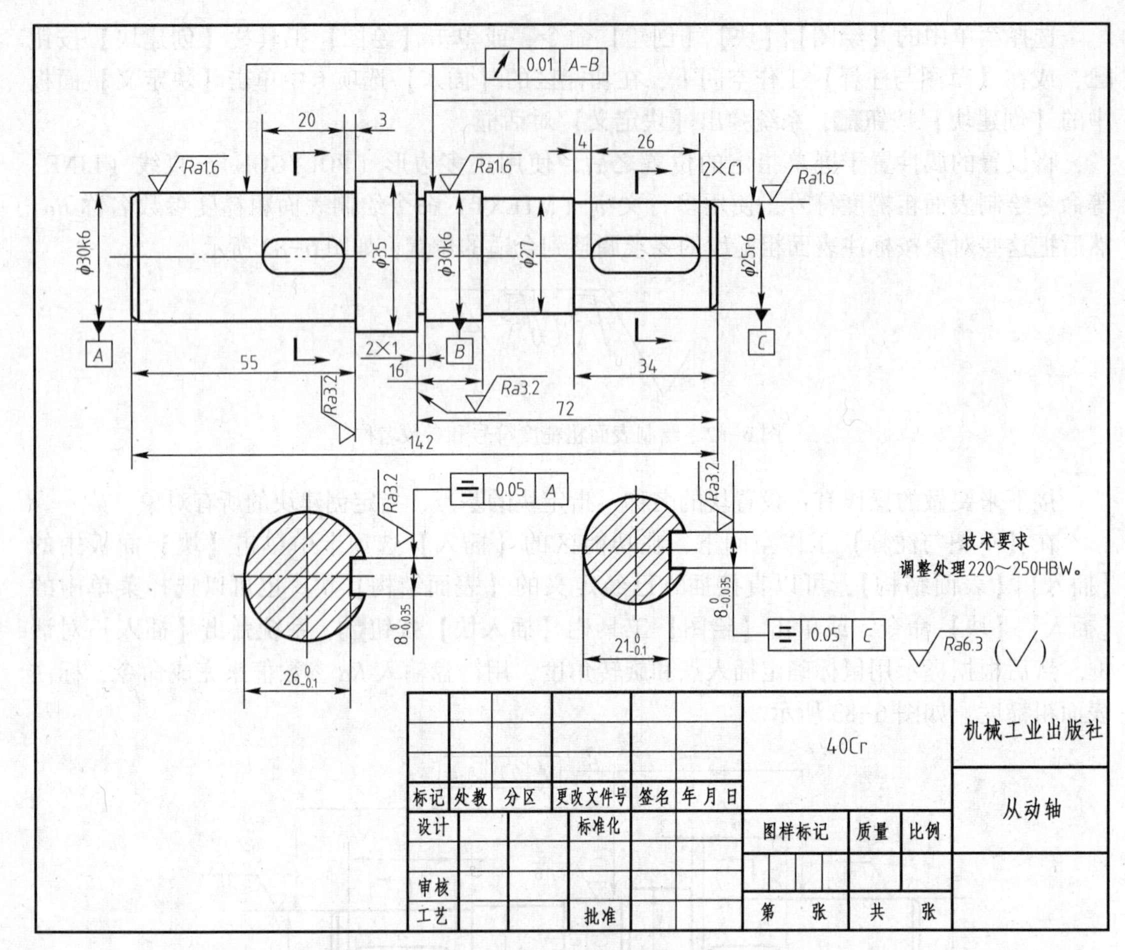

图 6-84　传动轴零件图

6.5.2　盘类零件的标注

打开第 6 章中的图形文件“6-5. dwg”，按照以下步骤完成尺寸标注和公差标注。

1. 标注和编辑尺寸

标注尺寸时的标注样式设置方法请参考上节轴的标注样式。

（1）标注线性尺寸。设置好文字样式后，对系统的文字和尺寸格式进行一定修改以符合我国的国家标准，然后就可以标注一般的线性尺寸了，结果如图 6-85 所示。

（2）标注直径尺寸。标注直径尺寸时，在前面设置的尺寸样式的基础上新建一个【直径】标注样式，继续设置时只需把主单位的前缀设置为直径符号 ϕ 的代码“%%c”，如图 6-86 所示。

（3）标注带公差的直径尺寸。可在上述经过设置的【直径】标注样式的基础上新建一个【直径公差】样式，并对公差项目做相应的设置，结果如图 6-87 所示。

2. 标注技术要求、填写标题栏

完成图形和尺寸后，标注好技术要求、填写好标题栏，零件图就完成了。如图 6-88 所示。

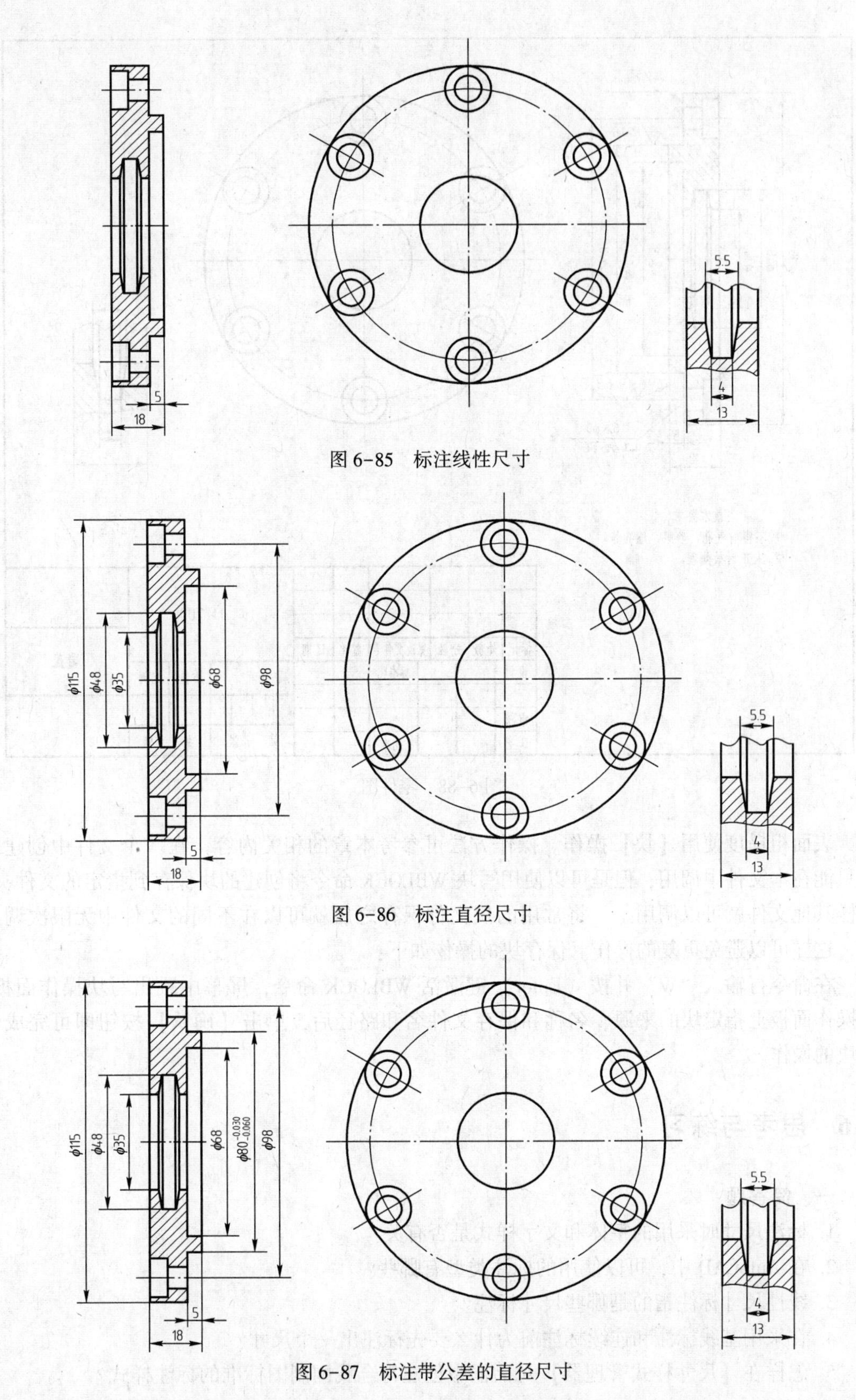

图 6-85　标注线性尺寸

图 6-86　标注直径尺寸

图 6-87　标注带公差的直径尺寸

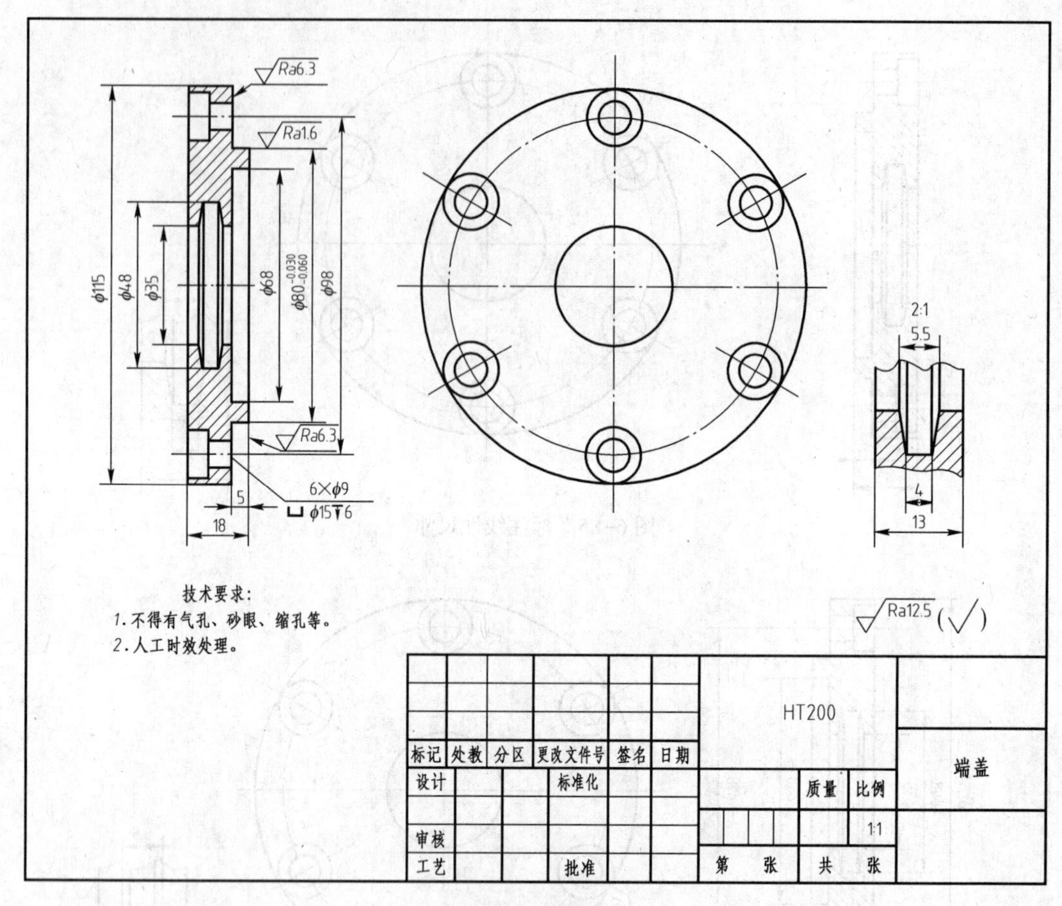

图 6-88 零件图

表面粗糙度使用【块】操作。操作方法可参考本章的相关内容。在一个文件中创建的块只能在本文件中调用，但是可以使用写块 WBLOCK 命令将创建的块保存到指定的文件夹，这样其他文件就可以调用了。将常用的块文件保存之后就可以在不同的文件中无限次调用了，这样可以避免重复的操作。保存块的操作如下：

在命令行输入“W”并按〈Enter〉键激活 WBLOCK 命令，屏幕中跳出写块操作面板，在操作面板上指定块的来源、名称和保存文件名和路径后，单击【确认】按钮即可完成保存块的操作。

6.6 思考与练习

一、简答题

1. 标注尺寸时采用的字体和文字样式是否有关？
2. 在 AutoCAD 中，可以使用的标注类型有哪些？
3. 线性尺寸标注指的是哪些尺寸标注？
4. 在采用基线标注和连续标注前为什么要先标注出一个尺寸？
5. 怎样在【尺寸样式管理器】对话框中创建符合我国制图标准的标注样式？

二、操作题

设置图形界限按1:1绘制如图6-89~图6-91所示的图形，建立尺寸标注层，设置合适的尺寸标注样式完成图形。

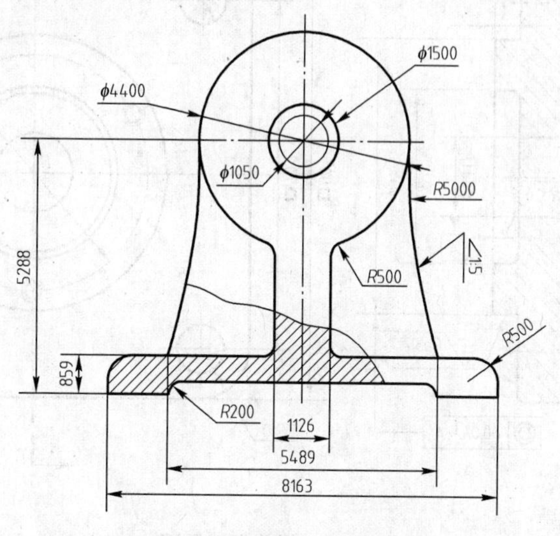

图6-89 操作题1图形

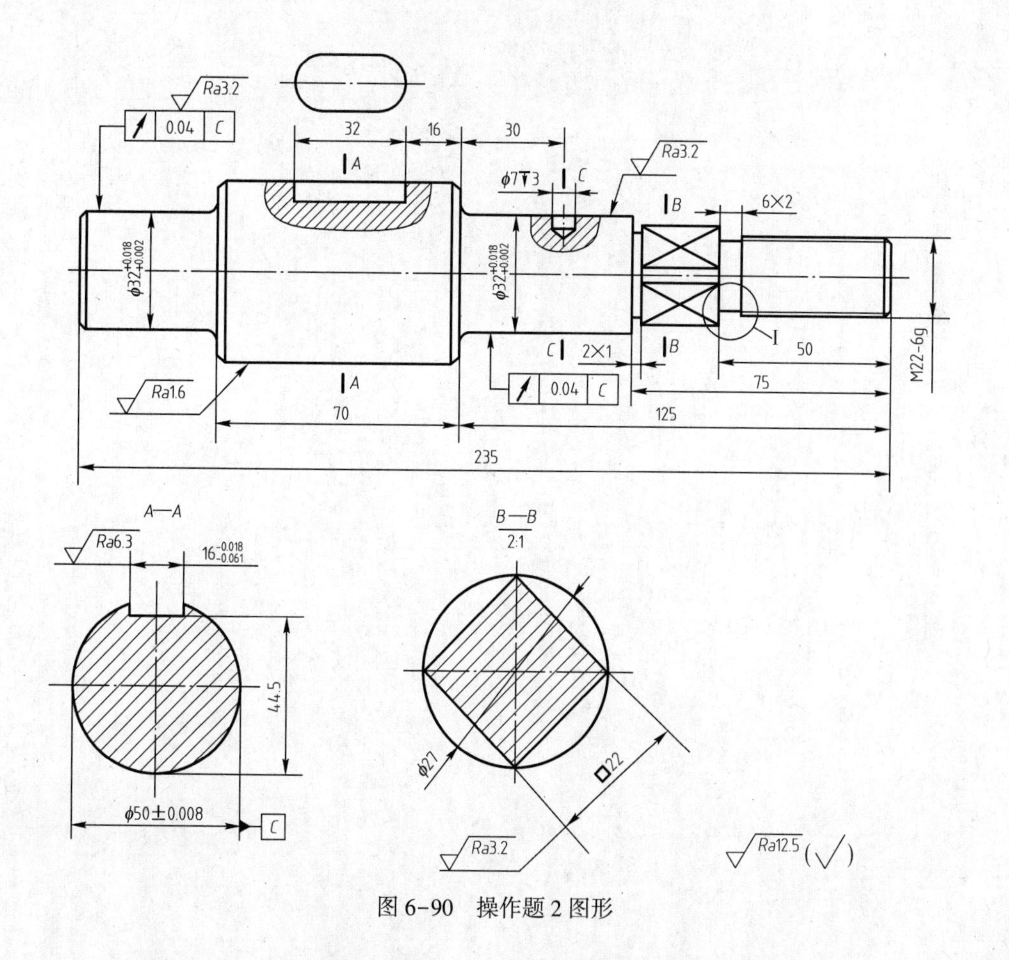

图6-90 操作题2图形

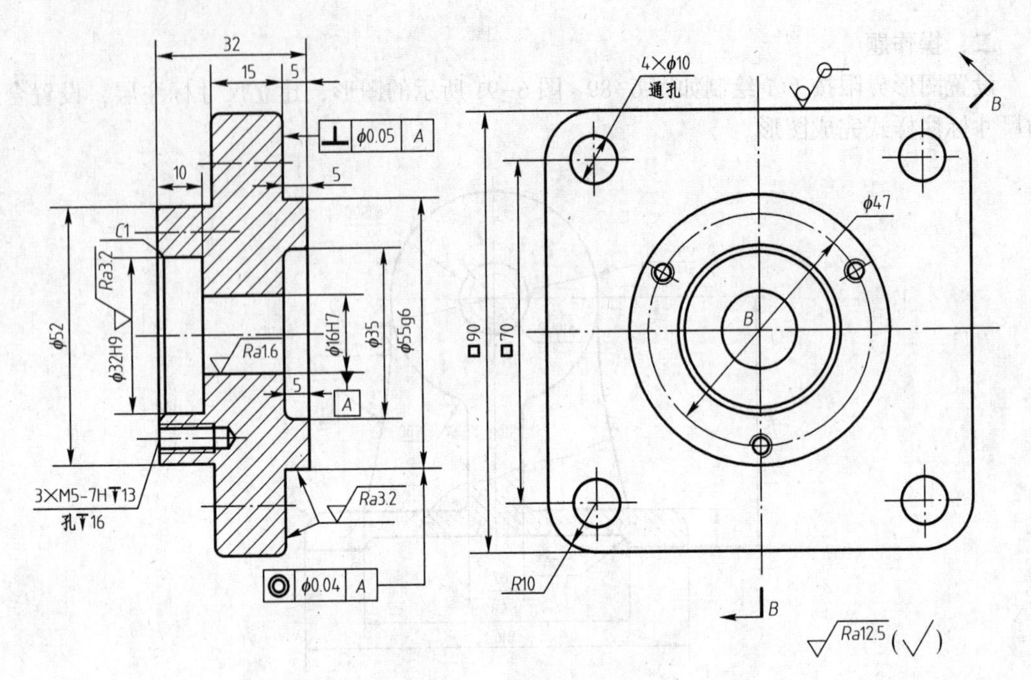
32
15
5
10
5
C1
Ra3.2
ϕ52
ϕ32H9
Ra1.6
ϕ16H7
ϕ35
ϕ55g6
5
A
ϕ0.05
A
3×M5-7H▼13
孔▼16
Ra3.2
ϕ0.04
A
4×ϕ10
通孔
B
ϕ47
B
□90
□70
R10
B
Ra12.5

图 6-91　操作题 3 图形

第 7 章　绘制二维工程图与轴测图

本章重点介绍几个二维工程图与轴测图的绘制实例，目的是让读者通过实例操作来复习前面所学的知识，掌握二维绘图综合应用的方法及技巧。

7.1　平面图绘制实例

本节将详细介绍一个平面图的绘制实例。在绘制该实例时，涉及的内容主要包括创建新图形文件、设置所需要的图层、使用各种绘制和修改工具命令进行二维图形绘制、定制文字样式和标注样式、图形标注尺寸等。该实例最后完成的平面图如图 7-1 所示。

下面介绍本平面图的具体绘制过程。

（1）新建一个图形文件。单击【快速访问】工具栏中的【新建】按钮，或者选择【文件】菜单中的【新建】命令，创建一个新图形文件，该图形文件以 AutoCAD 2016 自带的“Acadiso.dwt”为样板。本例使用【草图与注释】工作空间。

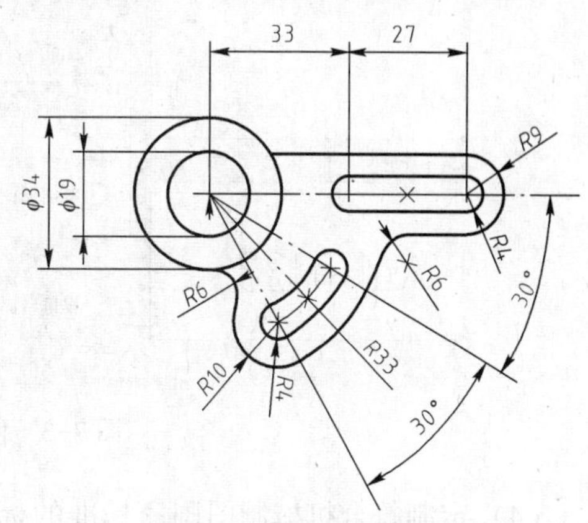

图 7-1　平面图绘制实例

（2）定制所需要的图层。图形中存在的图层还不能满足本例设计的需要，因此需要由用户定制所需要的图层。

选择菜单中的【格式】|【图层】命令，或在功能区【默认】选项卡的【图层】面板中单击【图层特性】按钮，系统弹出如图 7-2 所示的【图层特性管理器】对话框。利用【图层特性管理器】分别创建【标注与注释】层、【粗实线】层、【细实线】和【中心线】层，各层的颜色、线型和线宽特性如图 7-2 所示。然后关闭【图层特性管理器】对话框。

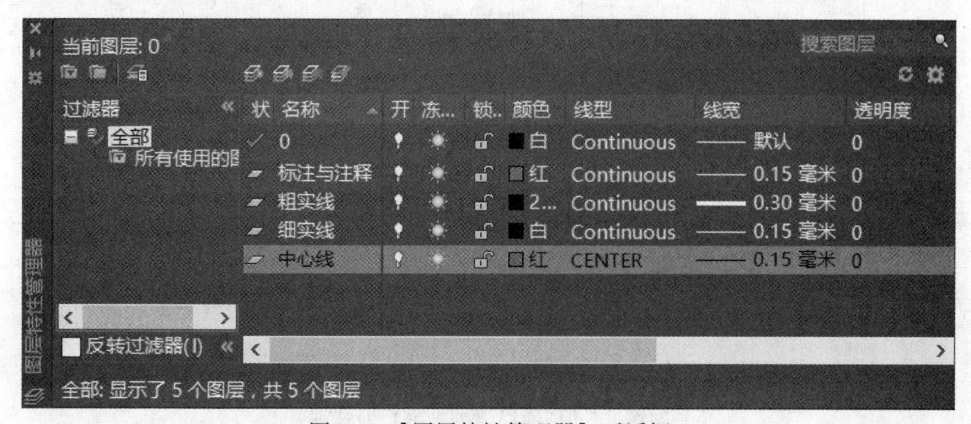

图 7-2　【图层特性管理器】对话框

（3）设置文字样式。选择菜单中的【格式】|【文字样式】命令，或在功能区【默认】选项卡的【注释】溢出面板中单击【文字样式】按钮，系统弹出如图 7-3 所示的【文字样式】对话框。利用【文字样式】对话框创建符合国家标准的文字样式，例如单击【新建】按钮来新建一个名为【GB-5】文字样式，设置其【字体名】为“genor. shx”，勾选【使用大字体】复选框，【大字体】设置为“gbcbig. shx”，字体【高度】为“5”，其他设置如图 7-3 所示。单击【文字样式】对话框中的【应用】按钮，然后单击【关闭】按钮。

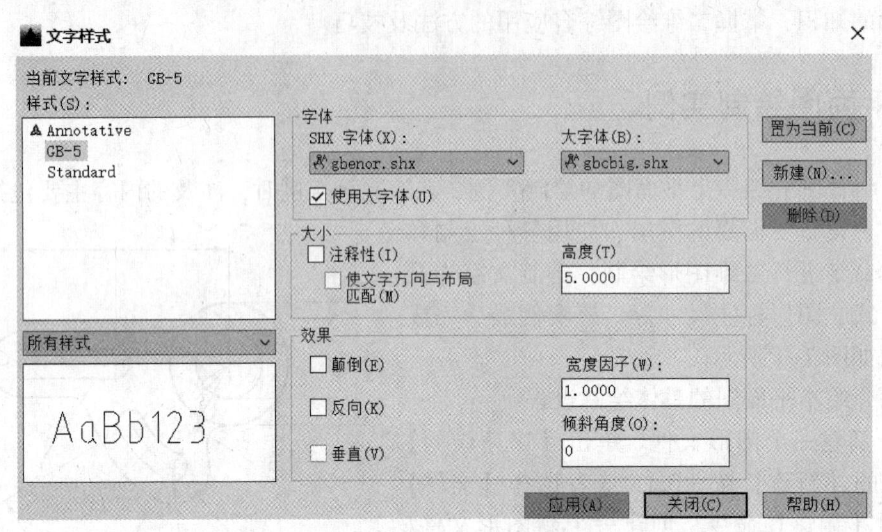

图 7-3 【文字样式】对话框

（4）定制符合机械制图国家标准的标注样式。选择菜单中的【格式】|【标注样式】命令，或在功能区【默认】选项卡的【注释】溢出面板中单击【标注样式】按钮，系统弹出如图 7-4 所示的【标注样式管理器】对话框。利用该对话框创建一个符合机械制图国家标准的标注样式，该标注样式在本例中被命名为“GB-5”，该标注样式需要应用“GB-5”

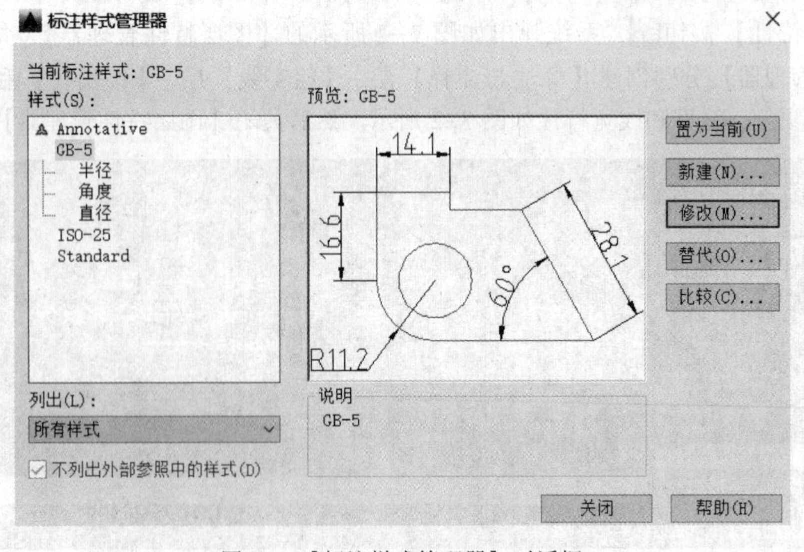

图 7-4 【标注样式管理器】对话框

的文字样式，注意在“GB-5”标注样式下还创建了【半径】子样式、【角度】子样式和【直径】子样式，如图 7-4 所示，具体定制过程不再赘述，读者可以参考在前面第 6 章中讲解的方法。设置好标注样式后，单击【标注样式管理器】对话框中的【关闭】按钮。

（5）设置对象捕捉模式。在绘制该平面图时，需要采用某些对象捕捉模式。在状态栏中单击【对象捕捉】按钮旁的下三角箭头按钮，如图 7-5 所示，接着从弹出的菜单中选择【对象捕捉设置】选项，系统弹出如图 7-6 所示的【草图设置】对话框，从【对象捕捉】选项卡中设置对象捕捉模式选项。设置完成后，单击【确定】按钮。在绘制图形时，可以根据实际情况启用对象捕捉模式和对象捕捉追踪模式。

图 7-5　设置对象捕捉模式

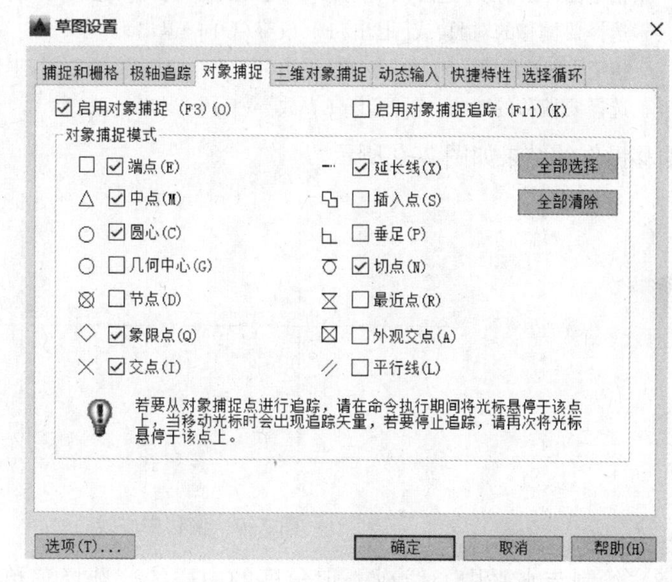

图 7-6 【草图设置】对话框

（6）绘制部分中心线。在功能区【默认】选项卡的【图层】面板中的【图层控制】下拉列表框中选择【中心线】层，如图 7-7 所示。接着单击【绘制】工具栏中的【直线】按钮，在绘图区域中绘制图 7-8 所示的两条正交的中心线，其中水平的中心线大约长 120。

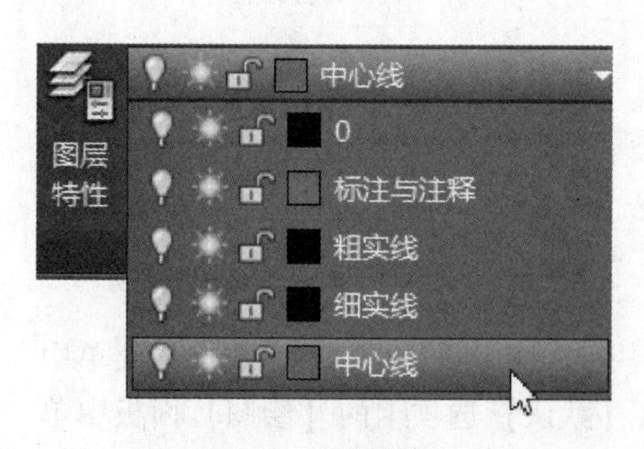

图 7-7　设置图层

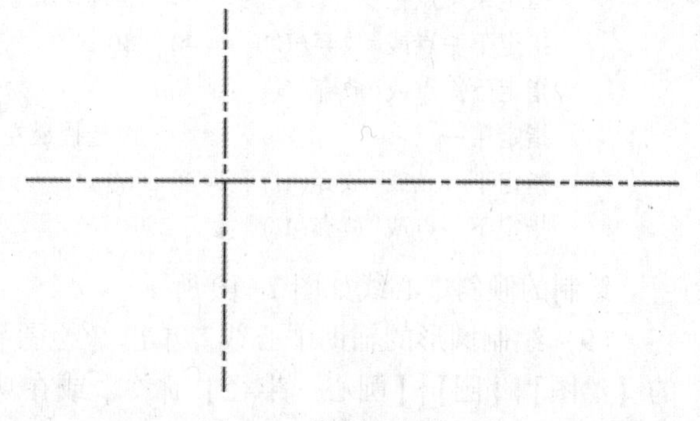

图 7-8　绘制两条中心线

（7）偏移操作。选择菜单中的【修改】|【偏移】命令，或单击【修改】工具栏【偏移】按钮，或在【草图与注释】工作空间下，在功能区的【默认】选项卡中单击【修改】面板中的【偏移】按钮，执行如下操作。

命令:_offset

当前设置:删除源=否　图层=源　OFFSETGAPTYPE=0

指定偏移距离或[通过(T) 删除(E) 图层(L)]<通过>:150↙　　//指定偏移距离为 150

选择要偏移的对象,或[退出(E) 放弃(U)]<退出>:　　//选择竖直的中心线

指定要偏移的那一侧上的点,或[退出(E) 多个(M) 放弃(U)]<退出>: //在竖直中心线右侧区域单击

选择要偏移的对象,或[退出(E) 放弃(U)]<退出>:↙

命令:_offset　　//单击【偏移】按钮

当前设置:删除源=否　图层=源　OFFSETGAPTYPE=0

指定偏移距离或[通过(T) 删除(E) 图层(L)]<33.0000>:27↙　　//指定偏移距离为 27

选择要偏移的对象,或[退出(E) 放弃(U)]<退出>:　　//选择刚偏移得到的中心线

指定要偏移的那一侧上的点,或[退出(E) 多个(M) 放弃(U)]<退出>: //在竖直中心线右侧区城单击

选择要偏移的对象,或[退出(E) 放弃(U)]<退出>:↙　　//按〈Esc〉键退出偏移命令

偏移操作的结果如图 7-9 所示。

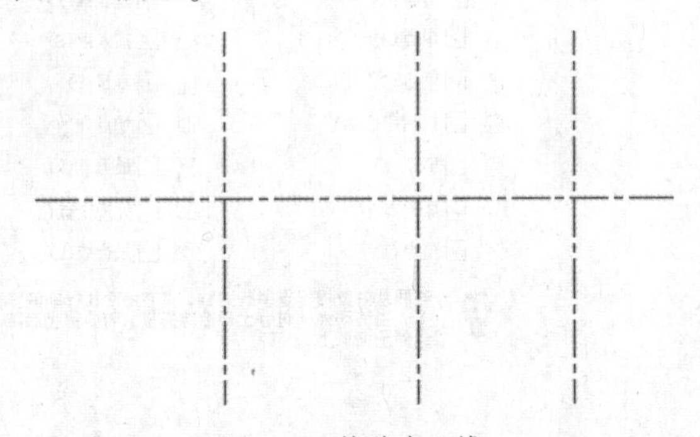

图 7-9　偏移中心线

(8) 绘制与水平中心线成一定角度的中心线。选择菜单中的【绘图】|【直线】命令(LINE),或单击【绘图】工具栏【直线】按钮，或在【草图与注释】工作空间下，在功能区的【默认】选项卡中单击【绘图】面板中的【直线】按钮，也可以在命令窗口的命令行中输入【LINE】命令。

指定第一点:　　//选择最左侧的垂直中心线与水平中心线的交点

指定下一点或[放弃(U)]:@ 40<-30 ↙

指定下一点或[放弃(U)]:↙

指定第一点:　　//选择最左侧的垂直中心线与水平中心线的交点

指定下一点或[放弃(U)]:@ 40<-60 ↙

指定下一点或[放弃(U)]:↙

绘制的倾斜中心线如图 7-10 所示。

(9) 绘制圆形的辅助中心线。单击【绘图】工具栏中的【圆】按钮，或选择菜单中的【绘图】|【圆】|【圆心、半径】命令，或在功能区【默认】选项卡的【绘图】面板中单击【圆】按钮。

指定圆的圆心或[三点(3P) 两点(2P) 切点、切点、半径(T)]: //选择倾斜中心线与水平中心线的交点

指定圆的半径或[直径(D)]:23↙

绘制的圆形辅助中心线如图 7-11 所示。

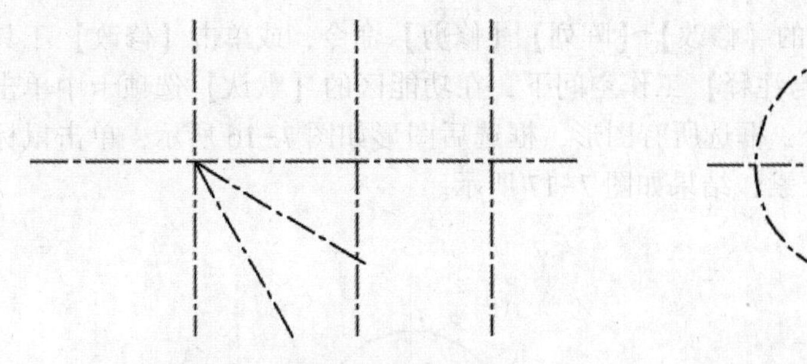

图 7-10　绘制斜辅助线

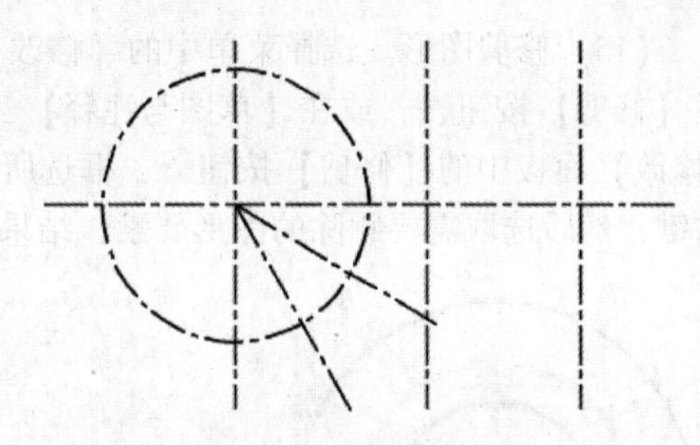

图 7-11　绘制中心线圆

（10）将【粗实线】层设置为当前图层。在【图层】面板中的【图层控制】下拉列表框中选择【粗实线】层，从而将其设置为当前图层。

（11）采用与步骤（9）相同的方法绘制 ϕ19、ϕ34、ϕ66、多个 ϕ8、ϕ18 和 ϕ20 的圆，各个圆的具体位置参照图 7-1 所示，结果如果 7-12 所示。

（12）绘制圆弧。选择菜单中的【绘图】|【圆弧】|【圆心、起点、端点(C)】命令，或单击功能区【默认】选项卡的【绘图】面板中的【圆心、起点、端点】按钮，在图形中依次指定圆心位置、圆弧起点和圆弧端点，从而绘制图 7-13 所示的半径小的一段圆弧，使用同样的方法，依次通过指定圆心、圆弧起点和圆弧端点来绘制另外一段圆弧，如图 7-13 所示。

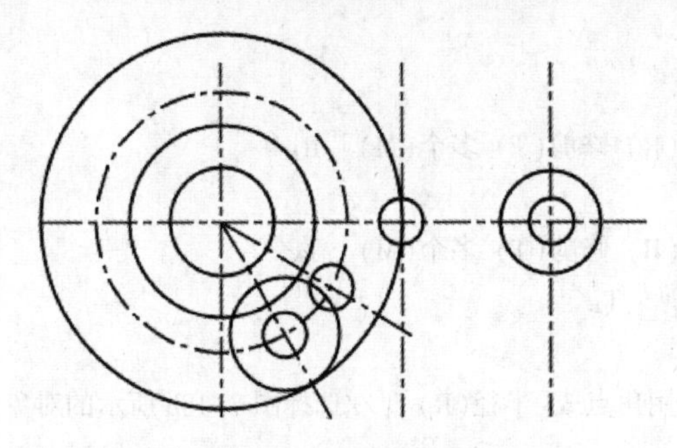

图 7-12　绘制多个圆

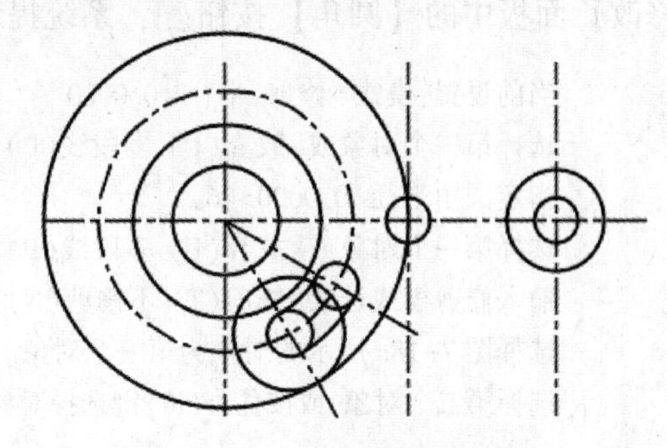

图 7-13　绘制两段圆弧

（13）绘制两段直的线段。单击【绘制】工具栏中的【直线】按钮，分别绘制图 7-14 所示的直线 1 和直线 2。

（14）绘制相切直线。采用与步骤（13）相同的方式绘制两段直线，结果如图 7-15 所示。

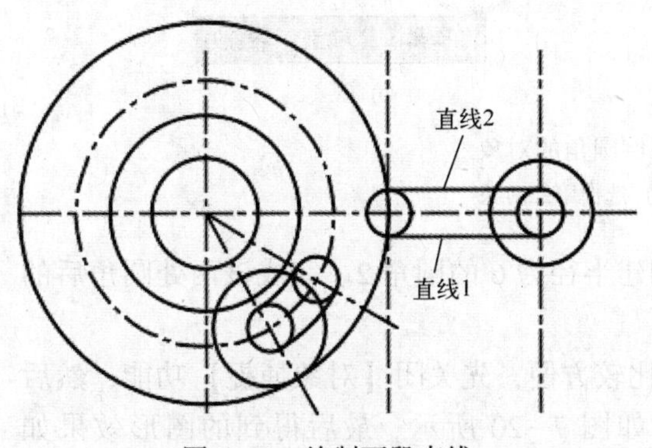

图 7-14　绘制两段直线

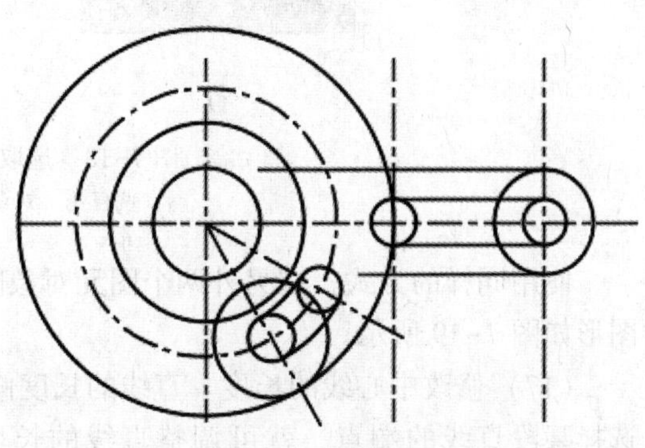

图 7-15　绘制相切直线

（15）修剪图形。选择菜单中的【修改】|【阵列】|【修剪】命令，或单击【修改】工具栏【修剪】按钮，或在【草图与注释】工作空间下，在功能区的【默认】选项卡中单击【修改】面板中的【修剪】按钮，框选所有图形，框选后图形如图 7-16 所示，单击鼠标右键，然后选取需要删除的图形要素，结果如图 7-17 所示。

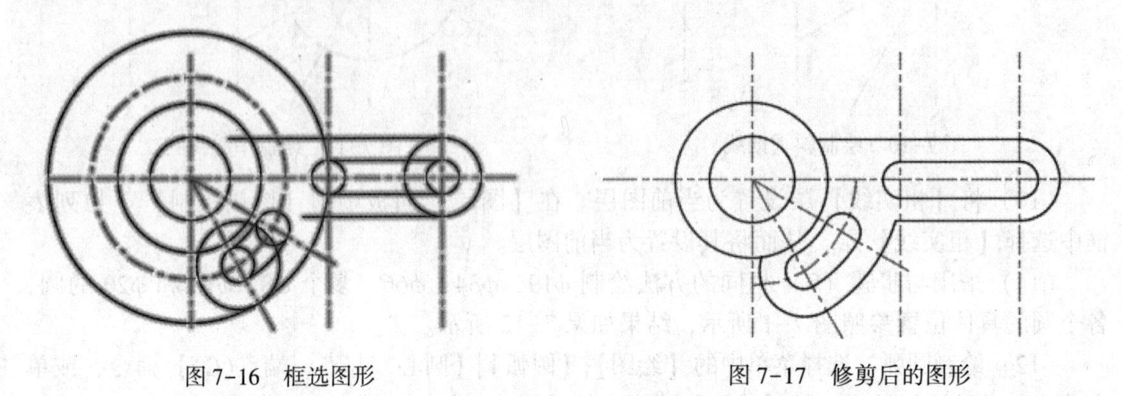

图 7-16　框选图形　　　　图 7-17　修剪后的图形

（16）圆角。选择菜单中的【修改】|【阵列】|【圆角】命令，或单击【修改】工具栏【圆角】按钮，或在【草图与注释】工作空间下，在功能区的【默认】选项卡中单击【修改】面板中的【圆角】按钮，系统提示：

当前设置:模式=修剪,半径=0.0000
选择第一个对象或[放弃(U) 多段线(P) 半径(R) 修剪(T) 多个(M)]:R↙
指定圆角半径<0.0000>:6↙
选择第一个对象或[放弃(U) 多段线(P) 半径(R) 修剪(T) 多个(M)]:T↙
输入修剪模式选项[修剪(T) 不修剪(N)]<修剪>:T↙
选择图 7-18a 所示的对象为第一个对象。
选择第二个对象,或按住〈Shift〉键选择对象以应用角点或[半径(R)]://选择图 7-18b 所示的对象。

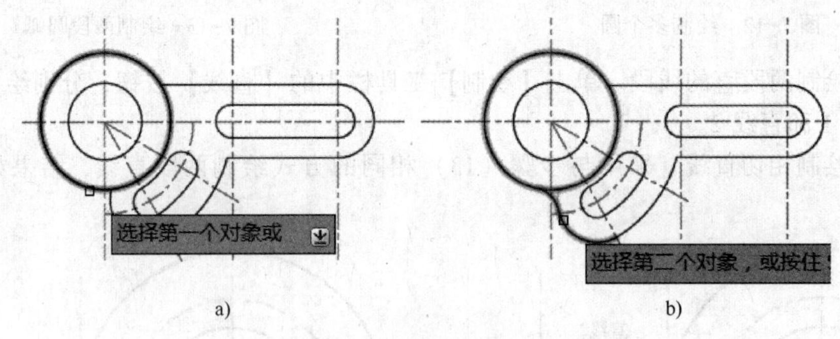

图 7-18　选取需要倒圆角的对象
a）选择第一对象　b）选择第二对象

使用同样的方式，在另外两个图元对象间创建半径为 6 的圆角 2。完成该两处圆角后的图形如图 7-19 所示。

（17）修改中心线的长度。直线的长度修改比较方便，先关闭【对象捕捉】功能，然后选择某段直线的端点，就可调整直线的长度，如图 7-20 所示。最后得到的图形效果如图 7-21 所示。

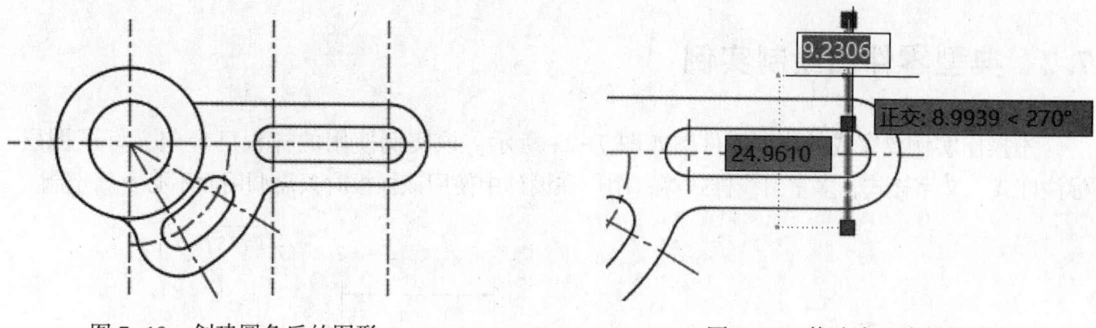

图 7-19　创建圆角后的图形　　　图 7-20　修改中心线的长度

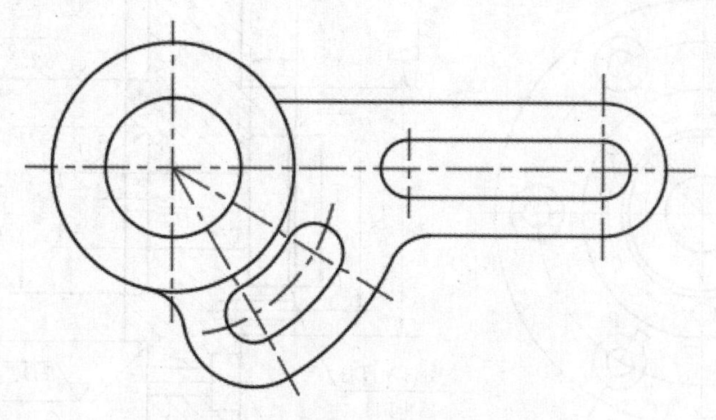
图 7-21　修改中心线后的图形

（18）标注尺寸。在【图层】面板中的【图层控制】下拉列表框中选择【标注与注释】层，从而将其设置为当前图层。接着在【注释】面板中指定所需的文字样式和标注样式。在功能区【默认】选项卡的【注释】面板中选择相关工具命令来对图形进行标注。尺寸标注的结果如图 7-22 所示。

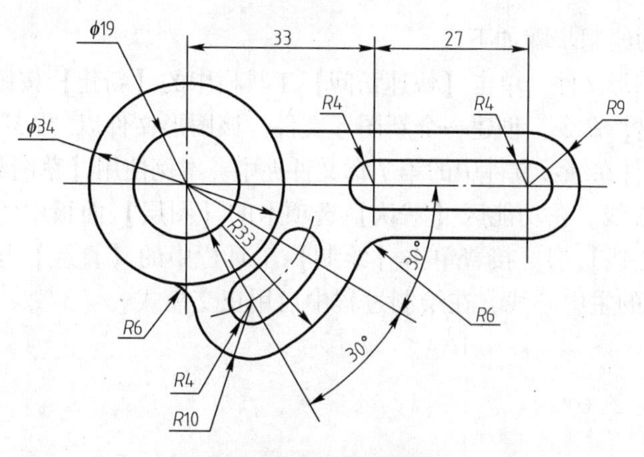

图 7-22　最终的图形

（19）保存文件。单击【保存】按钮，系统弹出【图形另存为】对话框，在【文件名】文本框中输入“7-1. dwg”，单击【保存】按钮。

7.2 典型零件图绘制实例

本操作实例要完成的典型零件图如图 7-23 所示。该实例使用的样板已经定义好了图层、标注样式、文字样式、多重引线样式等，用户在设计中使用该样板时只需调用而不必重新定制。

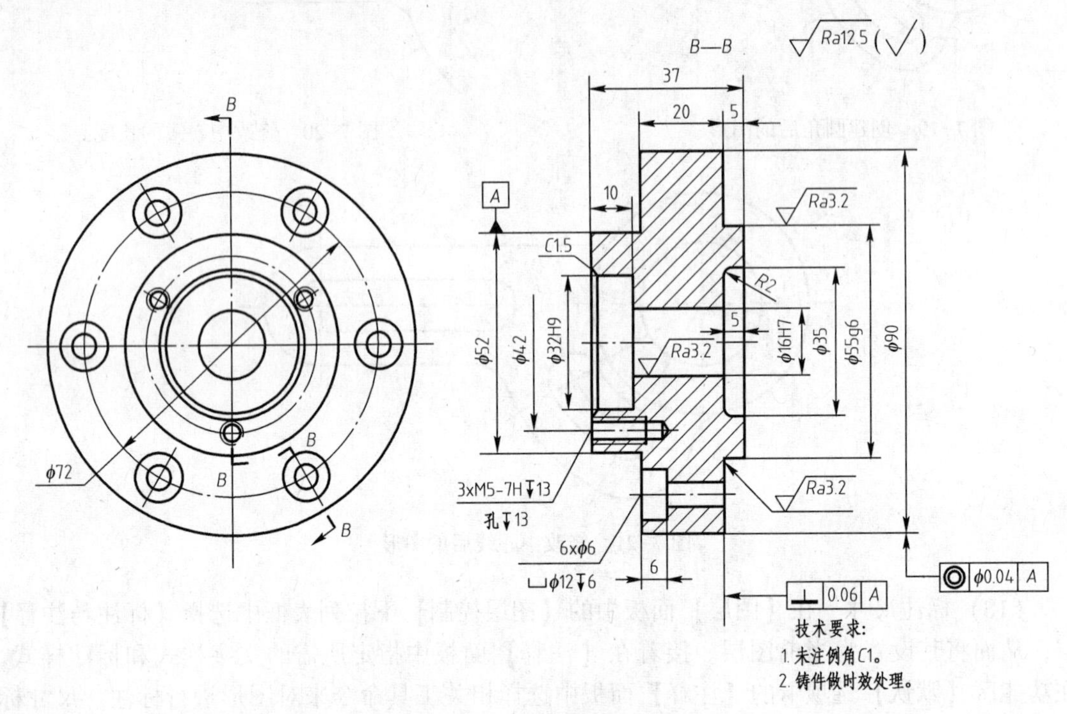

图 7-23 典型零件图绘制实例

该典型零件图的绘制步骤如下。

（1）新建一个图形文件。单击【快速访问】工具栏中的【新建】按钮，或者选择【文件】菜单中的【新建】命令，创建一个新图形文件。该图形文件以“A3”横向—不留装订为样板，“A3”样板文件在练习文件中的第 7 章文件夹中。本例使用【草图与注释】工作空间。

（2）绘制主中心线。在功能区【默认】选项卡的【图层】面板中的【图层控制】下拉列表框中选择【中心线】层。接着单击【绘制】工具栏中的【直线】按钮，在绘图区域中绘制如图 7-24 所示的主中心线，在绘制过程中启用正交模式。

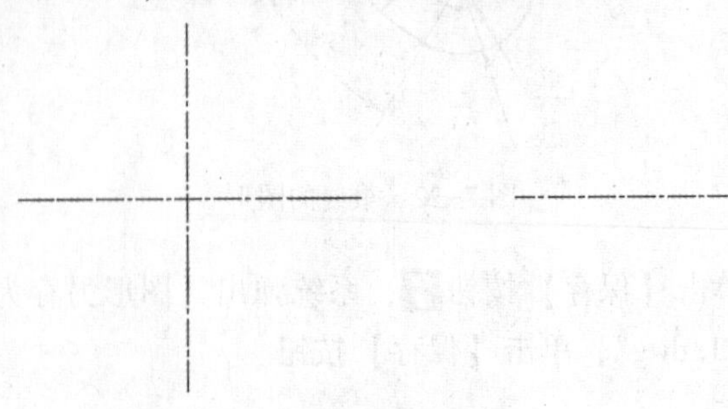

图 7-24 绘制中心线

（3）绘制圆形的辅助中心线。单击【绘图】工具栏中的【圆】按钮，或选择菜单中的【绘图】|【圆】|【圆心、半径】命令，或在功能区【默认】选项卡的【绘图】面板中单击【圆】按钮。

指定圆的圆心或[三点(3P) 两点(2P) 切点、切点、半径(T)]：//选择倾斜中心线与水平中心线的交点
指定圆的半径或[直径(D)]:36↙

采用相同的方法绘制 ϕ42 的圆，绘制的圆形辅助中心线如图 7-25 所示。

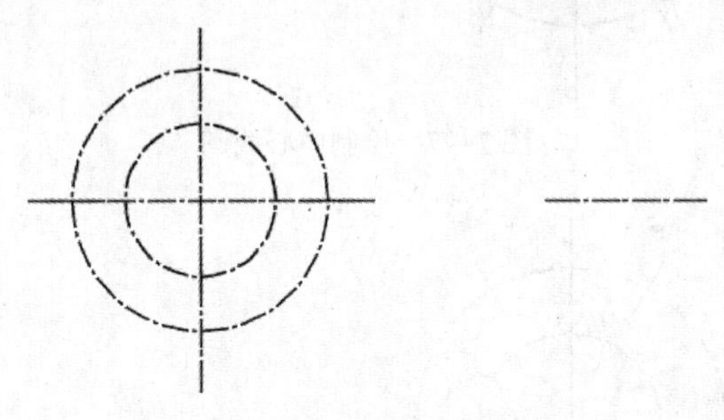

图 7-25　绘制中心线圆

（4）单击【绘制】工具栏中的【直线】按钮，在绘图区域中绘制如图 7-26 所示的中心线。其中直线的角度分别为 30°、60°、120°、150°、240°和 300°，直线长度随意，可以参照图 7-26 所示。

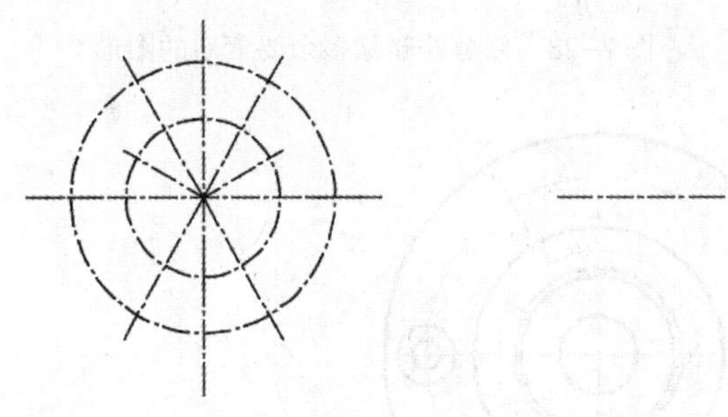

图 7-26　绘制中心线直线

（5）绘制圆形的辅助中心线。单击【绘图】工具栏中的【圆】按钮，或选择菜单中的【绘图】|【圆】|【圆心、半径】命令，或在功能区【默认】选项卡的【绘图】面板中单击【圆】按钮。绘制如图 7-27 所示的 ϕ32 和 ϕ52 两个圆。

（6）修剪图形。选择菜单中的【修改】|【阵列】|【修剪】命令，或单击【修改】工具栏【修剪】按钮，或在【草图与注释】工作空间下，在功能区的【默认】选项卡中单击【修改】面板中的【修剪】按钮，框选所有图形，修剪步骤（4）绘制的直线，修剪完后删除步骤（5）绘制的两个圆，结果如图 7-28 所示。

（7）将【粗实线】层设置为当前图层。在【图层】面板中的【图层控制】下拉列表框中选择【粗实线】层，从而将其设置为当前图层。

（8）在主视图（左边的视图）中绘制若干个圆。单击【绘图】工具栏中的【圆】按钮，或选择菜单中的【绘图】|【圆】|【圆心、半径】命令，或在功能区【默认】选项卡的【绘图】面板中单击【圆】按钮，绘制 ϕ90、ϕ52、ϕ35、ϕ32、ϕ12、ϕ6、ϕ5 和 ϕ4 圆，结果如图 7-29 所示。

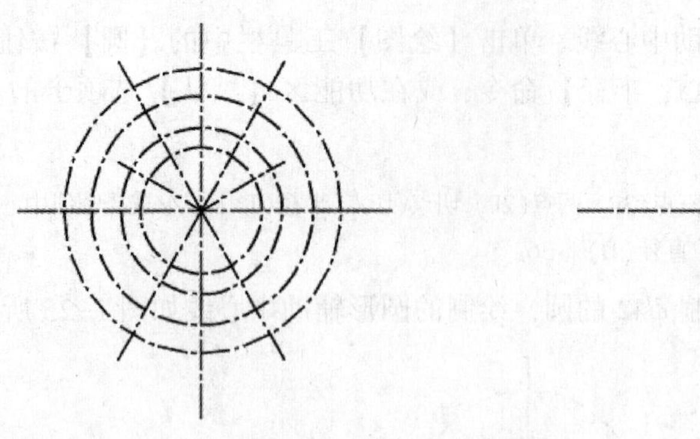

图 7-27　绘制中心线圆

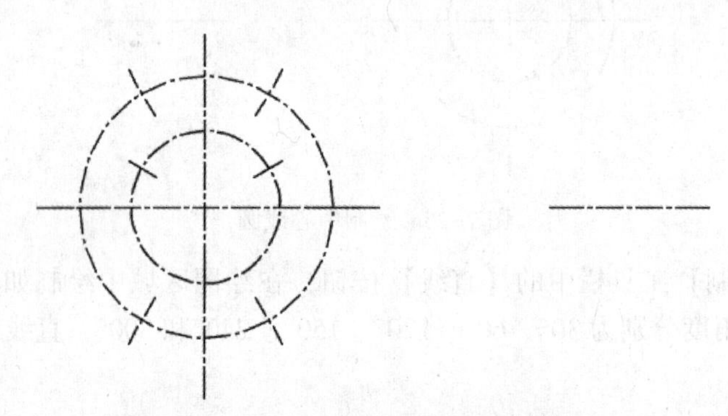

图 7-28　修剪并删除多余要素后的图形

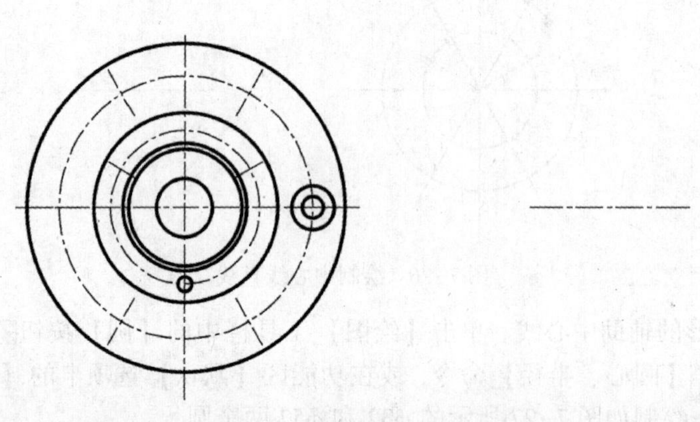

图 7-29　绘制多个圆后的图形

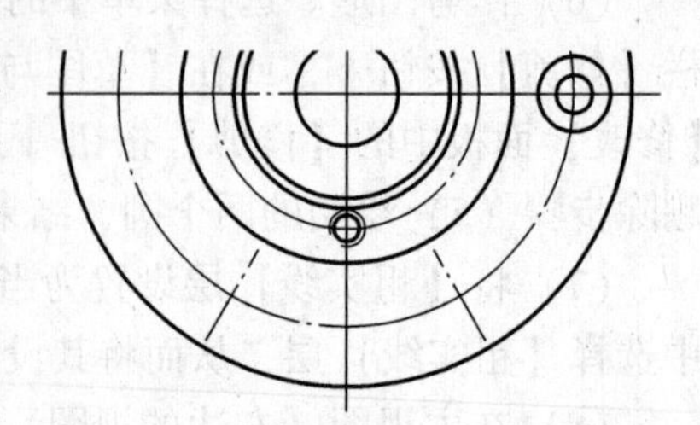

图 7-30　绘制圆并修剪后的图形

（9）在【图层】面板中的【图层控制】下拉列表框中选择【细线】层，从而将其设置为当前图层。单击【绘图】工具栏中的【圆】按钮，以 $\phi4$ 圆心为圆心绘制 $\phi5$ 的圆。单击【修改】工具栏【修剪】按钮，对 $\phi5$ 的圆进行修剪，结果如图 7-30 所示。

（10）阵列出均布的圆。选择菜单中的【修改】|【阵列】|【环形阵列】命令，或在【草图与注释】工作空间下，在功能区的【默认】选项卡中单击【修改】面板中的【环形阵列】按钮。根据命令行提示进行如下操作。

命令:_arraypolar
选择对象:　　　　　　　　　　　　　　　　　//选择图 7-29 所示的 $\phi12$ 和 $\phi6$ 两个小圆
找到 1 个,总计 2 个
类型=极轴　　关联=否
指定阵列的中心点或[基点(B) 旋转轴(A)]:　　//选择图 7-29 所示的大圆 $\phi90$ 的圆心
选择夹点以编辑阵列或[关联(AS) 基点(B) 项目(I) 项目间角度(A) 填充角度(F) 行(ROW)
层(L) 旋转项目(ROT)/退出(X)]<退出>:I↙　　//选择【项目(I)】选项
输入阵列中的项目数或[表达式(E)]<6>:6↙　　//输入项目数为 6
选择夹点以编辑阵列或[关联(AS) 基点(B) 项目(I) 项目间角度(A) 填充角度(F) 行(ROW)
层(L) 旋转项目(ROT) 退出(X)]<退出>:F↙　　//选择【填充角度(F)】选项
指定填充角度(+=逆时针、-=顺时针)或[表达式(EX)] <360>:360↙　　//输入填充角度为 360°
选择夹点以编辑阵列或[关联(AS) 基点(B) 项目(I) 项目间角度(A) 填充角度(F) 行(ROW)
层(L) 旋转项目(ROT) 退出(X)]<退出>:AS↙　//选择【关联(AS)】选项
创建关联阵列[是(Y) 否(N)]<否>:Y↙　　　//选择【是(Y)】选项
选择夹点以编辑阵列或[关联(AS) 基点(B) 项目(I) 项目间角度(A) 填充角度(F) 行(ROW)
层(L) 旋转项目(ROT) 退出(X)]<退出>　　//按〈Enter〉键接受并退出环形阵列操作

采用相同的方式阵列螺纹孔，完成上述环形阵列操作得到的图形结果如图 7-31 所示。

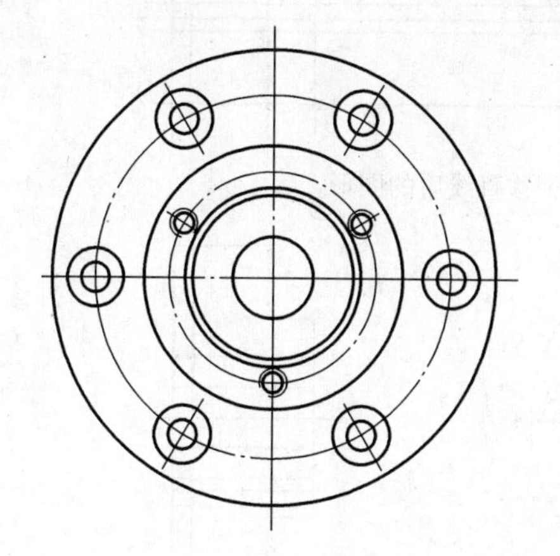

图 7-31　阵列后的图形

(11) 绘制直线。在【图层】面板中的【图层控制】下拉列表框中选择【粗实线】层，从而将其设置为当前图层。选择菜单中的【绘图】|【直线】命令，或单击【绘图】工具栏【直线】按钮，或在【草图与注释】工作空间下，在功能区的【默认】选项卡中单击【绘图】面板中的【直线】按钮，也可以在命令窗口的命令行中输入【LINE】命令。绘制如图 7-32 所示的直线。

(12) 偏移操作。选择菜单中的【修改】|【偏移】命令，或单击【修改】工具栏【偏移】按钮，或在【草图与注释】工作空间下，在功能区的【默认】选项卡中单击【修改】面板中的【偏移】按钮，由垂直的直线分别偏移 12、32 和 37，结果如图 7-33 所示。

(13) 修剪图形。选择菜单中的【修改】|【阵列】|【修剪】命令，或单击【修改】工具栏【修剪】按钮，或在【草图与注释】工作空间下，在功能区的【默认】选项卡中单击【修改】面板中的【修剪】按钮，框选上述所有绘制的直线，单击鼠标右键，然后通过鼠标左键选取需要删除的线段。修剪后删除多余的直线，结果如图 7-34 所示。

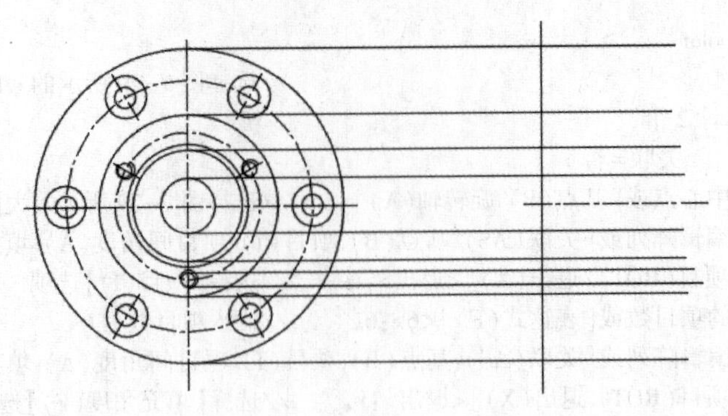

图 7-32　绘制直线后的图形

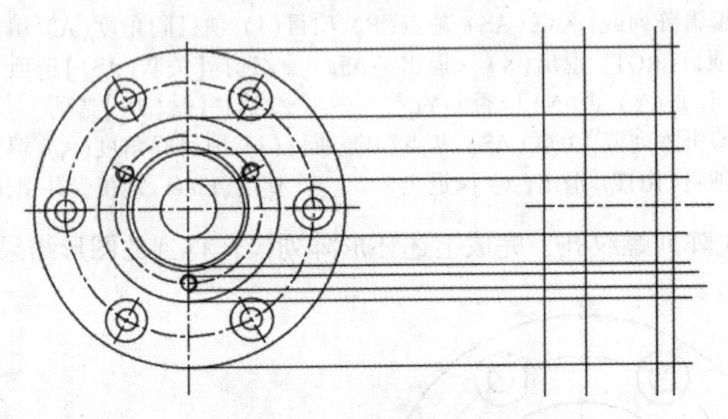

图 7-33　偏移直线后的图形

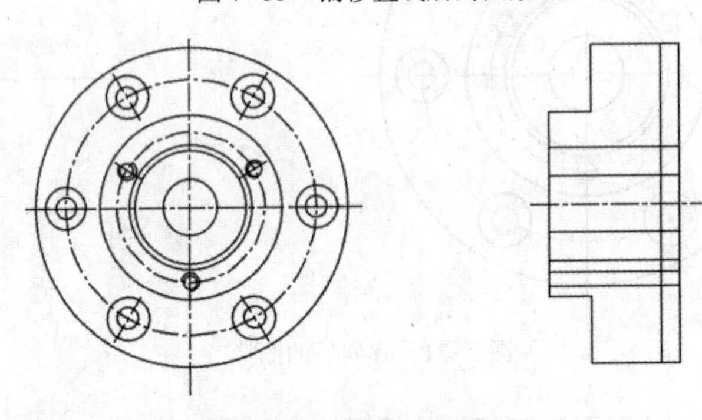

图 7-34　修剪后的图形

（14）偏移操作。选择菜单中的【修改】|【偏移】命令，或在【草图与注释】工作空间下，在功能区的【默认】选项卡中单击【修改】面板中的【偏移】按钮。选取最上面水平的直线，分别偏移 17.5 和 27.5；选取最下面水平的直线，分别偏移 3、6、12、15 和 17.5；选取最左边垂直的直线，分别偏移 10 和 13；选取左下角垂直的直线，偏移 6；结果如图 7-35 所示。

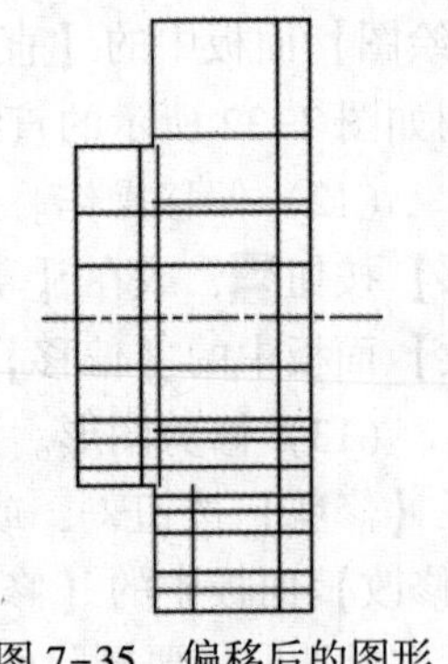

图 7-35　偏移后的图形

（15）修剪图形。选择菜单中的【修改】|【阵列】|【修剪】命令，或在【草图与注释】工作空间下，在功能区的【默认】选项卡中单击【修改】面板中的【修剪】按钮，框选如图 7-35 所示的图形，单击鼠标右键，然后通过鼠标左键选取需要删除的线段。修剪后删除多余的直线，结果如图 7-36 所示。

（16）绘制两条中心线。在功能区【默认】选项卡的【图层】面板中的【图层控制】下拉列表框中选择【中心线】层。接着单击【绘制】工具栏中的【直线】按钮，在绘图区域中绘制如图 7-37 所示的中心线。在绘制过程中启用正交模式，可以选择某条线的中点绘制水平线，然后通过【拉伸】修改中心线的长度。

（17）完善螺纹孔的绘制。通过直线、偏移和修剪功能完善螺纹孔的绘制，结果如图 7-38 所示。

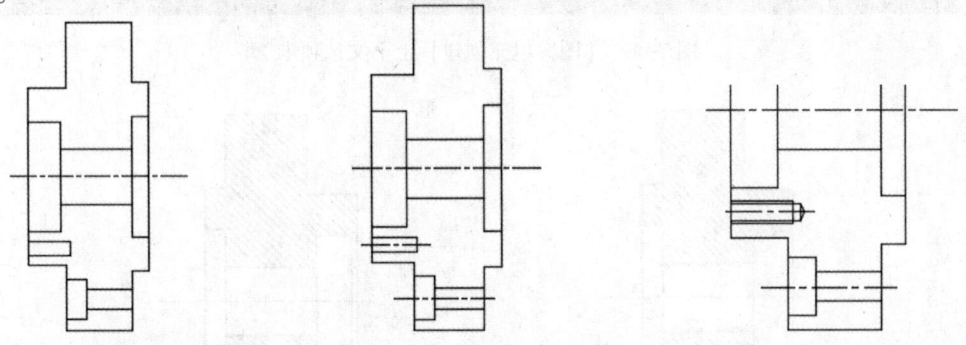

图 7-36　修剪后的图形　　图 7-37　绘制两条中心线后的图形　　图 7-38　完善螺纹孔后的图形

（18）倒圆角。选择菜单中的【修改】|【阵列】|【圆角】命令，或单击【修改】工具栏【圆角】按钮，或在【草图与注释】工作空间下，在功能区的【默认】选项卡中单击【修改】面板中的【圆角】按钮，如图 7-39 所示的两处进行倒圆角，圆角半径为 2。

（19）倒角。选择菜单中的【修改】|【阵列】|【倒角】命令，或单击【修改】工具栏【倒角】按钮，或在【草图与注释】工作空间下，在功能区的【默认】选项卡中单击【修改】面板中的【倒角】按钮，如图 7-40 所示的两处进行倒角，倒角的尺寸均为 *C*1.5(1.5×45°)。

（20）在倒角处绘制一条垂直的直线并修剪得到如图 7-41 所示的图形。

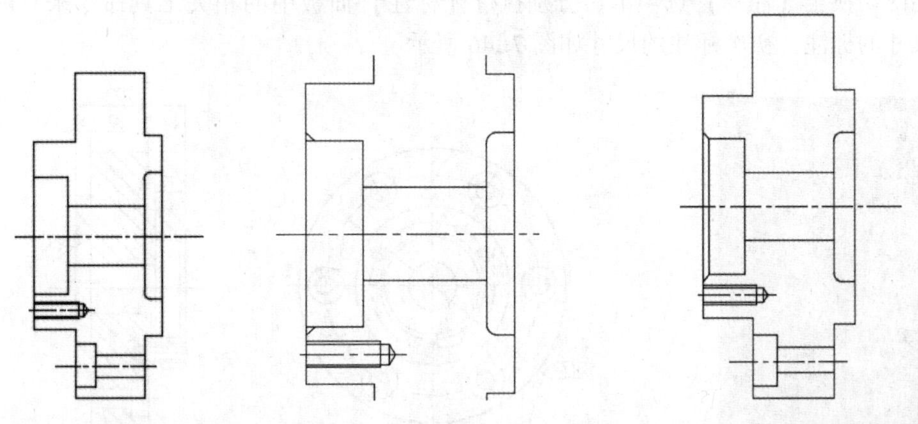

图 7-39　倒圆角后的图形　　图 7-40　倒角后的图形　　图 7-41　绘制一条垂直线并修剪后的图形

（21）添加剖面线。在功能区【默认】选项卡的【图层】面板中的【图层控制】下拉列表框中选择【剖面线】层。从菜单栏中选择【绘图】|【图案填充】命令或单击【绘图】工具栏中的【图案填充】按钮，或在功能区【默认】选项卡的【绘图】面板中单击【图案填充】按钮，系统功能区将出现图 7-42 所示的【图案填充创建】上下文选项卡。在功能区【图案填充创建】选项卡的【图案】面板中选择【ANSI31】图案，在【特性】面板中

接受默认的角度为0，比例为6；在【边界】面板中单击【拾取点】按钮，接着将鼠标光标置于绘图区，在图形的封闭区域内任意一点单击，选择如图7-43所示的区域即可完成添加剖面线，结果如图7-44所示。

图7-42 【图案填充创建】上下文选项卡

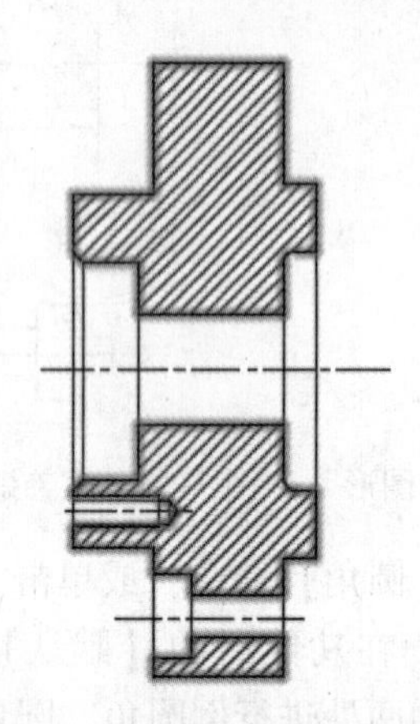

图7-43 选取的添加剖面线的区域

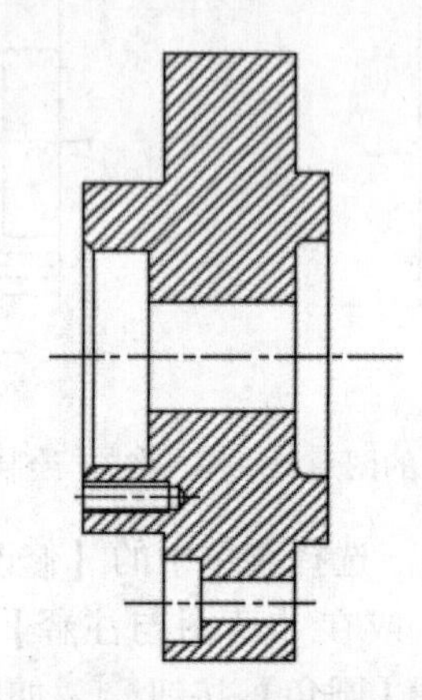

图7-44 添加剖面线后的图形

（22）标注基本尺寸。确保【剖面线】层为当前图层，在功能区【默认】选项卡的【注释】溢出面板中指定图7-45所示的相关样式。亦可在功能区的【注释】选项卡中设置文字样式和其他相关的标注样式。

在功能区切换至【注释】选项卡，分别执行【标注】面板中的相关工具命令来对图形进行基本尺寸的标注，初次标注的尺寸如图7-46所示。

图7-45 指定相关格式

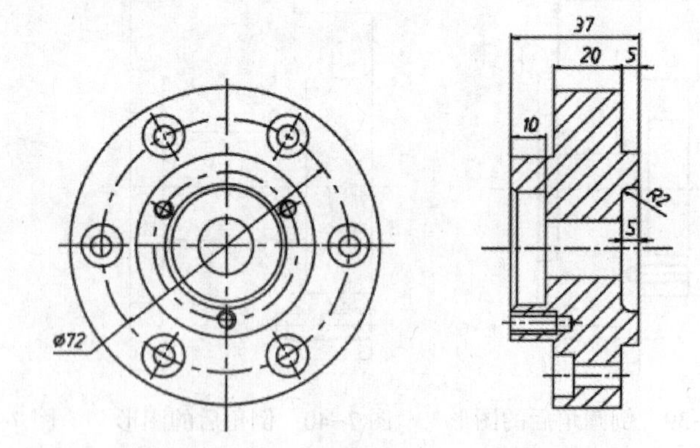

图7-46 标注基本尺寸后的图形

（23）标注圆的直径尺寸，采用与步骤（22）相同的方法标注如图7-47所示的尺寸。

（24）编辑相关尺寸的标注文本。在命令窗口的【输入命令】提示下输入“TEXTEDIT”命令或“ED”命令，按〈Enter〉键，接着选择要编辑的标注注释，然后利用出现的【文字编辑器】对尺寸文本进行编辑。例如执行“ED”命令后，选择尺寸值为90的尺寸，接着在文本框中确保将输入光标移至标注文本的前面，输入“%%c”，然后单击【关闭文字编辑器】按钮，则在该尺寸值前添加了直径符号。使用上述方法，在相关的尺寸值前添加前缀和后缀，结果如图 7-48 所示。

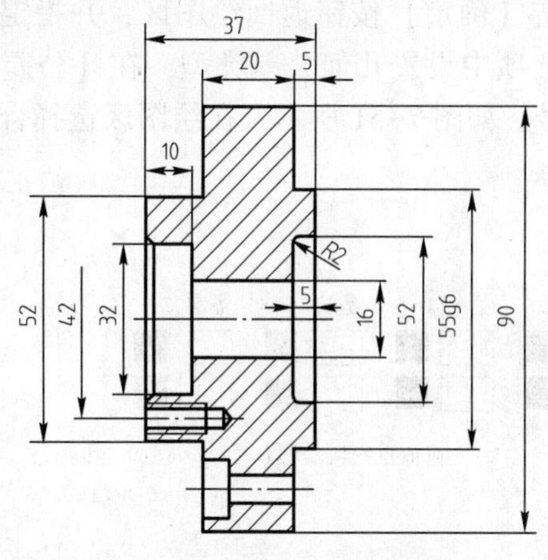

图 7-47　标注尺寸后的图形

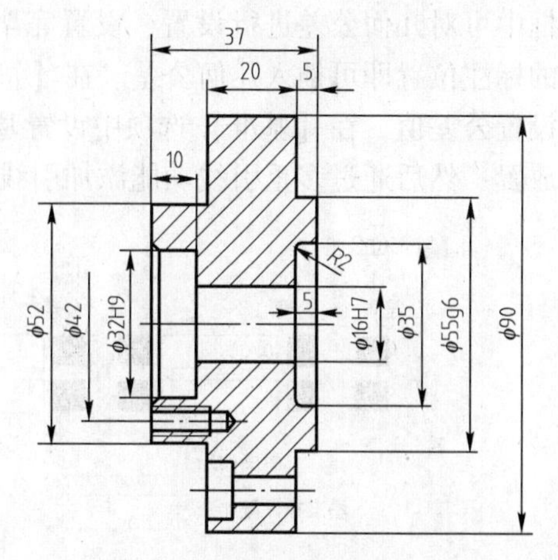

图 7-48　编辑相关尺寸后的图形

（25）创建倒角尺寸。创建倒角尺寸的方法比较灵活，既可以使用直线和文字工具来配合完成，也可以使用多重引线的方法来创建，还可以有其他的方法。本实例采用绘制直线和多行文字的方法来完成。

（26）创建螺纹孔和沉头孔的标注。先使用多重引线的方法创建深度符号，然后通过绘制直线和多行文字的方法来完成尺寸标注。在功能区【注释】选项卡的【引线】面板中单击【多重引线】按钮，接着分别指定引线的起点（即指定引线箭头的位置）和第二点（即指定引线基线的位置），作一条较短的带箭头并垂直的线，然后在箭头的另一端绘制一条直线。最后采用绘制直线和多行文字的方法来完成，结果如图 7-49 所示。

（27）在视图中注写基准标识。绘制两条直线和一个正方形，水平的直线为粗实线，垂直的直线为细直线，在正方形中间写文字，然后移至相应的位置，结果如图 7-50 所示。

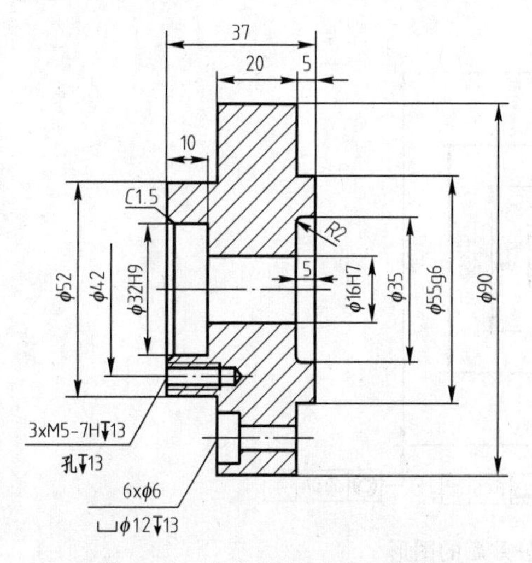

图 7-49　标注孔尺寸后的图形

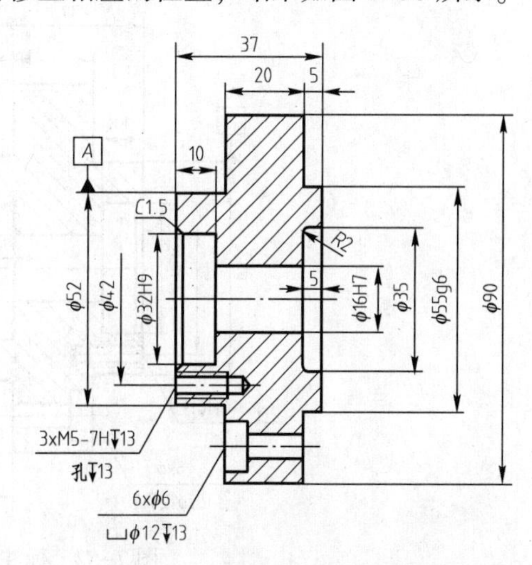

图 7-50　添加基准后的图形

（28）标注几何公差。选择菜单中的【标注】|【公差】命令，或单击【标注】工具栏【公差】按钮，或在【草图与注释】工作空间下，在功能区的【注释】选项卡中单击【标注】面板中的【公差】按钮，系统弹出如图 7-51 所示的【形位公差】对话框，在该对话框中可对几何公差进行设置，设置完毕后单击【确定】按钮返回绘图区，并指定几何公差的标注位置即可插入几何公差。在【符号】选项中设置几何公差类型，在【公差】选项中设置公差值，在【基准】选项中设置基准代号，如图 7-51 所示，在绘图区选择合适的位置放置。然后通过多重引线功能添加引线。

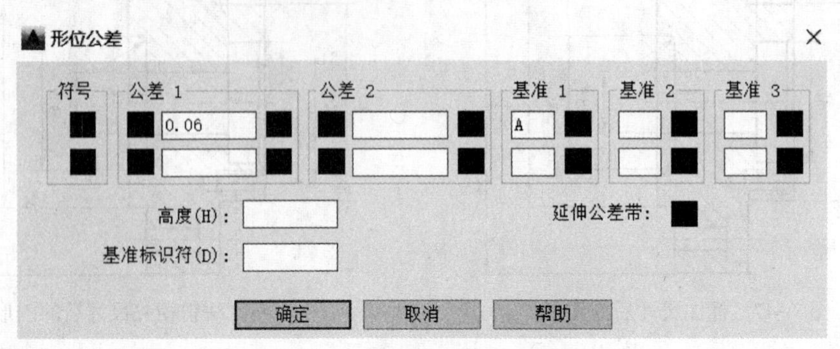

图 7-51 【形位公差】对话框

标注几何公差还有另一种方法，具体操作如下：在命令窗口的命令行中输入“LEADER”命令并按〈Enter〉键，接着指定引线起点和引线的下一点，再连续按〈Enter〉键直到显示“输入注释选项[公差(T) 副本(C) 块(B) 无(N) 多行文字(M)]<多行文字>:”然后输入“T”按〈Enter〉键（即选择【公差】选项），系统弹出如图 7-51 所示的【形位公差】对话框，从中指定几何公差符号、公差 1 内容及基准 1 内容等，如图 7-51 所示。单击【形位公差】对话框中的【确定】按钮。使用同样的方法，再创建一个几何公差标注，如图 7-52 所示。注意该公差框格的放置除了需要指定引线起点之外，还需要依次指定两个“引线的下一点”以获得具有弯角的引线。

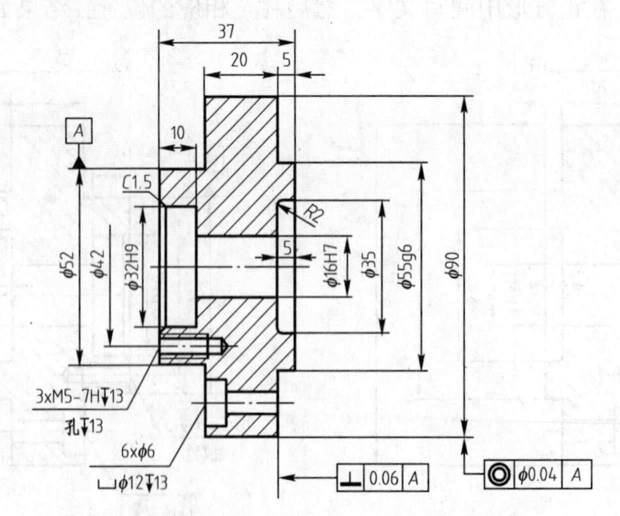

图 7-52 标注几何公差后的图形

（29）标注表面结构要求（主要是表面粗糙度）。在功能区的【插入】选项卡中单击【块】面板中的【插入】|【表面结构】，或选择菜单中的【插入】|【块】命令，或单击【绘图】工具栏【插入块】按钮，系统弹出如图 7-53 所示的【插入】对话框。从【名称】下拉列表框中选择所需要的一种表面粗糙度符号块，本实例选择【新块】，并根据需要设置相应的选项参数，如图 7-53 所示，单击【确定】按钮。指定表面粗糙度符号的插入点，系统弹出如图 7-54 所示的【编辑属性】对话框。在【RA】文本框中输入“3.2”，然后单击【确定】按钮。标注表面结构后的图形如图 7-55 所示。

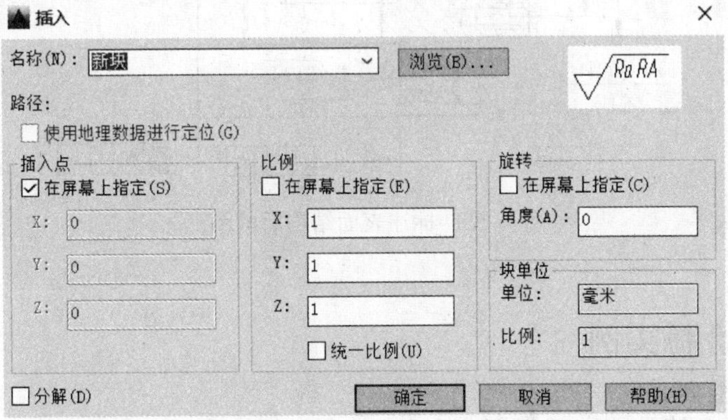

图 7-53 【插入】对话框

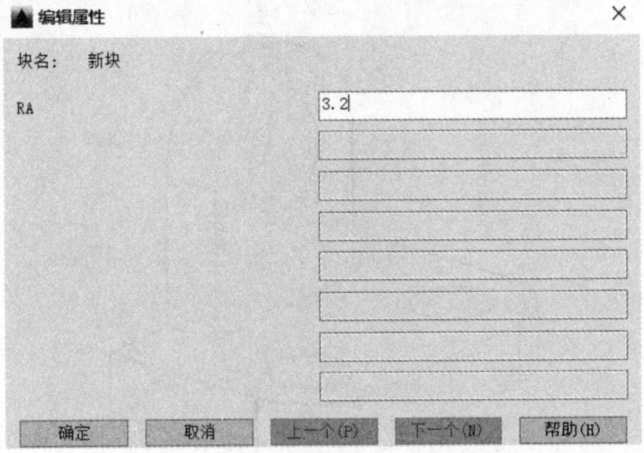

图 7-54 【编辑属性】对话框

表面结构要求可以直接标注在延长线上，也可以用带箭头的指引线引出标注，如采用多重引线功能。

如果在工件的多数表面有相同的表面结构要求，则其表面结构要求可统一标注在图样的标题栏附近，此时表面结构要求的符号应在后面的圆括号内给出无任何其他标注的基本符号，或在圆括号内给出不同的表面结构要求。当然，也可以使用相关的工具命令按照要求来绘制该表面结构要求的图形并添加文字符号。

（30）添加剖视图符号和技术要求。采用直线功能在剖切的地方绘制粗实线，然后添加文字。在功能区【注释】选项卡的【文字】面板中单击【多行文字】按钮，在图框中主视图的下方区域添加图 7-23 所示的技术要求注释。

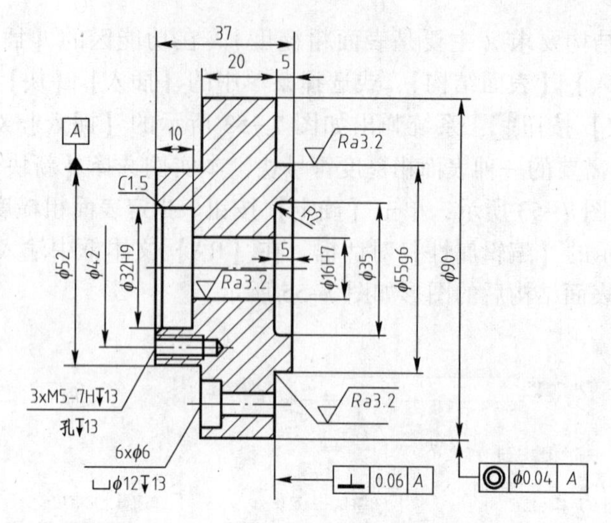

图 7-55　标注表面结构后的图形

7.3　轴测图绘制实例

本节以一个较为简单的模型为例，介绍如何在 AutoCAD 等轴测捕捉模式下绘制其等轴测图。要完成的等轴测图如图 7-56 所示。

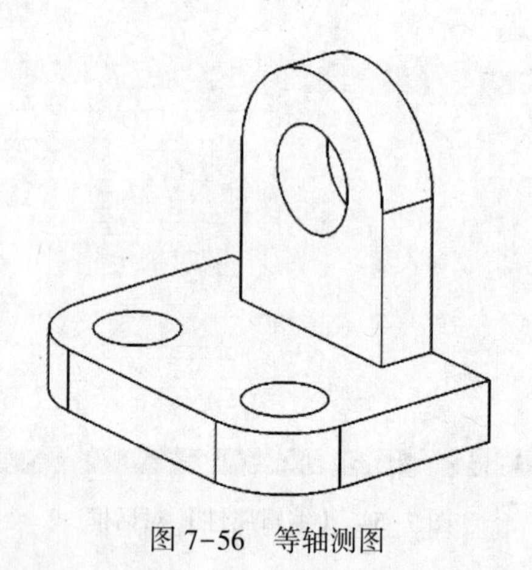

图 7-56　等轴测图

在本实例中，介绍到的主要知识包括启用等轴测捕捉模式、切换平面状态、绘制等轴测圆等。其中，按〈F5〉键可以在各等轴测平面（左面、顶面和右面）间进行切换。

下面介绍本轴测图绘制实例的具体步骤。

(1) 新建图形文件。单击【快速访问】工具栏中的【新建】按钮，或者选择【文件】菜单中的【新建】命令，创建一个新图形文件，该图形文件以 AutoCAD 2016 自带的“Acadiso. dwt”为样板。本例使用【草图与注释】工作空间。

(2) 启用等轴测捕捉模式。在状态栏中单击【将光标捕捉到二维参考点-开】按钮旁的下三角箭头按钮，在弹出的捕捉方式中选择【对象捕捉设置】命令，系统弹出如图 7-57 所示的【草图设置】对话框。单击【捕捉和栅格】选项卡，切换到【捕捉和栅格】选项卡，在【捕捉类型】选项组中选中【等轴测捕捉】单选按钮，如图 7-57 所示。在【草图设置】对话框中指定捕捉类型选项后，单击【确定】按钮。此时，使光标显示如图 7-58 所示。

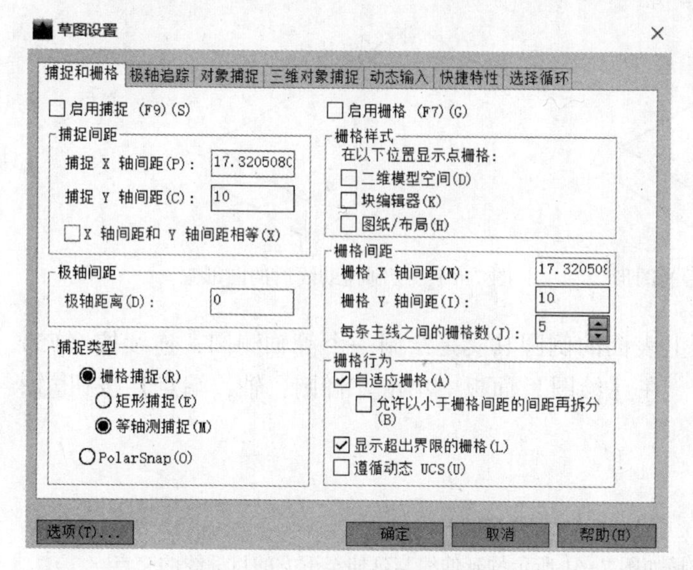

图 7-57 【草图设置】对话框

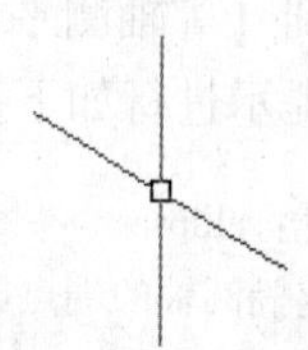

图 7-58 【等轴测捕捉】模式下的光标显示

（3）绘制直线图形。接受默认的当前图层，并按〈F8〉键启用正交模式。在功能区【默认】选项卡的【绘图】面板中单击【直线】按钮，根据命令行提示在正交模式下执行如下操作。

命令：_line

指定第一点：100，100，0↙　　//输入第一点的绝对坐标

指定下一点或［放弃（U）］：8↙　　//按〈F5〉，将光标移到如图 7-59a 所示的相对左侧位置，输入相对距离

指定下一点或［放弃（U）］：24↙　　//将光标移到如图 7-59b 所示的位置，输入相对距离

指定下一点或［闭合（C）/放弃（U）］：8↙　　//将光标移到如图 7-59c 所示的位置，输入相对距离

指定下一点或［闭合（C）/放弃（U）］：c↙　　//使形成闭合的线段，绘制的线段如图 7-59d 所示

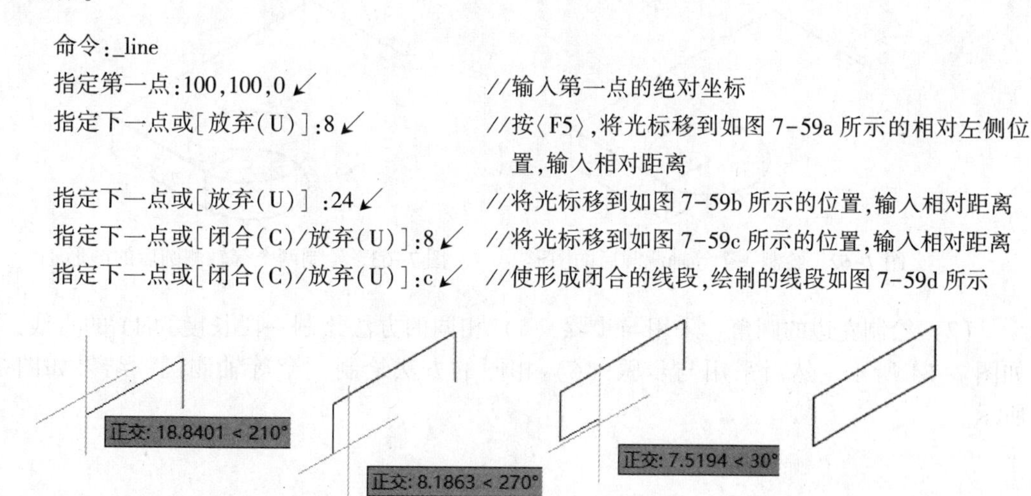

图 7-59 绘制右面图形

（4）绘制上表面直线。在功能区【默认】选项卡的【绘图】面板中单击【直线】按钮，根据命令行提示在正交模式下执行如下操作。采用与步骤（3）相同的方法绘制，长的直线长度为 51，短的直线长度为 24，结果如图 7-60 所示。

（5）绘制辅助线。在功能区【默认】选项卡的【绘图】面板中单击【直线】按钮，

根据命令行提示在正交模式下执行如下操作。采用与步骤（3）相同的方法绘制，绘制两根长度为 11 的直线，结果如图 7-61 所示。

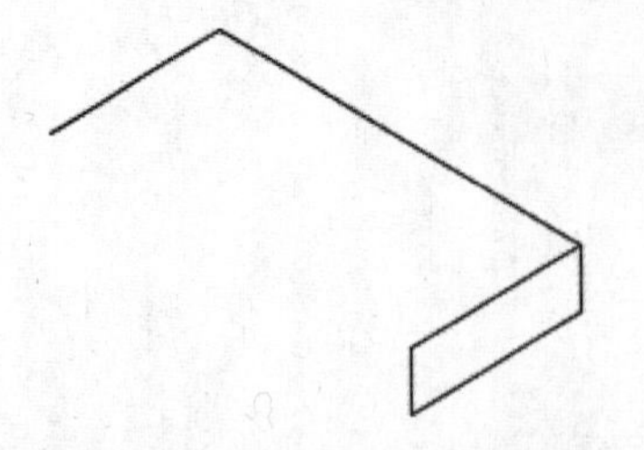
图 7-60　绘制上表面后的图形

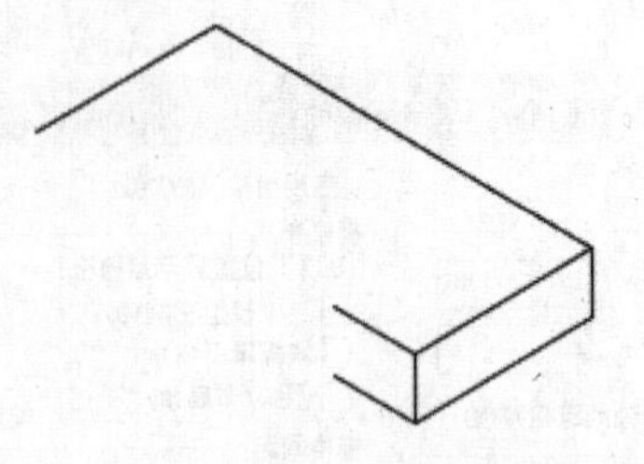
图 7-61　绘制辅助线后的图形

（6）绘制上表面的圆角。绘制上表面的倒圆其实是绘制一个等轴测圆，连续按〈F5〉键直到切换到【等轴测平面-俯视】。在【绘图】面板中单击【椭圆：轴，端点】按钮，根据命令行提示进行如下操作。

命令：_ellipse
指定椭圆轴的端点或[圆弧(A) 中心点(C) 等轴测圆(I)]：I↙
指定等轴测圆的圆心：　//选择如图 7-61 所示的延伸线与延伸至下方的目标线的交点
指定等轴测圆的半径或[直径(D)]：11↙

绘制的等轴测圆如图 7-62 所示。采用相同的方法绘制另一个相同的椭圆，结果如图 7-63 所示。

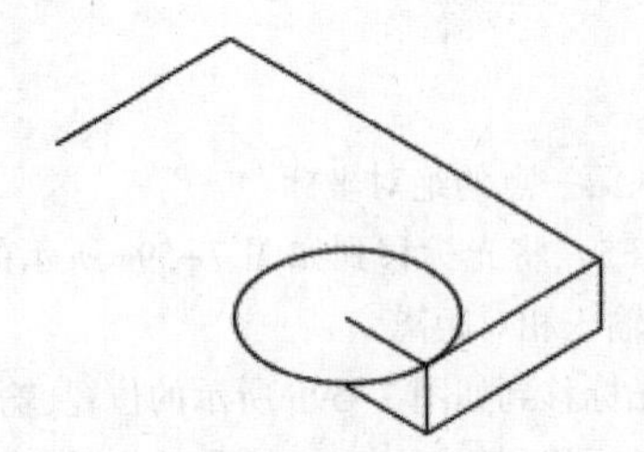
图 7-62　绘制一个等轴测圆后的图形

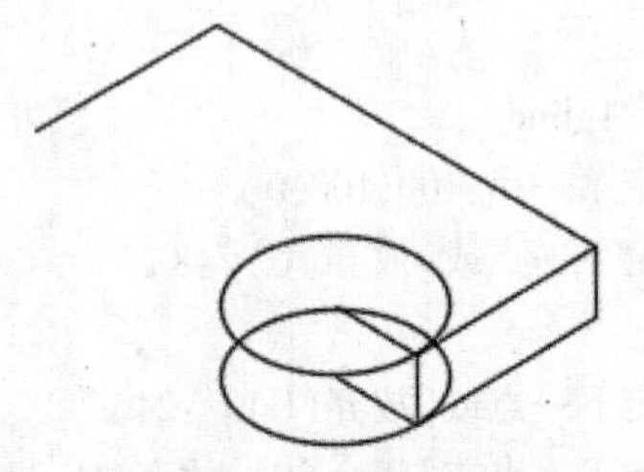
图 7-63　绘制两个等轴测圆后的图形

（7）绘制左边的圆角。采用与步骤（5）相同的方法绘制一段长度为 11 的直线，结果如图 7-64 所示。然后采用与步骤（6）相同的方法绘制一个等轴测圆，结果如图 7-65 所示。

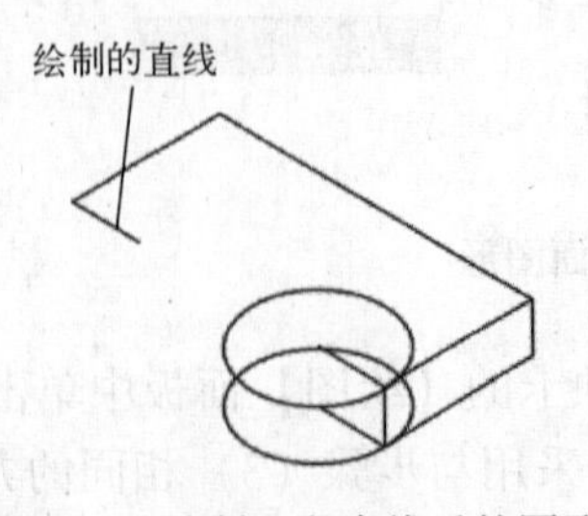

图 7-64　绘制一段直线后的图形

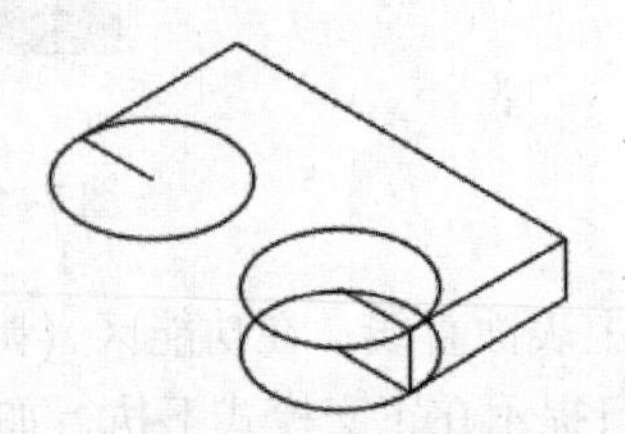
图 7-65　绘制一个等轴测圆后的图形

（8）绘制右下方的两段辅助线。在功能区【默认】选项卡的【绘图】面板中单击【直线】按钮▱，根据命令行提示在正交模式下执行如下操作。

```
命令:_line
指定第一点:                          //选择第一个等轴测圆的圆心,如图 7-66 所示
指定下一点或[放弃(U)]:11↙           //将光标移到等轴测圆的圆心下方位置,输入相对距离
```

按〈Esc〉键退出直线绘制，采用相同的方法绘制另一条辅助线，结果如图 7-67 所示。

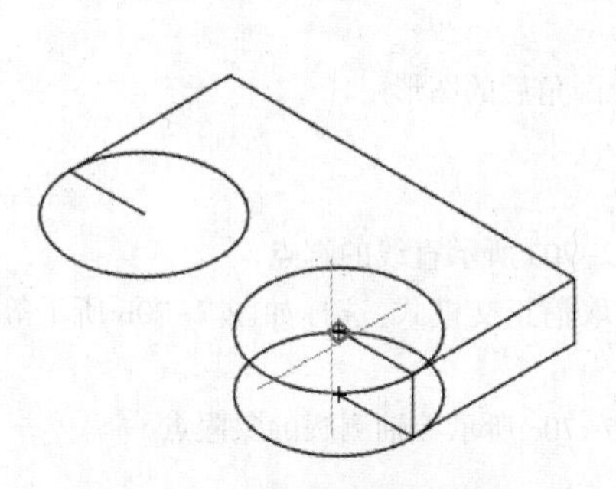

图 7-66 选择轴测圆的圆心

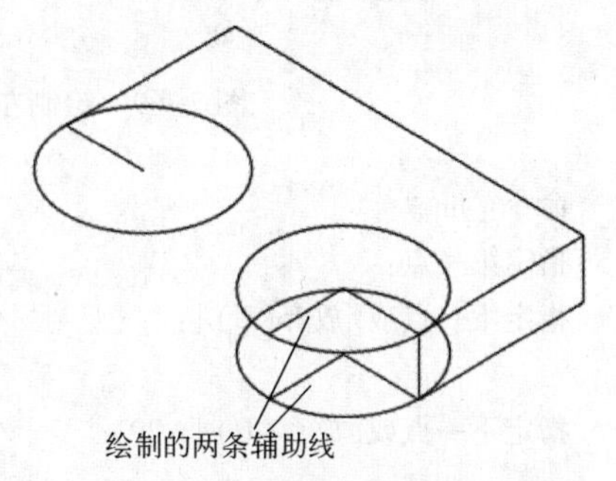

图 7-67 绘制两条辅助线后的图形

(9) 绘制下方的直线。在功能区【默认】选项卡的【绘图】面板中单击【直线】按钮▱，根据命令行提示在正交模式下执行如下操作。

```
命令:_line
指定第一点:                          //选择步骤(8)绘制的第二条辅助线与下方的等轴测
                                       圆的交点,如图 7-68a 所示
指定下一点或[放弃(U)]:8↙            //将光标移到如图 7-68a 所示的上方位置,输入相对
                                       距离
指定下一点或[放弃(U)] :29↙          //按〈F5〉键,将光标移到如图 7-68b 所示的位置,输
                                       入相对距离
指定下一点或[闭合(C)/放弃(U)]:8↙    //将光标移到如图 7-68c 所示的位置,输入相对距离
指定下一点或[闭合(C)/放弃(U)]:c↙    //使形成闭合的线段,绘制的线段如图 7-68d 所示
```

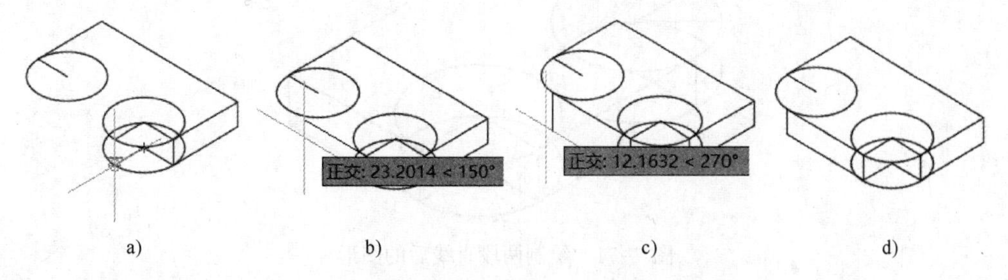

图 7-68 绘制下方的直线后的图形

(10) 绘制左边的另一处圆角。参照步骤（8）的方法，采用【直线】功能绘制如图 7-69a 所示长度都为 11 的两段辅助线；参照步骤（7）的方法绘制相同的等轴测圆，结果如图 7-69b 所示。

(11) 绘制左下方的直线。在功能区【默认】选项卡的【绘图】面板中单击【直线】按钮▱，根据命令行提示下执行如下操作。

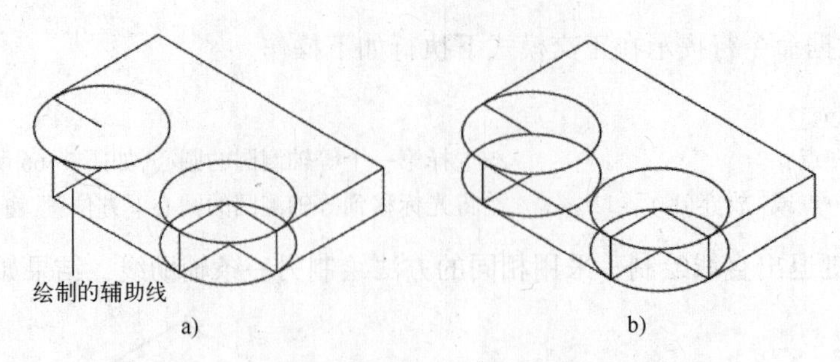

图 7-69　绘制左边的另一处圆角后的图形

```
命令:_line
指定第一点:                          //选择如图 7-70a 所示直线的端点
指定下一点或[放弃(U)]:               //按〈F8〉键取消正交模式,选择如图 7-70b 所示等轴测圆
                                       的象限点
指定下一点或[放弃(U)]:29↙            //选择如图 7-70c 所示等轴测圆的象限点
```

按〈Esc〉键退出直线绘制，结果如图 7-71 所示。

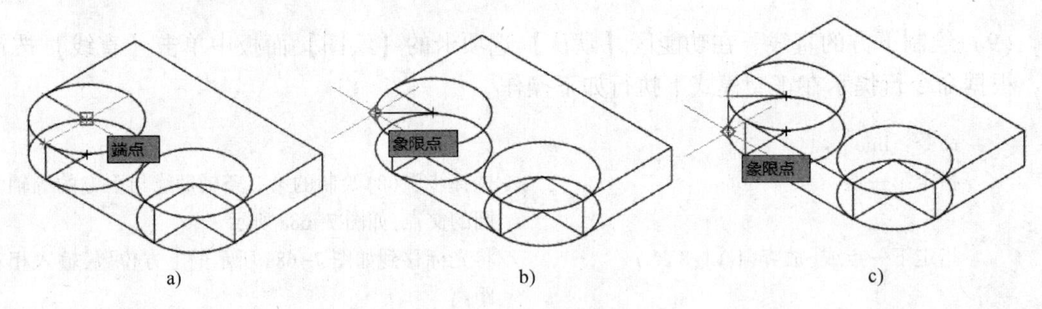

图 7-70　选取点

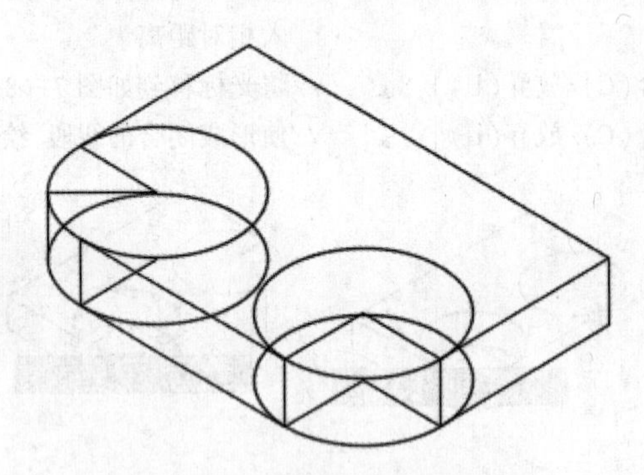

图 7-71　绘制两段直线后的图形

（12）绘制上部分的直线。在功能区【默认】选项卡的【绘图】面板中单击【直线】按钮，根据命令行提示在正交模式下执行如下操作。

```
命令:_line
指定第一点:                          //按〈F8〉键启用正交模式,选择如图 7-72a 所示直线
                                       的端点
指定下一点或[放弃(U)]:11.5↙          //将光标移到如图 7-72a 所示的上方位置,输入相对
```

距离

指定下一点或[放弃(U)]:8↙　　　//按〈F5〉键,将光标移到如图 7-72b 所示的位置,输入相对距离

指定下一点或[闭合(C)/放弃(U)]:20↙　　//将光标移到如图 7-72c 所示的位置,输入相对距离

指定下一点或[闭合(C)/放弃(U)]:8↙　　//将光标移到如图 7-72d 所示的位置,输入相对距离

指定下一点或[闭合(C)/放弃(U)]:c↙　　//使形成闭合的线段,绘制的线段如图 7-72e 所示

按〈Enter〉键,继续绘制直线,根据命令行提示在正交模式下执行如下操作。

命令:_line

指定第一点:　　　//选择如图 7-72f 所示直线的端点

指定下一点或[放弃(U)]:28↙　　//按〈F5〉键,将光标移到如图 7-72g 所示的位置,输入相对距离

指定下一点或[放弃(U)]:20↙　　//将光标移到如图 7-72h 所示的位置,输入相对距离

指定下一点或[闭合(C)/放弃(U)]: //将光标移到如图 7-72i 所示直线的端点

按〈Esc〉键退出直线绘制,结果如图 7-72j 所示。

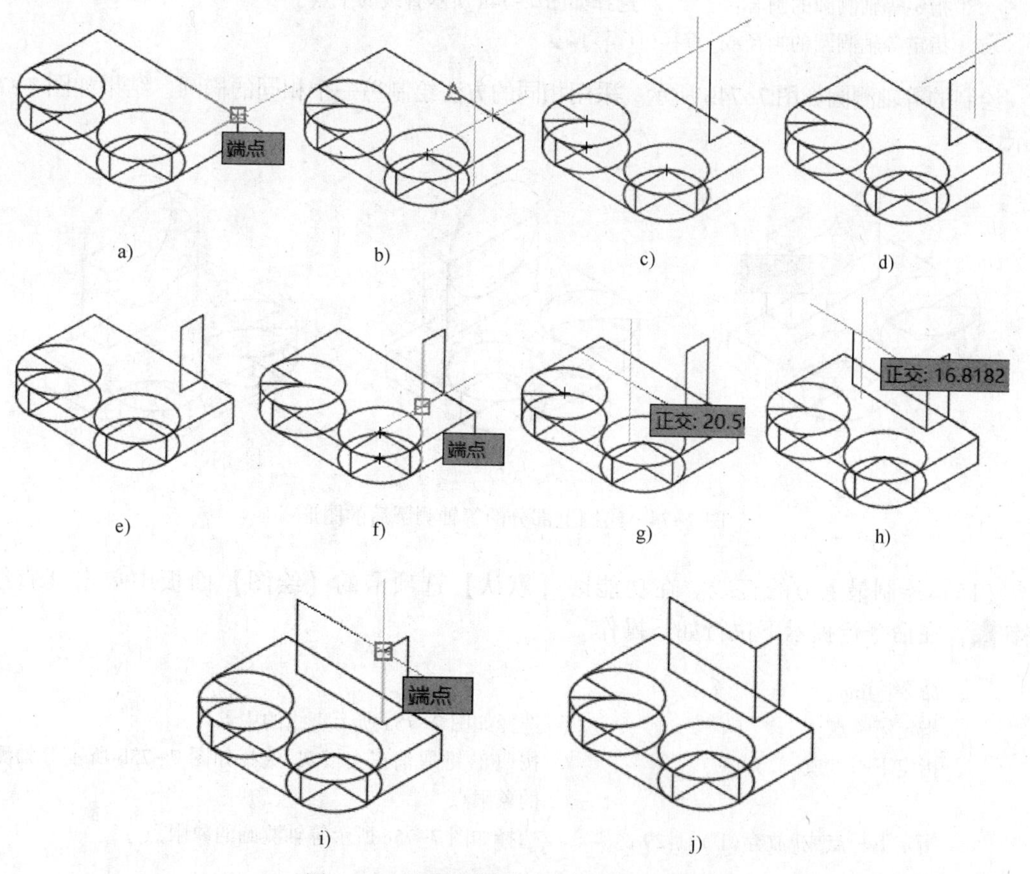

图 7-72　绘制上部分的直线过程和图形

(13) 绘制一个辅助线。在功能区【默认】选项卡的【绘图】面板中单击【直线】按钮,采用与步骤(12)基本相同的方法绘制一段长度为 14 的直线,结果如图 7-73 所示。

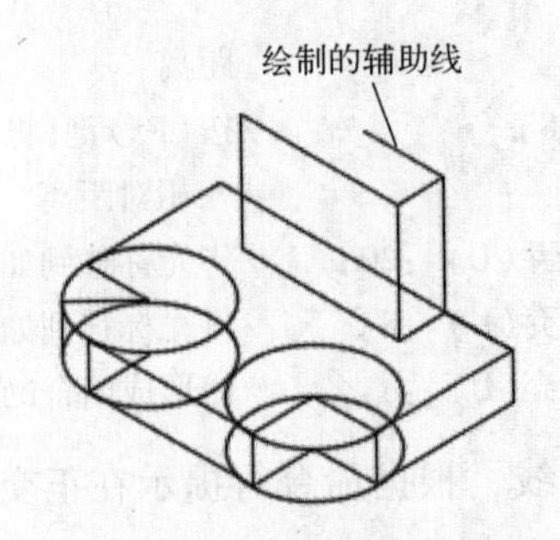

图 7-73　绘制辅助线后的图形

（14）绘制上部分的等轴测圆。连续按〈F5〉键直到切换到【等轴测平面-左视】。在【绘图】面板中单击【椭圆：轴，端点】按钮，根据命令行提示进行如下操作。

```
命令:_ellipse
指定椭圆轴的端点或[圆弧(A) 中心点(C) 等轴测圆(I)]:I↙
指定等轴测圆的圆心:          //选择如图 7-74a 所示直线的中点
指定等轴测圆的半径或[直径(D)]:14↙
```

绘制的等轴测圆如图 7-74b 所示。采用相同的方法绘制另一个相同的椭圆，结果如图 7-74c 所示。

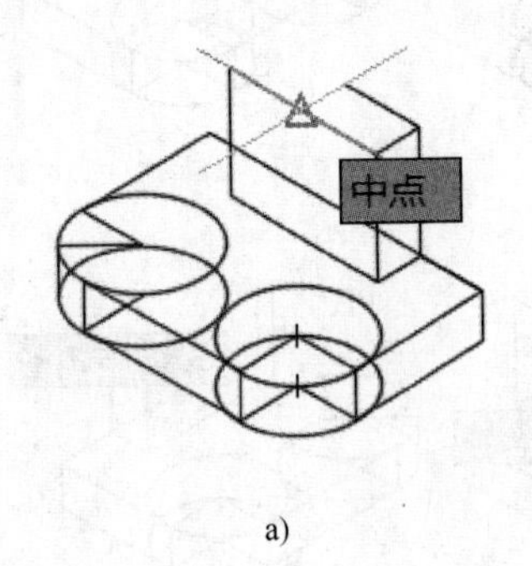

a)

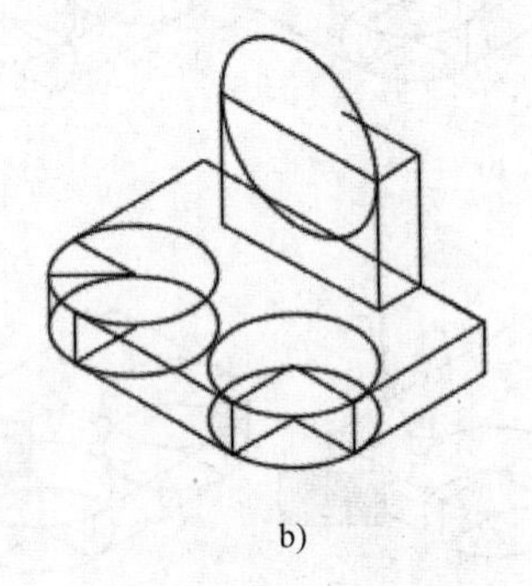

b)

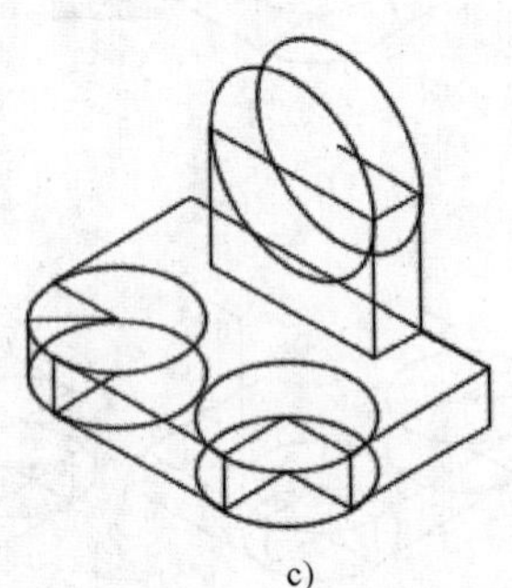

c)

图 7-74　绘制上部分的等轴测圆后的图形

（15）绘制最上方的直线。在功能区【默认】选项卡的【绘图】面板中单击【直线】按钮，在命令行提示下执行如下操作。

```
命令:_line
指定第一点:                //选择如图 7-75a 所示直线的中点
指定下一点或[放弃(U)]:      //按〈F8〉键取消正交模式,选择如图 7-75b 所示等轴测圆
                            的象限点
指定下一点或[放弃(U)]:29↙  //选择如图 7-75c 所示等轴测圆的象限点
```

按〈Esc〉键退出直线绘制，结果如图 7-75d 所示。

（16）删除辅助线。选择菜单中的【修改】|【删除】命令，或单击【修改】工具栏【删除】按钮，或在【草图与注释】工作空间下，在功能区的【默认】选项卡中单击【修改】面板中的【删除】按钮，在“选择对象”的提示下，选择如图 7-76a 所示的直线，单击鼠标右键即可删除所选图形，结果如图 7-76b 所示。

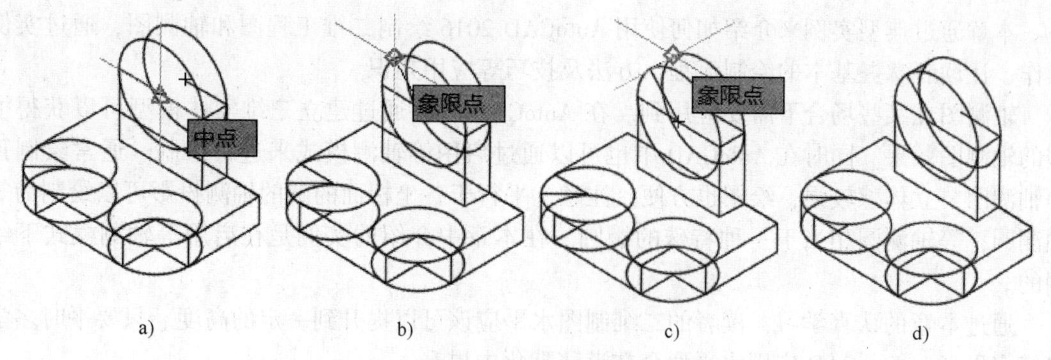

图 7-75　绘制最上方的直线过程和图形

（17）修剪图形。选择菜单中的【修改】|【阵列】|【修剪】命令，或单击【修改】工具栏【修剪】按钮，或在【草图与注释】工作空间下，在功能区的【默认】选项卡中单击【修改】面板中的【修剪】按钮，框选上述所有绘制的所有图形，单击鼠标右键，然后通过鼠标左键选取需要删除的线段。修剪后删除多余的直线，结果如图 7-77 所示。

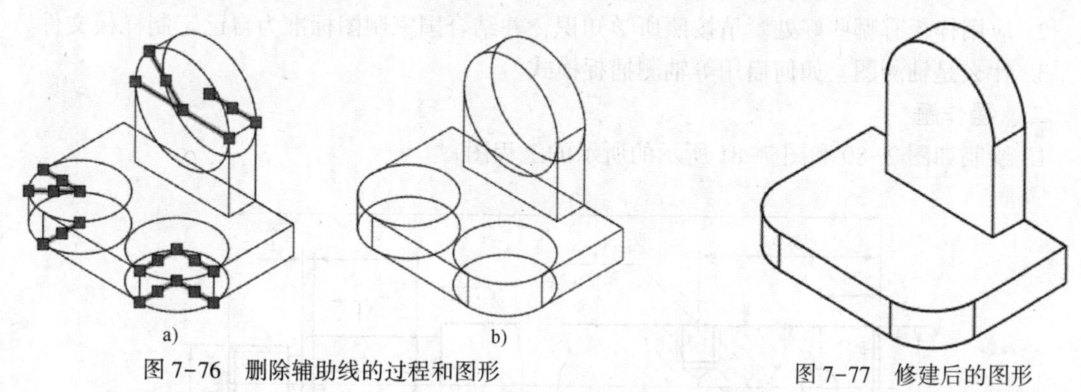

图 7-76　删除辅助线的过程和图形

图 7-77　修建后的图形

（18）添加等轴测圆。连续按〈F5〉键直到切换到【等轴测平面-俯视】。在【绘图】面板中单击【椭圆：轴，端点】按钮，参照步骤（15）添加如图 7-78 所示的半径为 5.5 的等轴测圆。连续按〈F5〉键直到切换到【等轴测平面-左视】，参照步骤（15）添加如图 7-79 所示的半径为 7 的等轴测圆。

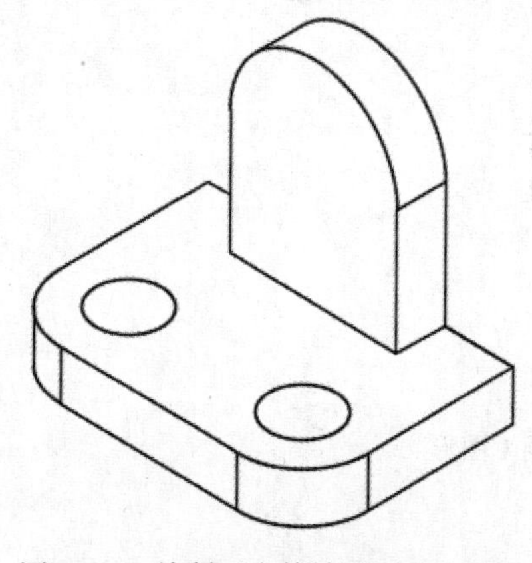
图 7-78　绘制两个等轴测圆后的图形

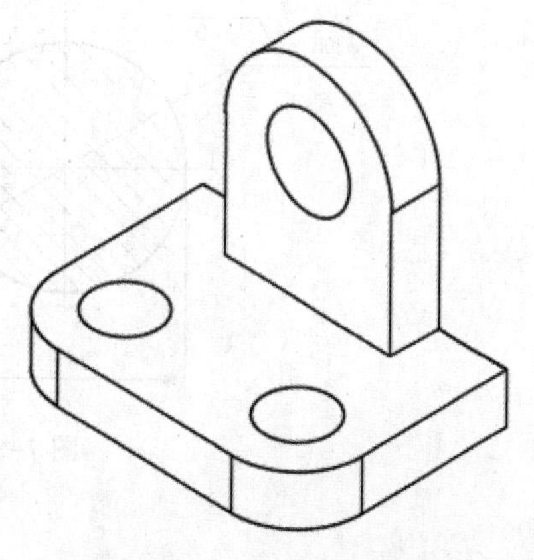
图 7-79　绘制上部的等轴测圆后的图形

本章通过典型实例来介绍如何使用 AutoCAD 2016 绘制二维工程图和轴测图，通过实例操作，让读者掌握基本的绘制流程、方法及技巧等应用知识。

轴测图在某些场合下需要应用到。在 AutoCAD 中，通过建立三维实体模型可以获得模型的轴测图效果。同时在 AutoCAD 中也可以通过启用等轴测模式来进行绘制。通常绘制正等轴测图，立体感较强，绘图也方便。注意，平行于各坐标面的圆的轴测投影可以绘制为等轴测圆，等轴测圆相当于一种特殊的椭圆。在本章中介绍的实例是在启用等轴测模式下绘制的。

通过本章的认真学习，读者的二维制图水平应该可以提升到一定的高度。只要平时多学多练多思考，AutoCAD 应用水平便会在潜移默化中提升。

7.4 思考与练习

一、简答题

1. 在绘制工程图之前，需要准备哪些工作？
2. 应用样板有哪些好处？请按照所学知识，并结合国家制图标准为自己定制样板文件。
3. 什么是轴测图？如何启用等轴测捕捉模式？

二、操作题

1. 绘制如图 7-80 和图 7-81 所示的所示的工程图。

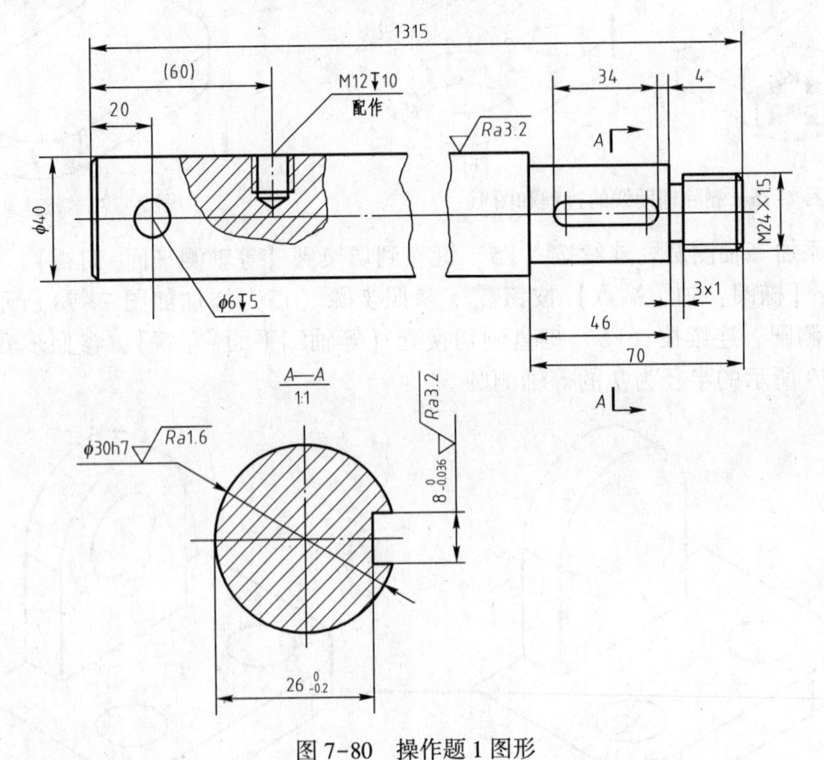

图 7-80　操作题 1 图形

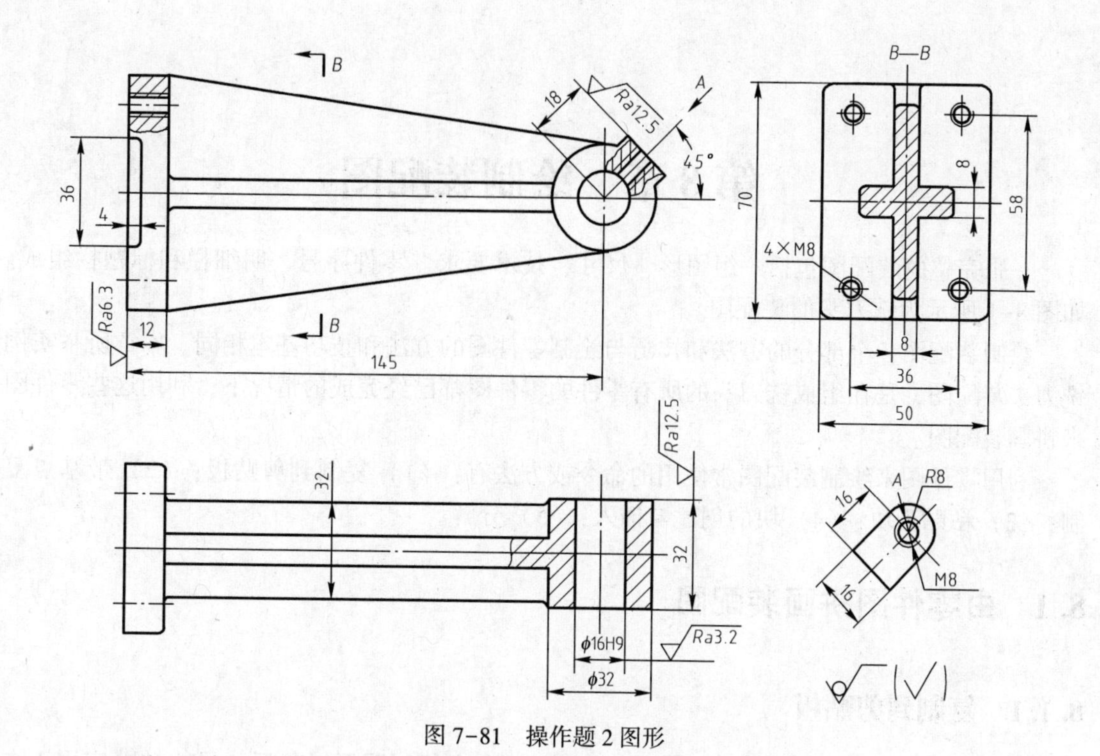

图 7-81　操作题 2 图形

2. 绘制如图 7-82 和图 7-83 所示的等轴测图，尺寸读者自定。

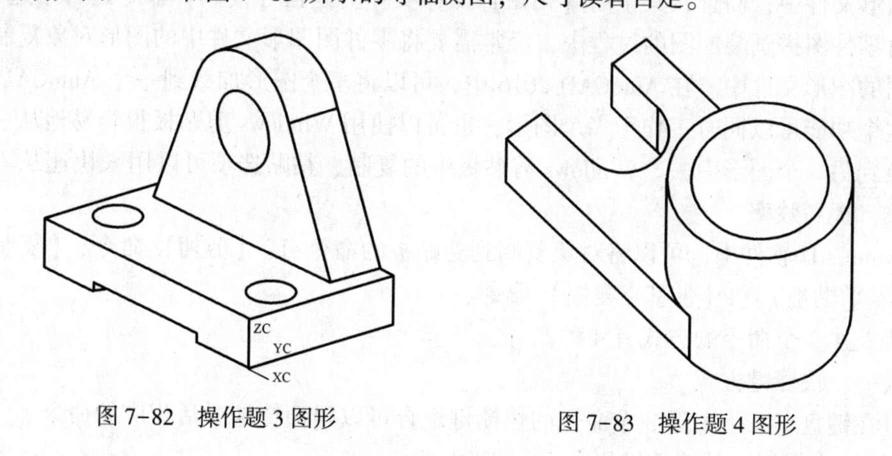

图 7-82　操作题 3 图形　　　图 7-83　操作题 4 图形

第 8 章　绘制装配图

一张完整的装配图包括一组图形、尺寸、技术要求、零件序号、明细栏和标题栏组成。如图 8-1 所示为铣刀头的装配图。

绘制装配图各个部分的方法和技巧与绘制零件图的方法和技巧基本相同。本章所举实例铣刀头装配图，是在组成铣刀头的所有零件的零件图都已经完成的情况下，利用这些零件图来拼画装配图。

利用零件图来绘制装配图常使用的命令或方法有：(1) 复制到剪贴板；(2) 带基点复制；(3) 粘贴为块；(4) 块的创建与插入；(5) 分解。

8.1　由零件图拼画装配图

8.1.1　复制到剪贴板

使用【修改】工具栏里的【复制】(COPY) 命令复制图形对象后，只能粘贴应用于在同一个图形文件中；而且，其中的【粘贴】操作实际上是在【复制】命令运行中进行的。

在由零件图拼画装配图的过程中，经常需要将零件图图形文件中的图形对象复制并粘贴到装配图的图形文件中。在 AutoCAD 2016 中，可以将多个图形加载到一个 AutoCAD 显示界面里。这个功能可以同时工作于多个图形，也可以使用 Windows 剪贴板很容易地从一个图形复制对象到另一个图形中去。Windows 剪贴板中的复制、粘贴选项可以用来快速从不同文件装配对象，提高效率。

在 AutoCAD 软件中，可以将对象复制到剪贴板的命令有：【剪切】命令、【复制】命令 (指复制到剪贴板) 和【带基点复制】命令。

激活上述 3 个命令的方式有 4 种。

方式一：快捷键方式。

通过在键盘上按下上述 3 个命令的快捷键组合可以很便捷地激活相应的命令。

【剪切】命令对应的快捷键组合为〈CTRL+X〉。

【复制】命令对应的快捷键组合为〈CTRL+C〉。

【带基点复制】命令对应的快捷键组合为〈CTRL+SHIFT+C〉。

方式二：主菜单方式。

选择菜单中的【编辑】|【剪切】命令，如图 8-2 所示。

在该【编辑】菜单中同样可以选择【复制】选项和【带基点复制】选项。

方式三：弹出主菜单方式。

在绘图区域单击鼠标右键并在弹出的菜单中的【剪贴板】子菜单中选择相应的命令以激活相应的命令，如图 8-3 所示。

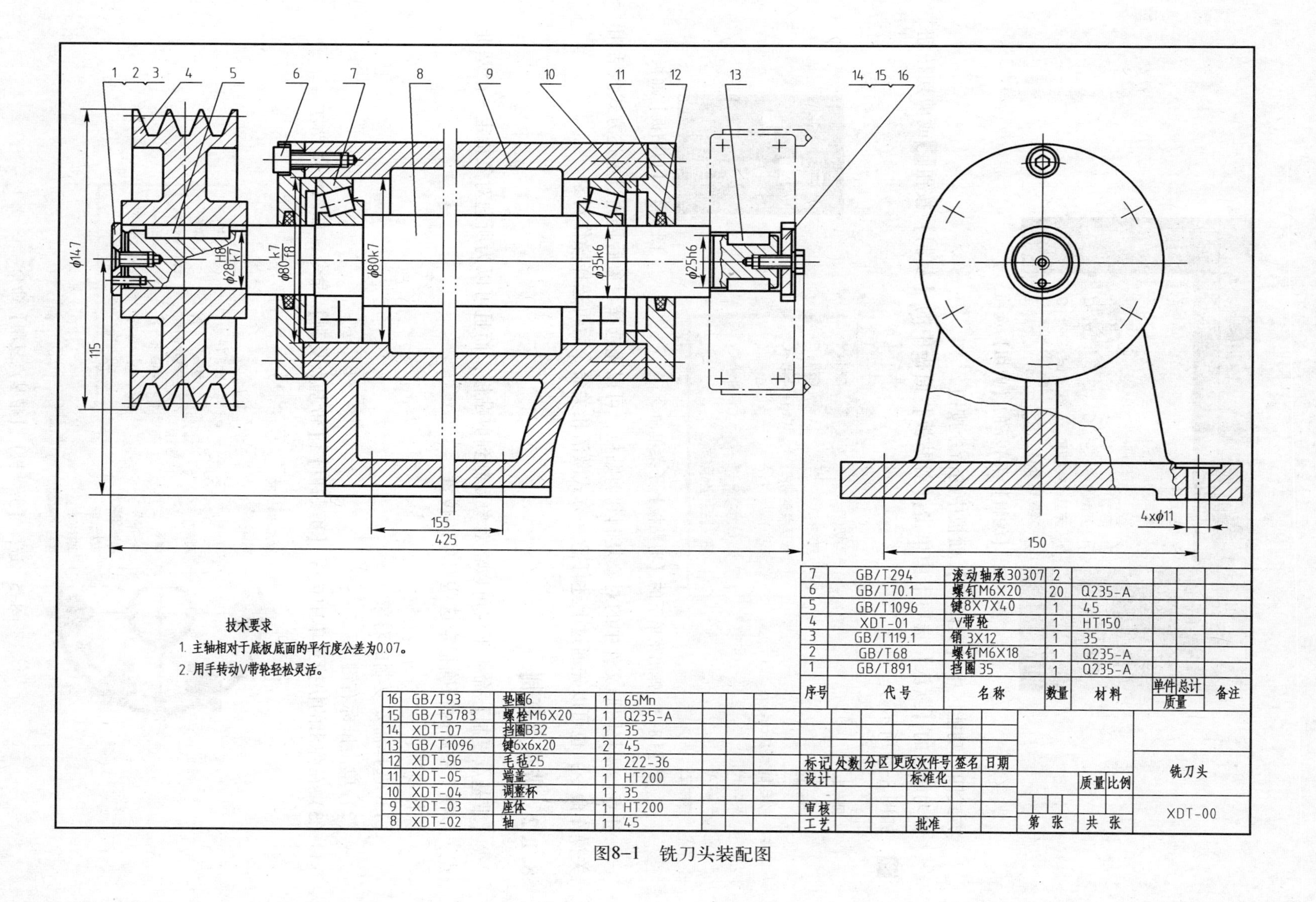
1 2 3 4 5 6 7 8 9 10 11 12 13 14 15 16
φ147
115
φ28 H8/k7
φ80 k7/f8
φ80k7
φ35k6
φ25h6
155
425
4×φ11
150
技术要求
1. 主轴相对于底板底面的平行度公差为0.07。
2. 用手转动V带轮轻松灵活。
16 GB/T93 垫圈6 1 65Mn
15 GB/T5783 螺栓M6X20 1 Q235-A
14 XDT-07 挡圈B32 1 35
13 GB/T1096 键6x6x20 2 45
12 XDT-96 毛毡25 1 222-36
11 XDT-05 端盖 1 HT200
10 XDT-04 调整杯 1 35
9 XDT-03 座体 1 HT200
8 XDT-02 轴 1 45
7 GB/T294 滚动轴承30307 2
6 GB/T70.1 螺钉M6X20 20 Q235-A
5 GB/T1096 键8X7X40 1 45
4 XDT-01 V带轮 1 HT150
3 GB/T119.1 销 3X12 1 35
2 GB/T68 螺钉M6X18 1 Q235-A
1 GB/T891 挡圈 35 1 Q235-A
序号 代号 名称 数量 材料 单件 总计 质量 备注
标记 处数 分区 更改文件号 签名 日期
设计 标准化
审核
工艺 批准
质量 比例
第 张 共 张
铣刀头
XDT-00
图8-1 铣刀头装配图

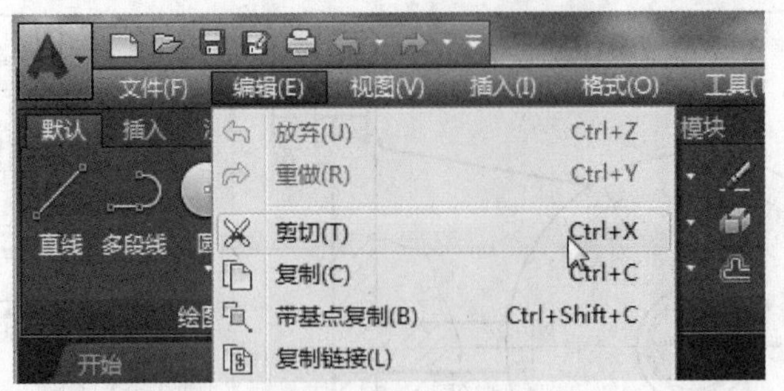

图 8-2 【编辑】菜单下的【剪切】选项

方式四：功能区中【剪贴板】面板中的命令按钮。

在功能区的【默认】选项卡中单击【剪贴板】面板中的【复制】按钮或剪切按钮，如图 8-4 所示。

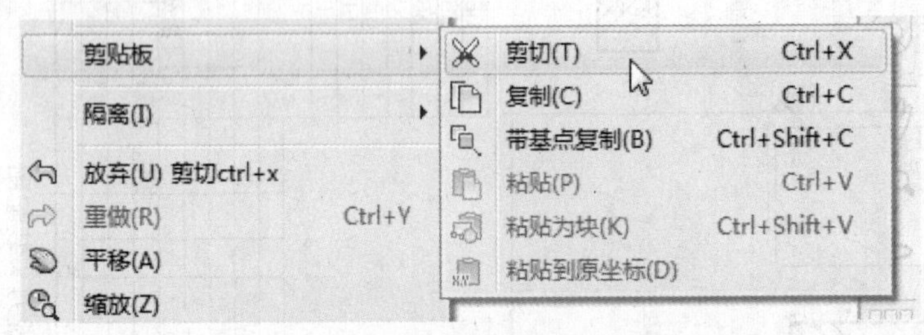

图 8-3 弹出菜单下的【剪贴板】子菜单命令

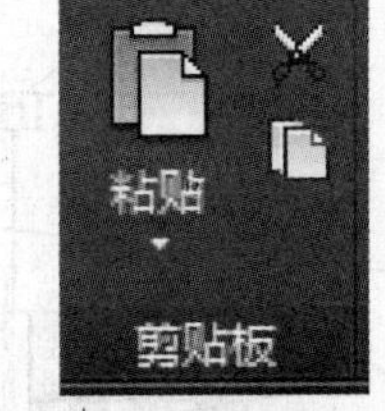

图 8-4 【剪贴板】面板

注意：要将图形文件中的对象复制到剪贴板，可以先选择对象后再通过上述方式激活相关操作命令；也可以先通过上述任意一方式激活相关命令后再选择操作对象。

8.1.2 带基点复制

【带基点复制】命令不仅可以将对象复制到剪贴板，而且可以为所选对象指定一个基准点，以便于粘贴时精确指定这些对象的位置。

操作步骤：

（1）选择需要复制的对象。

（2）单击鼠标右键。

（3）在弹出的快捷菜单中选择【剪贴板】|【带基点复制】命令，如图 8-5 所示。

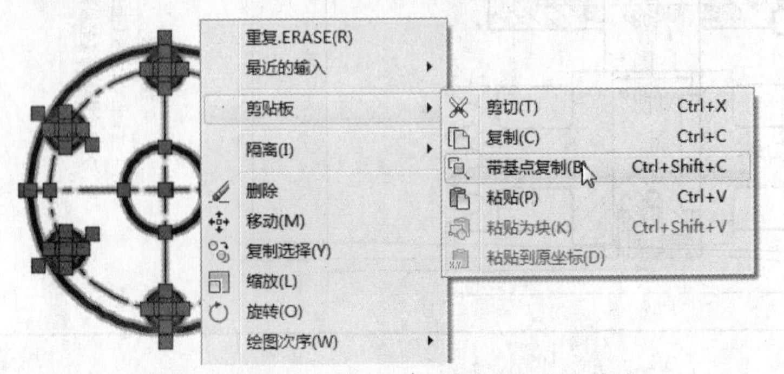

图 8-5 选择【剪贴板】|【带基点复制】命令

（4）使用鼠标左键选择基准点。如图 8-6 所示。

（5）切换至需要粘贴复制对象的图形文件界面。按下键盘上的〈CTRL+V〉组合键或者单击【剪贴板】面板中的【粘贴】按钮。

（6）使用鼠标左键在绘图区域选择粘贴插入点，如图 8-7 所示。

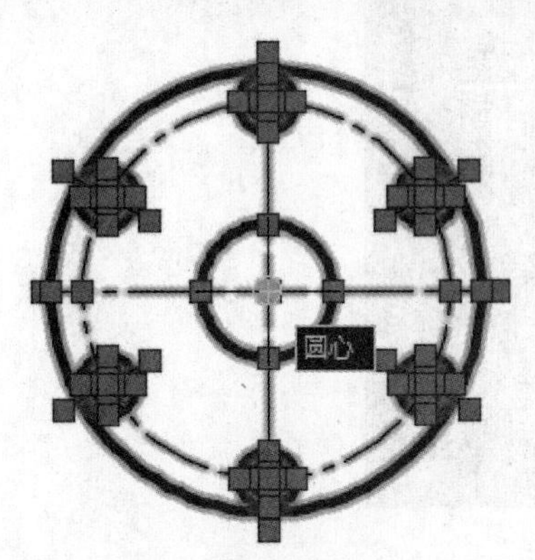

图 8-6　选择带基点复制的基准点

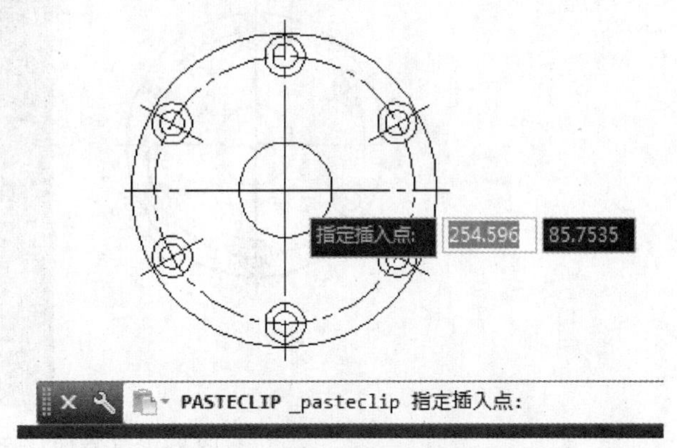

图 8-7　使用鼠标左键在绘图区域指定粘贴插入点

8.1.3　粘贴为块

将零件的投影图形从零件图中复制到装配图中之后，往往需要调整该零件在装配图中与其他零件的位置关系；有时候还需要对该零件图形进行复制、旋转等操作。如果零件投影图在装配图文件中仍然是由多个不同的图形对象组成，对后续的操作将会造成极大的障碍。【粘贴为块】命令可以将组成零件投影图的所有图形对象作为一个整体粘贴到装配图文件里去，这样便于选择该零件并进行后续的调整操作。

以端盖左视图为例演示操作步骤：

（1）在绘图区中选择其零件图并单击鼠标右键，在弹出的快捷菜单中选择【剪贴板】|【带基点复制】命令。

（2）使用鼠标左键选择图形中的某个点作为基准。

（3）在新建的装配图文件的绘图区域单击鼠标右键，在弹出的快捷菜单中选择【剪贴板】|【粘贴为块】命令，如图 8-8 所示。

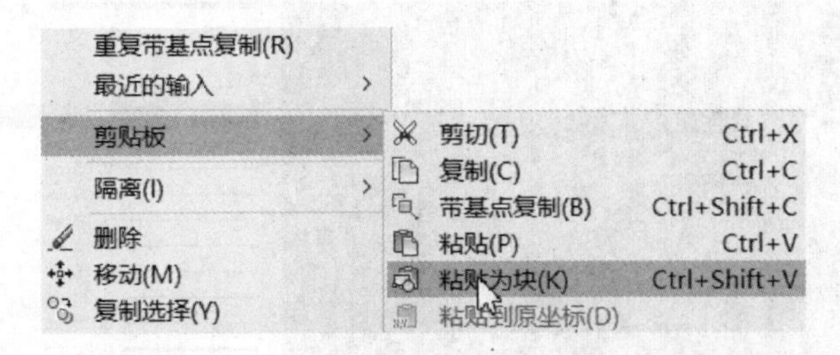

图 8-8　选择【剪贴板】|【粘贴为块】命令

（4）使用鼠标在绘图区域确定图形在装配图中的粘贴位置。

（5）在装配图文件中选择被【粘贴为块】的图形，会显示其为一个整体。在键盘上按〈CRTL+1〉组合快捷键以弹出【特性】管理器，刚才选择的对象在【特性】管理器中显示为【块参照】，如图 8-9 所示。

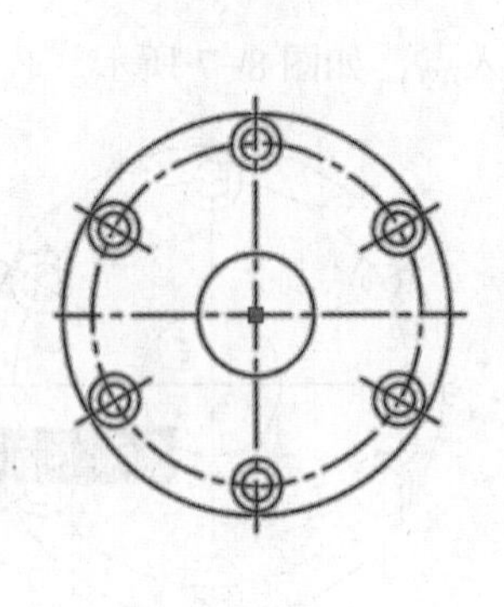

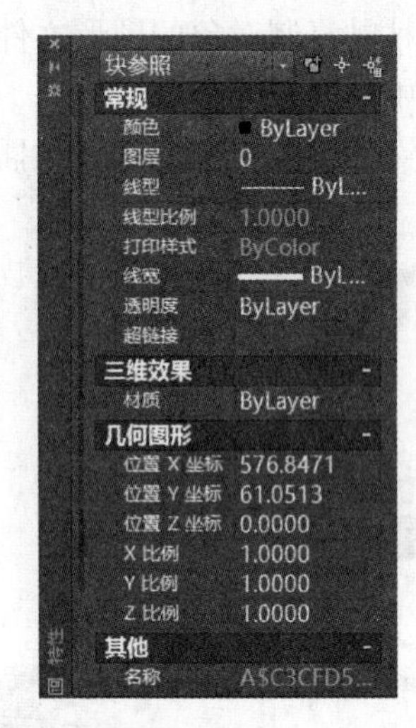

图 8-9 【特性】管理器

有以下几个方面需要注意。

（1）如果零件图和装配图中的【线型比例因子】参数不一致，可能导致在装配图中粘贴出来的图形和零件图中的源图形显示效果不一致。在任何一个当前图形文件的命令行输入“LTSCALE”（可缩写为 LTS）来查看该图形文件的当前【线型比例因子】参数，也可以对该参数进行修改。将新图形文件的线型比例因子改为与源图形文件一致的 1，如图 8-10 所示。

LTSCALE LTSCALE 输入新线型比例因子 <1.0000>:

图 8-10 在命令行输入“LTSCALE”以查看或修改【线型比例因子】

（2）如果零件图和装配图的图层【线宽】设置不一致，也可能导致在装配图中粘贴出来的图形和零件图中的源图形线宽显示效果不一致。在新图形文件中打开【图层特性管理器】，把各图层的【线宽】设置修改为与源图形文件一致，如图 8-11 所示。

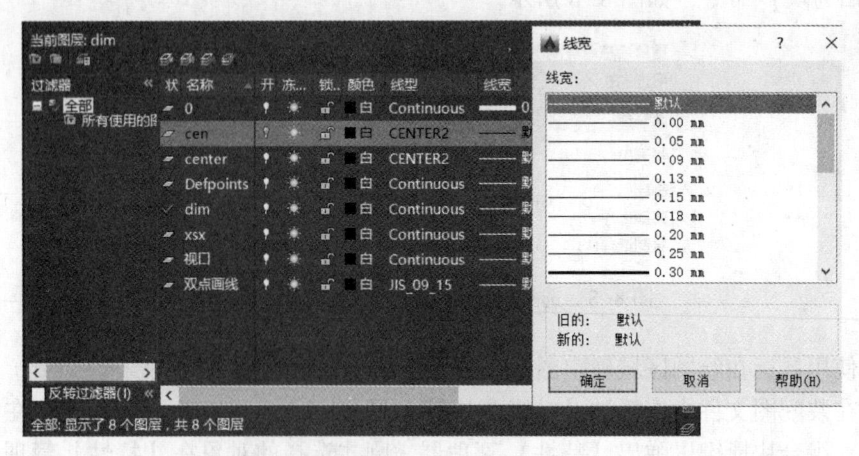

图 8-11 在【图层特性管理器】中修改新图形文件的【线宽】设置

（3）新的图形文件设置修改为与源图形文件一致后，【粘贴为块】的图形对象在新文件中的显示效果就与在源文件中的显示效果一致了。

（4）一个图形文件的【线型】和【线宽】等参数经过重新设置后，该图形文件中的图形对象可能不会马上自动更新至与最新设置一致，这可能与计算机的运算速度有关系。碰到这种情况可以选择【视图】菜单中的【全部重生成】命令，让图形显示更新至与最新设置一致，如图 8-12 所示。

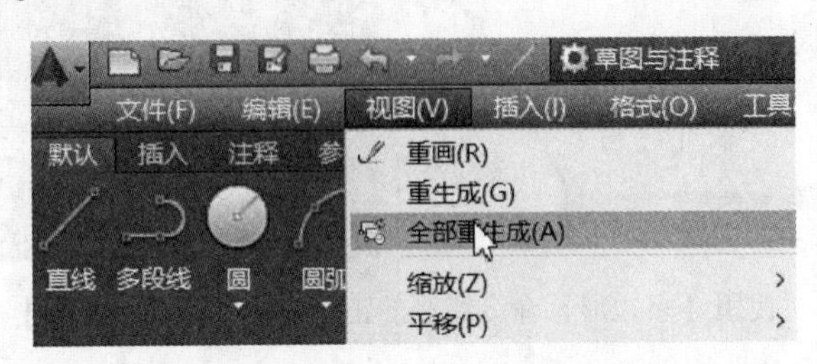

图 8-12　选择【视图】菜单中的【全部重生成】命令

作为一个绘图员或设计者，应该有自己的专用【图形样板】（DWT）文件，这样绘制零件图和装配图时，所有的参数设置就能保持一致，从而避免因参数不一致导致的【复制】和【粘贴】的图形对象在两个图形文件中显示效果不一致的情况。

8.1.4　分解命令

当零件的投影图在装配图中被“粘贴为块”并依据装配关系放置到装配图的准确位置上之后，可能需要对该零件投影图的一些投影线进行编辑操作——因为一个零件的投影在零件图和在装配图中的可见性往往是不一致的。这样，对于作为一个整体的零件投影图，需要使用【分解】命令来做分解操作。

【分解】命令可以将复合对象分解为其组件对象，在希望单独修改复合对象的部件时，可分解复合对象。可以分解的对象包括块、多段线及面域等。

【分解】命令示例：正六边形。

操作步骤：

（1）新建一个 AutoCAD 图形文件并使用“多边形”命令绘制一个任意大小的正六变形，然后用鼠标选择该正六边形任意一条边，这个正六边形的 6 条边会被当作一个整体被选中。如图 8-13 所示。

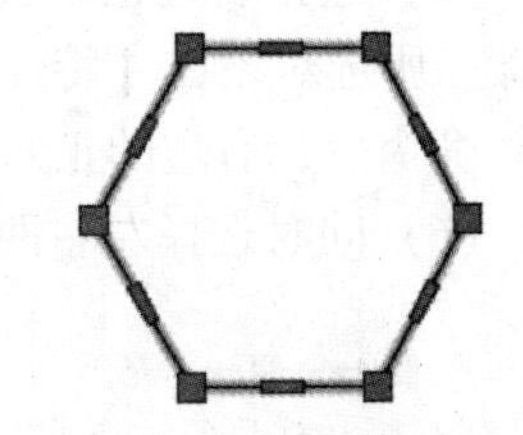

图 8-13　正六边形的 6 条边被当作一个整体被选中

（2）按下〈CRTL+1〉组合快捷键以打开【特性】管理器，该正六边形在【特性】管理器中被显示为【多段线】，如图 8-14 所示。

注：使用【矩形】命令和【多边形】命令绘制的线框都被 AutoCAD 归为【多段线】类对象。

（3）关闭【特性】管理器，使用【复制】命令在正六边形右边复制一个同样大小的正六边形。

选择右边的正六边形并单击【修改】面板中的【分解】命令按钮，如图 8-15 所示。

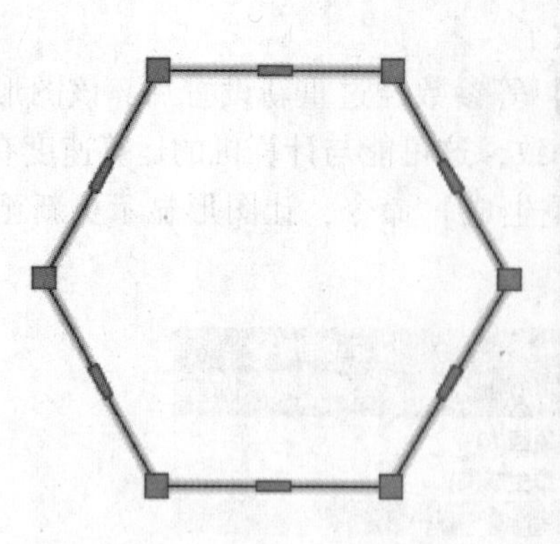
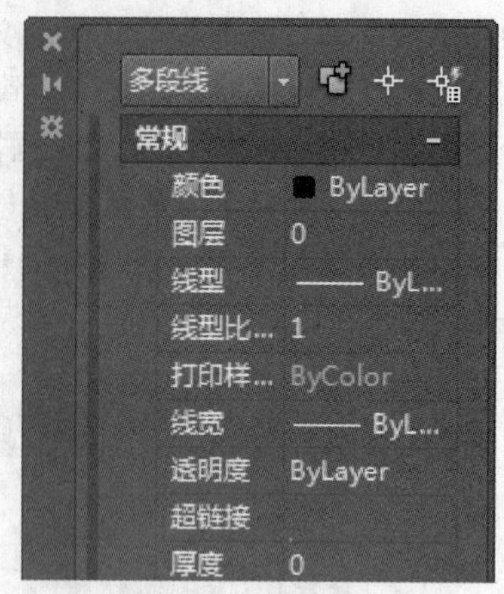

图 8-14 使用【多边形】命令绘制的正六边形属于【多段线】类对象

（4）使用【分解】命令后，再单击鼠标左键选择右边正六边形的一条边，只有一条边被选中，其他 5 条边则未被选中，说明它们已经不再是一个整体了，如图 8-16 所示。

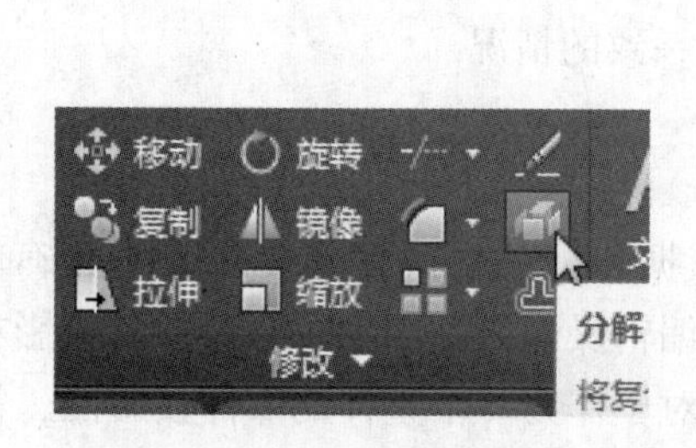

图 8-15 【修改】面板中的【分解】命令按钮

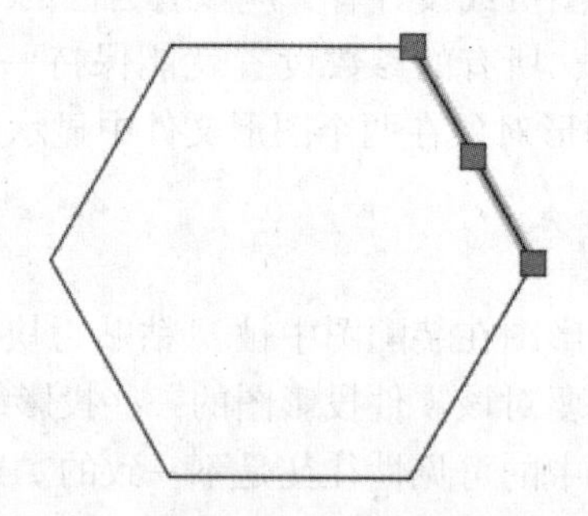

图 8-16 单击鼠标只能选择被分解的正六边形的一条边

（5）选择右边正六边形的所有 6 条边并按下〈CRTL+1〉组合快捷键以打开【特性】管理器。所选对象在【特性】管理器中被显示为【直线（6）】，如图 8-17 所示。使用【分解】命令后，右边的正六边形由一个单一的【多段线】对象变成了 6 个【直线】对象。

（6）同时选择左右两个正六边形，观察它们的夹持点差异，如图 8-18 所示。

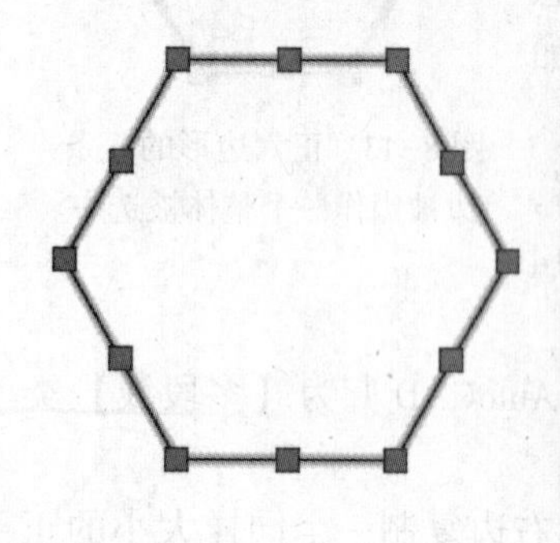
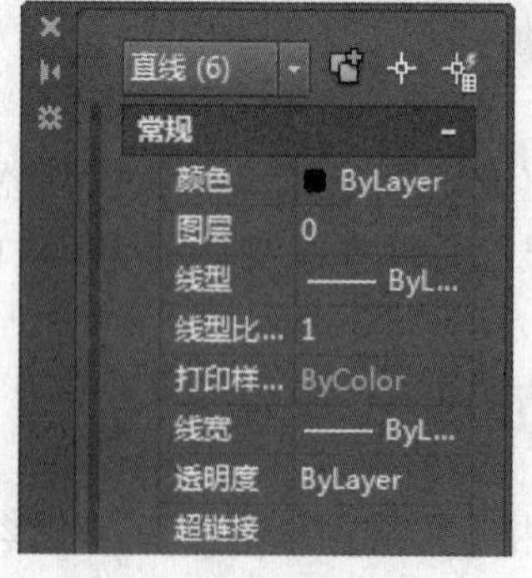

图 8-17 被分解的正六边形变成了 6 条直线

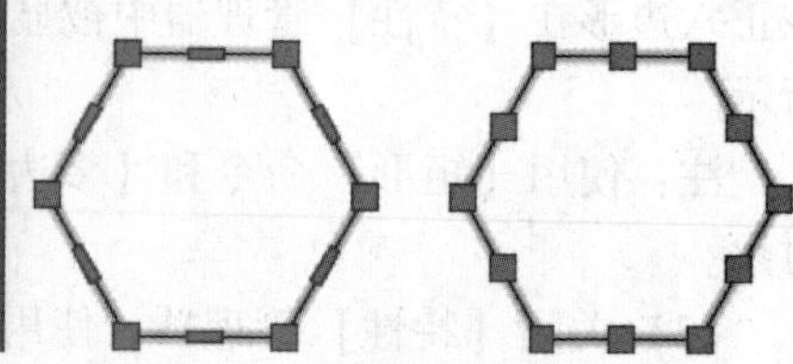

图 8-18 【多段线】正六边形和【6 条直线】正六边形的夹持点显示差异

8.1.5 由零件图拼画装配图实例——铣刀头装配图

随书配套资源中有本装配图练习所需要的所有零件图和装配图的图形文件。

1. 创建新图形文件

为了绘制装配图，需要新建一个图形文件以绘制装配图。新建图形文件后，可以按绘制零件图的方法设置好图层、文字样式和标注样式并按标准绘制标题栏。如果绘图者有自己的专用【图形样板】（DWT 文件）文件，可以大大简化上述设置过程。文件以“铣刀头”为名保存。如图 8-19 所示。

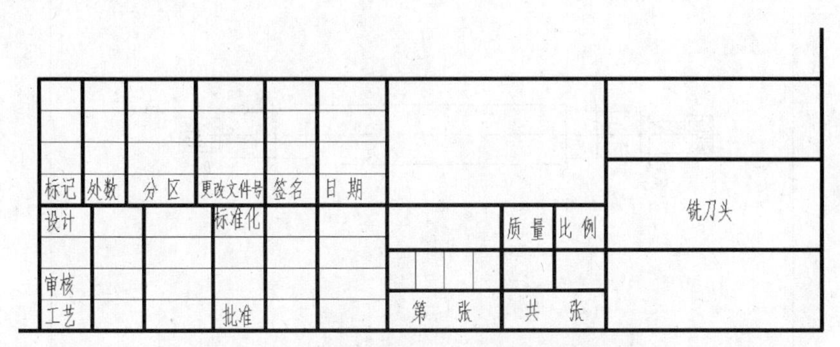

图 8-19　创建新图形文件开始绘制装配图

2. 绘制（复制、粘贴）轴

打开“轴”图形文件，将标注图层（dim）设置为关闭状态。操作过程中可以删除一些绘制装配图不需要的图形对象，这样可以避免标注内容干扰对图形的操作。但是关闭“轴”图形文件时不要保存修改，以免破坏“轴”零件图的完整性。

选择轴零件的主视图的所有对象，并单击【编辑】菜单中的【带基点复制】命令〈CTRL+SHIFT+C〉。命令行提示“_copybase 指定基点：”时用鼠标指定合适的基点将选择对象复制到剪贴板。如图 8-20 所示（绘制第一个零件时，因为没有装配关系要求，所以对基点选择没有特别的要求）。

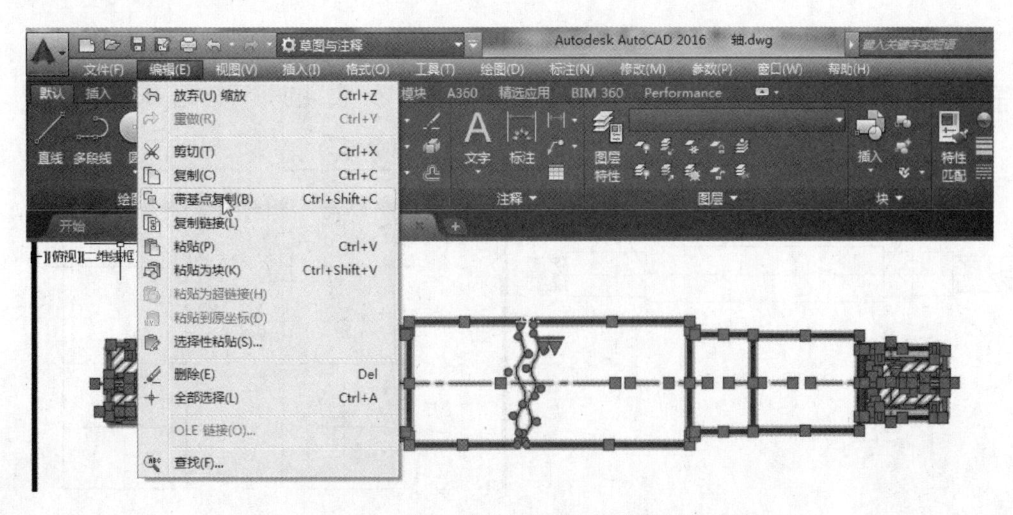

图 8-20　将“轴”零件图的主视图复制至剪贴板

上述操作之后，将新图形文件“铣刀头”装配图图形文件设置为当前图形文件。单击【剪贴板】面板上的【粘贴】按钮，或选择【编辑】菜单中的【粘贴】命令，将对象从剪贴板粘贴到“铣刀头装配图”绘图区域。

把轴的主视图从“轴”零件图文件复制到新的“铣刀头”图形文件后，对其做一定的整理以便于后续的操作。把断开画法改为普通画法，以便于装配其他零件时定位。如图 8-21 所示。

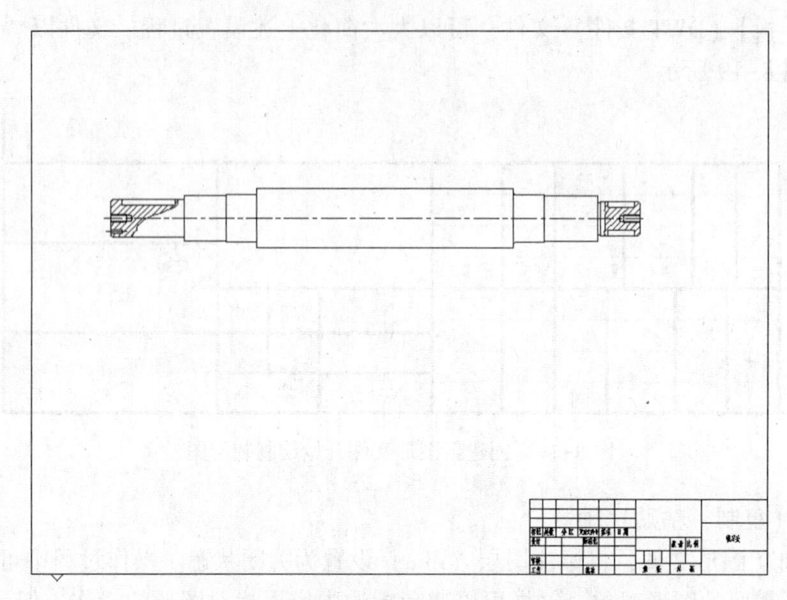

图 8-21　将“轴”主视图粘贴至装配图并作整理

3. 绘制（复制、粘贴）滚动轴承

打开“标准件”图形文件，将滚动轴承 30307 图形复制并粘贴到“铣刀头”装配图图形文件中。按照装配关系把滚动轴承安装到轴上后做一定整理。【带基点复制】时指定的基点如图 8-22 所示，由零件间的装配关系确定。

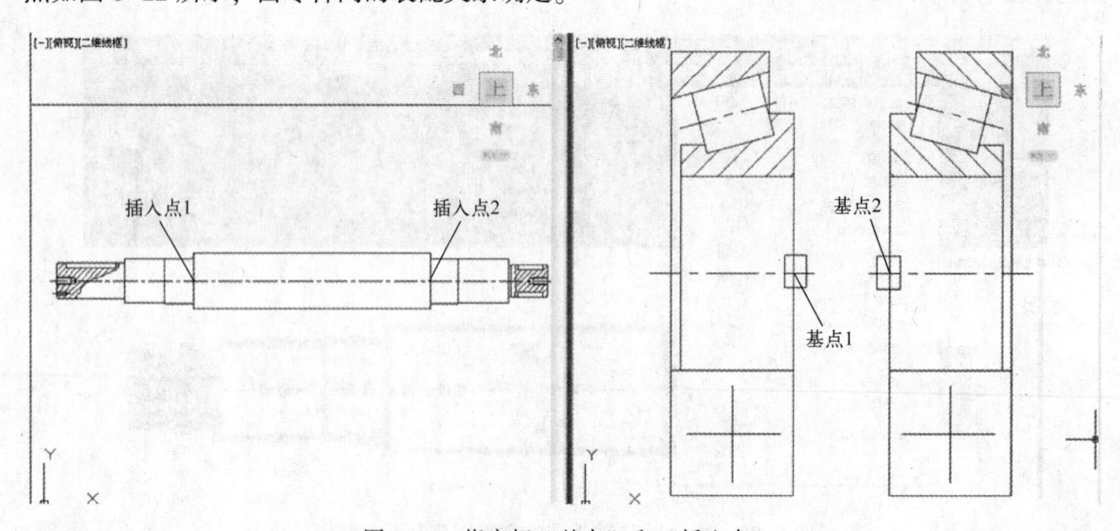

图 8-22　指定好“基点”和“插入点”

复制、粘贴完成后使用【修剪】命令去除“滚动轴承”被“轴”遮挡住的投影线，图形效果如图 8-23 所示。

图 8-23　复制、粘贴“滚动轴承”并去掉多余投影线

4. 安装（复制、粘贴）左端盖

打开“端盖”零件图，将“端盖”主视图“带基点复制”并依据装配位置关系粘贴到“铣刀头”装配图图形文件中。然后做一定整理（主要工作为去除被遮挡投影线），如图 8-24 所示。

图 8-24　复制、粘贴左“端盖”并去掉多余投影线

5. 绘制座体主视图（复制、粘贴）

打开“座体”零件图，将“座体”主视图【带基点复制】并依据装配位置关系粘贴到“铣刀头装配图”图形文件中。然后使用【修剪】和【删除】命令去除多余的投影线，如图 8-25 所示。

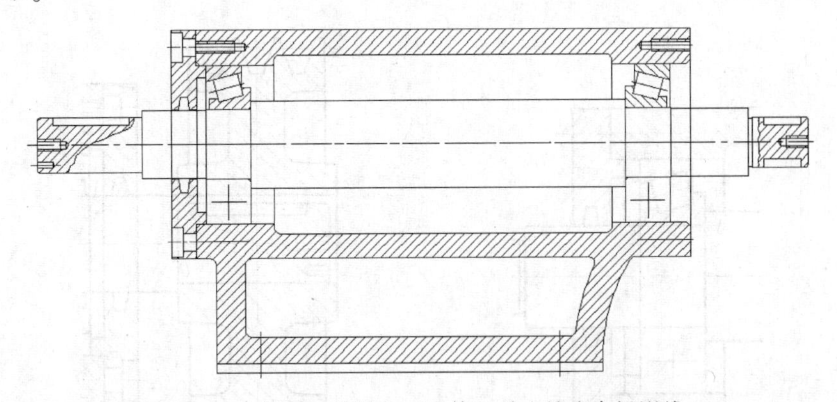

图 8-25　复制、粘贴左“座体”并去掉多余投影线

6. 安装（复制、粘贴）调整环和右端盖

打开“调整环”零件图，将“调整环”主视图【带基点复制】并依据装配位置关系粘

贴到“铣刀头”装配图图形文件中，然后使用【修剪】和【删除】等命令去除多余投影线，如图 8-26 所示。

安装右“端盖”的方法和步骤与安装左“端盖”的方法和步骤相同，只是需要使用【镜像】命令复制一个反向的“端盖”主视图，如图 8-27 所示。

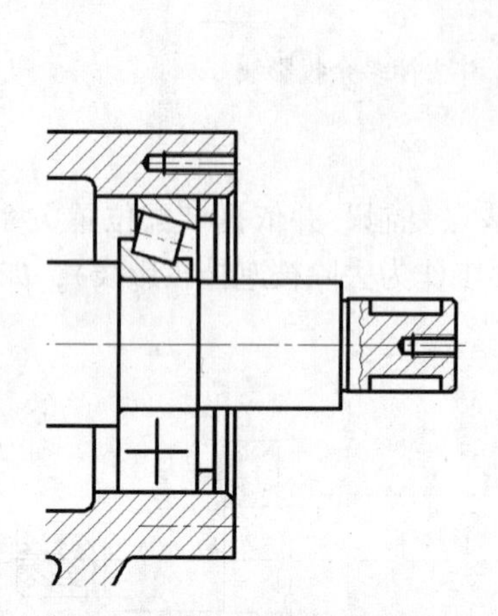

图 8-26　复制、粘贴左“调整环”并去掉多余投影线

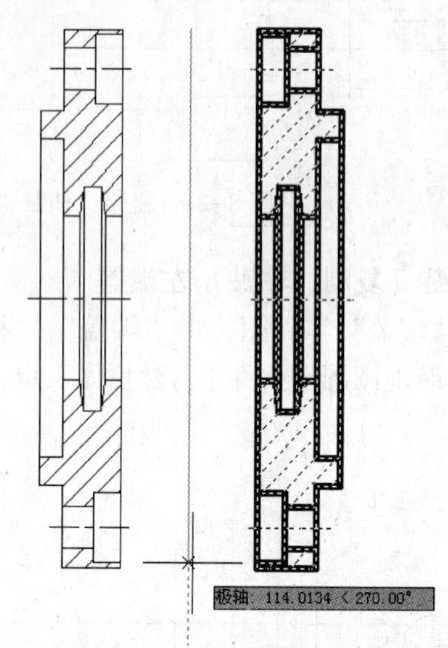

图 8-27　在“端盖”零件图中使用【镜像】命令复制一个反向主视图

使用【带基点复制】和【粘贴】命令安装右“端盖”，然后使用【修剪】和【删除】等命令去除多余投影线，如图 8-28 所示。

7. 安装（复制、粘贴）V 带轮

打开“V 带轮”零件图，将“V 带轮”主视图【带基点复制】并依据装配位置关系粘贴到“铣刀头”装配图图形文件中，然后使用【修剪】和【删除】等命令去除多余投影线，如图 8-29 所示。

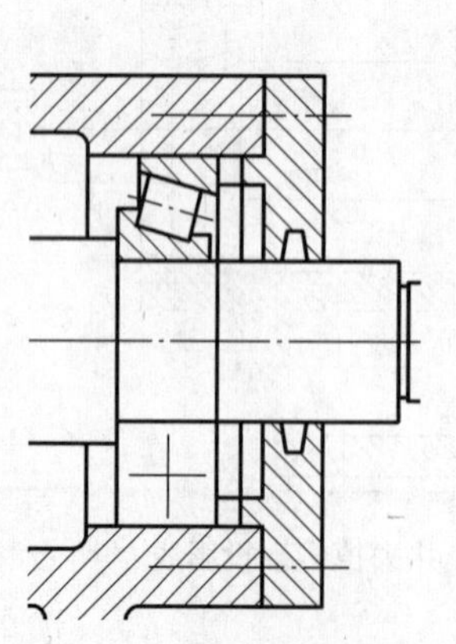

图 8-28　复制、粘贴右“端盖”并去掉多余投影线

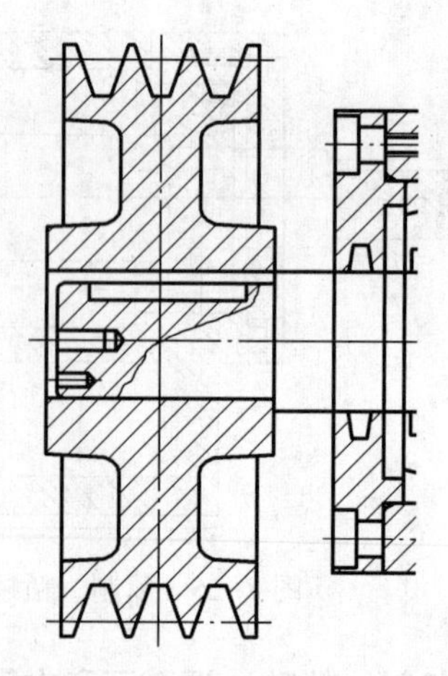

图 8-29　复制、粘贴右“V 带轮”并去掉多余投影线

8. 安装挡圈 35

打开“挡圈 35”零件图，将“挡圈 35”主视图【带基点复制】并依据装配位置关系粘贴到“铣刀头”装配图图形文件中，然后使用【修剪】和【删除】等命令去除多余投影线。

9. 绘制刀盘并安装挡圈 B32

因为刀盘不属于铣刀头装配体，所以用双点画线示意绘制就可以了。(不需精确尺寸)

打开“挡圈 B32”零件图，将“挡圈 B32”主视图【带基点复制】并依据装配位置关系粘贴到“铣刀头”装配图图形文件中，然后使用【修剪】和【删除】等命令去除多余投影线。

10. 安装其他标准件

安装标准件时，如螺钉头等结构，可以直接从“标准件”图形文件中复制到装配图中，而键连接和销链接只需根据装配关系特点在装配图中略做修改就可以了，完成之后的主视图如图 8-30 所示。

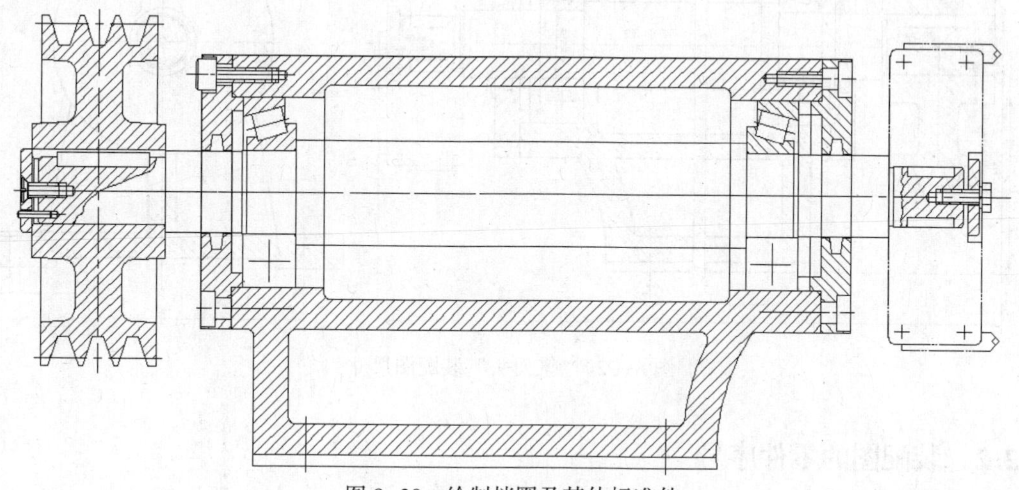

图 8-30　绘制挡圈及其他标准件

11. 绘制左视图、整理完成装配图视图部分

左视图主要在座体左视图的基础上绘制，可以从“座体”图形文件中复制到“铣刀头”装配图图形文件中。完成装配图前需要去掉多余图线并对剖面线重新整理。然后根据图幅的限制，把主视图改为断开画法，如图 8-31 所示。

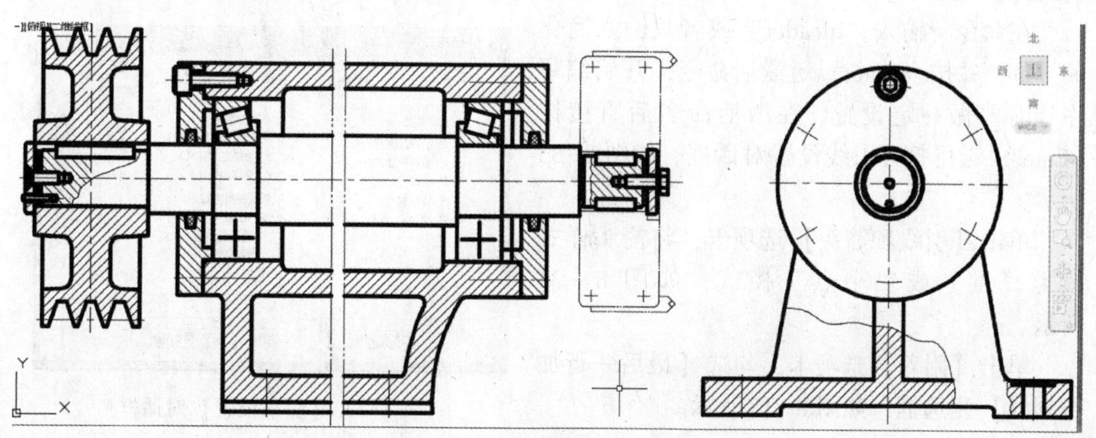

图 8-31　完成装配图视图部分

8.2 装配图的标注

8.2.1 装配图的尺寸标注

相对于零件图，装配图中只需要标注一些少量的重要尺寸，这些尺寸与该装配图所表达的机器或部件的安装、调试、使用和维护有关。装配图的尺寸样式的设置方法以及标注方法都与零件图相同，而且相对来说更简单。“铣刀头”装配图的尺寸标注如图 8-32 所示。

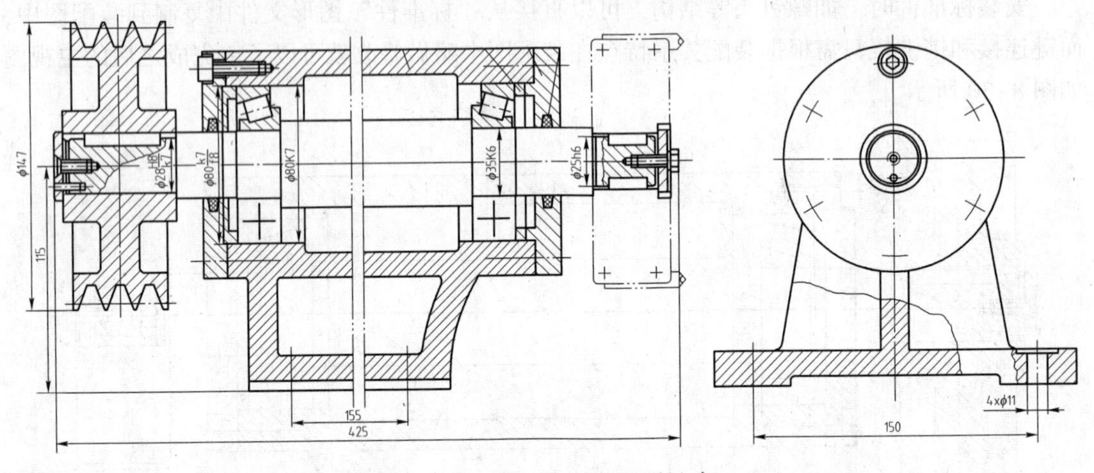

图 8-32 “铣刀头”装配图尺寸

8.2.2 装配图的零件序号

1.【快速引线】(QLEADER) 命令

编写零件序号时可使用【快速引线】(QLEADER) 命令，该命令是从 AutoCAD 2007 等老的版本兼容过来的命令，AutoCAD 2016 版本的默认界面只提供从命令行输入的激活方式。在较新的 AutoCAD 版本中，如 AutoCAD 2016，【快速引线】(QLEADER) 命令已经逐渐被新的【多重引线】(MLEADER) 命令所取代，该命令稍后介绍。

在命令行输入“qleader”或者只输入简化的“le”并按〈Enter〉键激活命令，开始编写序号前要做一定设置。在激活命名后直接按〈Enter〉键可打开引线设置对话框，如图 8-33 所示。

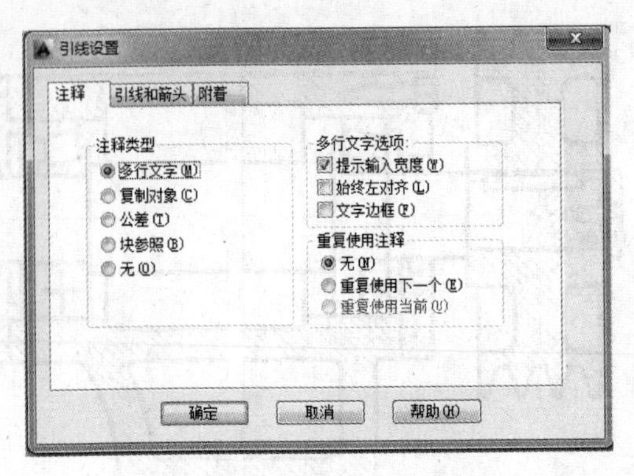

图 8-33 【引线设置】对话框

单击【引线和箭头】选项卡，将箭头样式改为“点”或“小点”模式，如图 8-34 所示。

单击【附着】选项卡，勾选【最后一行加下划线】复选框，如图 8-35 所示。

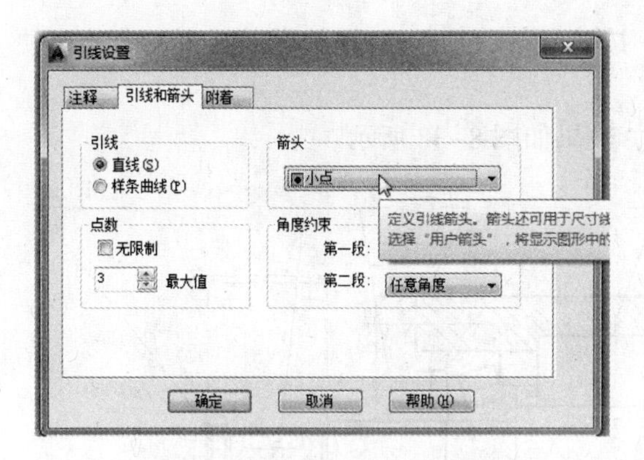

图 8-34　引线设置——引线和箭头

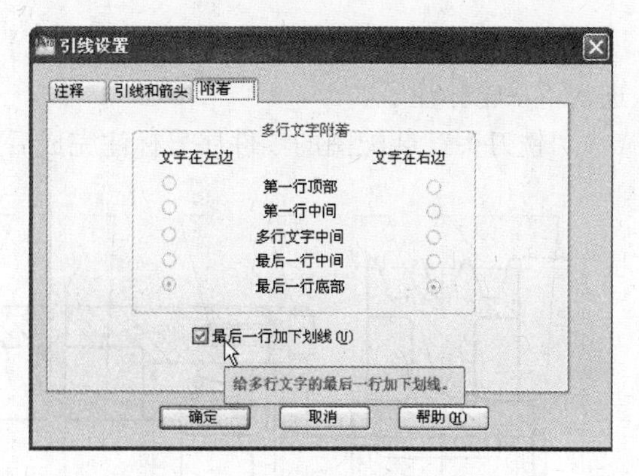

图 8-35　引线设置——附着

单击【确定】按钮保存设置就可以进入标注环节了，以后除需要修改“快速引线”的设置外，不需要每次激活命令后都按〈Enter〉键反复设置。

激活【快速引线】命令后，或者完成【快速引线】的设置后，命令行的提示信息都是“QLEADER 指定第一个引线点或【设置(S)】<设置>:”，这时可以用鼠标左键在屏幕上指定引线标注的插入点。接下来命令行会出现两次提示信息“QLEADER 指定下一点:”，操作者可以跟随命令行提示用鼠标指定引线标注的另外两个点，如图 8-36 所示。

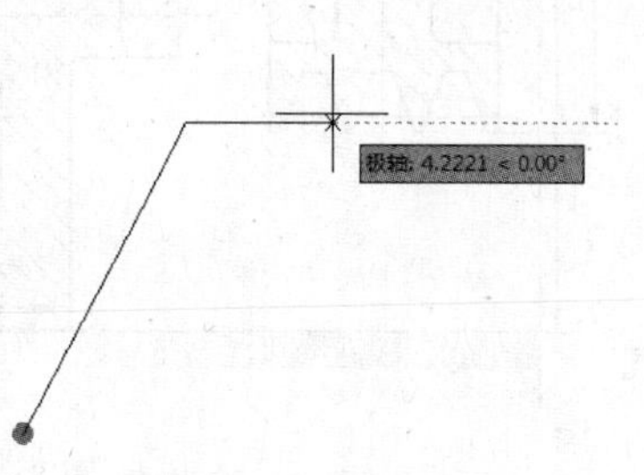

图 8-36　【快速引线】命令——指定点

指定【快速引线】的插入点和另外两个点后，命令行会显示提示信息“QLEADER 指定文字宽度<0.0000>:”，这时只需要按〈Enter〉键就可以了。

接下来，“QLEADER 输入注释文字的第一行<多行文字(M)>:”，这时可以通过键盘输入引线标注的注释文字，比如装配图的零件序号。这时如果不直接输入注释文字，而是直接按〈Enter〉键，则进入【多行文字编辑器】，可以在其中输入、编辑注释文字，非常方便，如图 8-37 所示。

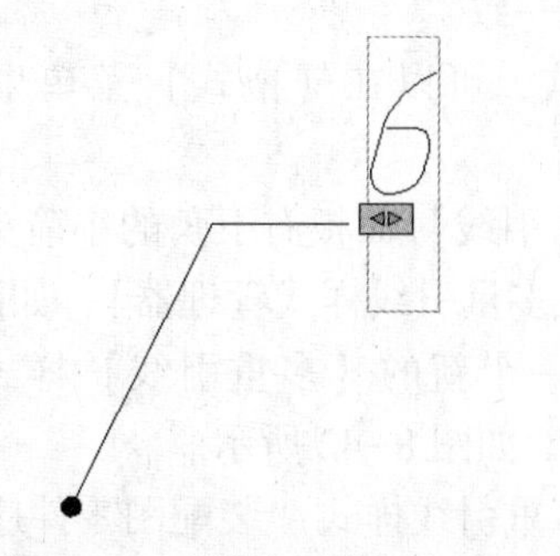

图 8-37　【快速引线】命令——注释文字

输入引线标注的注释文字后，按【确定】按钮或按〈Enter〉键就可以结束命令，以便进入下一轮标注了。

“铣刀头”装配图的零件序号标注完成后，效果如图 8-38 所示。

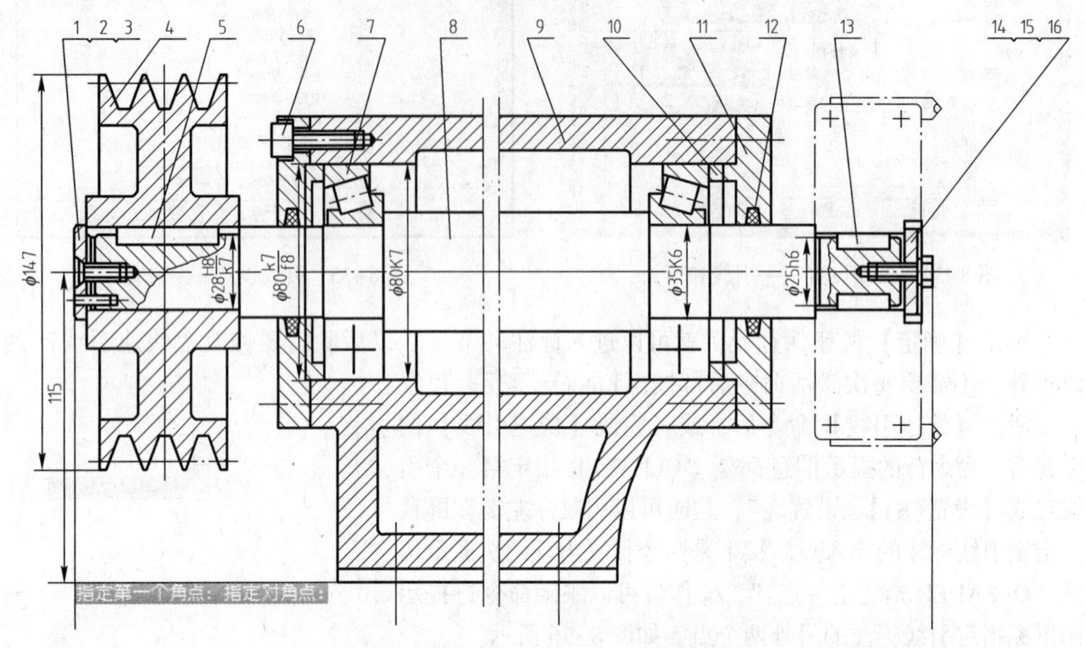

图 8-38 “铣刀头”装配图的零件序号标注

注意：装配图的零件序号可以顺时针排列，也可以逆时针排列；可以水平排列，也可以竖直排列。所以，图 8-38 只是“铣刀头”零件序号标注的一种方案。

2.【多重引线】（MLEADER）命令

从 AutoCAD 2010 版本开始，【多重引线】（MLEADER）命令在 AutoCAD 软件的【标注】菜单中已经取代【快速引线】（QLEADER）命令的位置。虽然该命令还需要完善，但是该命令的设计思路是很先进的，这主要体现在标注样式的设置上。使用【快速引线】（QLEADER）命令来进行引线标注时，标注样式的设置是一次性的，在不同的标注样式之间转换需要重复进行设置的改变，很麻烦。而使用【多重引线】（MLEADER）命令进行引线标注，可以为其设置多个新的标注格式，在不同样式之间切换非常方便，其设计思路和操作方式与图层、文字样式和标注样式一致。

要设置【多重引线】的标注样式，可以在【格式】菜单里选择【多重引线样式】选项，如图 8-39 所示。

也可以单击【注释】选项卡里【引线】面板右下角的小箭头按钮，如图 8-40 所示。

通过上述两种方式都可以打开【多重引线样式管理器】，如图 8-41 所示。

单击【新建】按钮，可以创建一个新的【多重引线】样式，可以将新建的【多重引线】样式命名为“装配图零件序号”，如图 8-42 所示。

单击【继续】按钮，创建新的多重引线样式“装配图零件序号”，该样式是在系统默认样式“Standard”的基础上创建的，各项设置如图 8-43~图 8-45 所示。

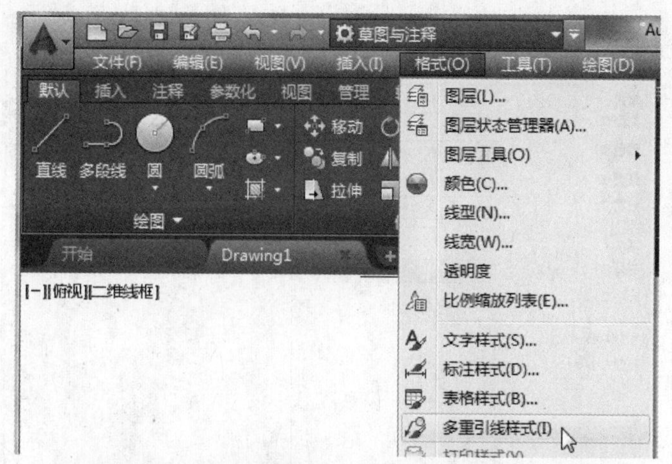

图 8-39 【格式】菜单中的【多重引线样式】选项

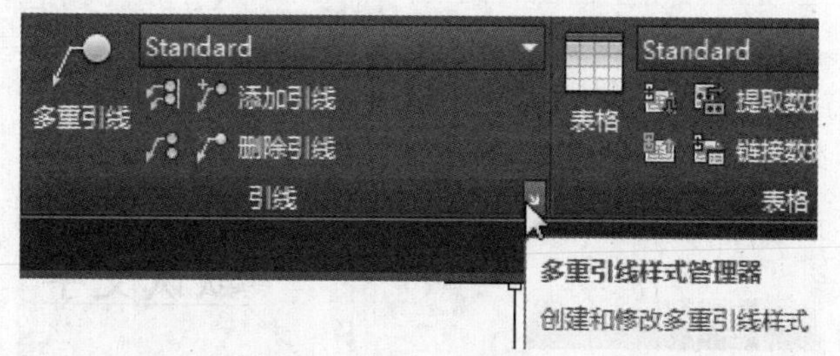

图 8-40 在【注释】选项卡里【引线】面板中打开【多重引线样式管理器】

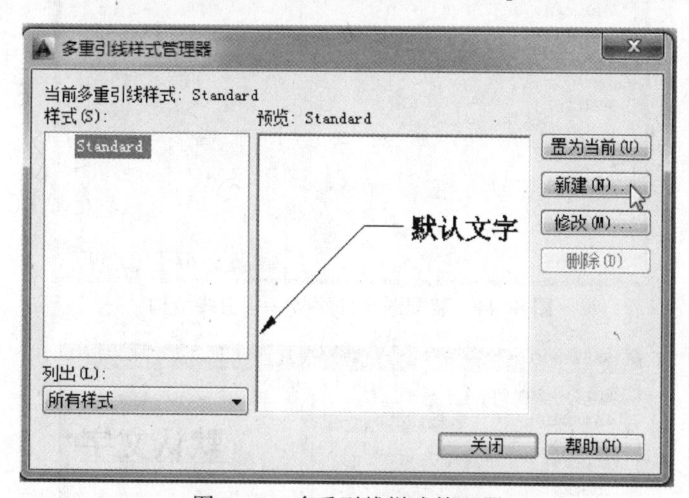

图 8-41 多重引线样式管理器

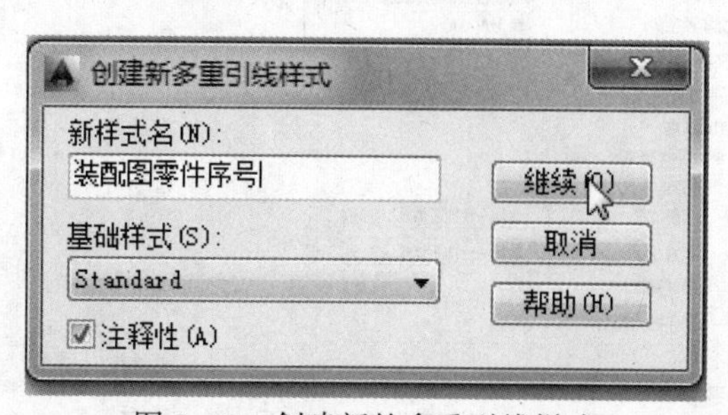

图 8-42 创建新的多重引线样式

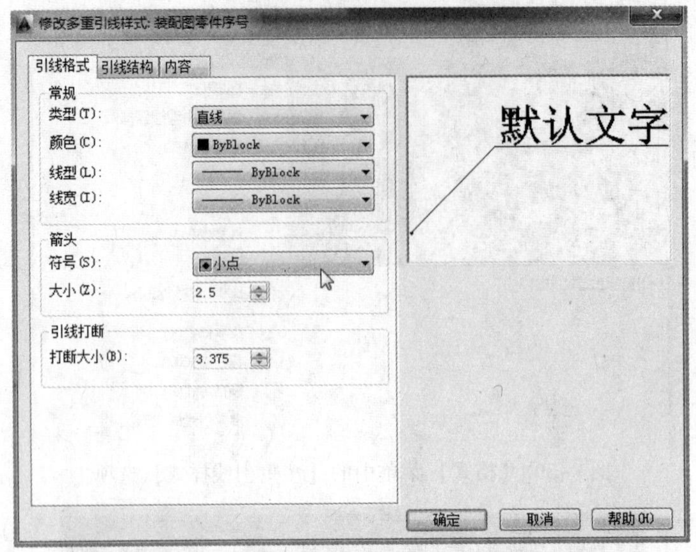

图 8-43　装配图零件序号——引线格式

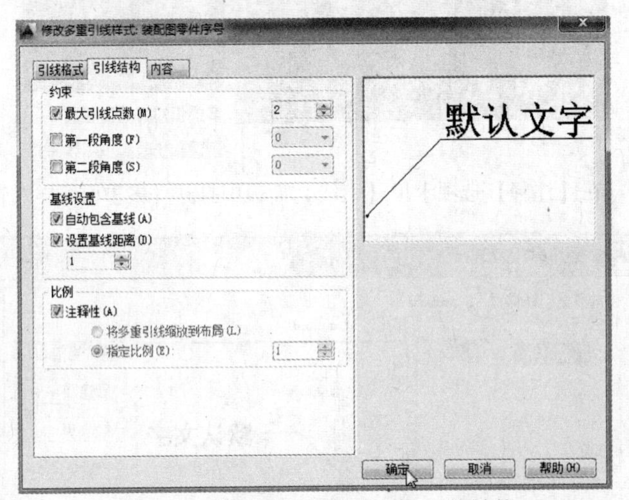

图 8-44　装配图零件序号——引线结构

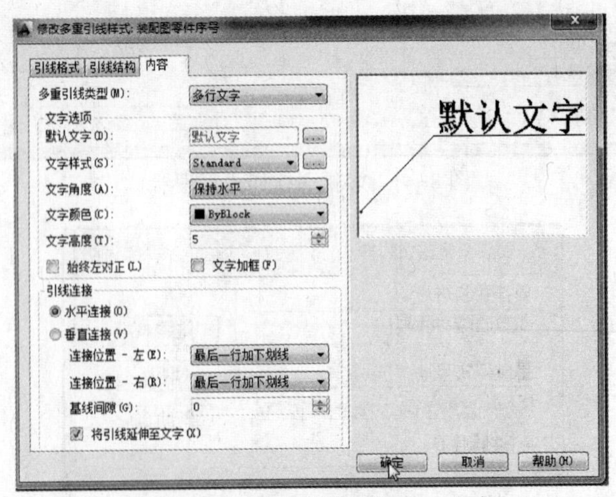

图 8-45　装配图零件序号——内容

新的多重引线样式设置好之后，可以在【多重引线样式管理器】里将其设置为当前样式，如图 8-46 所示。

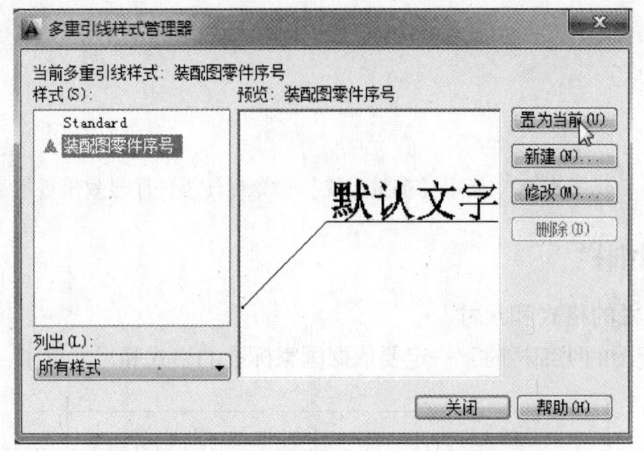

图 8-46　装配图零件序号——置为当前样式

也可以使用鼠标在【注释】选项卡里的【引线】面板中切换当前样式，如图 8-47 所示。

“装配图零件序号”多重引线样式被创建好并被设置为当前样式后，就可以使用【多重引线】命令来标注装配图的零件序号了。首先，在【注释】选项卡里的【引线】面板中选择【多重引线】命令（也可以在【标注】菜单中激活该命令），如图 8-48 所示。

图 8-47　切换当前多重引线样式

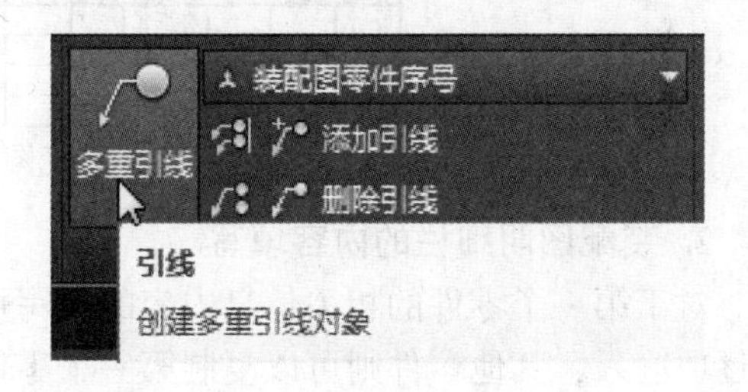

图 8-48　【引线】面板中的【多重引线】命令

激活【多重引线】命令后，根据命令行提示分别在绘图区域制定多重引线的箭头位置和基线位置，然后在出现的【多行文字编辑器】中输入要标注的零件的序号，如图 8-49 所示。

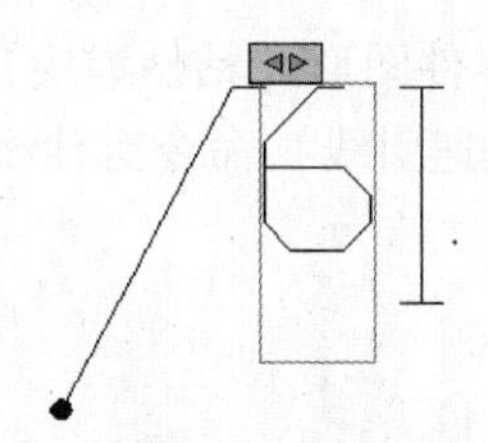

图 8-49　使用【多重引线】命令标注零件序号

将零件序号输入完成后，单击【确定】按钮，标注出来的零件序号如图 8-50 所示。

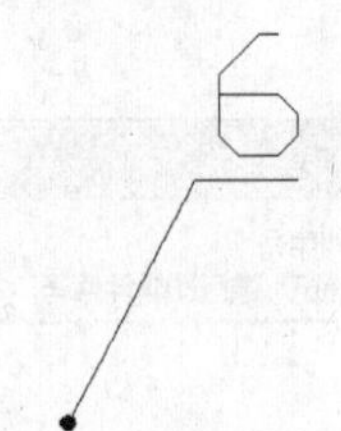

图 8-50　使用【多重引线】命令标注零件序号效果

8.2.3　装配图明细栏

1. 装配图明细栏的格式和尺寸

绘制、填写装配图的明细栏时，一定要依据国家标准的格式和尺寸要求，如图 8-51 所示。

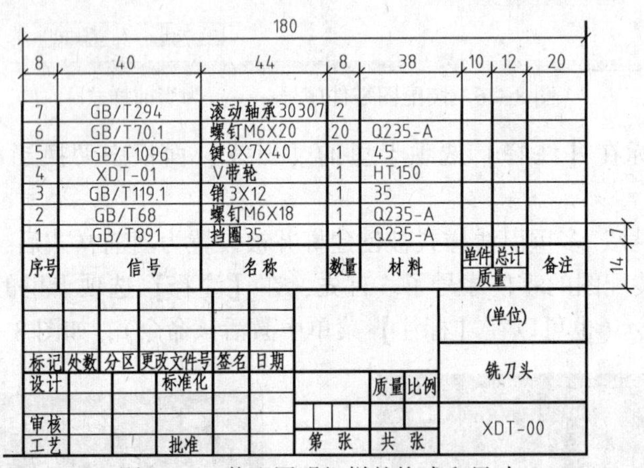

图 8-51　装配图明细栏的格式和尺寸

2. 装配图明细栏的内容填写

对于第一个零件的相关信息内容的填写可以使用【单行文字】命令或【多行文本】命令逐项输入，其他零件则可以复制第一个零件的信息后再编辑。

绘制并填写明细栏、标题栏以及技术要求，完成的“铣刀头”装配图如图 8-52 所示。

8.3　思考与练习

一、简答题

1. 请描述一下【修改】面板中的命令【复制】与快捷键〈Ctrl+C〉的异同。
2. 用哪些命令绘制出的多线条图形是一个整体？
3. 【分解】命令有什么作用？
4. 由零件图拼画装配图时，把零件图形【粘贴为块】有什么好处？
5. 【多重引线】命令相对于【快速引线】命令有什么优势？
6. 【带基点复制】有什么作用？
7. 【特性】管理器有什么作用？

二、操作题

根据图 8-53 所示支顶装配示意图和零件图绘制成套图纸（包括零件图和装配图）。

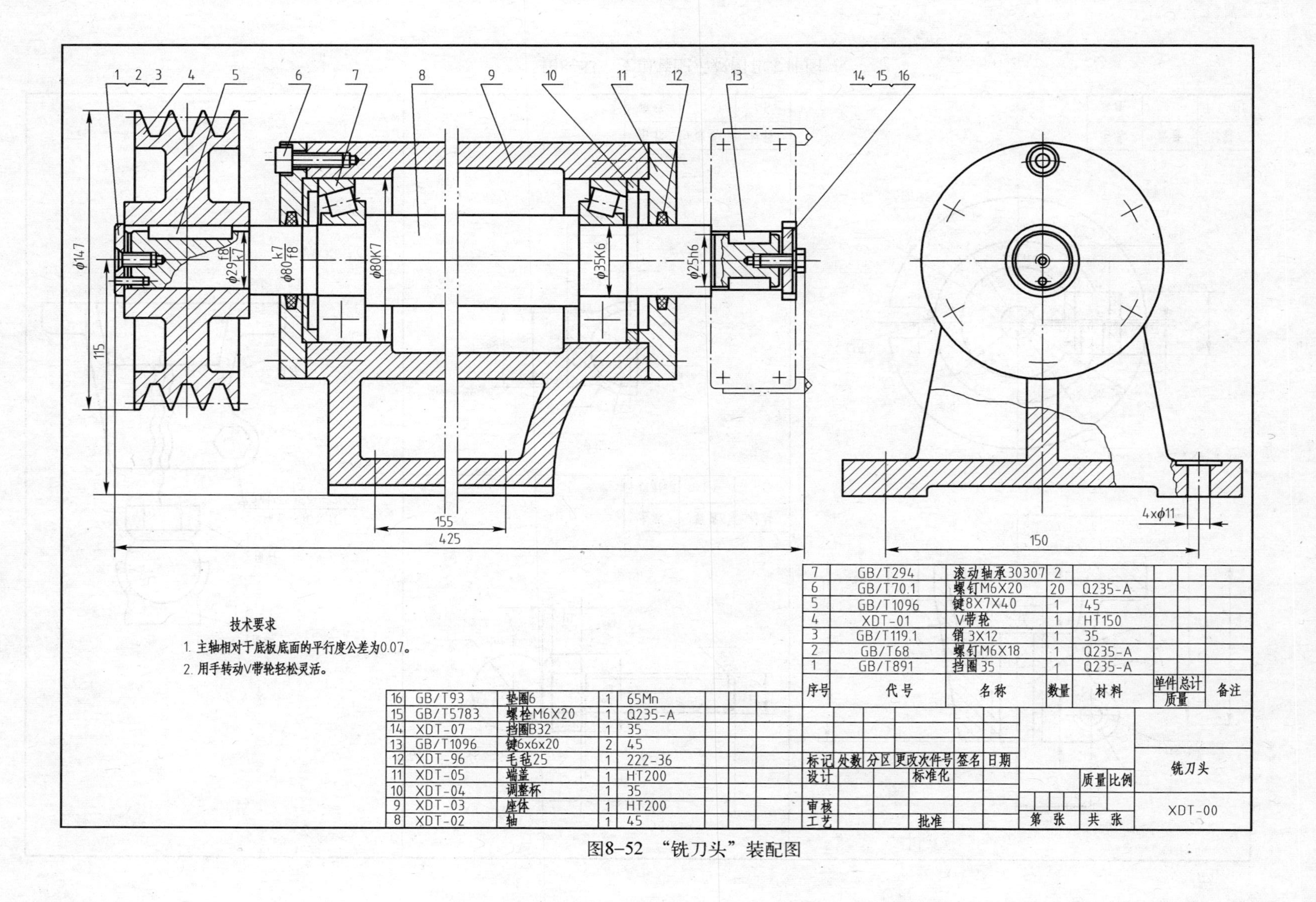

1 2 3 4 5 6 7 8 9 10 11 12 13 14 15 16
φ147
115
φ29 f8/k7
φ80 k7/f8
φ80K7
φ35K6
φ25h6
155
425
150
4×φ11
技术要求
1. 主轴相对于底板底面的平行度公差为0.07。
2. 用手转动V带轮轻松灵活。
7 GB/T294 滚动轴承30307 2
6 GB/T70.1 螺钉M6X20 20 Q235-A
5 GB/T1096 键8X7X40 1 45
4 XDT-01 V带轮 1 HT150
3 GB/T119.1 销 3X12 1 35
2 GB/T68 螺钉M6X18 1 Q235-A
1 GB/T891 挡圈35 1 Q235-A
序号 代号 名称 数量 材料 单件 总计 质量 备注
16 GB/T93 垫圈6 1 65Mn
15 GB/T5783 螺栓M6X20 1 Q235-A
14 XDT-07 挡圈B32 1 35
13 GB/T1096 键6x6x20 2 45
12 XDT-96 毛毡25 1 222-36
11 XDT-05 端盖 1 HT200
10 XDT-04 调整杯 1 35
9 XDT-03 座体 1 HT200
8 XDT-02 轴 1 45
标记 处数 分区 更改文件号 签名 日期
设计 标准化
审核
工艺 批准
质量 比例
第 张 共 张
铣刀头
XDT-00

图8-52 “铣刀头”装配图

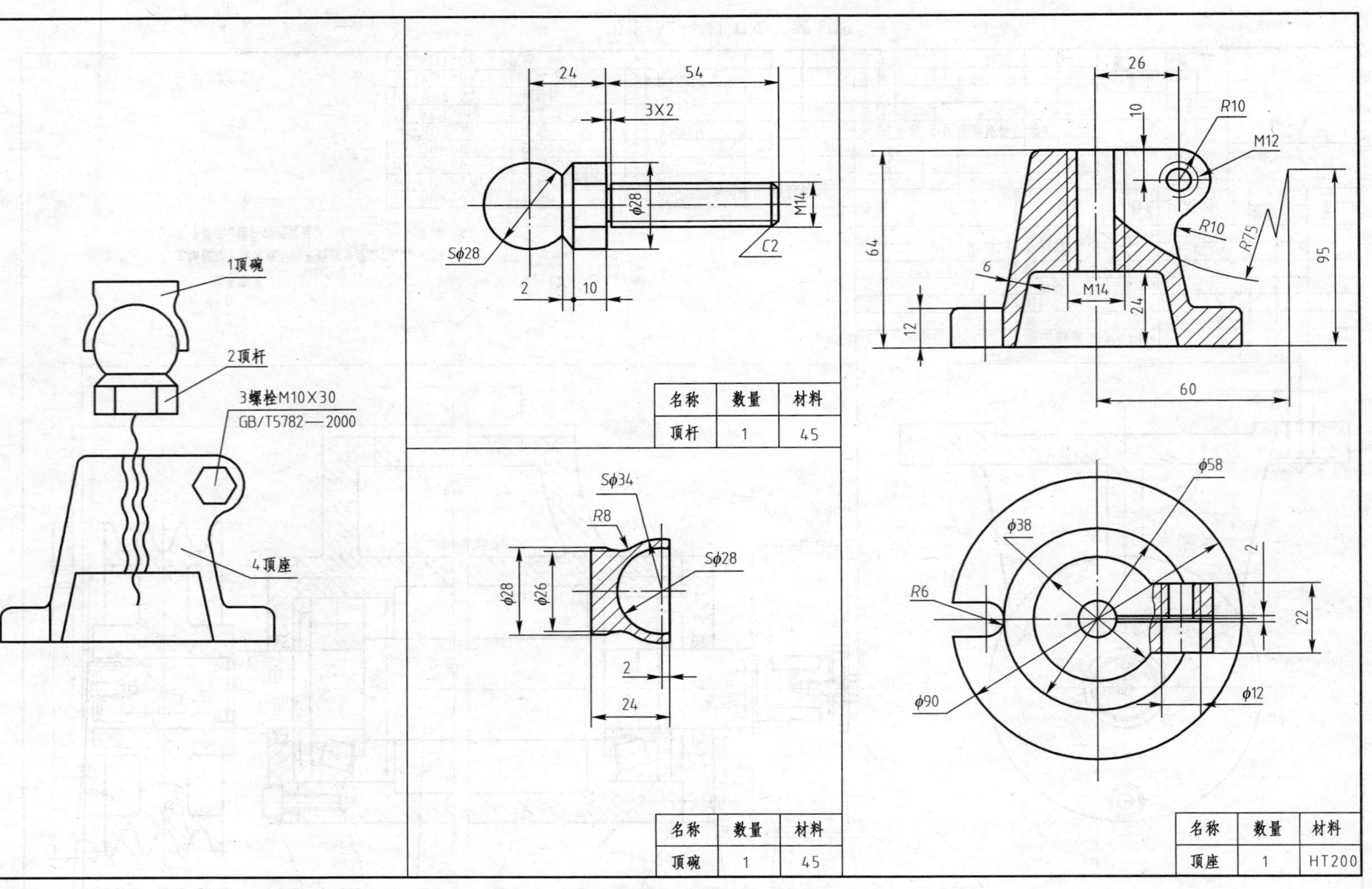

名称	数量	材料
顶杆	1	45

名称	数量	材料
顶碗	1	45

名称	数量	材料
顶座	1	HT200

图8-53　支顶装配示意图和零件图

第9章　三维图形设计基础

三维模型具有形象直观等特点，是CAD技术的发展趋势之一，目前三维图形的绘制已经广泛应用在工程设计和绘图过程中。使用AutoCAD 2016可以通过3种方式来创建三维图形，即线架模型方式、曲面模型方式和实体模型方式。线架模型方式为一种轮廓模型，它由三维的直线和曲线组成，没有面和体的特征。曲面模型用面描述三维对象，它不仅定义了三维对象的边界，而且还定义了表面，即具有面的特征。实体模型不仅具有线和面的特征，而且还具有体的特征，各实体对象间可以进行各种布尔运算操作，从而创建复杂的三维实体图形。毕竟，AutoCAD主要是一款平面设计、绘图软件，它虽然有比较强大的三维造型功能，但是与Pro/E、UG、SolidWorks和Autodesk Inventor等大型三维设计软件相比，三维建模功能还是明显不及。所以，本章无意将AutoCAD 2016软件的三维建模的各个功能和模块都介绍清楚，而将重点放在根据已有平面图形创建三维实体模型的基本功能和方法上——在这方面，AutoCAD 2016软件相对于大型三维设计软件还是有一定优势的。

9.1　三维实体建模基础

本节主要介绍软件三维建模工作界面和建模过程中的常用功能和命令。

9.1.1　三维建模工作空间和常用工具面板

1. AutoCAD 2016三维建模空间

在AutoCAD 2014及其之前的版本中，【AutoCAD经典】工作空间界面进行三维造型其实是很方便的，把常用的工具栏打开后，操作起来不用切换界面。虽然AutoCAD 2016也可以把操作界面调整为类似【AutoCAD经典】工作界面，但是AutoCAD软件版本更新的趋势是，Autodesk软件公司把更新重点放在【三维建模】工作空间上，所以主要介绍【三维建模】工作空间界面。

要将AutoCAD 2016软件的工作界面切换至【三维建模】工作空间界面，可以单击软件左上方的【工作空间】窗口的下拉三角形按钮并选择【三维建模】选项，如图9-1所示。

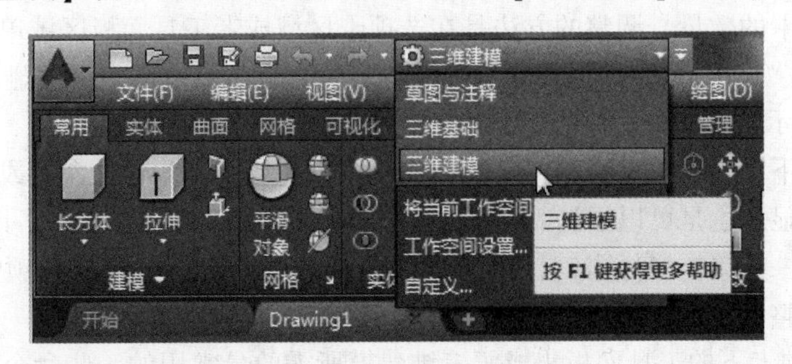

图9-1　在【工作空间】窗口选择【三维建模】工作空间

选择完成后，AutoCAD 2016 软件将切换至【三维建模】工作空间界面，如图 9-2 所示。

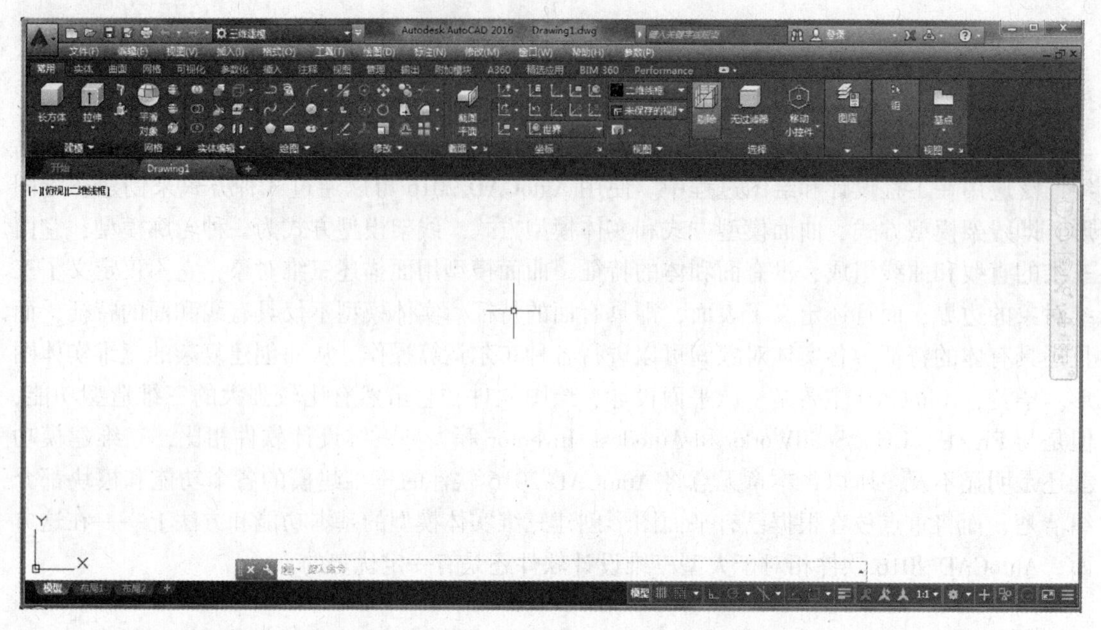

图 9-2　AutoCAD 2016【三维建模】工作空间

2. 选项卡和工具面板

AutoCAD 2016 的各种命令和功能都集成在不同的选项卡下的工具面板中，如图 9-3 所示。

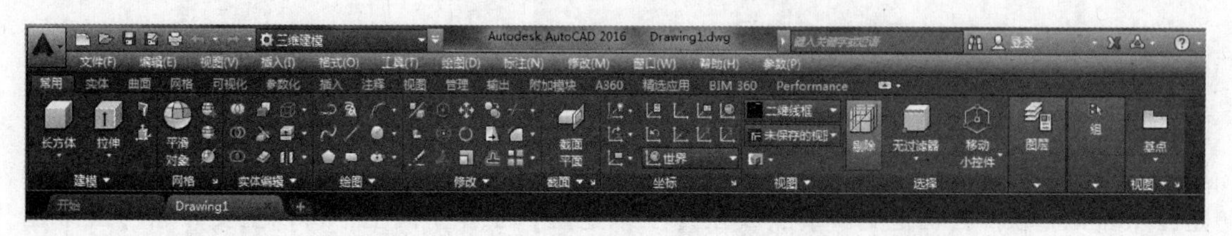

图 9-3　AutoCAD 2016【三维建模】工作空间的选项卡和工具面板

系统默认显示的选项卡有【常用】、【实体】和【曲面】等多个选项，用户可以根据需要调整显示选项卡的数量。调整的方法是在选项卡区域或者工具面板区域单击鼠标右键，然后将鼠标移动至“显示选项卡”上方，就可以在旁边的菜单中调整需要显示的选项卡项目了，如图 9-4 所示。

每个选项卡下有多个工具面板，上面集成了三维建模所需的各种命令或功能，每个选项卡下工具面板的显示也是可以根据需要调整的。以【常用】选项卡下的工具面板显示为例，在面板区域任意一处单击鼠标右键，然后将鼠标移动至【显示面板】选项上方，就可以在旁边的菜单中调整该选项卡下的工具面板显示，如图 9-5 所示。

【常用】选项卡下的工具面板集成了三维建模所需的最常用的一些命令或功能，虽然这些功能可能在菜单或者其他专项选项卡下找到，但是建模过程中应该优先在【常用】选项

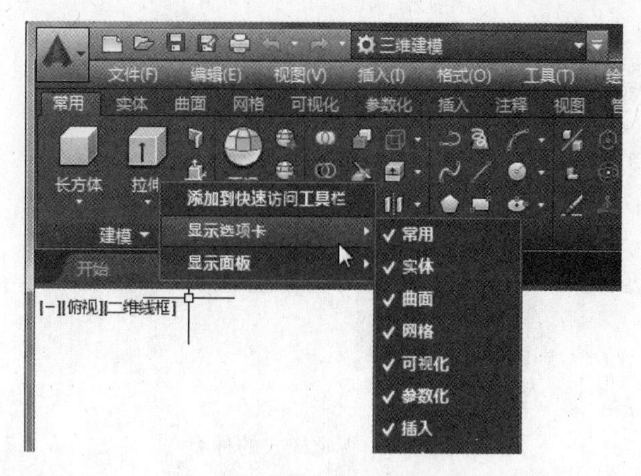

图 9-4　调整选项卡的显示

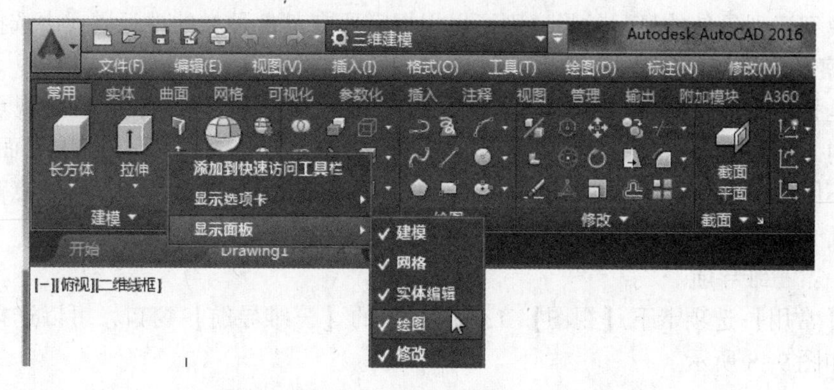

图 9-5　调整选项卡下工具面板的显示

卡中使用这些命令或功能，因为这样可以省掉切换选项卡的步骤。当然，【常用】选项卡下的面板中只是集成了一些最常用的命令或功能，而不是全部，所以，有时候在不同的选项卡之间切换是必需的步骤。

接下来要介绍的命令或功能也以能在【常用】选项卡下的工具面板中找到居多。

3. 视觉样式

用 AutoCAD 2016 进行三维建模时，用户可以控制三维模型的视觉样式，即显示效果。

用户可以单击【常用】选项卡【视图】面板中【视觉样式】窗口右边的下拉三角形按钮，然后选择所需显示的视觉样式，如图 9-6 所示。

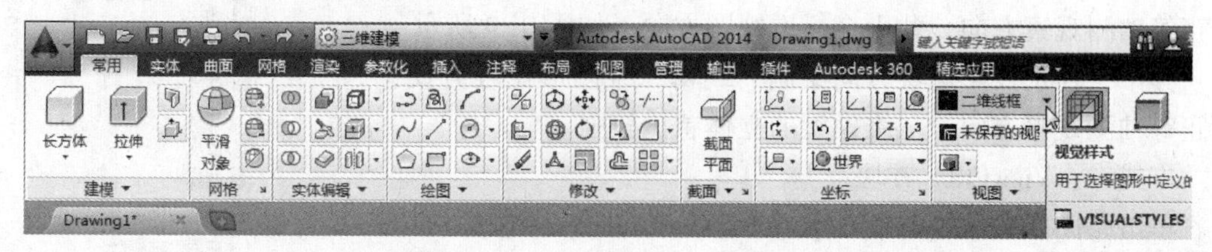

图 9-6　调整视觉样式的方法

AutoCAD 的三维模型可以分别按二维线框、三维隐藏、三维线框、概念以及真实多种视觉样式显示，如图 9-7 所示。

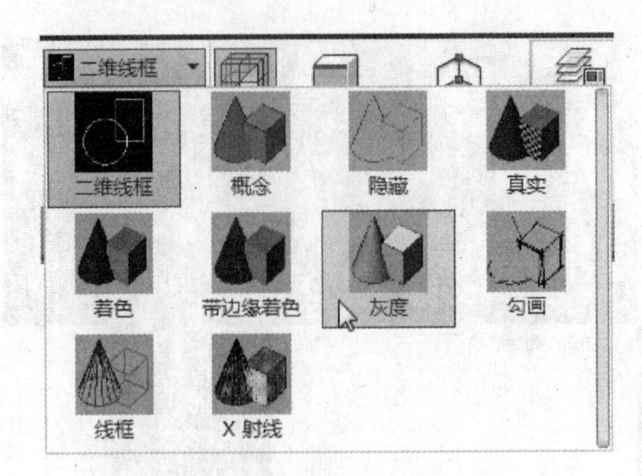

图 9-7　视觉样式的种类

一般来说，在绘制或编辑二维图形时选择【二维线框】视觉样式比较方便。如果让不同的三维模型达到最佳的显示效果，则可以根据需要在其他种类的视觉样式中选择。

4. 观察三维模型的方法

视点是指用户观察图形的方向。进入到 AutoCAD 2016 用户界面，默认的视点是观察俯视图的方向。即在平面坐标系下，*Z* 轴垂直于屏幕，此时仅能看到物体在 *XY* 平面上的投影。如果要从不同的角度观看图形，例如主视图、西南轴测图等，就涉及到三维视点观察方向的问题。下面介绍几种常用的设置视点方向的方法。

方式一：三维导航。

单击【常用】选项卡下【视图】工具面板中的【三维导航】窗口，可以选择观察视图的方向，如图 9-8 所示。

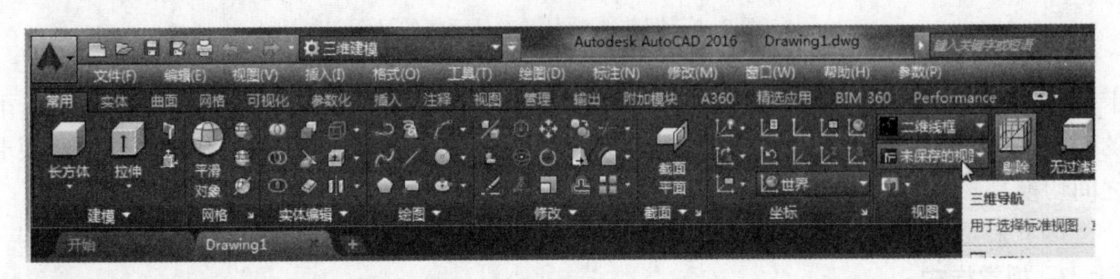

图 9-8 【三维导航】窗口

在【三维导航】窗口，可以选择【俯视】、【仰视】和【左视】等六个正投影观察方向，以及【西南等轴测】等四个正等轴测观察方向，共十个标准视图方向。如图 9-9 所示。

其中，在正投影观察方向绘制、编辑二维图形比较方便，而正等轴测观察方向，三维模型的立体感比较强。

方式二：ViewCube 方块。

单击绘图区右侧【导航栏】上的 ViewCube 命令按钮可以打开 ViewCube 方块，如图 9-10 和图 9-11 所示。

用鼠标左键单击 ViewCube 方块的各个面、边和角点，可以切换至不同的观察方向。将光标移动到 ViewCube 方块上方

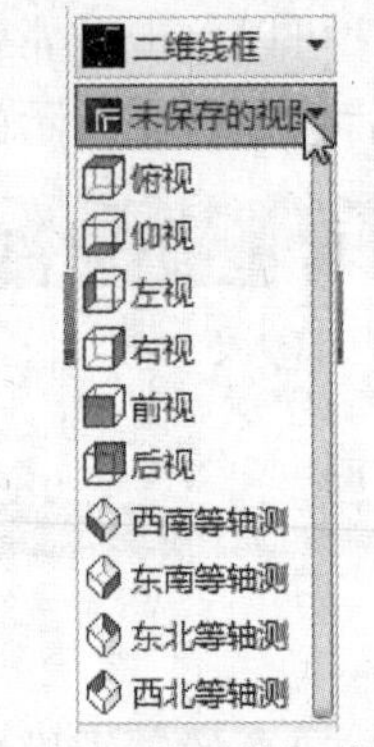

图 9-9 【三维导航】窗口下的十个标准视图方向

后按住鼠标左键并移动鼠标，ViewCube 方块会随着鼠标的移动而转动，观察三维模型的方向也会跟着调整变动。

图 9-10　打开 ViewCube 方块　　　　图 9-11　ViewCube 方块

单击 ViewCube 方块左上方的屋形按钮，观察方向就会恢复到标准的“西南等轴测”方向，如图 9-12 所示。

方式三：动态观察。

【动态观察】命令位于绘图区域右边的【导航栏】上，如图 9-13 所示。

单击鼠标左键激活【动态观察】命令后，将光标移动至绘图区域并移动鼠标，可以连续的改变观察三维模型的方向，系统的坐标轴也会随着转动，如图 9-14 所示。

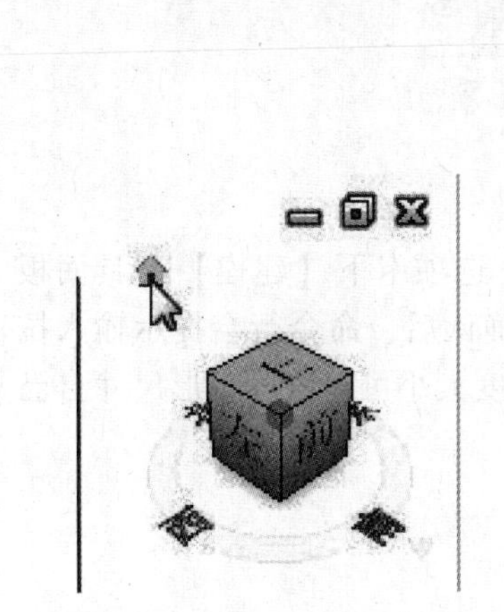

图 9-12　ViewCube 方块的复位

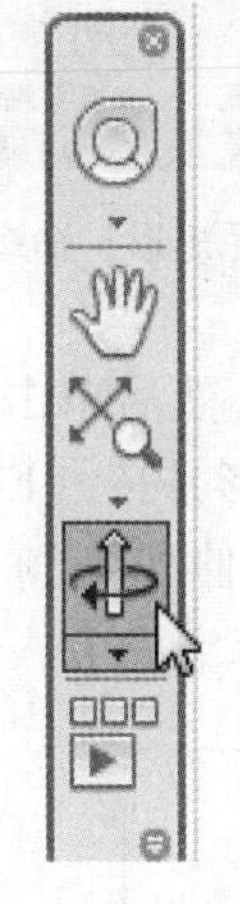

图 9-13　【动态观察】命令

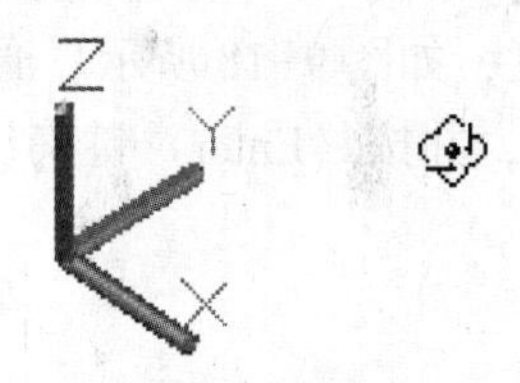

图 9-14　使用【动态观察】命令调整观察方向

使用【动态观察】命令调整观察方向时，ViewCube 方块也会跟着转动调整，ViewCube 方块会实时调整角度以反映当前的观察方向。

9.1.2　实体建模基本命令（拉伸和旋转）

AutoCAD 2016 软件提供的三维实体建模命令很多，只介绍其中最重要最基础的“拉伸”命令和“旋转”命令。

1. 拉伸

通过【拉伸】命令可以将二维平面对象拉伸为三维实体。此命令适用于创建形状复杂但厚度均匀的实体，如图 9-15 所示。

【拉伸】命令按钮位于【常用】选项卡下【建模】工具面板中，如图 9-16 所示。接下来，通过将一个矩形【拉伸】为长方体来演示【拉伸】命令的操作过程。

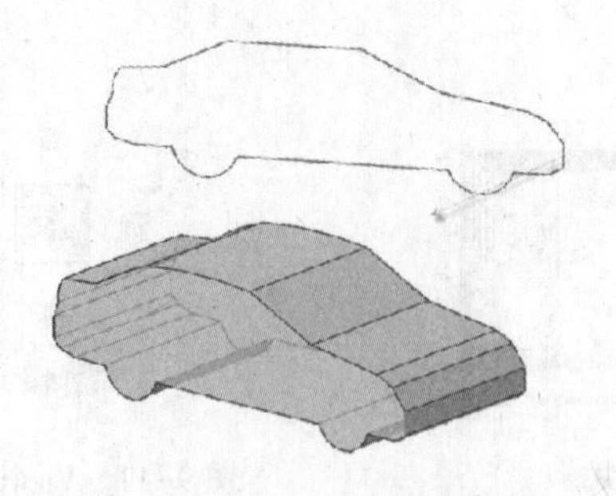

图 9-15　使用【拉伸】命令将二维对象拉伸为三维实体

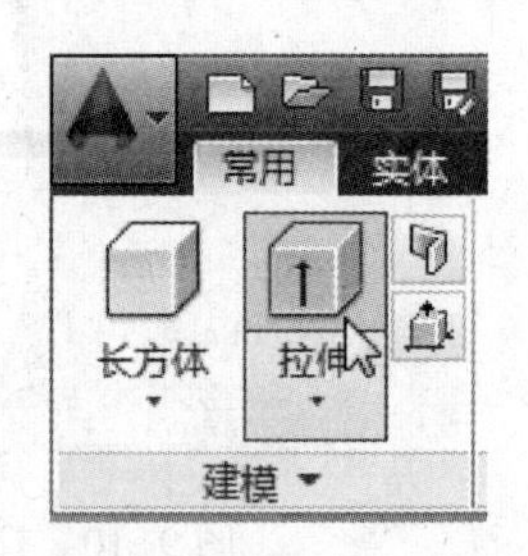

图 9-16　【拉伸】命令按钮

使用鼠标左键单击【常用】选项卡下【绘图】工具面板中的【矩形】命令，如图 9-17 所示。

图 9-17　【矩形】命令按钮

在绘图区域绘制一个任意大小的矩形，然后单击【常用】选项卡下【建模】工具面板中的【拉伸】命令图标。选择刚绘制的矩形并按〈Enter〉键确认后，命令行会提示输入拉伸高度，如图 9-18 所示。通过键盘输入拉伸高度 10（具体高度大小可以根据矩形尺寸自己调整），并按〈Enter〉键确认之后操作就算完成了。

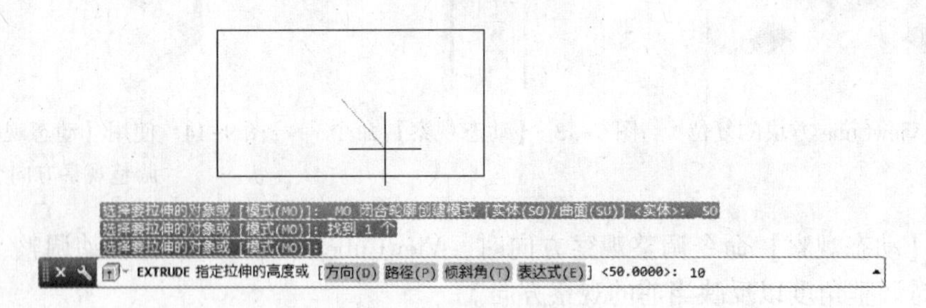

图 9-18　输入拉伸高度

通过【拉伸】命令创建三维实体模型长方体后，长方体在绘图区域仍然是矩形，因为当前的视点方向为【俯视】方向。在【常用】选项卡下【视图】工具面板中的【三维导航】窗口，将视点方向设置为【西南等轴测】方向，如图 9-19 所示。改变视点方向后，就可以看到长方体的三维形状了，如图 9-20 所示。

也可以通过调整不同的视觉样式以观察不同的显示效果，如图 9-21 所示为【概念】视觉样式下长方体的显示效果，读者可以自行尝试其他视觉样式。

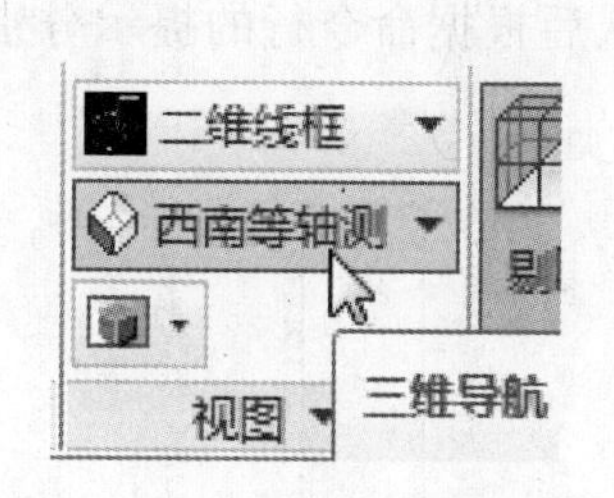

图 9-19　将视点方向设置为【西南等轴测】

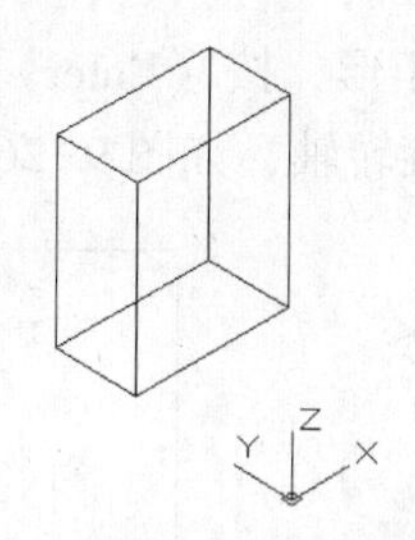

图 9-20　长方体的三维形状

图 9-21　【概念】视觉样式下长方体的显示效果

2. 旋转

通过【旋转】命令可以将二维平面对象旋转为三维实体。此命令适合于创建具有纵截面的回转体，如图 9-22 所示。

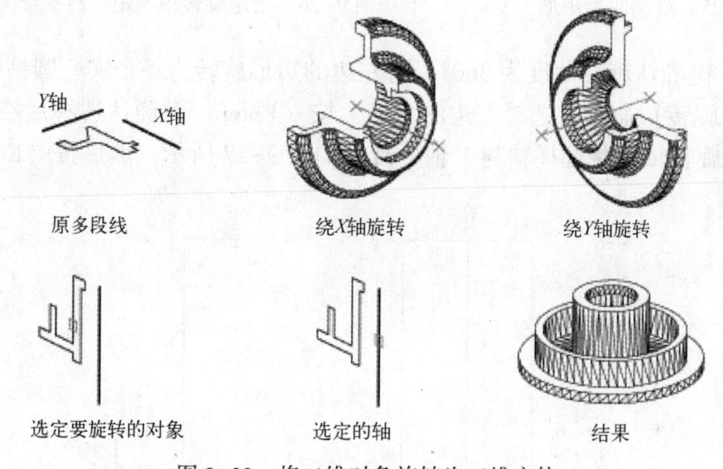

图 9-22　将二维对象旋转为三维实体

【旋转】命令按钮位于【常用】选项卡下【建模】工具面板中。默认状态下，要先单击【拉伸】命令按钮下方的下拉三角形按钮后再选择【旋转】命令，如图 9-23 所示。接下来，通过将一个矩形分别【旋转】为圆柱体和圆柱筒来演示【旋转】命令的操作过程。

应用【矩形】命令在绘图区域绘制一个任意大小的矩形，并单击【常用】选项卡下【修改】工具面板中的【复制】命令，如图 9-24 所示。激活【复制】命令后在第一个矩形右边复制一个相同大小的矩形来，如图 9-25 所示。

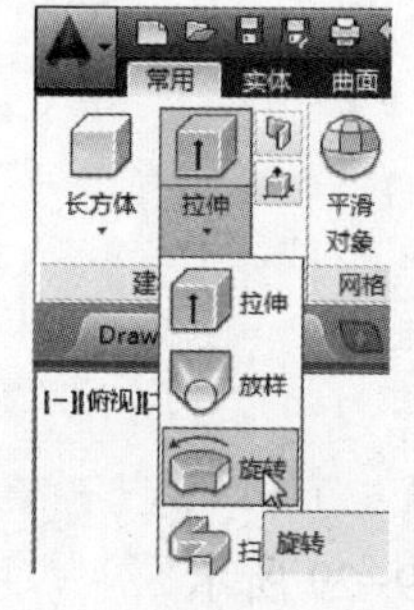

图 9-23　【旋转】命令按钮

图 9-24　【复制】命令按钮

激活【旋转】命令并选择左边的矩形，按〈Enter〉键确认后根据命令行的提示分别选择矩形右边的两个端点，将其指定为旋转轴，如图 9-26 所示。

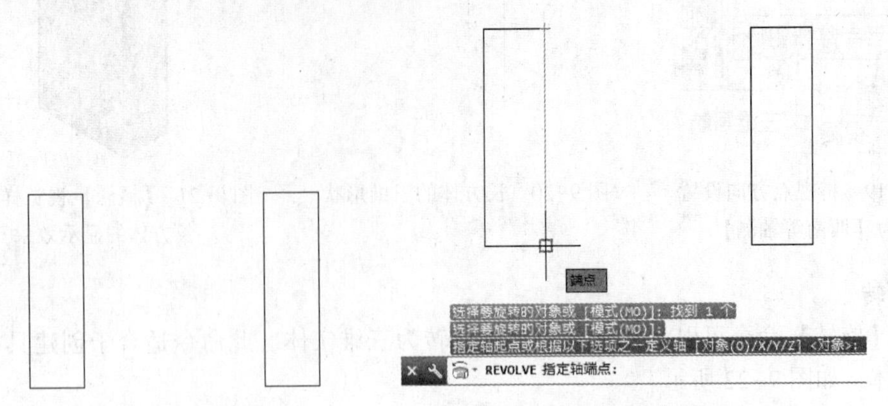

图 9-25　绘制两个矩形　　　　图 9-26　指定旋转轴与矩形边重合

按〈Enter〉键确认旋转角度为 360°，将左边的矩形旋转为一个实心圆柱体。

再次激活【旋转】命令并选择右边的矩形，按〈Enter〉键确认选择后在该矩形外面选择两个点以指定旋转轴，此选择轴与 *Y* 轴平行，如图 9-27 所示。然后按〈Enter〉键确认旋转角度为 360 度。

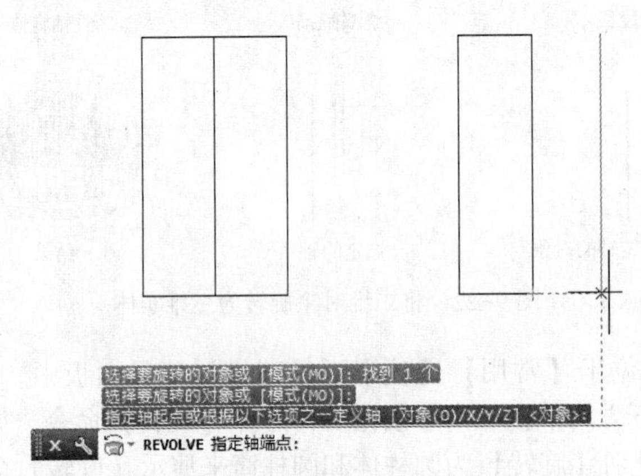

图 9-27　指定旋转轴在矩形外面

这样，创建了一个圆柱体和一个圆柱筒，但目前的视点方向为【俯视图】，所以两个三维实体模型看上去并没有立体感，如图 9-28 所示。

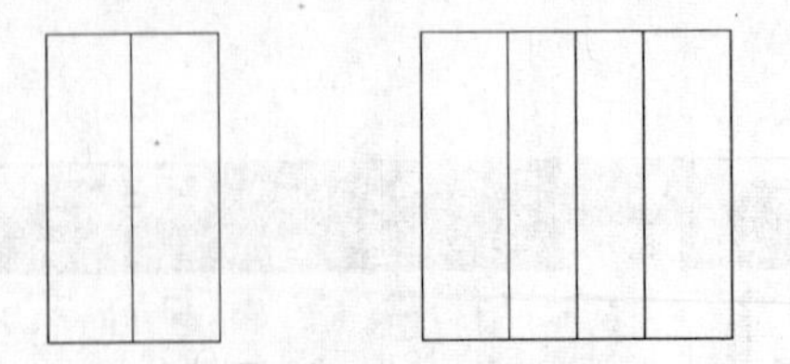

图 9-28　使用【旋转】命令创建的两个三维实体模型

将视点方向切换至【西南等轴测】方向，两个实体模型显示如图 9-29 所示。

将视觉样式设置为【真实】视觉样式，两个实体模型显示如图 9-30 所示。

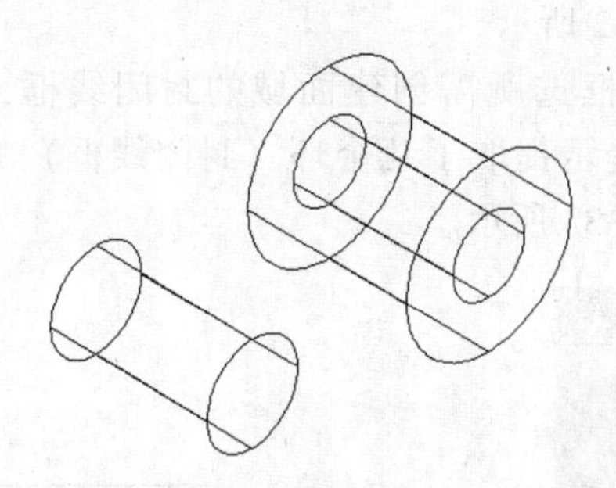

图 9-29 【西南等轴测】视点方向下的三维实体模型

图 9-30 【真实】视觉样式下的三维实体模型

9.1.3 面域和边界命令

使用【拉伸】命令和【旋转】命令将二维对象创建为三维实体模型时，这些二维对象必须是封闭的多段线，包括使用【圆】命令绘制出的圆，使用【矩形】命令绘制的矩形，使用【多边形】命令绘制的多边形，以及使用【多段线】命令绘制的封闭多段线线框。而绘制的零件图中零件的轮廓往往是由直线和圆弧构成的封闭线框，要将这些对象创建为三维实体模型，必须将这些线框创建为“面域”。否则，拉伸或选择出来的将是二维的平面或三维的曲面，而不是三维实体。

使用【矩形】命令绘制一个矩形，然后在其旁边使用【直线】命令绘制另外一个矩形，前一个矩形是多段线，后一个矩形由 4 条直线围成。使用【拉伸】命令将这两个对象拉伸至相同的高度，然后切换至【西南等轴测】视点方向，如图 9-31 所示。

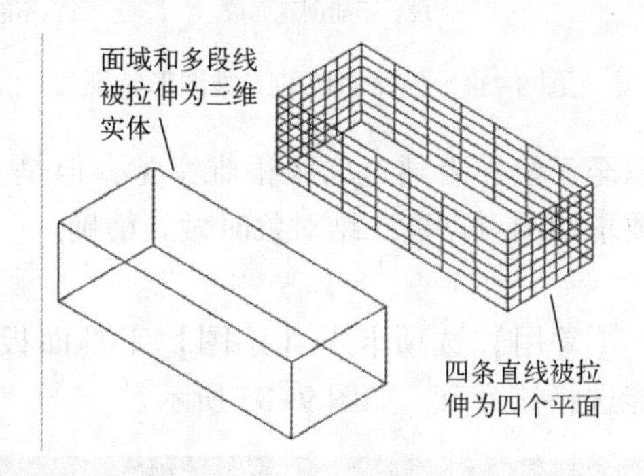

图 9-31 拉伸不同的对象

【拉伸】命令将由【矩形】命令绘制的矩形拉伸为三维实体，而将由【直线】命令绘制的矩形拉伸为 4 个平面。

同样的，【旋转】命令将面域或封闭多段线线框旋转为三维实体模型，而将普通的由直线和圆弧绘制成的线框旋转为三维曲面。

所以，在将二维对象创建为三维实体的步骤中，面域的创建至关重要。本部分内容，将讲授【面域】命令和【边界】命令。

1.【面域】命令

【面域】命令按钮位于【常用】选项卡下【绘图】工具面板中，但要先单击【绘图】

旁边的下拉三角形按钮才能选择该命令，如图 9-32 所示。

【面域】命令操作起来很方便，激活命令后框选所需创建面域的封闭线框，然后按〈Enter〉键或鼠标右键确认就可以了，命令行会提示提取了几个环（封闭线框）并创建了几个面域（由封闭线框围成的平面区域），如图 9-33 所示。

图 9-32 【面域】命令按钮

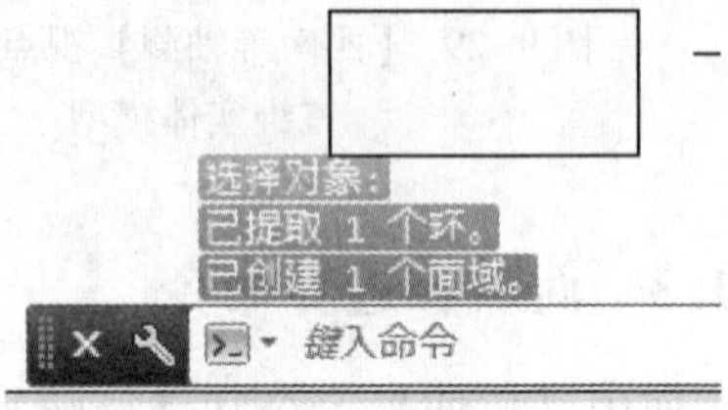

图 9-33 创建面域

要注意的是，当封闭线框有多余的线时，或者线框有缺口没有封闭时不能使用【面域】命令创建面域，如图 9-34 所示。

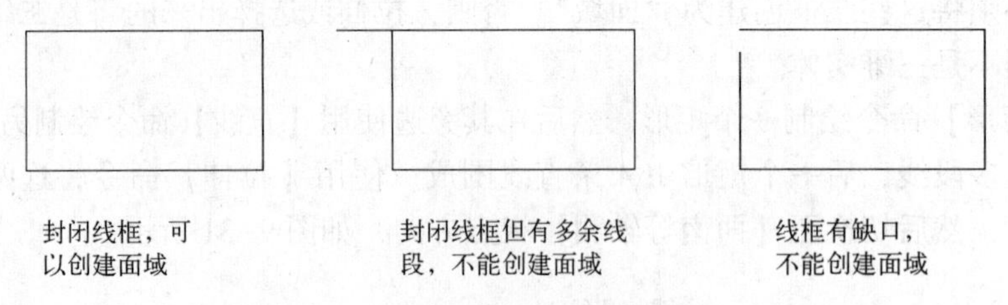

图 9-34 创建面域的二维图形特征

有些线框的缺口很小以至于绘图者通过肉眼很难察觉，但是 AutoCAD 软件能够识别而导致创建面域失败，所以要求绘图者创建二维对象时做到精确。

2.【边界】命令

【边界】命令按钮位于【常用】选项卡下【绘图】工具面板中，但要先单击【绘图】旁边的下拉三角形按钮才能选择该命令，如图 9-35 所示。

图 9-35 【边界】命令按钮

【边界】命令可以将封闭的线框创建为面域或多段线，与【面域】命令不同的是，【边界】命令可以将有多余线段（指线框中有直线或圆弧超出该线框）的封闭线框创建为面域。另外一点区别是，当【面域】命令将一个封闭线框创建为面域时，原来组成线框的二维图形对象不复存在，自动并入新创建的面域；而使用【边界】命令创建一个面域时，原来组成线框的二维图形对象仍然保留存在。

接下来以一个不能由【面域】命令创建面域的线框为例，演示使用【边界】命令创建面域的步骤，如图 9-36 所示。

首先单击【边界】命令按钮，在出现的【边界创建】对话框中将【对象类型】设置为【面域】，如图 9-37 所示。

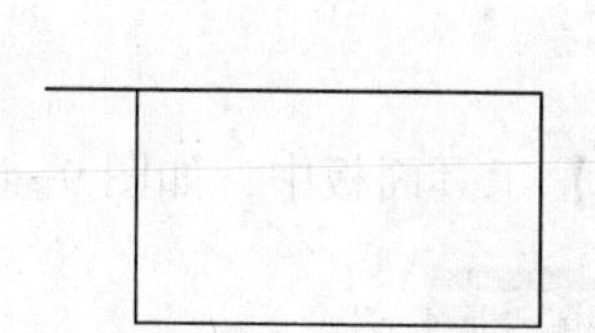

图 9-36 使用【边界】命令创建面域的二维图形

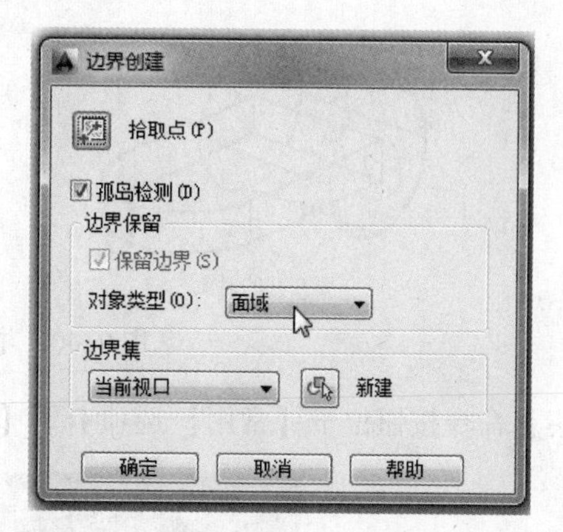

图 9-37 【边界创建】中的对象类型设置

在【边界创建】对话框中单击【拾取点】命令按钮，然后在要创建面域的线框内部拾取一个点，如图 9-38 所示。按〈Enter〉键确认后，命令后会提示创建了一个面域，如图 9-39 所示。

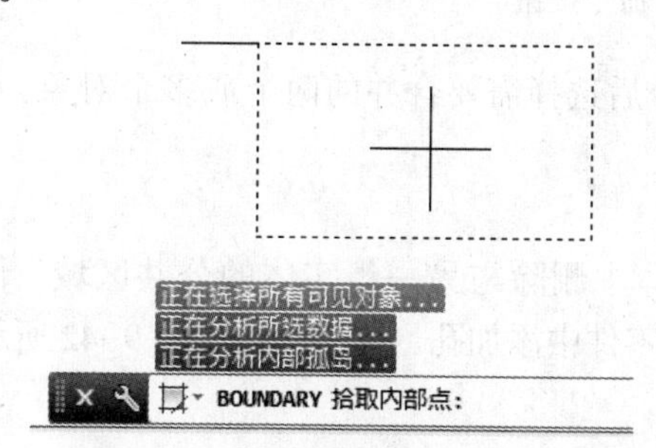

图 9-38 在线框内部拾取一个点

图 9-39 使用【边界】命令创建面域成功

要注意的是，【边界创建】对话框中的【对象类型】默认设置为【多段线】，虽然多段线也可以使用【拉伸】命令和【旋转】命令创建三维实体模型，但还是需统一将【对象类型】设置为【面域】。

9.1.4 布尔运算

为了创建复杂的三维模型，除了应用本章介绍的基本造型命令外，还需要熟练掌握常见的三维编辑操作，布尔运算是三维编辑操作中非常重要的一项功能。通过布尔运算可以将多个简单的三维实体、曲面或面域进行求并、求差及求交等操作，从而创建出复杂的三维实体，这是创建三维实体时使用得非常频繁的一种手段。布尔运算有并集（UNION）、差集（SUBTRACT）和交集（INTERSECT）三种方式，在进行布尔运算时，运算的对象之间必须具有相交的公共部分。

1. 并集运算（UNION）

使用并集运算（UNION）命令，可以合并两个或两个以上三维实体模型对象的总体积，如图 9-40 所示。

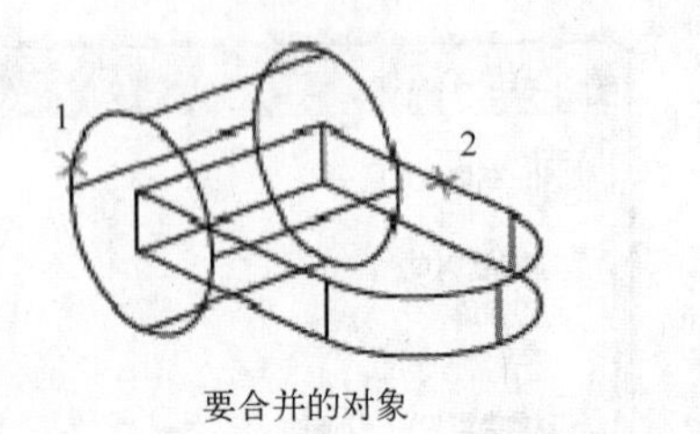

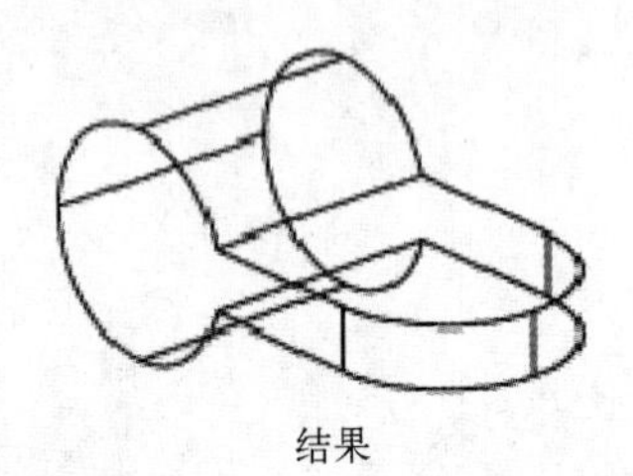

图 9-40　并集运算

【并集】命令按钮位于【常用】选项卡下【实体编辑】工具面板中，如图 9-41 所示。

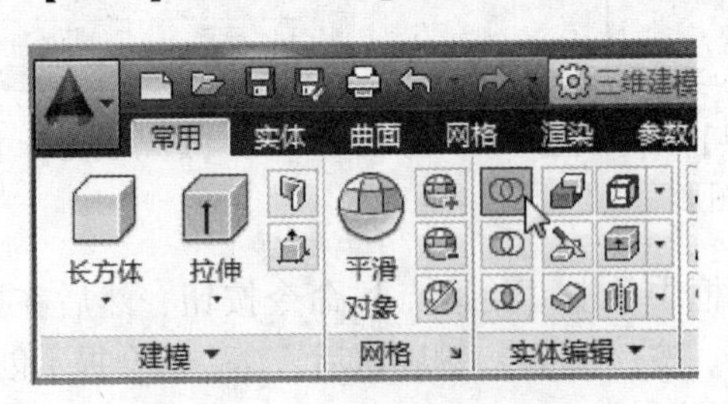

图 9-41 【并集】命令按钮

【并集】命令的操作步骤：激活【并集】命令后选择需要合并的两个或多个对象，然后按〈Enter〉键或单击鼠标右键确认即可。

2. 差集运算（SUBTRACT）

使用差集运算（SUBTRACT），可以从一组实体中删除与另一组实体的公共区域。例如，可使用差集运算从对象中减去圆柱体，从而在机械零件中添加孔、槽结构，如图 9-42 所示。

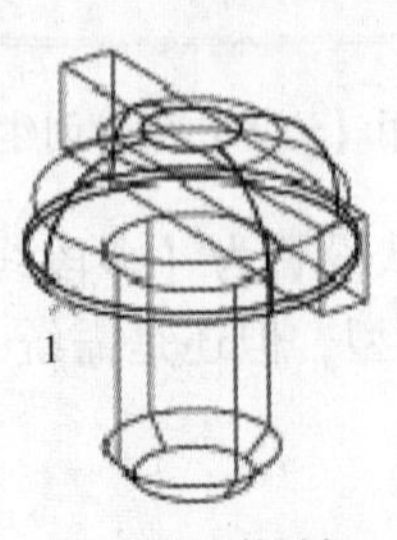

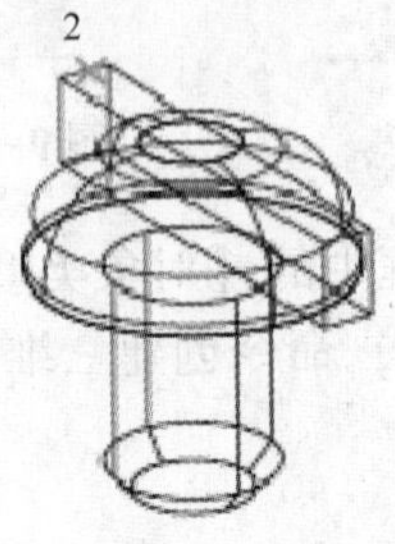

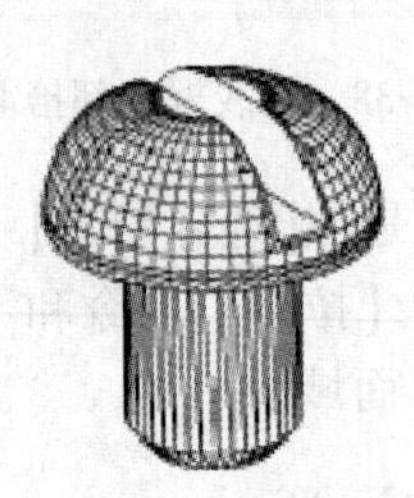

图 9-42　差集运算

【差集】命令按钮位于【常用】选项卡下【实体编辑】工具面板中，如图 9-43 所示。

图 9-43 【差集】命令按钮

【差集】命令的操作步骤：激活【差集】命令后先选择要保留的对象，按〈Enter〉键或单击鼠标右键确认后选择要减去的对象。

3. 交集运算（INTERSECT）

使用 交集运算（INTERSECT），可以从两个或两个以上重叠实体的公共部分创建为复合实体。交集运算用于删除非重叠部分，以及从公共部分创建复合实体，如图 9-44 所示。

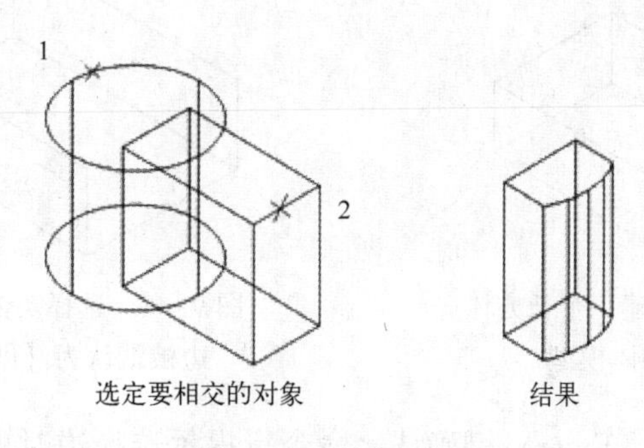

图 9-44 交集运算

【交集】命令按钮位于【常用】选项卡下【实体编辑】工具面板中，如图 9-45 所示。

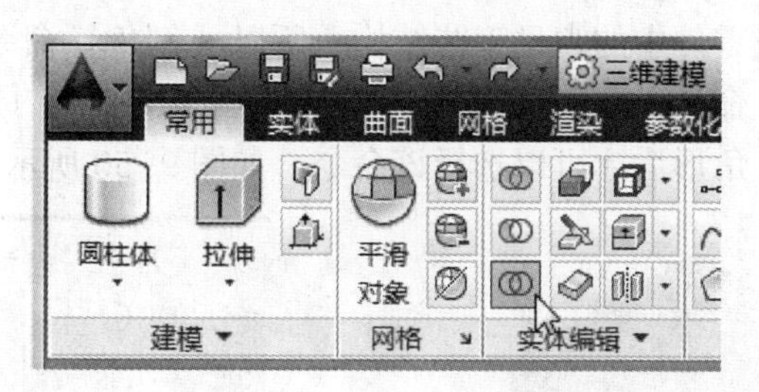

图 9-45 【交集】命令按钮

【交集】命令的操作步骤：激活【交集】命令后选择需要进行交集运算的两个或多个对象，然后按〈Enter〉键或单击鼠标右键确认即可。

9.1.5 三维操作

接下来将介绍一些在三维实体建模过程中常用的【修改】命令或【编辑】命令。

1.【圆角】命令

【圆角】结构常见于各种机械零件，特别是铸造类零件。【圆角】命令位于【常用】选项卡下【修改】工具面板中，如图 9-46 所示。

图 9-46 【圆角】命令按钮

创建一个长 30、宽 20、高 10 的长方体三维实体模型，如图 9-47 所示（单位为 mm）。

单击【圆角】命令后选择长方体三维实体模型，选择【圆角】命令对象时需要选择长方体的一条边，系统会将这条边默认为【圆角】对象，如图 9-48 所示。

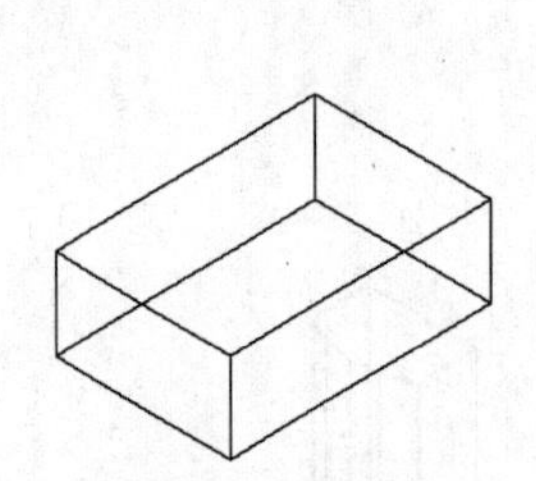

图 9-47 创建一个长方体三维实体模型

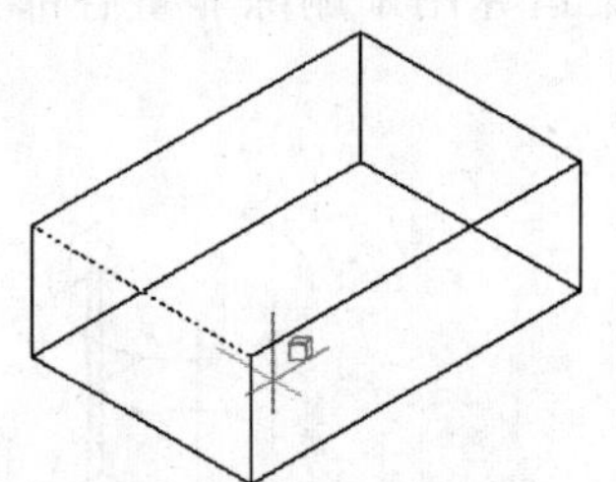

图 9-48 选择实体时拾取的边被默认为【圆角】边

输入圆角半径 2 后按〈Enter〉键确认，命令行提示选择边时可以直接按〈Enter〉键在默认边上实施【圆角】命令操作，也可以添加其他边后再确认。圆角效果如图 9-49 所示。

2.【倒角】命令

【倒角】结构是机械零件中的常见工艺结构，所以【倒角】命令也是三维实体建模过程中的常用命令。【倒角】命令位于【常用】选项卡下【修改】工具面板中，但需要先单击【圆角】命令旁的下拉三角形后才可以选择该命令，如图 9-50 所示。

图 9-49 【圆角】命令效果图

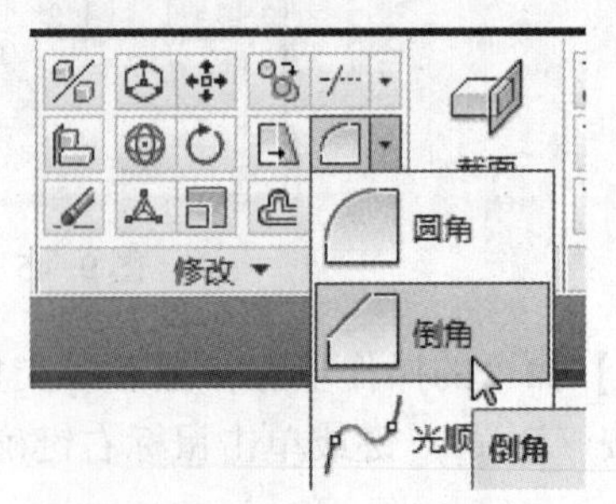

图 9-50 【倒角】命令按钮

创建一个底面直径 20、高 30 的圆柱体三维实体模型，单击【倒角】命令按钮后选择圆柱体，按〈Enter〉键确认后两次输入倒角距离 2，然后选择圆柱体的上底面圆作为倒角边，如图 9-51 所示。

按〈Enter〉键确认后，倒角结构就创建好了，如图 9-52 所示。

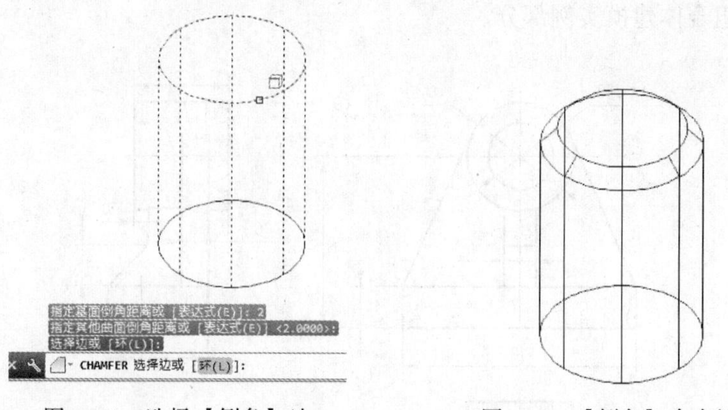

图 9-51 选择【倒角】边　　　　图 9-52 【倒角】命令效果

3.【三维对齐】命令

【三维对齐】命令用来调整一个三维实体模型相对于另一个三维实体模型的位置和方向，当一个三维模型对象拉伸方向错误时，可以用此命令来补救作出调整，也可以用于倾斜结构的对齐操作。【三维对齐】命令位于【常用】选项卡下【修改】工具面板中，如图 9-53所示。

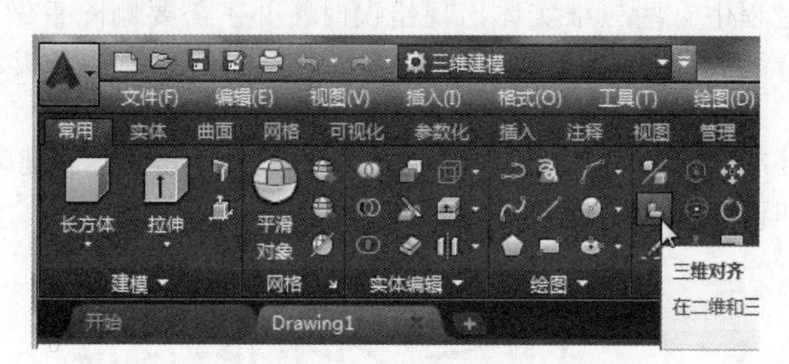

图 9-53 【三维对齐】命令按钮

打开本书配套资源中的第 9 章“对齐命令三维实体模型”图形文件，如图 9-54 所示。

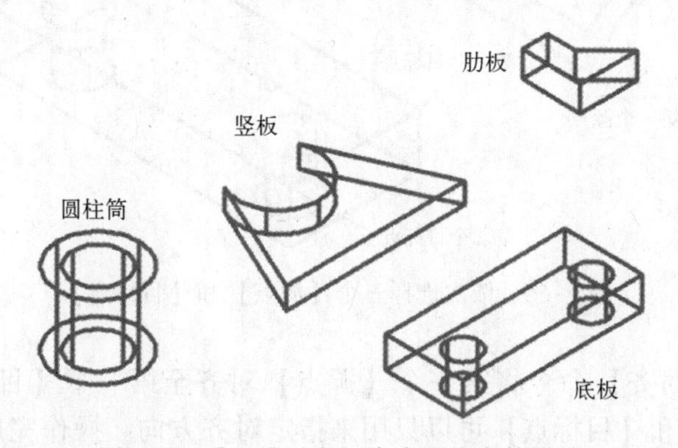

图 9-54 【三维对齐】命令三维实体模型

请注意，这个三维实体模型是一个在三维实体建模过程中出现错误的结果，其中，圆柱筒、竖板和肋板的方向都错了，原本要创建的组合体三视图如图9-55所示。正确的三维建模过程请参考组合体建模实例部分。

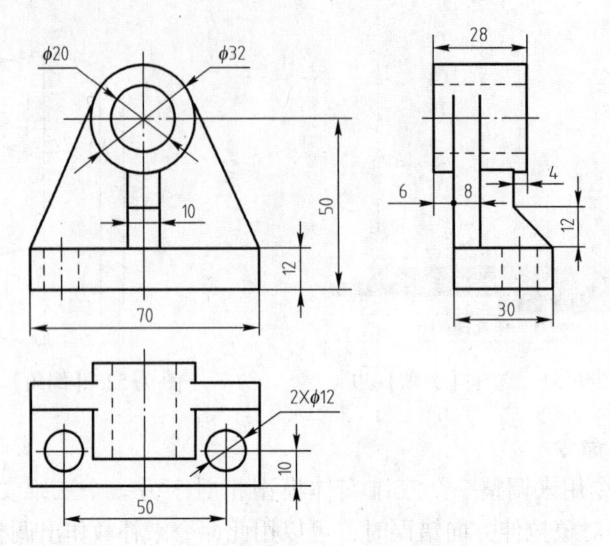

图9-55 【三维对齐】命令三维实体模型对应的三视图

当发现建模过程中有些三维实体出现错误时，并不需要删除重做，可以使用【三维对齐】命令进行调整。接下来说明如何调整本例中圆柱筒、竖板和肋板的方向和位置。

激活【三维对齐】命令，选择竖板并按〈Enter〉键或单击鼠标右键确认，然后依次选择三个【源点】和三个【目标点】，如图9-56所示。

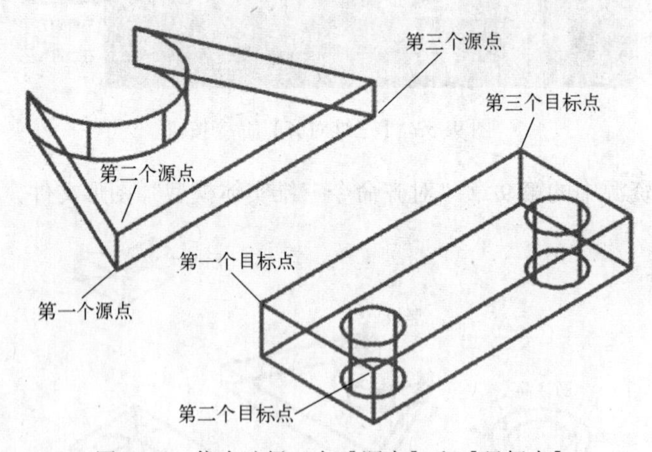

图9-56 依次选择三个【源点】和【目标点】

请注意，【三维对齐】命令将第一个【源点】对齐至第一个【目标点】是强制性的，第二、三个【源点】和【目标点】可以只用来指定对齐方向。操作完成后的竖板和底部位置关系如图9-57所示。

接下来调整肋板的位置和方向，激活【三维对齐】命令后选择肋板作为调整对象，然后依次选择三个【源点】和三个【目标点】，如图 9-58 所示。

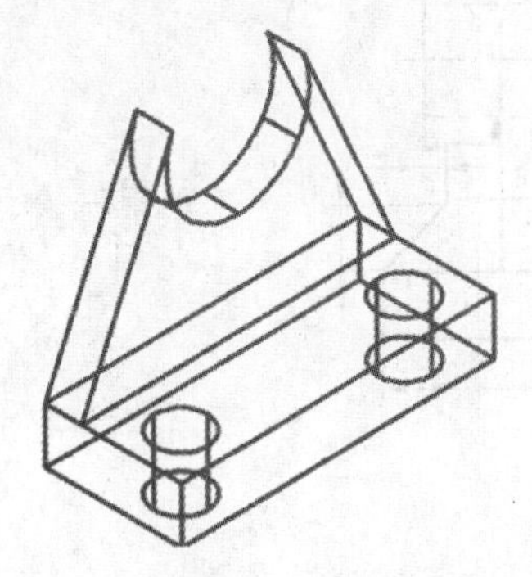

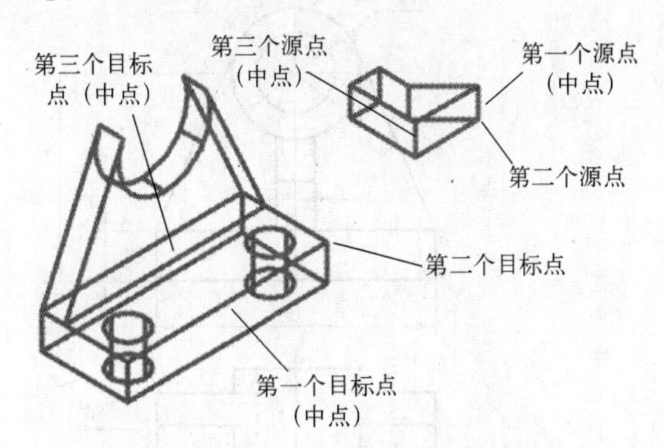

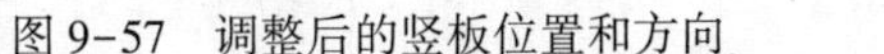

图 9-57　调整后的竖板位置和方向

图 9-58　依次选择三个【源点】和【目标点】

选择完源点和目标点后命令就结束了，调整好的肋板位置和方向如图 9-59 所示。

接下来调整圆柱筒的位置和方向。激活【三维对齐】命令后选择圆柱筒并回车或单击鼠标右键确认其作为对齐对象，然后依次选择圆柱筒的两底面的圆心作为第一、二个【源点】。当命令行提示指定第三个【源点】时直接按〈Enter〉键确认以继续旋转目标点。依次选择竖板前后两个圆弧的圆心作为第一、二个【目标点】，如图 9-60 所示。

当命令行提示指定第三个【目标点】时，直接按〈Enter〉键退出该命令。调整好的圆柱筒位置和方向如图 9-61 所示。

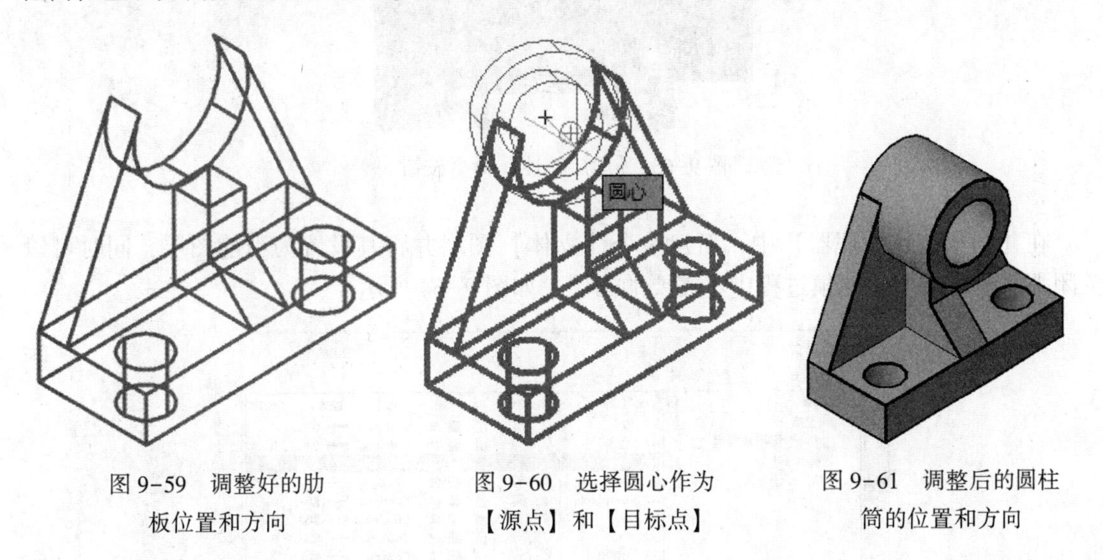

图 9-59　调整好的肋板位置和方向

图 9-60　选择圆心作为【源点】和【目标点】

图 9-61　调整后的圆柱筒的位置和方向

9.2　三维实体建模综合实例

本节主要介绍如何利用组合体的三视图和零件的零件图中的投影线创建三维实体模型的方法。以实例组合体 1（轴承座）为例详细介绍所用命令和操作步骤。

打开本书配套资源中第 7 章中的“组合体 1（轴测座）-平面”图形文件，如图 9-62 所示。

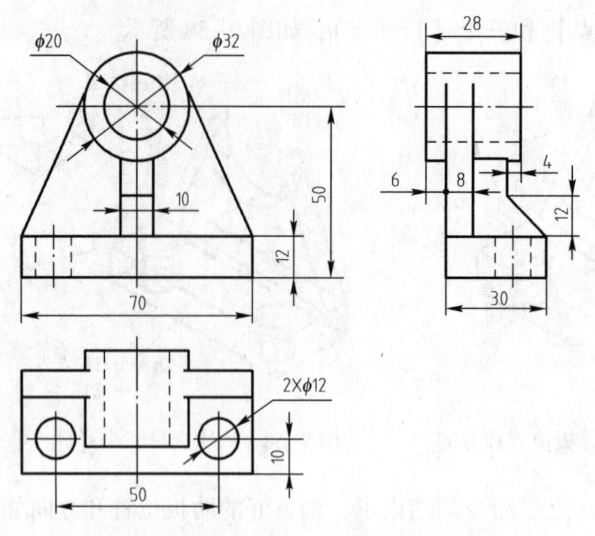

图 9-62　打开组合体 1 的平面图图形文件

将鼠标移动至【常用】选项卡下的【图层】工具面板，并单击【图层特性】命令按钮，如图 9-63 所示。

图 9-63　【图层特性】命令按钮

在【图形特性管理器】中，新建一个【立体】图层并将其设置为当前图层，同时可以关闭那些在三维实体建模过程中不需要的图层，如图 9-64 所示。

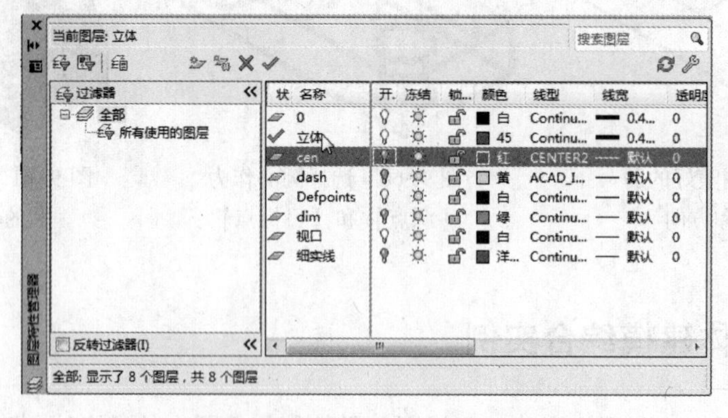

图 9-64　新建【立体】图层并置为当前图层

利用剩下的粗实线投影编辑出底板、竖板、肋板和圆柱筒的形状线框，并将它们创建为“面域”，如图 9-65 所示。

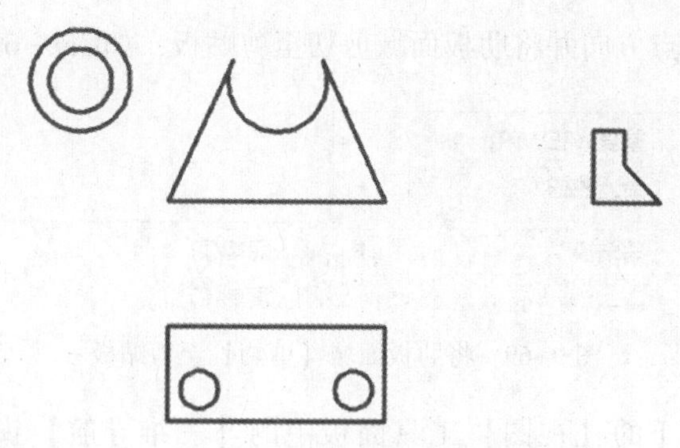

图 9-65　创建面域以待拉伸三维实体

因为当前默认的视点方向时【俯视】方向，底板可以直接使用【拉伸】命令拉伸出来（拉伸高度为 12，如图 9-61 所示），然后使用【差集】命令创建两个孔——激活【差集】命令后先选择长方体并按〈Enter〉键或单击鼠标右键确认，然后选择拉伸出的两个小圆柱体并单击鼠标左键确认。

创建竖板和圆柱筒需要先在【俯视】视点方向选择竖板和圆柱筒的形状面域，然后按键盘〈CTRL+X〉组合键或单击鼠标右键后选择【剪切】将它们剪切至剪贴板，如图 9-66 所示。

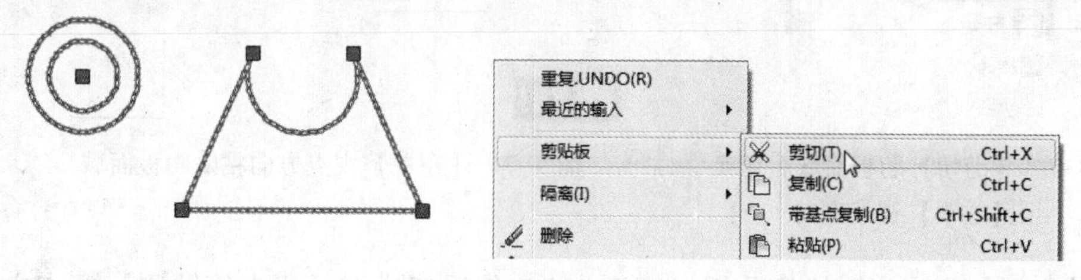

图 9-66　【剪切】竖板和圆柱筒的面域至剪贴板

在【常用】选项卡下【视图】工具面板中的【三维导航】窗口将视点方向切换至【前视】，如图 9-67 所示。

在【前视】视点方向按〈CTRL+V〉组合键将圆柱筒和竖板的面域粘贴在绘图区域。先在【前视】视点方向分别按尺寸拉伸圆柱筒和竖板（拉伸高度分别为 28 和 8），然后使用【差集】命令从大圆柱体中减掉小圆柱体以生成圆孔，如图 9-68 所示（要观察立体效果可切换至【西南等轴测】视点方向并尝试不同视觉样式）。

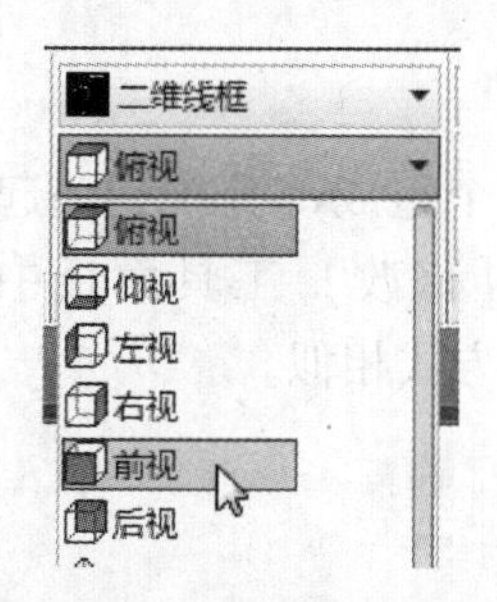

图 9-67　【剪切】竖板和圆柱筒的面域后切换视点方向至【前视】

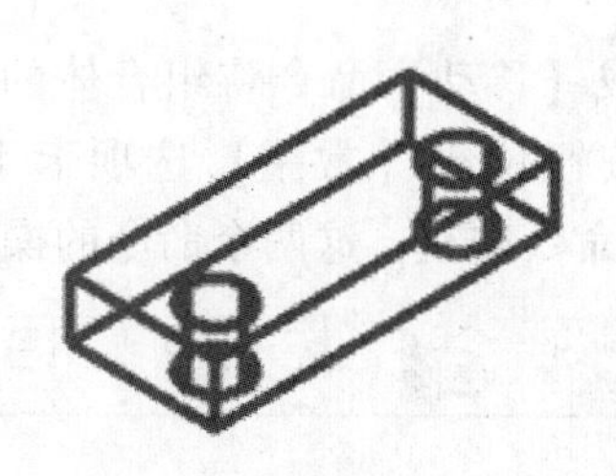

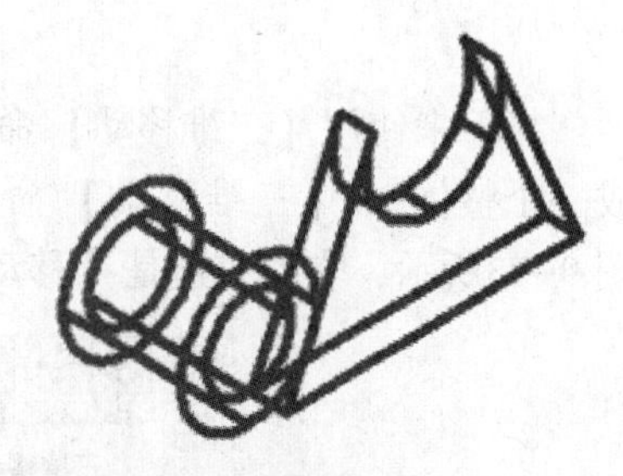

图 9-68　创建圆柱筒和竖板三维实体模型

切换回【俯视】视点方向并将肋板面域剪切至剪贴板，如图 9-69 所示。

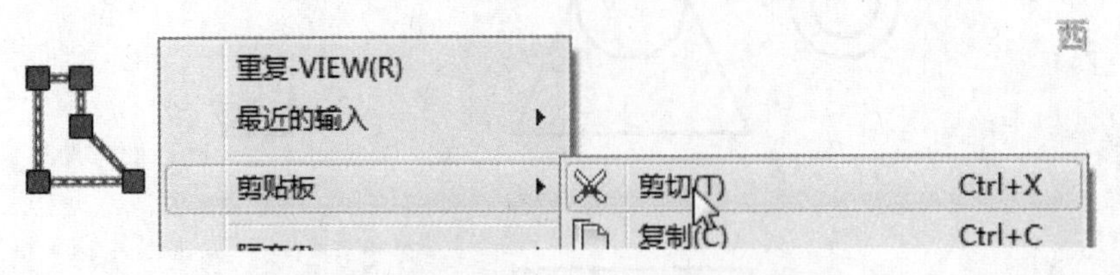

图 9-69 将肋板面域【剪切】至剪贴板

在【常用】选项卡下的【视图】工具面板中的【三维导航】窗口将视点方向切换至【左视】方向，如图 9-70 所示。

在【左视】视点方向按〈CTRL+V〉组合键将肋板面域粘贴至绘图区域，如图 9-71 所示。

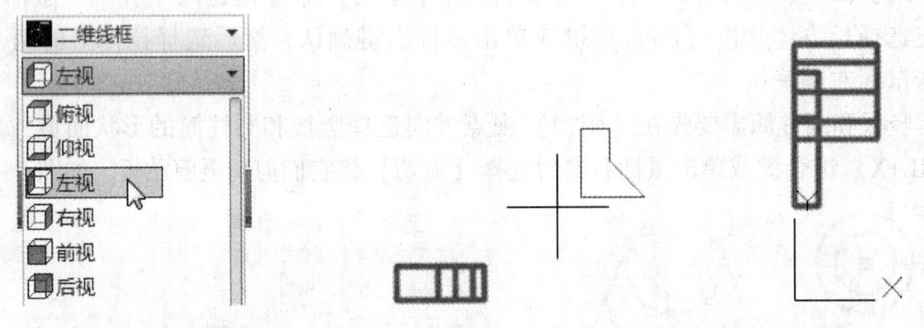

图 9-70 【剪切】肋板面域后切换至【左视】视点方向

图 9-71 【左视】视点方向粘贴肋板面域

在【左视】视点方向拉伸肋板（高度 10），然后切换至【西南等轴测】视点方向观察建模效果，如图 9-72 所示。

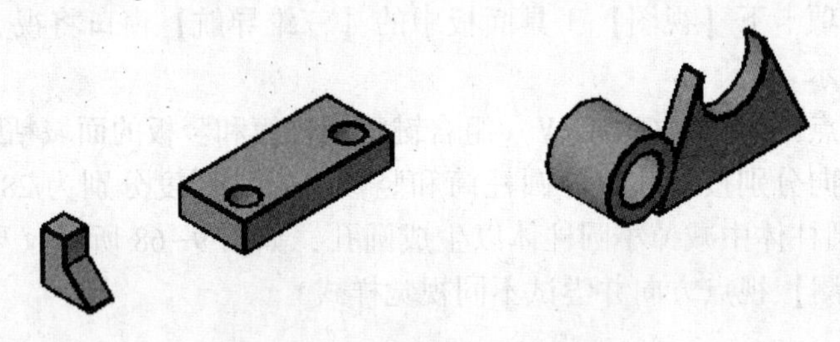

图 9-72 拉伸肋板并查看效果

接下来使用【三维移动】命令或【移动】命令将组合体的各个组成部分拼到一起，形成一个整体。【三维移动】命令按钮位于【常用】选项卡下【修改】工具面板中，如图 9-73所示，它的右边是【移动】命令按钮，这两个命令的操作方式相似。

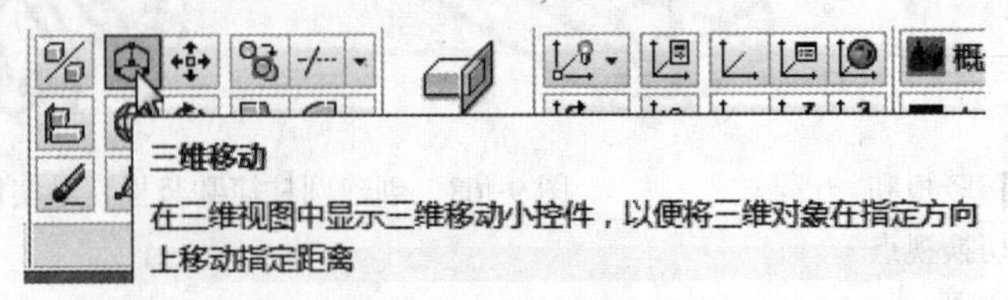

图 9-73 【三维移动】命令按钮

单击【三维移动】命令按钮，选择竖板并按〈Enter〉键或单击鼠标右键确认，然后选择竖板靠后的顶点作为【基点】，如图 9-74 所示。

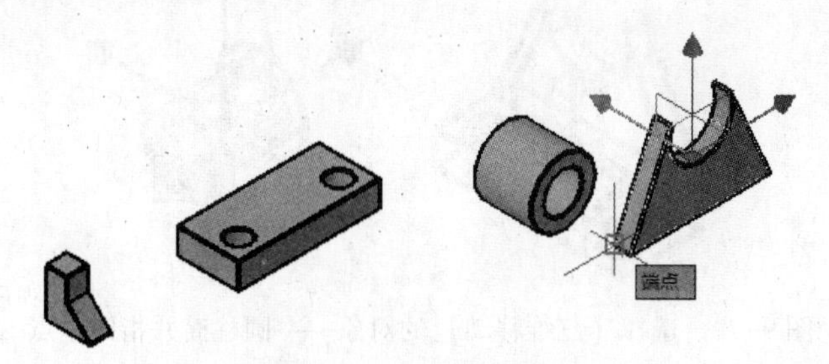

图 9-74　指定竖板的移动基点

然后移动鼠标，将竖板移动至其所指定【基点】与底板相应顶点重合的位置，如图 9-75所示。当光标捕捉到底板的顶点时使用鼠标左键选择该点完成【三维移动】操作。

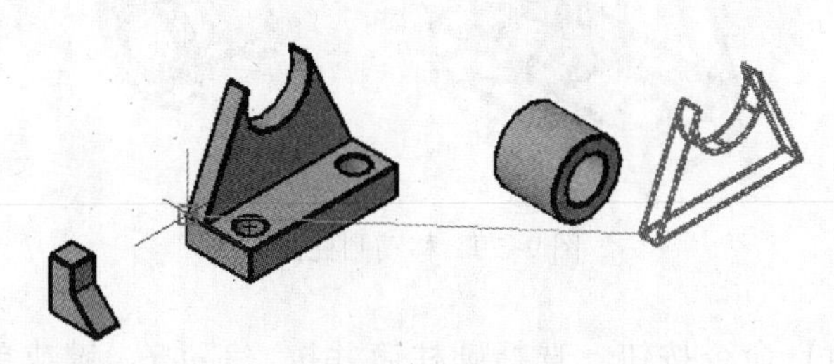

图 9-75　移动竖板

单击【三维移动】命令按钮，选择肋板并按〈Enter〉键或单击鼠标右键确认，然后选择肋板靠前的边线中点作为【基点】，如图 9-76 所示。

将鼠标移动至底板靠前上方向的边线中点并选择该点以完成【三维移动】的操作，如图 9-77 所示。

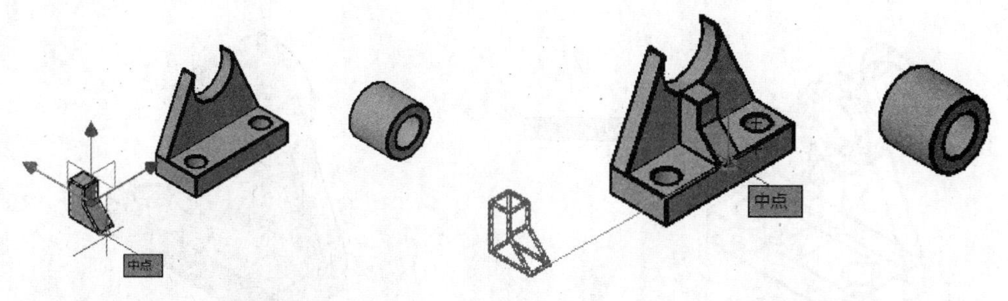

图 9-76　选择【三维移动】的对象——肋板并指定基点

图 9-77　移动肋板

单击【三维移动】命令按钮，选择圆柱筒并按〈Enter〉键或单击鼠标右键确认，然后选择圆柱筒靠后的底面圆心作为【基点】，如图 9-78 所示。

将鼠标移动至竖板靠后方向的圆弧圆心并选择该点以完成【三维移动】的操作，如图 9-79所示。根据组合体的三视图尺寸，还需要将圆柱筒沿 Y 轴方向向后移动 6 mm。

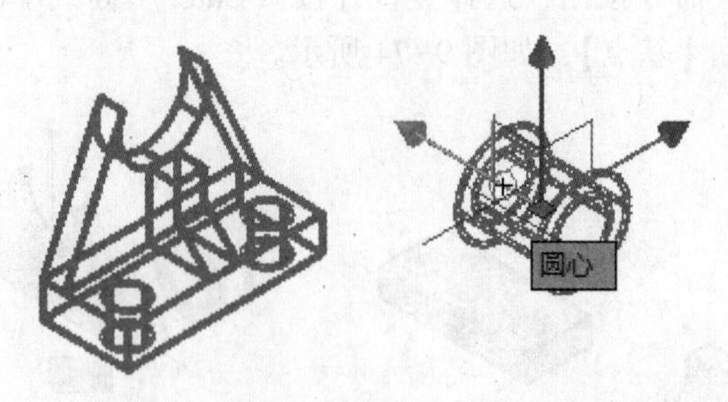

图 9-78　选择【三维移动】的对象——圆柱筒并指定基点

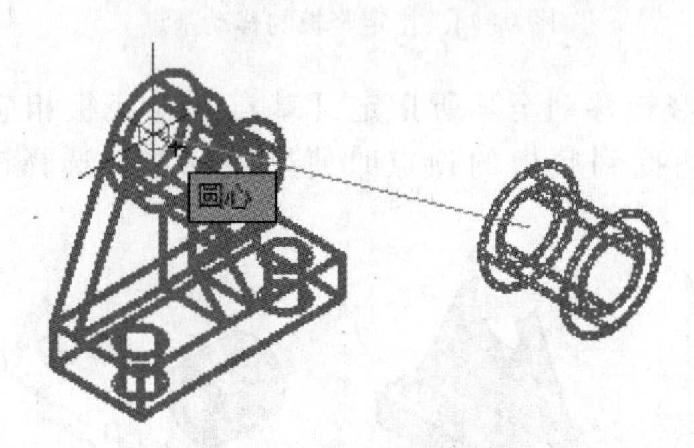

图 9-79　移动圆柱筒

单击【三维移动】命令按钮，选择圆柱筒并按〈Enter〉键或单击鼠标右键确认，然后就近任意选择一个点作为【基点】，向后移动鼠标，当向后沿 Y 轴的极轴追踪线出现后输入移动距离 6 并按〈Enter〉键以完成【三维移动】命令操作，如图 9-80 所示。

将组合体的各组成部分拼到一起后，可以选择将这些分开的三维实体模型使用【并集】命令合成一个整体。完成后的组合体 1 三维实体模型如图 9-81 所示。

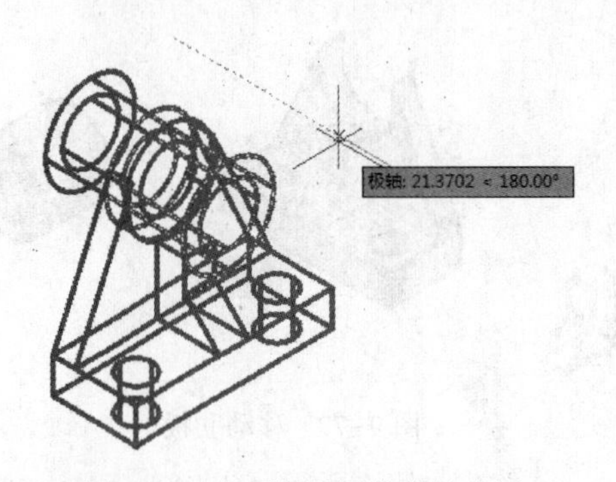

图 9-80　向后调整圆柱筒的位置

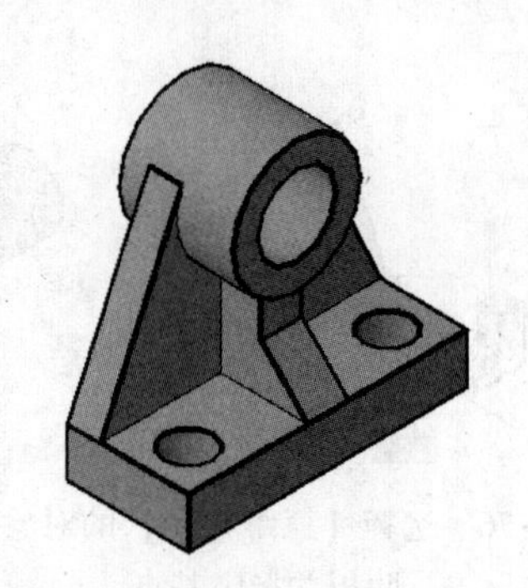

图 9-81　组合体 1 三维实体模型

单击【另存为】命令按钮，如图 9-82 所示，将图像文件另存为【组合体 1（轴承座）-三维实体模型】。也可以在刚开始三维建模时就另存该文件，以免覆盖原来的平面图形文件。

图 9-82 【另存为】命令按钮

9.3 思考与练习

一、简答题

1. 将平面图形拉伸或旋转为三维实体之前为什么要创建面域？
2. 请简述【面域】命令与【边界】命令的异同。
3. 请简述布尔运算的作用。
4. AutoCAD 系统中哪些对象可以进行布尔运算？
5. 你认为使用 AutoCAD 2016 对零件进行三维实体造型的要点是什么？
6. 如果需要从俯视图里把图形对象复制并粘贴到主视图方向去，怎么操作？
7. 【对齐】命令有什么作用？

二、操作题

请创建如图 9-83～图 9-85 所示零件的三维实体模型。

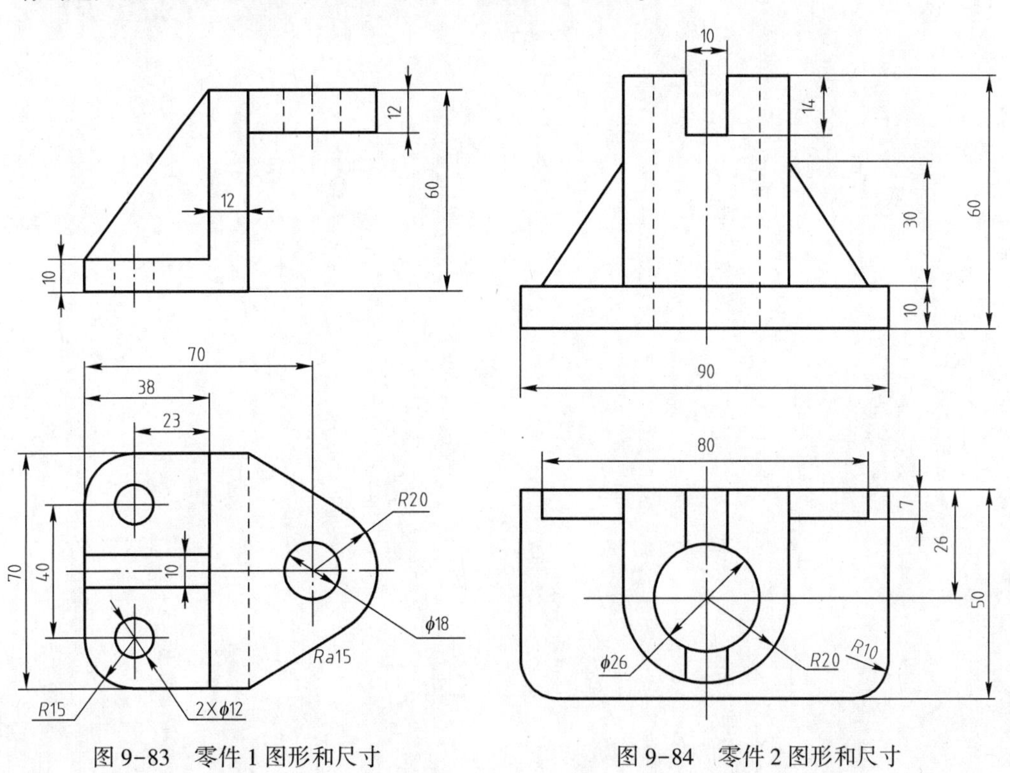

图 9-83 零件 1 图形和尺寸

图 9-84 零件 2 图形和尺寸

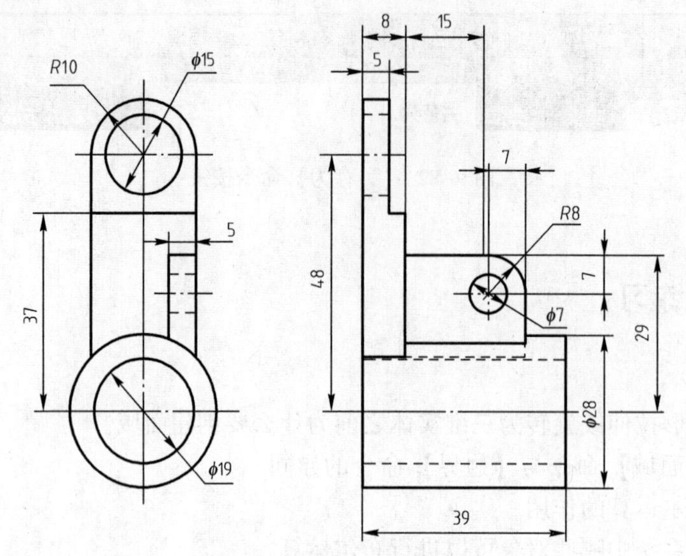

图 9-85　零件 3 图形和尺寸

第10章　参数化图形

AutoCAD 2016 提供了增强的参数化图形设计功能。通过参数化图形功能，用户可以为二维几何图形添加约束，所谓约束是一种可决定对象彼此间的放置位置及其标注的规则。对图形使用约束后，如果对一个对象进行更改，那么受其参数影响的其他对象也可能相应地发生变化。

10.1　参数化图形简介

所谓的参数化图形是一项用于具有约束的设计的技术，而约束是应用至二维几何图形的关联和限制。参数化图形中的两种常用约束是几何约束和标注约束，其中，几何约束用于控制对象相对于彼此的关系，标注约束则用于控制对象的距离、长度、角度和半径值等。

用户可以通过约束图形中的几何图形来保持图形的设计规范和要求。可以立即将多个几何约束应用于指定对象，也可以在标注约束中包括公式和方程式，还可以通过修改变量来快速进行设计修改。在参数化图形的实际设计中，通常先在设计中应用几何约束来确定设计的形状，然后再应用标注约束来确定对象的具体大小。

在 AutoCAD 2016 中创建或更改设计时，图形可以有三种状态，即未约束、欠约束和完全约束。未约束是指未将约束应用于任何几何图形；欠约束是指将某些约束应用于几何图形，但未完全约束；完全约束是指将所有相关几何约束和标注约束应用于几何图形，并且完全约束的一组对象中还需要包括至少一个固定约束以锁定几何图形的位置。

通过约束进行设计的常用方法有如下两种，注意在实际设计中所选的方法取决于设计实践以及主题的要求。

（1）首先创建一个新图形，对新图行进行完全约束，然后以独占方式对设计进行控制，如释放并替换几何约束，更改标注约束中的参数值。

（2）建立欠约束的图形，之后可以对其进行更改，如使用编辑命令和夹点的组合，添加或更改约束等。

应用约束的对象有图形中的对象与块参照中的对象；某个块参照中的对象与其他块参照中的对象（而非同一个块参照中的对象）；外部参照的插入点与对象或块，而非外部参照中的所有对象。

使用【草图与注释】工作空间并确保功能区处于启用状态时，用户可以在功能区的【参数化】选项卡中找到参数化图形的相关命令，如图 10-1 所示，【参数化】选项卡提供了【几何】面板、【标注】面板和【管理】面板。

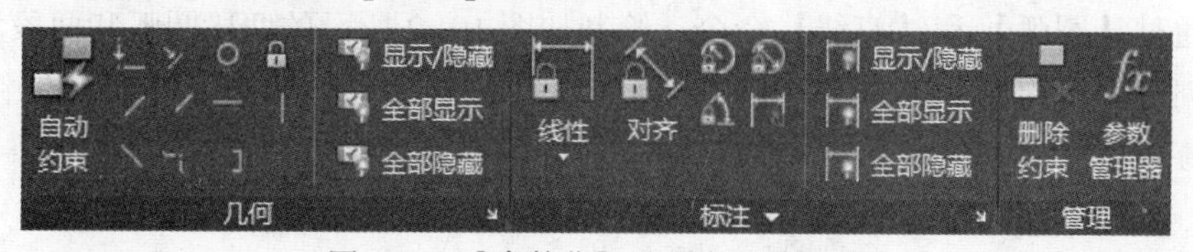

图 10-1　【参数化】选项卡相关功能

10.2 创建几何约束关系

几何约束控制对象相对于彼此的关系，即几何约束可以确定对象之间或对象上的点之间的关系。对图形使用约束后，如果对一个对象所做的更改会影响与该对象相关的其他对象。

10.2.1 各种几何约束应用

在图形中可以创建的几何约束类型包括水平、竖直、垂直、平行、相切、相等、平滑、重合、同心、共线、对称和固定。创建几何约束关系的典型步骤很简单，即选择所需的约束命令或约束图标后，选择相应的有效对象或参照即可。几何约束命令的应用内容见表 10-1。

表 10-1 几何约束命令

约束类型	几何约束按钮	菜单命令	约束功能
水平		【参数】|【几何约束】|【水平】	使一条直线或一对点与当前 UCS 的 *X* 轴保持平行
竖直		【参数】|【几何约束】|【竖直】	使一条直线或一对点与当前 UCS 的 *Y* 轴保持平行
垂直		【参数】|【几何约束】|【垂直】	使两条直线或多段线的夹角保持 90°
平行		【参数】|【几何约束】|【平行】	使两条直线保持相互平行
相切		【参数】|【几何约束】|【相切】	使两条曲线保持相切或与其延长线保持相切
重合		【参数】|【几何约束】|【重合】	使两个点或一个点和一条直线重合
共线		【参数】|【几何约束】|【共线】	使两条直线位于同一条无限长的直线上
同心		【参数】|【几何约束】|【水平】	使选定的圆、圆弧或椭圆保持同一中心点
固定		【参数】|【几何约束】|【水平】	使一个点或一条曲线固定到相对于世界坐标系（WCS）的指定位置和方向上
平滑		【参数】|【几何约束】|【水平】	使一条样条曲线与其他样条曲线、直线、圆弧或多段线保持几何连续性
对称		【参数】|【几何约束】|【水平】	使两个对象或两个点关于选定直线保持对称
相等		【参数】|【几何约束】|【水平】	使两条直线或多段线具有相同长度，或使圆弧具有相同半径值

创建所需的约束后，它们可以限制可能会违反约束的所有更改。这对于图形设计是很有实际帮助的。

实例 1：几何约束的应用。

（1）通过【圆弧】和【直线】命令，绘制如图 10-2 所示的两段圆弧和两段直线。

（2）创建相切约束。在功能区中打开【参数化】选项卡，单击【相切】按钮，或选择菜单【参数】|【几何约束】|【相切】命令，接着使用鼠标在绘图区依次选择一段圆弧和一段直线，从而为圆弧和直线这两个对象建立一个相切约束关系。采用相同的方式将相应的圆弧和直线建立相切约束，结果如图 10-3 所示。

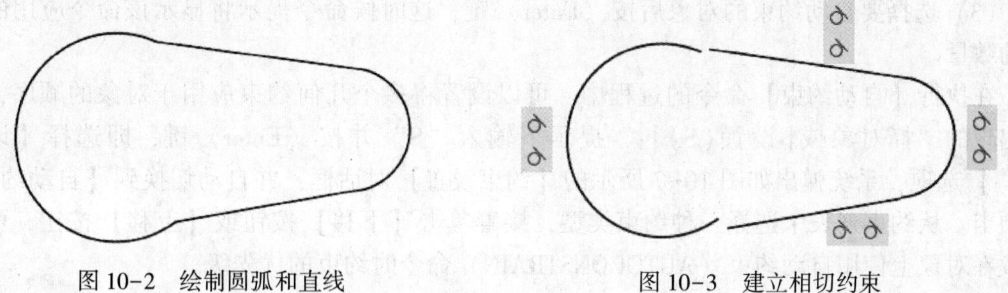

图 10-2　绘制圆弧和直线　　　　图 10-3　建立相切约束

（3）单击【重合】按钮，或选择菜单【参数】|【几何约束】|【重合】命令，接着使用鼠标在绘图区依次选择一段圆弧的一个端点和圆弧端点旁边的直线端点，从而为圆弧和直线这两个对象建立一个重合约束关系。采用相同的方式将相应的圆弧和直线建立重合约束，结果如图 10-4 所示。

（4）单击【水平】按钮，或选择菜单【参数】|【几何约束】|【水平】命令，系统提示：“GCHORIZONAL 选择对象或者[两点(2P)]<两点>:”，在该提示下输入“2P”，按〈Enter〉键，系统继续提示：“GCHORIZONAL 选择第一个点>:”，选择如图 10-5 所示的圆弧中点，系统继续提示：“GCHORIZONAL 选择第二个点>:”，选择另一端圆弧的中点，结果如图 10-6 所示。

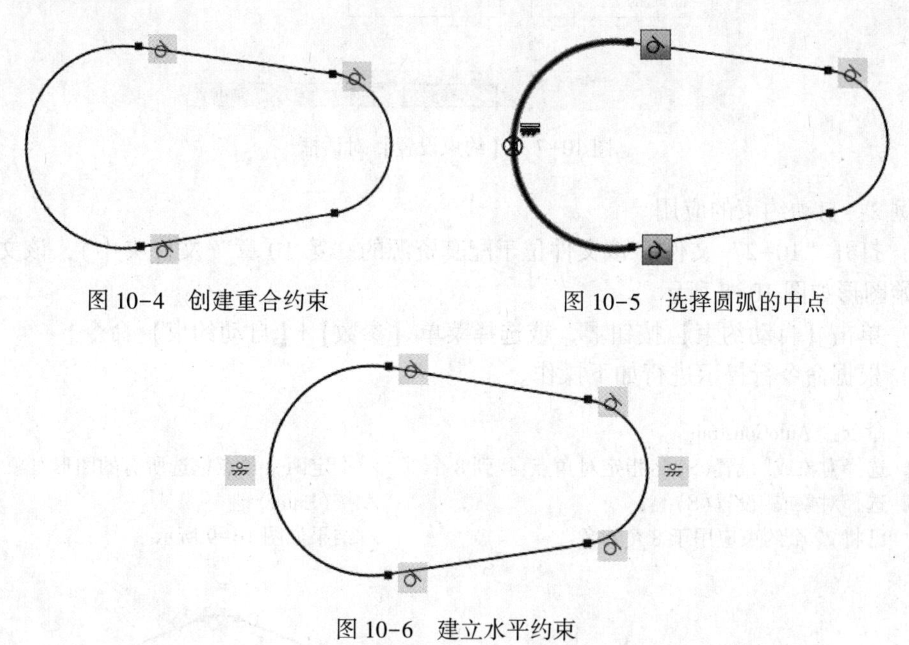

图 10-4　创建重合约束　　　　图 10-5　选择圆弧的中点

图 10-6　建立水平约束

10.2.2　自动约束

可以将几何约束快速地自动应用于选定对象或图形中的所有对象，将多个几何约束自动应用于选定对象的步骤如下所述。

（1）单击【自动约束】按钮，或选择菜单【参数】|【自动约束】命令。

（2）选择要约束的对象。

（3）选择要自动约束的对象后按〈Enter〉键，这时候命令提示将显示该命令应用的约束的数量。

在执行【自动约束】命令的过程中，可以设置将多个几何约束应用于对象的顺序，即在出现的“择对象或[设置(S)]:”提示下输入“S”并按〈Enter〉键，即选择【设置(S)】选项，系统弹出如图10-7所示的【约束设置】对话框，并自动切换到【自动约束】选项卡。从约束列表中选择一种约束类型，接着单击【下移】按钮或【上移】按钮，可以更改在对象上使用自动约束（AUTOCONSTRAIN）命令时约束的优先级。

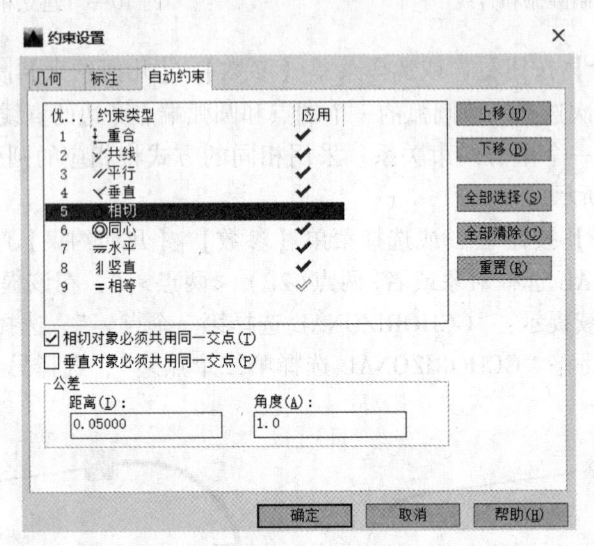

图10-7　【约束设置】对话框

实例2：自动约束的应用。

（1）打开“10-2”文件（该文件位于配套资源的“第10章”文件夹中），该文件中存在的原始图形如图10-8所示。

（2）单击【自动约束】按钮，或选择菜单【参数】|【自动约束】命令。

（3）根据命令行提示进行如下操作。

```
命令:_ AutoConstrain
选择对象或[设置(S)]:指定对角点:找到 8 个        //指定两个角点框选所有的图形对象
选择对象或[设置(S)]:↙                           //按〈Enter〉键
已将 22 个约束应用于 8 个对象                    //结果如图 10-9 所示
```

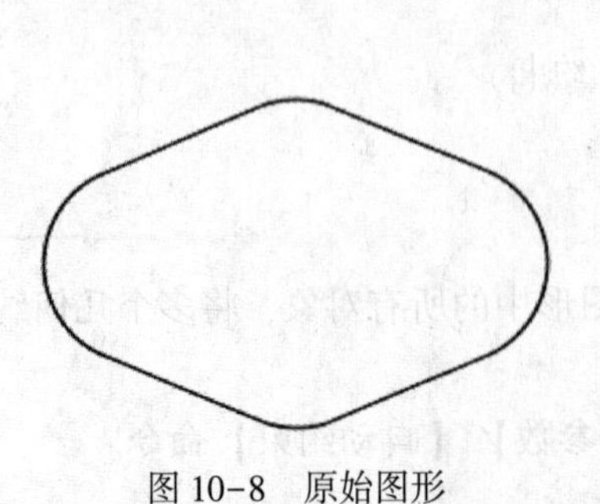

图10-8　原始图形

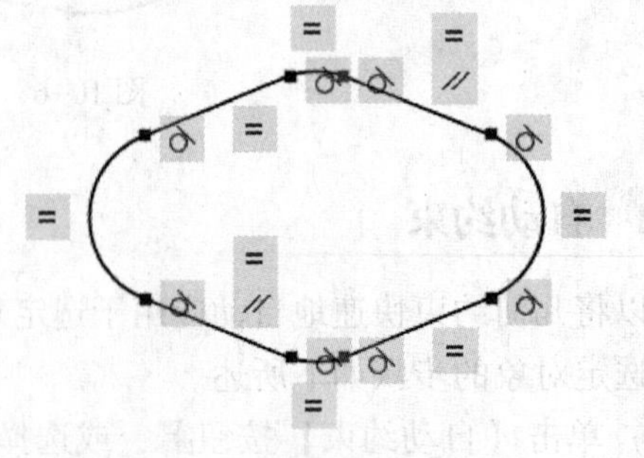

图10-9　自动约束后的结果

10.2.3 使用约束栏

约束栏提供了有关如何约束对象的信息，如图 10-10 所示。约束栏显示了一个或多个图标，这些图标表示已应用于对象的几何约束，即使用约束栏可以显示一个或多个与图形中的对象关联的几何约束。有时为了获得满意的图形表达效果，可以将图形中的某些约束栏拖放到合适的位置，此外还可以控制约束栏处于显示状态还是处于隐藏状态。

在约束栏上滚动浏览约束图标时，将亮显与该几何约束关联的对象，如图 10-11 所示。将鼠标悬停在已应用几何约束的对象上时，会亮显与该对象关联的所有约束栏，如图 10-12 所示。

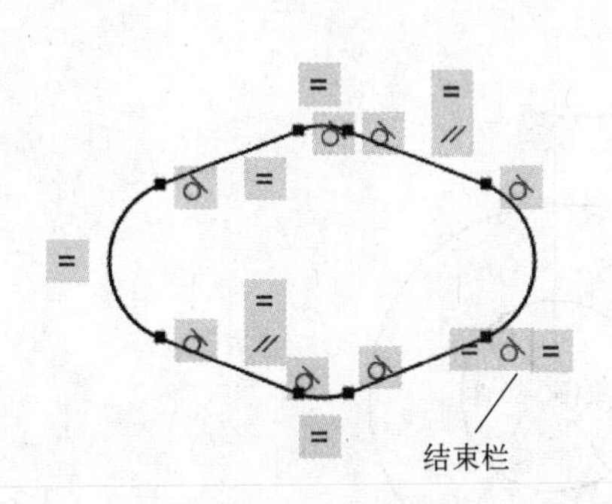

图 10-10　约束栏

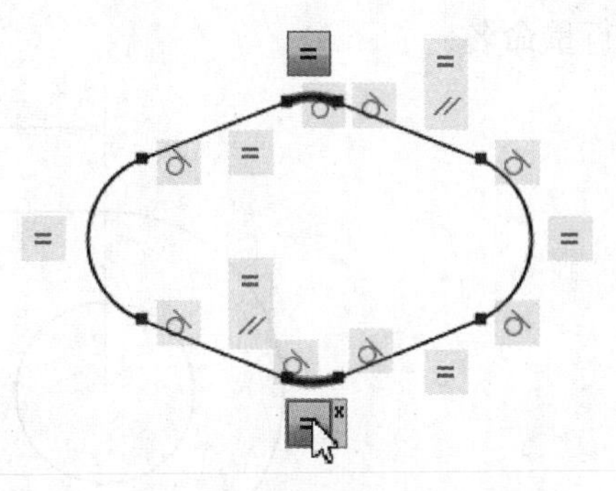

图 10-11　在约束栏上浏览约束图表时

用户可以单独或全局显示/隐藏几何约束和约束栏。所使用的命令位于图 10-13 所示的【参数】|【约束栏】级联菜单中，包括【选择对象】命令、【全部显示】命令和【全部隐藏】命令。如果启用功能区，那么可以在如图 10-14 所示的【参数化】选项卡中找到相应的约束栏操作工具命令。它们的具体功能含义如下。

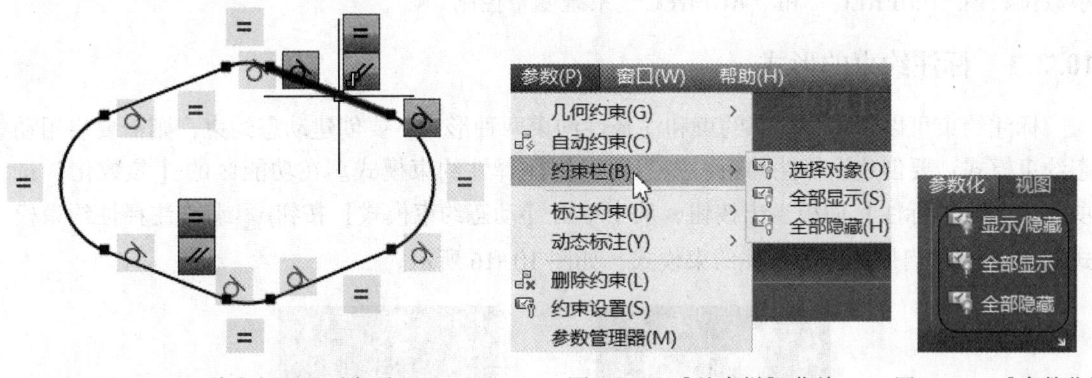

图 10-12　将鼠标置于对象时　　图 10-13　【约束栏】菜单　　图 10-14　【参数化】功能区选项卡

（1）【显示/隐藏】按钮。用于显示或隐藏选定对象的几何约束。选择某个对象以亮显相关几何约束。

（2）【全部显示】按钮。用于显示图形中的所有几何约束。可以针对受约束几何图形的所有或任意选择集显示或隐藏约束栏。

（3）【全部隐藏】按钮。用于隐藏图形中的所有几何约束。可以针对受约束几何图形的所有或任意选择集隐藏约束栏。

10.3 标注约束及编辑受约束的图形

另一种重要的约束是标注约束，它会使几何对象之间或对象上的点之间保持指定的距离和角度，还会确定某些对象的大小（如圆弧和圆的大小）。例如，在如图 10-15 所示，指定两个圆的中心距尺寸始终为 100，小圆的直径尺寸始终保持为 60，圆弧的半径尺寸始终保持为 60。应该要注意到的是，将标注约束应用于对象时，系统会自动创建一个约束变量以保留约束值，在默认情况下，这些名称为“dl”或“dial”等，不过用户可以在参数管理器中对其进行重命名。

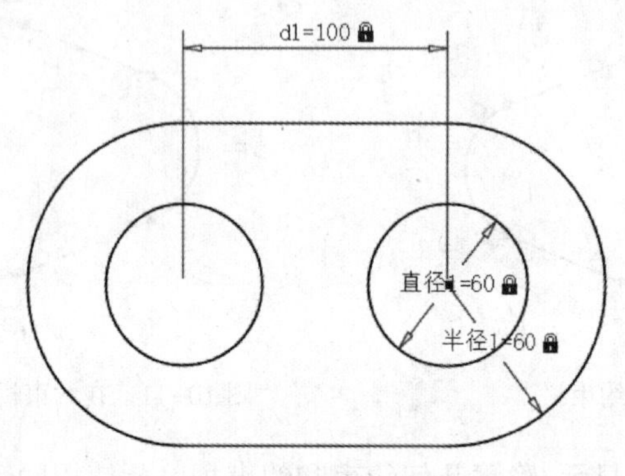

图 10-15　标注约束

如果更改标注约束的值，会计算对象上的所有约束，并自动更新受影响的对象。此外，可以向多段线中的线段添加约束，就像这些线段是独立的对象一样。注意标注约束中显示的小数位数由“LUPREC”和“AUPREC”系统变量控制。

10.3.1 标注约束的形式

标注约束可以创建为动态约束和注释性约束两种形式。要创建动态约束，则需要启用动态约束模式；要创建注释性约束，则需要启用注释性约束模式。在功能区的【参数化】选项卡中单击【标注】面板溢出按钮，从中单击【动态约束模式】按钮或【注释性约束模式】按钮可启用相应的标注约束模式，如图 10-16 所示。

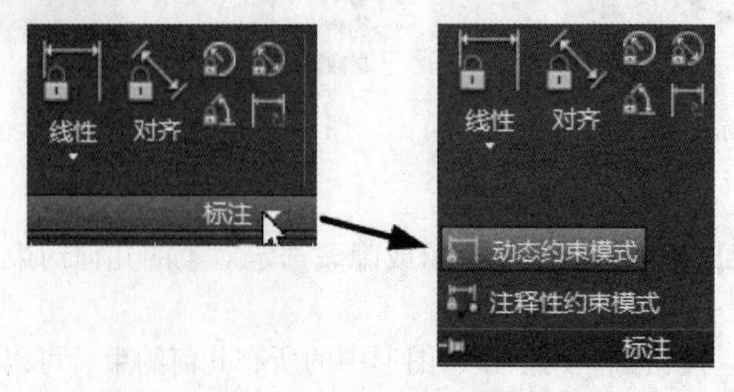

图 10-16　用户动态约束模式和注释性约束模式

1. 动态约束

初始默认情况下创建的标注约束为动态约束，它们对于常规参数化图形和设计任务来说非常理想。动态约束具有这些特征：缩小或放大时保持大小相同；可以在图形中轻松全局打开或关闭；使用固定的预定义标注样式进行显示；自动放置文字信息，并提供三角形夹点，可以使用这些夹点更改标注约束的值；打印图形时不显示。

在图形中创建动态约束后，可以使用【参数】|【动态标注】级联菜单中的相关命令来设置动态约束的显示与否，如图 10-17 所示。其中，【选择对象】命令用于显示或隐藏选定对象的动态标注约束；【全部显示】命令用于设置显示图形中的所有动态标注约束；【全部隐藏】命令用于隐藏图形中的所有动态标注约束。

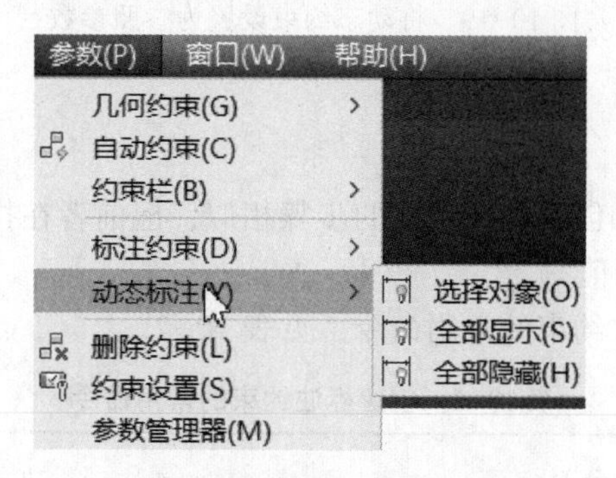

图 10-17 【动态标注】菜单

当需要控制动态约束的标注样式或者需要打印标注约束时，可以使用【特性】选项板将动态约束更改为注释性约束，如图 10-18 所示。

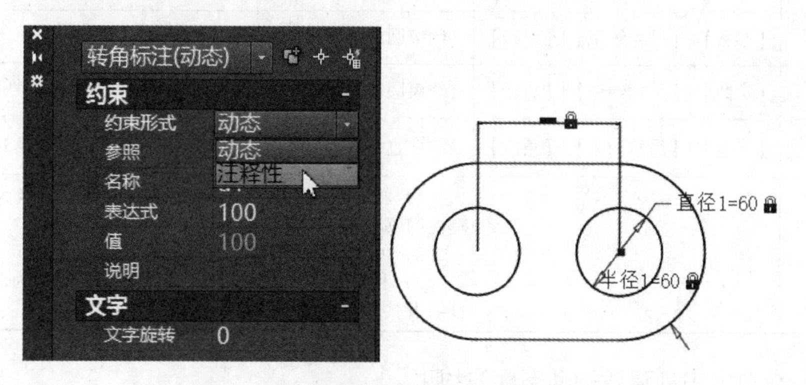

图 10-18 将动态约束更改为注释性约束

2. 注释性约束

注释性约束具有这些特征：缩小或放大时大小发生变化，随图层单独显示，使用当前标注样式显示，提供与标注上的夹点具有类似功能的夹点功能，打印图形时显示。如果需要，可打印注释性约束后，使用【特性】选项板将注释性约束转换回动态约束。

此外，可以将所有动态约束或注释性约束转换为参照参数。参照参数是一种从动标注约束（动态或注释性），它并不控制关联的几何图形，但是会将类似的测量报告给标注对象。可以将参照参数用作显示可能必须要计算的测量结果的简便方式。参照参数中的文字信息始终显示在括号中，如图 10-19 所示，参照参数需要通过【特性】选项板来设置。

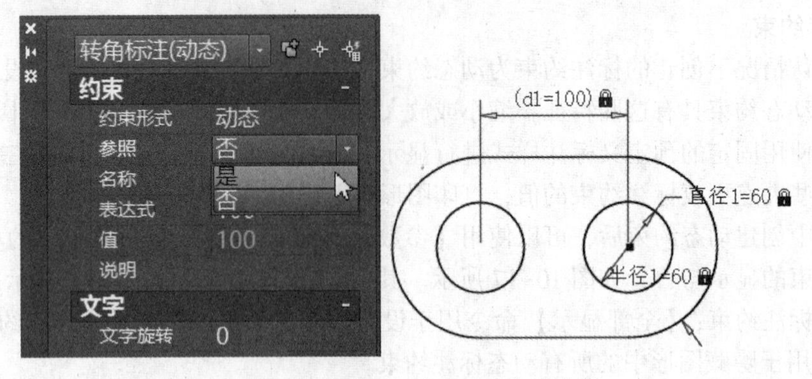

图 10-19 将动态约束设置为参照参数

10.3.2 创建标注约束

创建标注约束的步骤和创建标注尺寸的步骤相似，但前者在指定尺寸线的位置后，可输入值或指定表达式（名称=值）。

下面列举用于创建标注约束的常用命令，见表 10-2。

表 10-2 创建标注约束的常用命令

标注约束	标注约束按钮	菜单命令	功能
线性			约束两点之间的水平或竖直距离
对齐		【参数】|【尺寸约束】|【对齐】	约束两点、点与直线、直线与直线间的距离
半径		【参数】|【尺寸约束】|【半径】	约束圆或者圆弧的半径
直径		【参数】|【尺寸约束】|【直径】	约束圆或者圆弧的直径
角度		【参数】|【尺寸约束】|【角度】	约束直线间的夹角、圆弧的圆心角或 3 个点构成的角度
转换			（1）将普通尺寸标注（与标注对象关联）转换为动态约束或注释性约束 （2）使动态约束与注释性约束相互转换 （3）利用【形式(F)】选项指定当前尺寸约束为动态约束或注释性约束

实例 3：在图形中创建各种动态标注约束。

（1）打开“10-4. dwg”文件，（该文件位于配套资源的“第 10 章”文件夹中），该文件中存在的原始图形如图 10-20 所示。

（2）切换到【动态约束模式】。在功能区的【参数化】选项卡中单击【标注】|【动态约束模式】按钮，切换到【动态约束模式】，从而设置创建标注约束时将动态约束应用至对象。

（3）创建水平标注约束。单击【水平】标注约束按钮，或选择菜单【参数】|【尺寸约束】|【水平】命令，接着分别指定两个约束点，如图 10-21 所示，然后指定尺寸线位置，如图 10-22 所示，此时可以输入值或指定表达式（名称=值），在这里接受默认的值，按〈Enter〉键确定，完成创建的水平标注约束如图 10-23 所示。

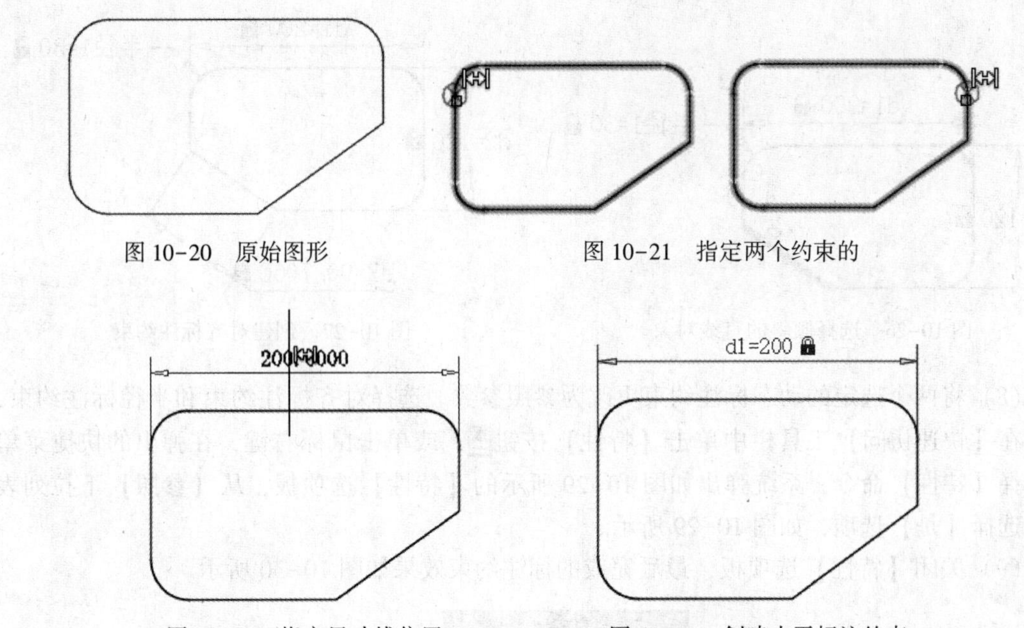

图 10-20　原始图形　　图 10-21　指定两个约束的

图 10-22　指定尺寸线位置　　图 10-23　创建水平标注约束

（4）创建竖直标注约束。单击【竖直】标注约束按钮，或选择菜单【参数】|【尺寸约束】|【竖直】命令，采用与步骤（3）相同的方法指定两点，创建竖直标注约束。创建的竖直标注约束如图 10-24 所示。

（5）创建半径标注约束。单击【半径】标注约束按钮，或选择菜单【参数】|【尺寸约束】|【半径】命令，选择其中一条圆弧并指定尺寸线位置，输入值或指定表达式（半径1=30），然后按〈Enter〉键，完成如图 10-25 所示的半径标注约束。

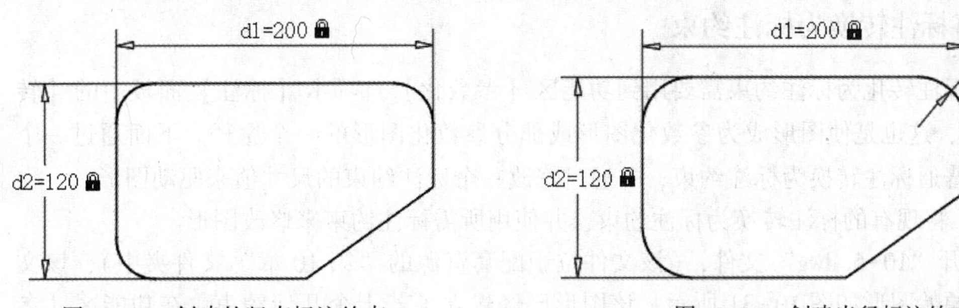

图 10-24　创建的竖直标注约束　　图 10-25　创建半径标注约束

（6）创建对齐标注约束。单击【对齐】标注约束按钮，或选择菜单【参数】|【尺寸约束】|【对齐】命令，在“指定第一个约束点或[对象(O)/点和直线(P)两条直线(2L)]<对象>:”提示下输入“0”，并按〈Enter〉键以确认选择【对象】选项，选择图 10-26 所示的直线对象，接着指定尺寸线位置，按〈Enter〉键接受默认的标注表达式（值），从而完成图 10-27 所示的对齐标注约束。

（7）创建角度标注约束。单击【角度】标注约束按钮，或选择菜单【参数】|【尺寸约束】|【角度】命令，分别选择两条直线并指定尺寸线位置，直接按〈Enter〉键接受默认的标注表达式（值），从而完成图 10-28 所示的角度标注约束。

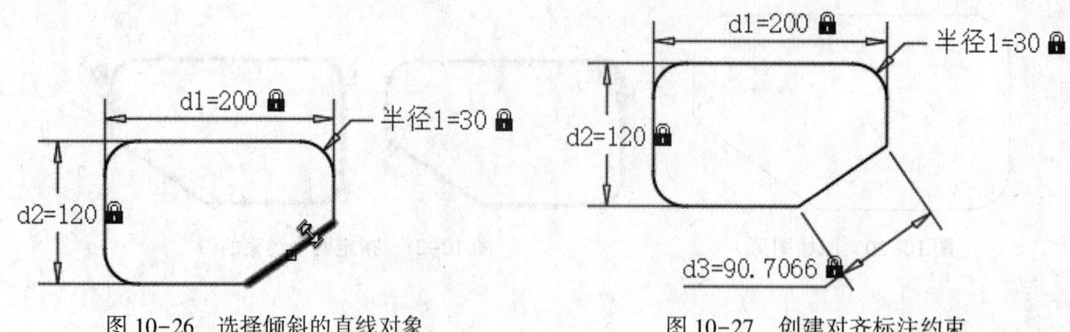

图 10-26　选择倾斜的直线对象　　　　图 10-27　创建对齐标注约束

（8）将两个选定的动态标注约束更改为参照参数。选择对齐标注约束和半径标注约束，接着在【快速访问】工具栏中单击【特性】按钮，或单击鼠标右键，在弹出的快捷菜单中选择【特性】命令，系统弹出如图 10-29 所示的【特性】选项板，从【参照】下拉列表框中选择【是】选项，如图 10-29 所示。

（9）关闭【特性】选项板，最后完成的标注约束效果如图 10-30 所示。

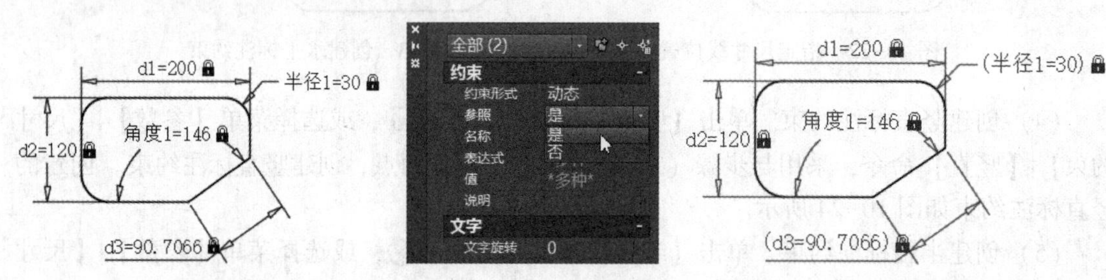

图 10-28　创建角度标注约束　　图 10-29　【特性】选项板　　图 10-30　完成所有的标注约束

10.3.3　将标注转换为标注约束

将现有标注转化为标注约束需要用到功能区【参数化】选项卡【标注】面板中的【转换】按钮，这也是使图形成为参数化图形或部分参数化图形的一个途径。下面通过一个实例来介绍普通标注转换为标注约束，并通过修改一个标注约束的尺寸值来驱动图形。

实例 4：将现有的标注转换为标注约束，并使用所需标注约束来修改图形。

（1）打开“10-5. dwg”文件，（该文件位于配套资源的“第 10 章”文件夹中），该文件中存在的原始图形如图 10-31 所示。该图形已经建立了若干个几何约束，在功能区【参数化】选项卡的【几何】面板中单击【全部显示】按钮可以显示图形中的所有几何约束，如图 10-32 所示。

（2）在功能区【参数化】选项卡的【标注】面板中单击【转换】按钮，选择要转换的关联标注，本例先选择半径 $R110$ 的尺寸标注，接着依次选择角度 60°、直径 $\phi64$、直径 $\phi32$、半径 $R24$、半径 $R40$ 和半径 $R16$ 等尺寸标注，如图 10-33 所示，然后按〈Enter〉键，从而将所选的这些尺寸都转换为标注约束，如图 10-34 所示。

（3）双击“半径 1=110”标注约束，在屏显文本框中输入新值为“120”；双击“角度 1=60°”标注约束，在屏显文本框中输入新值为“50°”；然后按〈Enter〉键确认输入，由该标注约束的新值驱动得到的新图形如图 10-35 所示。

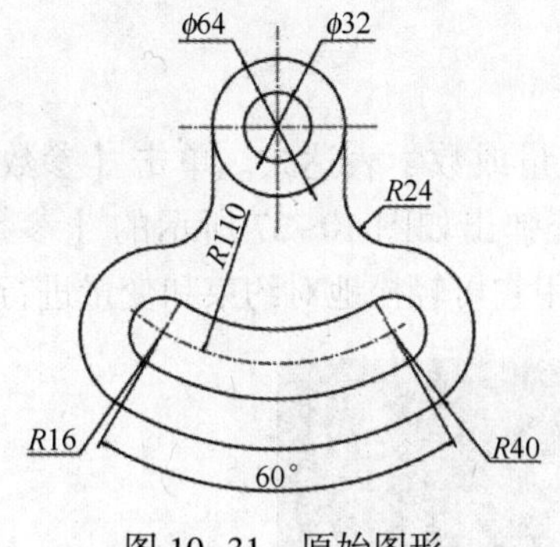

图 10-31　原始图形

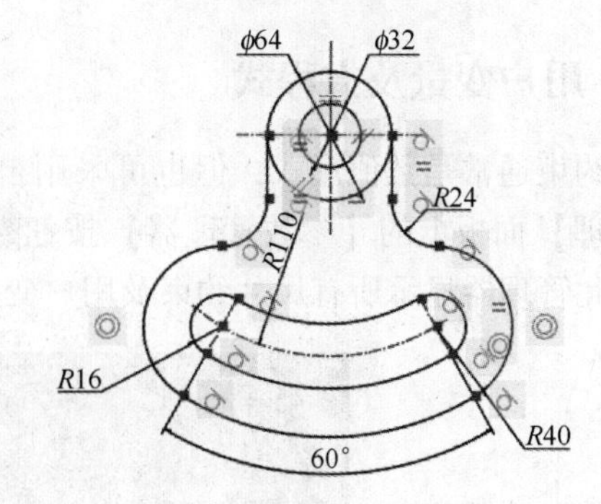

图 10-32　显示图形中的所有几何约束

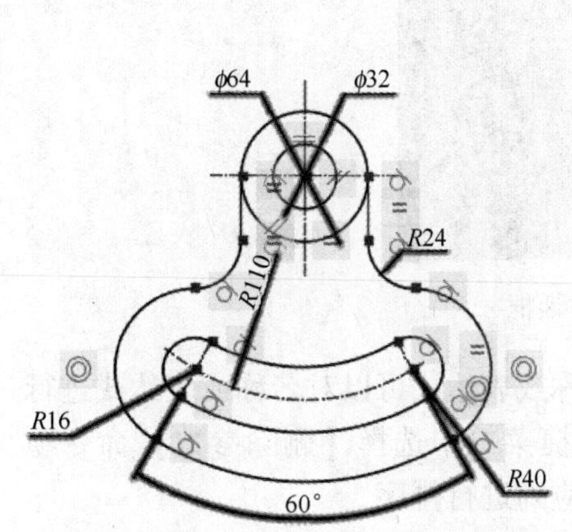

图 10-33　选择要转换的关联标注

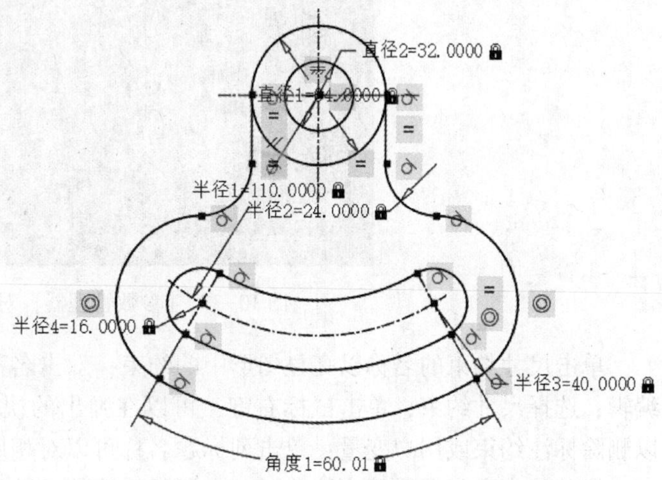

图 10-34　将选定尺寸标注转换为标注约束

（4）在功能区【参数化】选项卡的【几何】面板中单击【全部隐藏】按钮，隐藏图形中的所有几何约束；再在功能区【参数化】选项卡的【标注】面板中单击【全部隐藏】按钮，隐藏图形中的所有动态标注约束；最后可以调整中心线长度，并补齐中心线，完成的结果如图 10-36 所示。

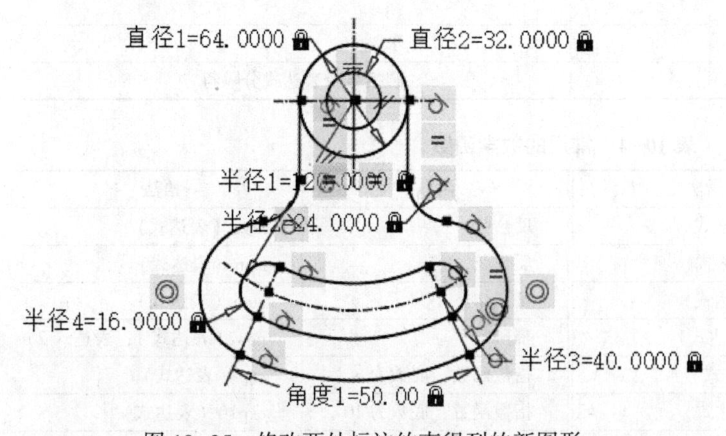

图 10-35　修改两处标注约束得到的新图形

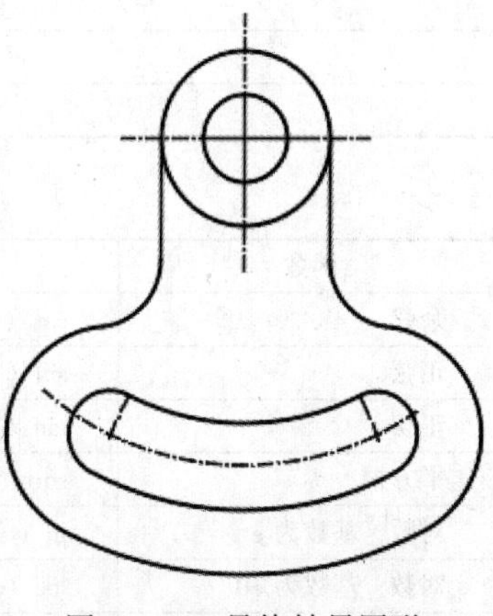
图 10-36　最终结果图形

10.3.4 用户变量及方程式

尺寸约束通常是数值形式，但也可采用自定义变量或数学表达式。单击【参数化】选项卡中【管理】面板上的【参数管理器】按钮fx，系统弹出如图10-37所示的【参数管理器】对话框。此管理器显示所有尺寸约束及用户变量，利用它可轻松地对约束和变量进行管理。

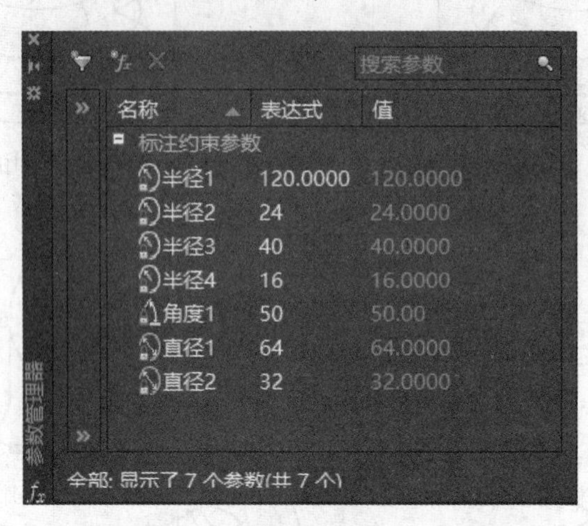

图10-37 【参数管理器】对话框

单击尺寸约束的名称以亮显图形中的约束；双击名称或表达式可以对名称或表达式进行编辑；选择尺寸约束，单击鼠标右键，可以在弹出的快捷菜单中选择【删除参数】命令项以删除标注约束或用户变量；单击列标题名称可以对相应列进行排序。

尺寸约束或变量采用表达式时，常用的运算符及数学函数见表10-3和表10-4。

表10-3 常用的运算符

运算符	说明
+	加
–	减或取负值
*	乘
/	除
^	求幂
()	圆括号或表达式分隔符

表10-4 常用的数学函数

函数	语法	函数	语法
余弦	cos（表达式）	反余弦	acos（表达式）
正弦	sin（表达式）	反正弦	asin（表达式）
正切	tan（表达式）	反正切	atan（表达式）
平方根	sqrt（表达式）	幂函数	pow（表达式1；表达式2）
对数，基数为e	ln（表达式）	指数函数，底数为e	exp（表达式）
对数，基数为10	log（表达式）	指数函数，底数为10	exp10（表达式）
将度转换为弧度	d2r（表达式）	将弧度转换为度	r2d（表达式）

实例 5：定义用户变量，以变量及表达式约束图形。

（1）打开“10-6. dwg”文件，（该文件位于配套资源的“第 10 章”文件夹中），该文件中存在的原始图形如图 10-38 所示。该图形已经建立了若干个几何约束，在功能区【参数化】选项卡的【几何】面板中单击【全部显示】按钮可以显示图形中的所有几何约束，如图 10-39 所示。

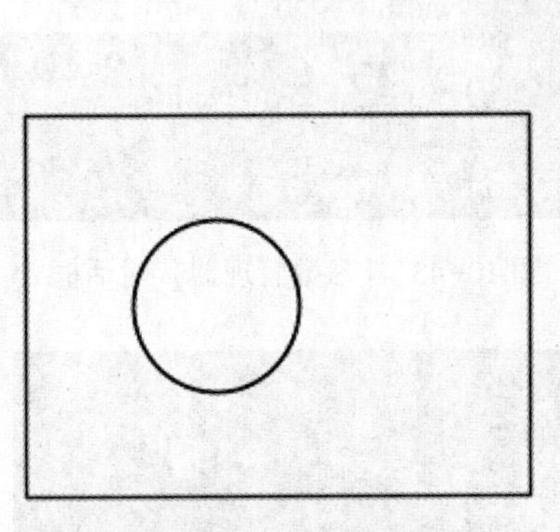

图 10-38　原始图形

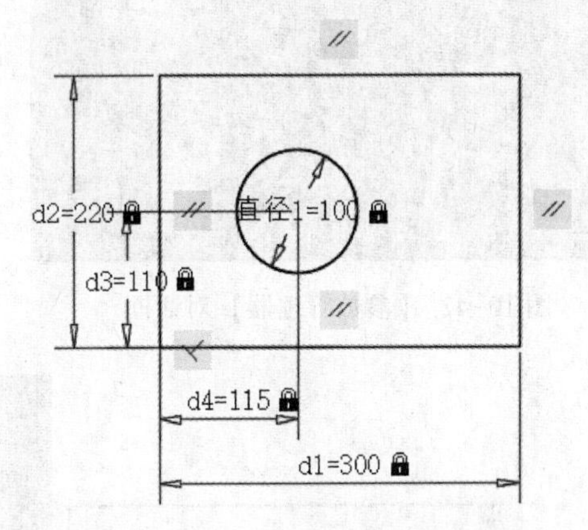

图 10-39　显示图形中的所有约束

（2）选择菜单【参数】|【约束设置】命令，系统弹出如图 10-40 所示的【约束设置】对话框。单击【标注】选项卡，在【标注名称格式】下拉式选项中选择【名称】，单击【确定】按钮，图形如图 10-41 所示。

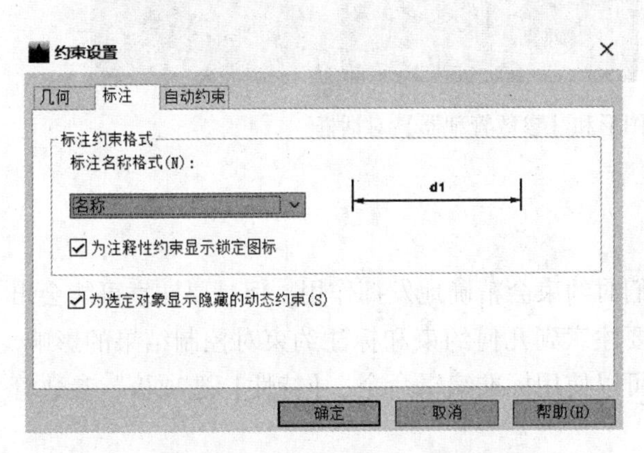

图 10-40　【约束设置】对话框

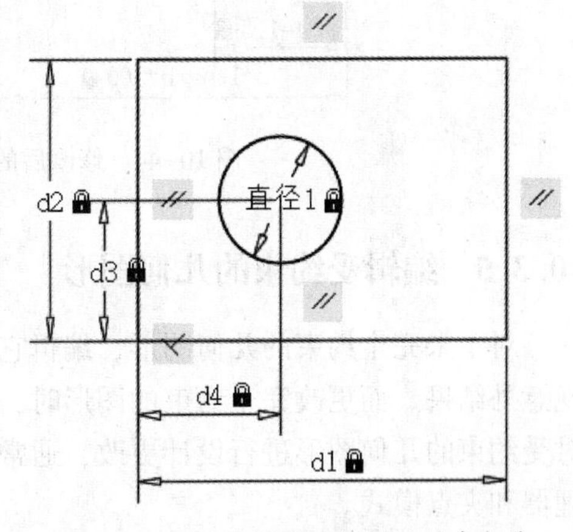

图 10-41　显示图形中的标注约束名称

（3）单击【参数化】选项卡中【管理】面板上的【参数管理器】按钮，系统弹出如图 10-42 所示的【参数管理器】对话框。利用该对话框修改变量名称、定义用户变量及建立新的表达式等，单击【创建新的用户参赛】按钮可建立新的用户变量，结果如图 10-43 所示。

（4）利用【参数管理器】对话框将“windth”值改成 200，【参数管理器】对话框和图形结果如图 10-44 所示。

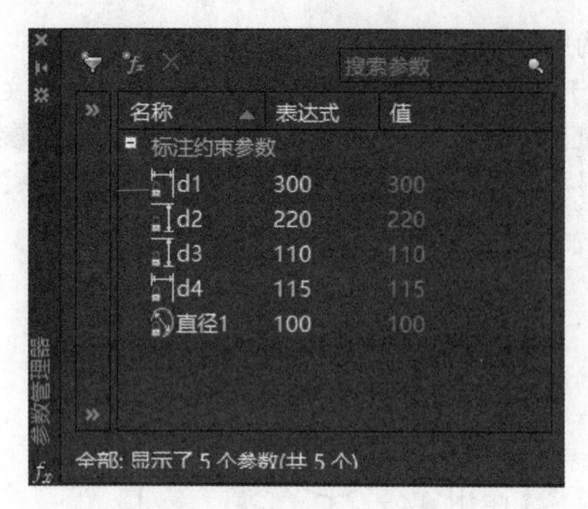

图 10-42 【参数管理器】对话框

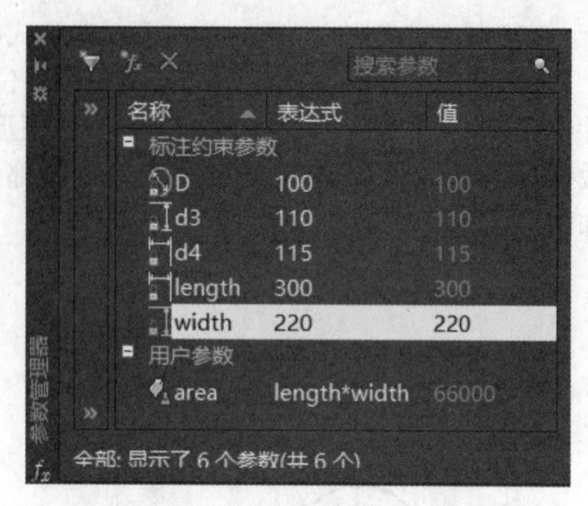

图 10-43 【参数管理器】对话框

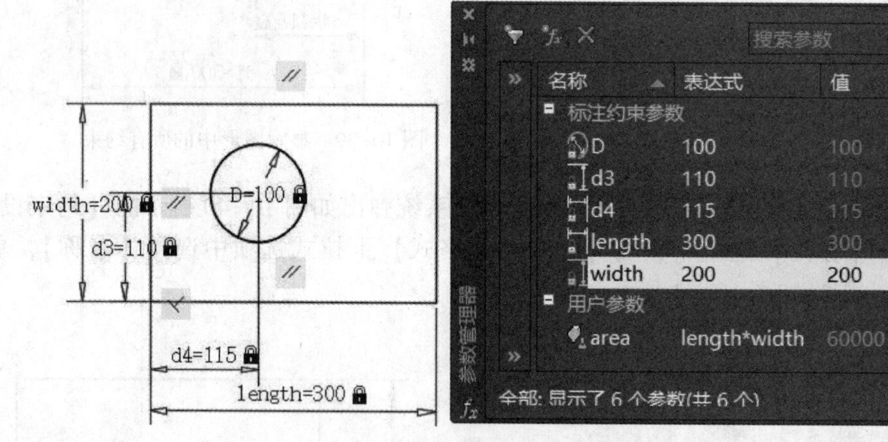

图 10-44 修改后的图形和【参数管理器】对话框

10.3.5 编辑受约束的几何图形

对于未完全约束的几何图形，编辑它们时约束会精确地发挥作用，但是要注意可能会出现意外结果。而更改完全约束的图形时，要注意到几何约束和标注约束对控制结果的影响。对受约束的几何图形进行设计更改，通常可以使用标准编辑命令、【特性】选项板、参数管理器和夹点模式。

删除约束（这里指删除选定对象上的所有约束）的方法是：从功能区【参数化】选项卡的【管理】面板中单击【删除约束】按钮，或者从菜单栏的【参数】菜单中选择【删除约束】命令，接着选择所需对象并按〈Enter〉键，则从选定的对象删除所有几何约束和标注约束。

10.4 参数化绘图的一般步骤

用 LINE、CIRCLE 及 OFFSET 等命令绘图时，必须输入准确的数据参数，绘制完成的图形是精确无误的。若要改变图形的形状及大小，一般要重新绘制。利用 AutoCAD 的参数化功能绘图，创建的图形对象是可变的，其形状及大小由几何及尺寸约束控制。当修改这些约束后，图形就发生相应变化。

利用参数化功能绘图的步骤与采用一般绘图命令绘图是不同的，主要作图过程如下。

（1）根据图样的大小设定绘图区域大小，并将绘图区充满图形窗口显示，这样就能了解随后绘制的草图轮廓的大小，而不至于使草图形状失真太大。

（2）将图形分成由外轮廓及多个内轮廓组成，按先外后内的顺序绘制。

（3）绘制外轮廓的大致形状，创建的图形对象其大小是任意的，相互间的位置关系如平行、垂直等是近似的。

（4）根据设计要求对图形元素添加几何约束，确定它们间的几何关系。一般先让 AutoCAD 自动创建约束如重合、水平等，然后加入其他约束。为使外轮廓在 *XY* 坐标面的位置固定，应对其中某点施加固定约束。

（5）添加尺寸约束确定外轮廓中各图形元素的精确大小及位置。创建的尺寸包括定形及定位尺寸，标注顺序一般为先大后小，先定形后定位。

（6）采用相同的方法依次绘制各个内轮廓。

实例 6：利用 AutoCAD 2016 的参数化功能绘制平面图形，如图 10-45 所示。先画出图形的大致形状，然后给所有对象添加几何约束及尺寸约束，使图形处于完全约束状态。

（1）打开极轴追踪、对象捕捉及自动追踪功能，设定对象捕捉方式为“端点”“交点”及“圆心”。用 LINE（直线）、CIRCLE（圆）、ARC（圆弧）及 TRIM（修剪）等命令绘制图形，图形尺寸任意，修剪多余线条并倒圆角形成外轮廓草图，如图 10-46 所示。

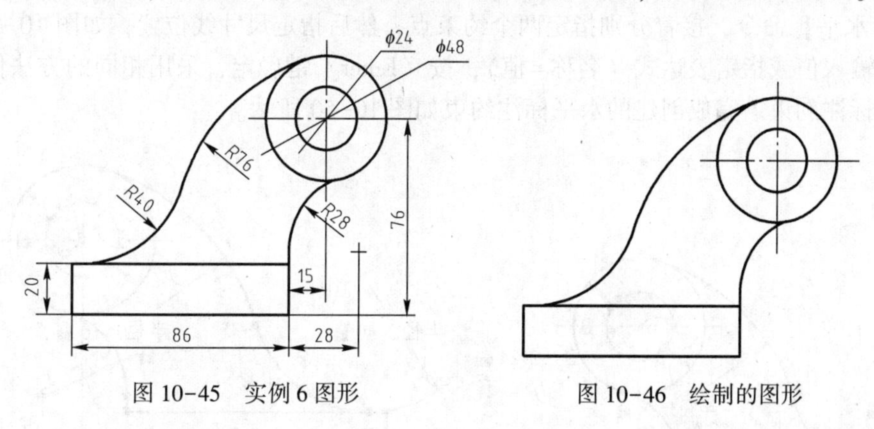

图 10-45　实例 6 图形　　　图 10-46　绘制的图形

（2）从功能区【参数化】选项卡的【几何】面板中单击【自动约束】按钮，或选择菜单【参数】|【自动约束】命令。根据命令行提示进行如下操作。

```
命令:_ AutoConstrain
选择对象或[设置(S)]:指定对角点:找到 14 个      //指定两个角点框选所有的图形对象
选择对象或[设置(S)]:↙                          //按〈Enter〉键
已将 31 个约束应用于 14 个对象                   //结果如图 10-47 所示
```

（3）在功能区【参数化】选项卡的【几何】面板中单击【全部隐藏】按钮，隐藏图形中的所有几何约束。

（4）创建直径标注约束。单击【直径】标注约束按钮，或选择菜单【参数】|【尺寸约束】|【直径】命令，选择大圆并指定尺寸线位置，输入值或指定表达式（直径 1=48），然后按〈Enter〉键；再次按〈Enter〉键，选择小圆并指定尺寸线位置，输入值或指定表达式（直径 2=24），然后按〈Enter〉键。完成图 10-48 所示的直径标注约束。

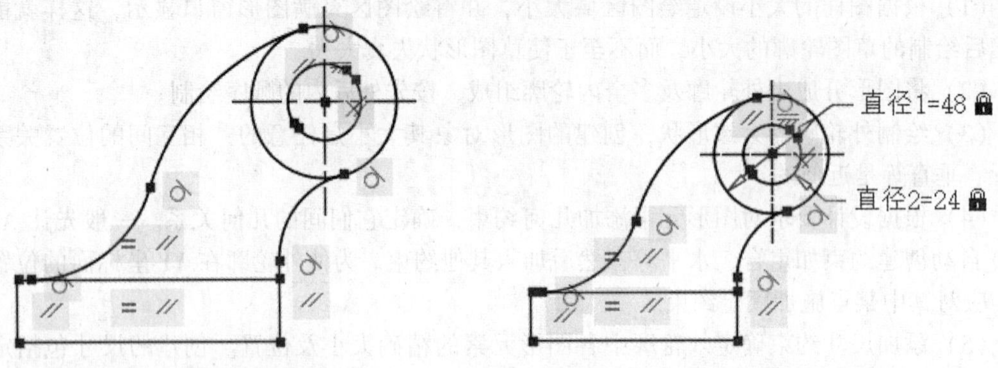

图 10-47　自动约束后的图形　　图 10-48　创建直径标注约束

（5）创建半径标注约束。单击【半径】标注约束按钮，或选择菜单【参数】|【尺寸约束】|【半径】命令，选择其中一条圆弧并指定尺寸线位置，输入值或指定表达式（半径 1=76），然后按〈Enter〉键；依次完成其他圆弧的半径标注约束。完成图 10-49 所示的半径标注约束。

（6）创建水平标注约束。单击【水平】标注约束按钮，或选择菜单【参数】|【尺寸约束】|【水平】命令，接着分别指定两个约束点，然后指定尺寸线位置，如图 10-22 所示，此时可以输入值或指定表达式（名称=值），按〈Enter〉键确定，采用相同的方法依次完成其他水平标注约束。完成创建的水平标注约束如图 10-50 所示。

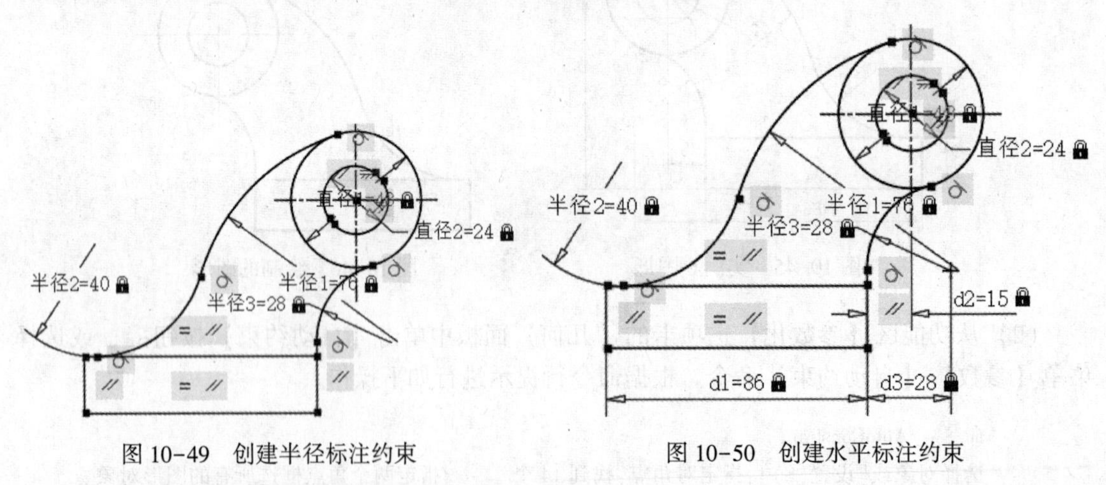

图 10-49　创建半径标注约束　　图 10-50　创建水平标注约束

（7）创建竖直标注约束。单击【竖直】标注约束按钮，或选择菜单【参数】|【尺寸约束】|【竖直】命令，接着分别指定两个约束点，然后指定尺寸线位置，创建竖直标注约束。创建的竖直标注约束如图 10-51 所示。

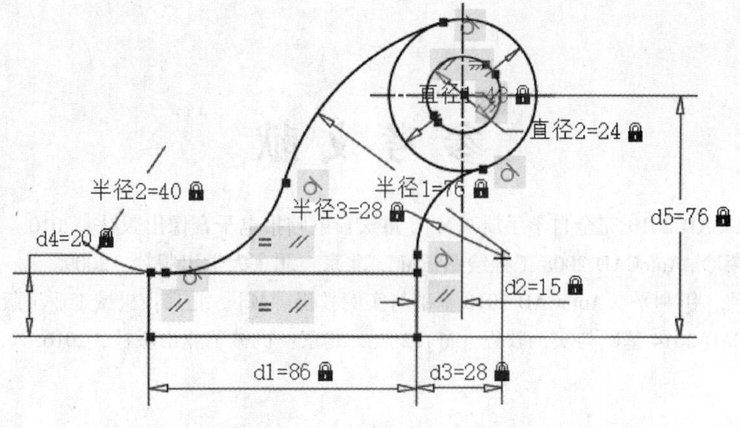

图 10-51　创建竖直标注约束

10.5　思考与练习

一、简答题

1. 如何理解 AutoCAD 2016 中的参数化图形概念？
2. 什么是约束栏？如何应用约束栏？
3. 在图形中可以创建哪几种几何约束类型？
4. 如何设置显示/隐藏选定对象的几何约束？
5. 在标注约束中，什么是动态约束和注释性约束？如何在这两种标注约束中切换？

二、操作题

新建一个图形文档，创建如图 10-52 和图 10-53 所示的参数化图形，即在图形中创建所需的几何约束和动态标注约束，使其成为完全约束图形。

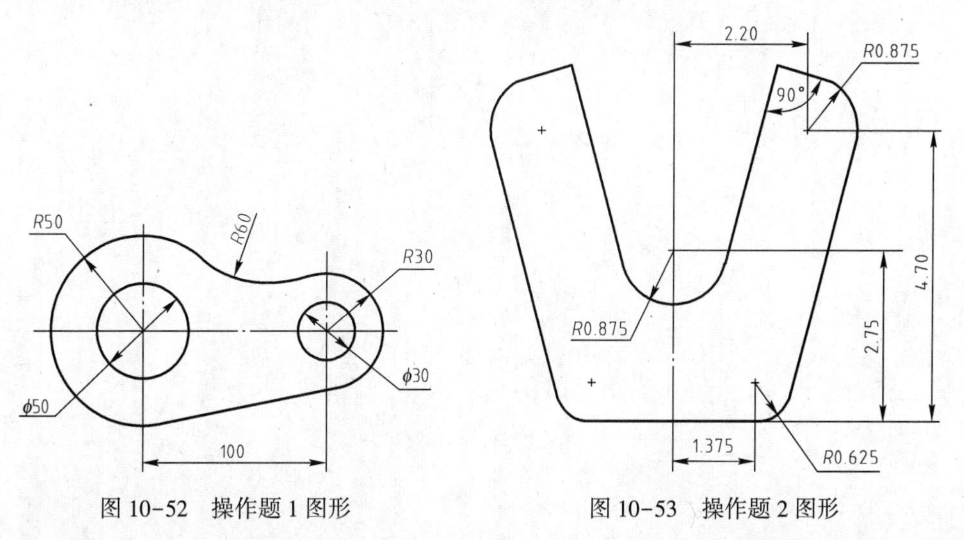

图 10-52　操作题 1 图形　　　图 10-53　操作题 2 图形

参 考 文 献

[1] 朱爱平．AutoCAD 2010 完全自学手册［M］. 重庆：电脑报电子音像出版社，2010.
[2] 赵润平，宗荣珍．AutoCAD 2008 工程绘图［M］. 北京：北京大学出版社，2009.
[3] 陈平，张双侠，伊利平．AutoCAD 2010 基础与实例教程［M］. 北京：机械工业出版社，2011.
[4] 陈平．AutoCAD 2014 基础与实例教程［M］. 2 版．北京：机械工业出版社，2016.